ダム貯水池水質・環境管理者および計画・設計

ダム貯水池水質用語集

関連用語500項目の解説と水質および環境基準十関連法規を網羅！

■監修　柏谷　衛　　東京理科大学（代表）
　　　　寺薗　勝二　（株）建設技術研究所
　　　　丹羽　薫　　（財）全国建設研修センター
　　　　松尾　直規　中部大学
　　　　盛下　勇　　東京海洋大学
■編集　（財）ダム水源地環境整備センター

■信山社 刊　■A5判・390頁　■定価4,500円（税別）　ISBN4-7972-2568-8 C3051

　最近、ダム貯水池の環境問題への関心の深まりから、湖沼や貯水池の水質問題に注目が集まっている。とくに、ダム貯水池は河道をせき止めてそこに巨大な貯水池が設置されるものであり、水道用水、農業用水、発電などの水利用のほか、渇水時の河道の流量補給、河川上流部の高水量の制御、水辺のリクリエーションの場の提供など、数多くの目的をもって建設されてきた。しかし、ダム貯水池はその地で長い年月にわたり生活を営み、地場で職業を持つ住民であった方々の多くの犠牲のうえで建設が行われてきたものであり、当然のことながら、その公共資産は常に大切にして有効に利用していかなければならないものと考えている。

　本用語集は、この種の水質や水環境上の諸問題に関心をもっている方々に本書を身近に置いていただき、それぞれの用語についてその内容を十分に理解していくために利用していただきたい。そのために用語の分類についても工夫をこらし、内容もできるだけ平易な言葉を使って記述するように心掛けた。

　ダム貯水池は、閉鎖水域である湖沼と水質や水辺の環境面で類似している部分もあり、また湖沼とは全く異なり独自の現象あるいは特徴をもつ部分も多くある。したがって、湖沼などと同じように捉えていただくことができる場合には、そのような記述方法で執筆した。

（「監修者を代表して」より一部抜粋）

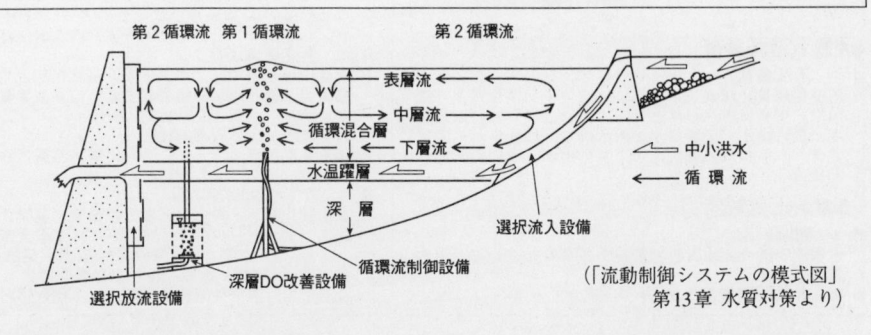

（「流動制御システムの模式図」
第13章 水質対策より）

主な項目・分野と用語

出版にあたって
監修者を代表して
用語集の構成と使い方
編集関係者一覧

1章　環境影響評価・ミチゲーション

1.1　技術指針・手法
環境影響評価／スクリーニング／第一種事業／第二種事業／スコーピング／方法書／準備書／評価書／環境要素と環境影響要因／標準調査手法／予測手法／戦略的環境アセスメント／事業評価手法／ダム事業の環境影響評価の技術的な指針／環境の定義と種類

1.2　ミチゲーション
ミチゲーション

1.3　生　態
生態系／食物連鎖／生態ピラミッド／生産者／消費者／分解者／上位性／典型性／特殊性／移動性／群集と群落／重要な種／絶滅危惧種と絶滅種／危急種と希少種／多様性指数

2章　ダム設備

2.1　放流設備
常用洪水吐／非常用洪水吐／表面取水設備／選択取水設備／ゲート／クレストゲート／オリフィスゲート／高圧ゲート／排砂ゲート／放流管／利水放流管／低水位放流管／緊急放流管／水圧鉄管

2.2　魚道設備
魚道

3章　貯水池の水理・水質

3.1　貯水池の水理
連続式／運動方程式／移流拡散方程式／静水圧／乱流と層流／淡水の密度／湖水の密度／物質循環／物質量保存則／拡散／拡散係数／分散／分散係数／湖流／吹送流／ラングミュアー循環／セイシュ／内部セイシュ／湧昇現象／密度流／プルームとサーマル、噴流とパフ／連行／カルマンヘッド／ウェダバーン数／滞留時間／年回転率と夏期7月回転率／洪水時回転率／閉鎖性水域／受熱期と放熱期／循環期と成層期／表水層、変水温層と深水層／成層と逆成層／日成層と季節成層／成層型／局所リチャードソン数／ステファン・ボルツマンの放射法則／アルベド／水面熱収支／消散係数、吸収係数、散乱係数／水中照度／補償深度／有光層と無光層

3.2　貯水池の水質
水質管理／制限因子／化学吸着／物理吸着／フミン質／フミン酸とフルボ酸／重金属／湖沼型／導電率／酸化還元電位／蒸発残留物／硬度／アルカリ度／酸度／塩化物と塩素イオン／カルシウム／マグネシウム／硫酸塩と硫酸イオン／硫化物と硫化水素／ナトリウム／カリウム／アルミニウム／すず／ニッケル／アンチモン／酸化第二鉄／無水亜りん酸／酸化第一鉄／キレート

4章　汚濁負荷

4.1　汚濁負荷
汚濁負荷量／汚濁負荷原単位／流達率／浄化残率／流出率／ポイントソースとノンポイントソース／家畜排水／農地排水／工場排水／生活排水／観光排水／降水負荷／水産負荷／融雪出水／降雨出水／内部負荷／外部負荷

5章　水質観測

5.1　観測計画
水質測定計画／水質自動監視システム／ダム貯水池水質調査要領

5.2　水質観測機器・方法
採水器／採泥器／自動採水器／プランクトンネット／水温センサーと水温モニター／pHセンサーとpHモニター／濁度センサーと濁度モニター／透過光測定法／散乱光測定法／積分球式測定法／溶存酸素(DO)センサーとDOモニター／クロロフィルa(Chl-a)センサーとChl-aモニター／バイオセンサー／簡易比色テスト／試験紙テスト

5.3　リモートセンシング
リモートセンシング

6章　水質汚濁の種類と現象

6.1　有機・無機汚濁
有機汚濁／有機系汚濁源／無機系汚濁源／自浄作用／微生物による有機物分解／脱酸素係数／BOD減少係数／再曝気係数／自浄係数

6.2　有害物質
有害物質／有機系有害物質／無機系有害物質／病原性微生物／内分泌攪乱物質／有機りん系化合物／有機塩素系化合物／生物濃縮／濃縮係数／ダイオキシン類

6.3　富栄養化現象
富栄養化／富栄養化現象／水の華とアオコ／淡水赤潮／栄養塩類／内部生産／富栄養湖と貧栄養湖／中栄養湖／富栄養化指標／窒素・りん／深水層溶存酸素飽和率／深水層溶存酸素消費速度／一次生産量／全窒素／全りん比／光合成／光合成速度

6.4　濁水化現象
濁水長期化現象／渇水濁水／濁質／浮遊物質／掃流砂と浮遊砂／ウォッシュロード／シルト／粘土／コロイド粒子／粘土鉱物／鉱物組成／沈降速度／ストークスの式／濁質比重／ゼータ電位／沈降分析／粒度分布と粒径加積曲線／コールターカウンター／レーザー回析・散乱式粒度分布測定装置

6.5　冷水・温水現象
冷水現象／温水現象／水温変化現象

6.6　酸性水
酸性雨／酸性河川／酸性湖沼／緩衝作用

6.7　その他
油汚染

7章　水質項目

7.1　一　般
溶解性物質と粒子状物質／有機態物質と無機態物質

7.2　一般項目
水質一般項目／水温／外観／色度／水色／透視度／透明度／濁度／臭気と臭気強度

7.3　健康項目
健康項目／カドミウム／全シアン／鉛／六価クロム／ひ素／総水銀／アルキル水銀／ポリ塩化ビフェニル／ジクロロメタン／四塩化炭素／1,2-ジクロロエタン／1,1-ジクロロエチレン／シス-1,2-ジクロロエチレン／1,1,1-トリクロロエタン／1,1,2-トリクロロエタン／トリクロロエチレン／テトラクロロエチレン／1,3-ジクロロプロペン／チウラム／シマジン／チオベンカルブ／ベンゼン／セレン／ふっ素／ほう素とほう化物

7.4　生活環境項目
生活環境基準項目／水素イオン濃度指数／生物化学的酸素要求量／化学的酸素要求量／溶存酸素量／大腸菌群数／n-ヘキサン抽出物質／亜鉛

7.5　排水・用水基準項目
排水基準項目／フェノール類／銅／溶解性鉄／溶解性マンガン／クロム

7.6　富栄養化関連項目
富栄養化関連水質項目／窒素の循環／窒素化合物／全窒素／ケルダール窒素／アルブミノイド窒素／アンモニア態(性)窒素／亜硝酸態(性)窒素／硝酸態(性)窒素／有機態(性)窒素／溶解性有機態窒素と粒子性有機態窒素／溶解性無機態窒素／りん化合物／全りん／

―――― ダム貯水池水質用語集

有機態(性)りん／溶解性有機態りんと粒子性有機態りん／オルトりん酸態りん／重合りん酸態りん／溶解性無機態りん／分解速度係数／全有機態炭素／溶解性有機態炭素と粒子性有機態炭素／無機態炭素／全酸素要求量／強熱減量／クロロフィルaとクロロフィルb／フェオフィチン／AGPとAGP試験／C-BOD／N-BOD

7.7 地球環境その他の項目
二酸化珪素／残留塩素／トリハロメタン／低沸点有機ハロゲン化合物／全有機ハロゲン化合物／フタル酸エステル／コプロスタノール／酸化カリウム／二酸化炭素

8章 底質項目
8.1 底質項目
底質／脱窒作用／メタン生成作用／硝酸呼吸／硫酸還元菌／嫌気性分解と好気性分解／堆積厚／酸化層と還元層／デトリタス／不溶性塩類と可溶性塩類／有機物と無機物／ヘドロ／溶出と溶出物／溶存酸素消費または酸素消費／間隙率／巻き上げ／底質調査項目／粒度組成

9章 生物学的水質
9.1 調査
生物学的水質階級／生物指標／生態環境調査／魚類調査／微小生物調査
9.2 試験
毒性試験／半数致死濃度／致死濃度／半数致死量／濃縮毒性値／一日許容摂取量／生物検定／毒性／濃縮毒性試験／毒性解析／生理・生化学・細胞学的指標／半数増殖阻害濃度／TTC試験／ATP試験／光合成試験／変異原性試験／免疫指標／水系感染症／安全指標／最確数法／類似性指数

10章 生物項目
10.1 生物項目
分類学体系／生態学的分類／藻類／藍藻類／珪藻類／緑藻類／有毒藻類／原生動物／渦鞭毛虫類／付着生物／付着藻類／水生昆虫／魚類／真核生物と原核生物／後生動物／一般細菌／特殊細菌類／大腸菌と腸内細菌／純生産量／高次生産量／セストン／水生植物／沿岸帯、亜沿岸帯、および沖帯／生活型／ネウストン／プランクトン／ネクトン／ベントス／好気性微生物／嫌気性微生物／摂食速度／ろ過速度／クリプトスポリジウム／ジアルディア／菌類／指標生物／土壌生物群集／捕食／増殖／現存量

11章 水質障害
11.1 水質障害
利水障害／異臭味障害／カビ臭／臭気／水道水の水質被害／赤水と黒水／発ガン性物質／浄水被害／2-メチルイソボルネオール／ジオスミン／水系病原性微生物／景観障害／親水活動

12章 予測解析手法
12.1 予測解析手法
有限体積法／差分法／SIMPLE法／乱流モデル／非圧縮性流体／CFL条件／リチャードソンの4/3乗則／ボックスモデル／鉛直一次元モデル／鉛直二次元モデルと一次元多層流モデル／三次元モデル／生態系モデル／ストリータ・ヘルプスモデル／ボーレンワイダーモデル／最大比増殖速度／最適水温／最適日射量／スティールの式／ミカエリス・メンテンの式／セル・クォタ値／レッドフィールド比

13章 水質対策
13.1 湖内対策
生物学的水質改善法／植生浄化／浮島／人工生態礁／水生生物回収による栄養塩類除去法／アオコ回収／バ

イオマニピュレーション／流動制御システム／表層流動化／選択取水／表層取水／中間取水／底層取水／全層曝気循環システム／浅層曝気循環システム／深層曝気循環システム／間欠式空気揚水筒／機械式曝気システム／噴water装置／貯水池の弾力的管理／流入水処理システム／副ダム／バイパス／物理的除去法／フェンス／りん吸着材／化学的不活性化処理／殺藻剤の散布／干し上げ、池干し／底泥の浚渫／底泥被覆／裸地対策／崩壊湖岸対策

13.2 流域対策
下水道整備／合併処理浄化槽／単独処理浄化槽／生活排水対策／農業集落排水事業／土壌浄化法／礫間接触酸化法／し尿処理施設／崩壊地対策

13.3 下流対策
温水施設／放流水浄化施設

14章 水処理関連
14.1 浄水処理関連
浄水操作／消毒または殺菌処理／塩素処理または塩素消毒／普通沈殿処理／緩速ろ過処理／薬品擬集沈殿処理／擬集剤／急速ろ過処理／異臭味対策／オゾン処理／高度浄水処理／膜処理／逆浸透法による処理／活性炭吸着処理／トリハロメタン対策／除鉄処理／除マンガン処理／汚泥の処理・処分・利用

14.2 下水処理関連
都市下水の処理／高度処理／活性汚泥法／生物膜法／膜分離活性汚泥法／下水処理水のろ過処理／生物学的窒素除去法／硝化および脱窒／りん除去法／生物学的りん・窒素同時除去法／下水処理水の消毒／下水汚泥の処理・処分・利用

15章 関連事業と計画
15.1 関連事業と計画
ダム貯水池水質保全事業／水環境改善事業／特定水域高度処理基本計画／流域水環境総合改善計画／湖沼水質保全計画

16章 水質基準等および関連法規
16.1 基　準
水質の基準／水質汚濁に係る環境基準／人の健康の保護に関する環境基準／生活環境の保全に関する環境基準／75％値／地下水の水質汚濁に係る環境基準／土壌汚染に係る環境基準／ダイオキシン類に係る環境基準／一律排水基準／上乗せ基準／横出し基準／地下浸透水基準／水道水の水質基準／下水道からの放流水基準／底質暫定除去基準／農業(水稲)用水基準／水産用水基準／水浴場水質基準／WHO飲料用水質ガイドライン／ミネラルウォーター類の原水基準

16.2 法　規
水質規制の法令／河川法／水質汚濁防止法／特定施設／みなし特定施設／公共用水域／総量規制／瀬戸内海環境保全特別措置法／水源地対策特別措置法／湖沼水質保全特別措置法／指定湖沼／下水道法／下水道の種類／下水道類似施設／流域別下水道整備総合計画／水道法／鉱山保安法／環境基本法／環境基本計画／環境への負荷／公害／類型指定／特定多目的ダム法／水源二法／化学物質排出移動登録制度／浄化槽法／廃棄物の処理および清掃に関する法律／環境影響評価法／地球環境保全／建設工事に係る資材の再資源化等に関する法律／生物多様性条約／文化財保護法／自然環境保全法／野生生物の保護に関する法律／絶滅のおそれのある野生動植物の種の保存に関する法律

付録　水質の基準
参考文献一覧
索　　引

本用語集は、ダム貯水池水質関連用語を目次に示すように16分野に大別し、分野ごとに用語を分類・整理し解説したものである。
（1）見出し用語の配列
　（a）用語は、関連するものは前後に並べるなど、極力系統だてて配列するようにした。
　（b）用語には、略称ないし別称を［　］書きで、対応する英語を（　）書きで付した。
（2）参考文献
　（a）参考とした文献は巻末にまとめて参考文献一覧として明記した。
　（b）参考文献は、著者／編者／監修者、発行年：題名、書誌名、発行元／出版元の順に表示した（ただし、編者と発行元が同一の場合は発行元を省略した）。
（3）巻末索引
　　見出し用語のほかに、重要性が高いと思われる用語については巻末索引に追加し、解説文中に太字で記した。
（4）掲載基準年
　　法令・規格・基準等の掲載は原則として平成15年度時点のものとした。ただし、15年度以降に改正したものについても対応可能なものは一部掲載した。
（5）その他
　（a）見出し語に対応する英語は、極力各分野でオーソライズされたものを掲載したが、対応する既存の英語が見つからなかったものは参考として造語している。
　（b）数値の単位は原則としてSI単位系とし、慣用的に使用されている場合には、重力単位系を併記した。

（「用語集の構成と使い方」より）

申込方法

◇下記申込書に必要事項をご記入の上、FAX又は郵送にてお申し込み下さい。折り返し納品書・請求書・振替用紙を同封してお送り致します。

問い合わせ・申し込み先

信山社
〒113-0033　東京都文京区本郷6－2－9
TEL 03(3818)1019／FAX 03(3818)0344
http://www.shinzansya.co.jp

----------きりとり----------

番線印（書店用）	**ダム貯水池水質用語集** を（　　）部申し込みます。		
	住所	〒	
	氏名	事業所名：	
		所属：	担当者：
	連絡	TEL　　　　　　　　FAX	
	備考	必要書類［納・請・見］／指定書類［有・無］（○で囲んで下さい。）	

ダム貯水池水質用語集

監修 　柏谷　　衛（代表）
　　　　寺薗　勝二
　　　　丹羽　　薫
　　　　松尾　直規
　　　　盛下　　勇
編集 　財団法人 ダム水源地環境整備センター

信山社

出版にあたって

　(財)ダム水源地環境整備センターでは、発足時からダム貯水池の水質保全に関する調査研究及び技術開発に取り組んでおります。その一環として、ダム貯水池の調査計画や管理にたずさわる実務者は勿論のこと、ダム貯水池の水質に関心をもっておられる一般の方々にも広く利用していただくことを目的として、「ダム貯水池水質用語集」の出版を企画し、その編集を行なってきました。

　ダム貯水池の代表的な水質現象には、冷水現象、濁水長期化現象、富栄養化現象、さらには無機物や有機物による汚濁などがあります。水質用語集をとりまとめるにあたっては、その現象の解明に関わる用語のほか、保全対策に関する用語についても記述する必要があり、その内容は、極めて複雑で多岐にわたります。さらに、これらの現象は、動植物などの水圏の生態系に大きな関わりをもつことから、生態系についても、広い範囲にわたって考察し記述する必要があります。ダム貯水池の水質や水中の生態系は自然湖沼と類似しているようですが、大きく異なる現象も多く見られます。また、水理的な条件に関しては、自然湖沼とは殆どの現象で類似点を見いだせません。

　本用語集はこのような広範にわたる項目について記述し、ダム貯水池の水質について関心を持つ関係者の参考になるように編集されております。

　ダム事業に関する環境影響評価は、1984年に環境影響評価実施要綱が閣議決定され、その後1997年には環境影響評価法が成立し、これにもとづき水質や生態系等の環境影響に関する詳細な調査検討が行なわれております。このため、ダム貯水池の建設に当たっては、供用後の環境影響をできるかぎり回避、低減するよう、水質についても事前に十分な調査および解析を行ない、詳細な予測を行なう必要があります。本用語集はこのような流れにも十分に対応したものとなっています。

　本用語集を出版するため、5名の方に監修していただきました。また、前付viiページに掲載しております多くの編集者及び編集協力者の方々には、長期間にわたり困難で複雑な執筆作業を行なっていただきました。関係の皆さんに厚くお礼を申し上げます。また、出版に当たって(株)信山社サイテックの四戸氏に多くの助言をいただきました。心から感謝申し上げます。

2006年1月

(財)ダム水源地環境整備センター
理事長　加藤　昭

監修者を代表して

　最近、ダム貯水池の環境問題への関心の深まりから、湖沼や貯水池の水質問題に注目が集まるようになってまいりました。とくに、ダム貯水池は河道をせき止めてそこに巨大な貯水池が設置されるものであり、水道用水、農業用水、発電などの水利用のほか、渇水時の河道の流量補給、河川上流部の高水量の制御、水辺のリクリエーションの場の提供など、数多くの目的をもって建設されてきました。しかし、ダム貯水池はその地で長い年月にわたり生活を営み、地場で職業を持つ住民であった方々の多くの犠牲のうえで建設が行われてきたものであり、当然のことながら、その公共資産は常に大切にして有効に利用していかなければならないものと考えております。

　最近では、このダム貯水池にいろいろな水質あるいは水環境上の問題も見受けられていることから、ダム貯水池の水質や環境について関心をもっておられる方々や熱心に勉強をされている方々も増加してきております。これに加え、ダムや貯水池の管理業務に直接あるいは間接に関係されている人達を含めると、かなりの人数にのぼると考えられます。

　本用語集は、この種の水質や水環境上の諸問題に関心をもっている方々に本書を身近に置いていただき、それぞれの用語についてその内容を十分に理解していくために利用していただきたいと考えました。そのために用語の分類についても工夫をこらし、内容もできるだけ平易な言葉を使って記述するという考え方を貫いております。

　ダム貯水池は、閉鎖水域である湖沼と水質や水辺の環境面で類似している部分もあり、また湖沼とは全く異なり独自の現象あるいは特徴をもつ部分も多くあります。したがって、湖沼などと同じように捉えていただくことができる場合には、そのような記述方法で執筆されております。

　本用語集ではダム貯水池の水質に関連する分野をできるだけ広く捉え、その内容を16の分類、39部門に分けて、全561項目に整理いたしました。本書にて取り上げられている範囲は、ダム貯水池の設置のための調査や将来予測から始まり、ダムと付帯施設および貯水池についての管理に係わる諸事項を、冷濁水などの物理現象、水質とその変化、すなわち富栄養化などの水質現象、陸域から流入する汚水による水質汚濁で生じる障害、あるいは大きな影響を受ける池内動植物などの生態系の諸問題、さらに水質汚濁防止の各種対策にまで及んでおります。さらに、適用されている法制面での用語も加えました。各項目についての記述は単なる事典的な説明ではなく、関係する図表を含めた丁寧な解説としてそれぞれ掲載しております。

監修者を代表して

　最後に、出版にあたっては、執筆、編集および監修に多くの人たちに係わっていただきました。執筆の内容をできるだけわかりやすくするために、全体を通じての詳細な監修を複数回行なってきましたが、必ずしも完全に満足されているとは思っておりません。記述内容などについてお気付きになられましたら、(財)ダム水源地環境整備センターまでご指摘いただければ幸いに存じます。

2006年1月

監修者代表　　柏谷　　衛

用語集の構成と使い方

　本用語集は、ダム貯水池水質関連用語を目次に示すように16分野に大別し、分野ごとに用語を分類・整理し解説したものである。

（1）見出し用語の配列
　　　（a）用語は、関連するものは前後に並べるなど、極力系統だてて配列するようにした。
　　　（b）用語には、略称ないし別称を［　］書きで、対応する英語を（　）書きで付した。
（2）参考文献
　　　（a）参考とした文献は巻末にまとめて参考文献一覧として明記した。
　　　（b）参考文献は、著者／編者／監修者、発行年：題名、書誌名、発行元／出版元の順に表示した（ただし、編者と発行元が同一の場合は発行元を省略した）。
（3）巻末索引
　　　見出し用語のほかに、重要性が高いと思われる用語については巻末索引に追加し、解説文中に太字で記した。
（4）掲載基準年
　　　法令・規格・基準等の掲載は原則として平成15年度時点のものとした。ただし、15年度以降に改正したものについても対応可能なものは一部掲載した。
（5）その他
　　　（a）見出し語に対応する英語は、極力各分野でオーソライズされたものを掲載したが、対応する既存の英語が見つからなかったものは参考として造語している。
　　　（b）数値の単位は原則としてSI単位系とし、慣用的に使用されている場合には、重力単位系を併記した。

編集関係者一覧

監修者

　　　代表　柏谷　　衛　　東京理科大学　教授
　　　　　　寺薗　勝二　　(株)建設技術研究所　審議役
　　　　　　丹羽　　薫　　(財)全国建設研修センター　理事
　　　　　　松尾　直規　　中部大学　教授
　　　　　　盛下　　勇　　東京海洋大学　講師

編集者

(財)ダム水源地環境整備センター　研究第二部
　富岡　誠二　前部長　　　　星野　敏弘　元主任研究員
　和泉　恵之　部長　　　　　田中　利文　元主任研究員
　　　　　　　　　　　　　　窪井　康隆　前主任研究員
　　　　　　　　　　　　　　高田　国雄　前主任研究員
　　　　　　　　　　　　　　梅田　　信　研究員
　　　　　　　　　　　　　　西村　敬一　主任研究員

編集協力者代表（役職は当時）

　秋山　和敏　(株)建設環境研究所　技師長室　主任研究員
　安宅　貴生　(株)日水コン　河川事業部　技術第一部　担当部長
　桑田　壮平　(株)日建設計シビル　環境・情報計画部　部長
　斉藤　　廣　(株)建設技術研究所　東京本社　環境事業推進室　室長
　山岸　一雄　(株)荏原製作所　環境事業カンパニー　PFI計画グループ　グループ長
　渡辺　　誠　(株)環境調査技術研究所　技術本部　部長

目　次

出版にあたって ……………………………………………………………………… iii
監修者を代表して …………………………………………………………………… iv
用語集の構成と使い方 ……………………………………………………………… vi
編集関係者一覧 ……………………………………………………………………… vii

1章　環境影響評価・ミチゲーション

1.1　技術指針・手法 …………………………………………………………… 3
環境影響評価［環境アセスメント］ ………………………………………… 3
スクリーニング ………………………………………………………………… 4
第一種事業 ……………………………………………………………………… 4
第二種事業 ……………………………………………………………………… 4
スコーピング …………………………………………………………………… 5
方法書 …………………………………………………………………………… 5
準備書 …………………………………………………………………………… 5
評価書 …………………………………………………………………………… 6
環境要素と環境影響要因 ……………………………………………………… 6
標準調査手法 …………………………………………………………………… 7
予測手法 ………………………………………………………………………… 7
戦略的環境アセスメント［SEA］ …………………………………………… 8
事業評価手法 …………………………………………………………………… 8
ダム事業の環境影響評価の技術的な指針 …………………………………… 9
環境の定義と種類 ……………………………………………………………… 9

1.2　ミチゲーション …………………………………………………………… 10
ミチゲーション ………………………………………………………………… 10

1.3　生　態 ……………………………………………………………………… 11
生態系 …………………………………………………………………………… 11
食物連鎖 ………………………………………………………………………… 11
生態ピラミッド ………………………………………………………………… 12
生産者 …………………………………………………………………………… 13
消費者 …………………………………………………………………………… 13
分解者 …………………………………………………………………………… 14
上位性 …………………………………………………………………………… 14
典型性 …………………………………………………………………………… 14
特殊性 …………………………………………………………………………… 14
移動性 …………………………………………………………………………… 14
群集と群落 ……………………………………………………………………… 15
重要な種 ………………………………………………………………………… 15
絶滅危惧種と絶滅種 …………………………………………………………… 15
危急種と希少種 ………………………………………………………………… 15
多様性指数 ……………………………………………………………………… 17

目　次

2章　ダム設備
2.1　放流設備 ····· 21
　　　常用洪水吐 ····· 21
　　　非常用洪水吐 ····· 21
　　　表面取水設備 ····· 21
　　　選択取水設備 ····· 22
　　　ゲート ····· 22
　　　クレストゲート ····· 23
　　　オリフィスゲート ····· 23
　　　高圧ゲート ····· 23
　　　排砂ゲート ····· 23
　　　放流管 ····· 26
　　　利水放流管 ····· 26
　　　低水位放流管 ····· 26
　　　緊急放流管 ····· 26
　　　水圧鉄管 ····· 27
2.2　魚道設備 ····· 28
　　　魚道 ····· 28

3章　貯水池の水理・水質
3.1　貯水池の水理 ····· 31
　　　連続式 ····· 31
　　　運動方程式 ····· 31
　　　移流拡散方程式 ····· 32
　　　静水圧 ····· 32
　　　乱流と層流 ····· 33
　　　淡水の密度 ····· 34
　　　濁水の密度 ····· 34
　　　物質循環 ····· 34
　　　物質量保存則 ····· 35
　　　拡散 ····· 36
　　　拡散係数 ····· 36
　　　分散 ····· 37
　　　分散係数 ····· 37
　　　湖流 ····· 37
　　　吹送流 ····· 37
　　　ラングミュアー循環 ····· 38
　　　セイシュ[静振] ····· 39
　　　内部セイシュ ····· 39
　　　湧昇現象 ····· 40
　　　密度流 ····· 40
　　　プルームとサーマル、噴流とパフ ····· 41
　　　連行 ····· 41

x

	カルマンヘッド	41
	ウェダバーン数	41
	滞留時間 [HRT]	42
	年回転率 [α] と夏期7月回転率 [α_7]	43
	洪水時回転率 [β]	43
	閉鎖性水域	44
	受熱期と放熱期	44
	循環期と成層期	44
	表水層、変水温層と深水層	45
	成層と逆成層	46
	日成層と季節成層	47
	成層型	47
	局所リチャードソン数	48
	ステファン・ボルツマンの放射法則	48
	アルベド	49
	水面熱収支	49
	消散係数、吸収係数、散乱係数	50
	水中照度	51
	補償深度	51
	有光層と無光層	51
3.2	貯水池の水質	53
	水質管理	53
	制限因子	53
	化学吸着	53
	物理吸着	54
	フミン質	54
	フミン酸とフルボ酸	54
	重金属	55
	湖沼型	55
	導電率	56
	酸化還元電位 [ORP]	56
	蒸発残留物	57
	硬　度	57
	アルカリ度	57
	酸　度	58
	塩化物と塩素イオン	58
	カルシウム	58
	マグネシウム	59
	硫酸塩と硫酸イオン	59
	硫化物と硫化水素	60
	ナトリウム	60
	カリウム	60
	アルミニウム	61
	す　ず	61
	ニッケル	62

目 次

アンチモン	62
酸化第二鉄	62
無水亜りん酸	63
酸化第一鉄	63
キレート	63

4章　汚濁負荷

4.1　汚濁負荷

汚濁負荷量	67
汚濁負荷原単位	68
流達率	68
浄化残率	68
流出率	68
ポイントソースとノンポイントソース	69
家畜排水	69
農地排水	70
工場排水	70
生活排水	70
観光排水	71
降水負荷	71
水産負荷	71
融雪出水	71
降雨出水	72
内部負荷	72
外部負荷	72

5章　水質観測

5.1　観測計画

水質測定計画	75
水質自動監視システム	75
ダム貯水池水質調査要領	76

5.2　水質観測機器・方法

採水器	77
採泥器	77
自動採水器	81
プランクトンネット	81
水温センサーと水温モニター	82
pHセンサーとpHモニター	82
濁度センサーと濁度モニター	82
透過光測定法	83
散乱光測定法	83
積分球式測定法	83
溶存酸素（DO）センサーとDOモニター	83

クロロフィルa（Chl-a）センサーとChl-aモニター ……………… 84
バイオセンサー ……………………………………………… 84
簡易比色テスト［パックテスト］ ……………………………… 84
試験紙テスト ………………………………………………… 85
5.3 リモートセンシング ……………………………………………… 86
リモートセンシング …………………………………………… 86

6章　水質汚濁の種類と現象

6.1 有機・無機汚濁 ……………………………………………… 89
有機汚濁 ……………………………………………………… 89
有機系汚濁源 ………………………………………………… 89
無機系汚濁源 ………………………………………………… 89
自浄作用［浄化作用］ ………………………………………… 90
微生物による有機物分解 …………………………………… 90
脱酸素係数 …………………………………………………… 90
BOD減少係数 ………………………………………………… 91
再曝気係数 …………………………………………………… 91
自浄係数 ……………………………………………………… 92

6.2 有害物質 ……………………………………………………… 94
有害物質 ……………………………………………………… 94
有機系有害物質 ……………………………………………… 94
無機系有害物質 ……………………………………………… 94
病原性微生物 ………………………………………………… 95
内分泌撹乱物質［EDS］ ……………………………………… 96
有機りん系化合物 …………………………………………… 96
有機塩素系化合物 …………………………………………… 97
生物濃縮 ……………………………………………………… 97
濃縮係数［CF］ ……………………………………………… 98
ダイオキシン類 ……………………………………………… 99

6.3 富栄養化現象 ………………………………………………… 101
富栄養化 ……………………………………………………… 101
富栄養化現象 ………………………………………………… 101
水の華とアオコ ……………………………………………… 102
淡水赤潮 ……………………………………………………… 102
栄養塩類 ……………………………………………………… 103
内部生産 ……………………………………………………… 103
富栄養湖と貧栄養湖 ………………………………………… 103
中栄養湖 ……………………………………………………… 104
富栄養化指標 ………………………………………………… 105
富栄養度指標［TSI］ ………………………………………… 105
深水層溶存酸素飽和率 ……………………………………… 107
深水層溶存酸素消費速度 …………………………………… 107
一次生産量 …………………………………………………… 108
全窒素／全りん比［N/P比］ ………………………………… 108

　　　　　　　光合成 ……………………………………………………………… 108
　　　　　　　光合成速度 …………………………………………………………… 109
　　6.4　濁水化現象 ………………………………………………………………… 110
　　　　　　　濁水長期化現象 ……………………………………………………… 110
　　　　　　　渇水濁水 ……………………………………………………………… 110
　　　　　　　濁質 …………………………………………………………………… 110
　　　　　　　浮遊物質［SS］……………………………………………………… 110
　　　　　　　掃流砂と浮遊砂 ……………………………………………………… 111
　　　　　　　ウォッシュロード …………………………………………………… 113
　　　　　　　シルト ………………………………………………………………… 113
　　　　　　　粘土 …………………………………………………………………… 113
　　　　　　　コロイド粒子 ………………………………………………………… 114
　　　　　　　粘土鉱物 ……………………………………………………………… 114
　　　　　　　鉱物組成 ……………………………………………………………… 114
　　　　　　　沈降速度 ……………………………………………………………… 115
　　　　　　　ストークスの式 ……………………………………………………… 115
　　　　　　　濁質比重 ……………………………………………………………… 116
　　　　　　　ゼータ電位［ζ電位］………………………………………………… 117
　　　　　　　沈降分析 ……………………………………………………………… 118
　　　　　　　粒度分布と粒径加積曲線 …………………………………………… 118
　　　　　　　コールターカウンター ……………………………………………… 119
　　　　　　　レーザー回析・散乱式粒度分布測定装置 ………………………… 119
　　6.5　冷水・温水現象 …………………………………………………………… 120
　　　　　　　冷水現象 ……………………………………………………………… 120
　　　　　　　温水現象 ……………………………………………………………… 120
　　　　　　　水温変化現象 ………………………………………………………… 120
　　6.6　酸性水 ……………………………………………………………………… 122
　　　　　　　酸性雨 ………………………………………………………………… 122
　　　　　　　酸性河川 ……………………………………………………………… 122
　　　　　　　酸性湖沼 ……………………………………………………………… 123
　　　　　　　緩衝作用 ……………………………………………………………… 123
　　6.7　その他 ……………………………………………………………………… 124
　　　　　　　油汚染［油濁］……………………………………………………… 124

7章　水質項目
　　7.1　一　般 ……………………………………………………………………… 127
　　　　　　　溶解性物質と粒子状物質 …………………………………………… 127
　　　　　　　有機態物質と無機態物質 …………………………………………… 127
　　7.2　一般項目 …………………………………………………………………… 128
　　　　　　　水質一般項目 ………………………………………………………… 128
　　　　　　　水　温 ………………………………………………………………… 128
　　　　　　　外　観 ………………………………………………………………… 128
　　　　　　　色　度 ………………………………………………………………… 128
　　　　　　　水　色 ………………………………………………………………… 129

	透視度	129
	透明度	130
	濁度	130
	臭気と臭気強度 [TON]	130
7.3	健康項目	132
	健康項目	132
	カドミウム	132
	全シアン	133
	鉛	133
	六価クロム	134
	ひ素	134
	総水銀	135
	アルキル水銀	135
	ポリ塩化ビフェニル [PCB]	136
	ジクロロメタン	136
	四塩化炭素	137
	1,2-ジクロロエタン	137
	1,1-ジクロロエチレン	137
	シス-1,2-ジクロロエチレン	138
	1,1,1-トリクロロエタン	138
	1,1,2-トリクロロエタン	138
	トリクロロエチレン	139
	テトラクロロエチレン	139
	1,3-ジクロロプロペン	139
	チウラム	140
	シマジン	140
	チオベンカルブ	140
	ベンゼン	141
	セレン	141
	ふっ素	141
	ほう素とほう化物	142
7.4	生活環境項目	143
	生活環境基準項目	143
	水素イオン濃度指数 [pH]	144
	生物化学的酸素要求量 [BOD]	144
	化学的酸素要求量 [COD]	145
	溶存酸素量 [DO]	145
	大腸菌群数	146
	n-ヘキサン抽出物質	146
	亜鉛	147
7.5	排水・用水基準項目	148
	排水基準項目	148
	フェノール類	148
	銅	148
	溶解性鉄	149

目 次

    溶解性マンガン ·· 149
    クロム ··· 150
 7.6 富栄養化関連項目 ··· 151
    富栄養化関連水質項目 ··· 151
    窒素の循環 ··· 151
    窒素化合物 ··· 152
    全窒素 [T–N] ·· 153
    ケルダール窒素 [K–N] ·· 153
    アルブミノイド窒素 [Alb–N] ·· 154
    アンモニア態(性)窒素 [NH$_4$–N] ·· 154
    亜硝酸態(性)窒素 [NO$_2$–N] ·· 154
    硝酸態(性)窒素 [NO$_3$–N] ··· 155
    有機態(性)窒素 [O–N] ·· 155
    溶解性有機態窒素 [DON] と粒子性有機態窒素 [PON] ················· 155
    溶解性無機態窒素 [DIN] ·· 156
    りん化合物 ··· 156
    全りん [T–P] ·· 156
    有機態(性)りん [O–P] ··· 157
    溶解性有機態りん [DOP] と粒子性有機態りん [POP] ··················· 157
    オルトりん酸態りん ·· 158
    重合りん酸態りん ··· 158
    溶解性無機態りん [DIP] ··· 159
    分解速度係数 ·· 159
    全有機態炭素 [TOC] ··· 159
    溶解性有機態炭素 [DOC] と粒子性有機態炭素 [POC] ·················· 160
    無機態炭素 [IC] ·· 160
    全酸素要求量 [TOD] ·· 160
    強熱減量 [IL] ··· 161
    クロロフィルaとクロロフィルb ·· 161
    フェオフィチン ··· 161
    AGPとAGP試験 ··· 162
    C–BOD ·· 162
    N–BOD ·· 162
 7.7 地球環境その他の項目 ·· 164
    二酸化珪素 [SiO$_2$] ·· 164
    残留塩素 ·· 164
    トリハロメタン [THM] ··· 164
    低沸点有機ハロゲン化合物 ··· 165
    全有機ハロゲン化合物 [TOX] ··· 165
    フタル酸エステル ··· 166
    コプロスタノール ··· 166
    酸化カリウム [K$_2$O] ·· 166
    二酸化炭素 [CO$_2$] ·· 167

8章 底質項目

8.1 底質項目 ... 171
- 底　質 ... 171
- 脱窒作用 ... 171
- メタン生成作用 ... 171
- 硝酸呼吸 ... 172
- 硫酸還元菌 ... 172
- 嫌気性分解と好気性分解 ... 172
- 堆積厚 ... 173
- 酸化層と還元層 ... 173
- デトリタス ... 173
- 不溶性塩類と可溶性塩類 ... 173
- 有機物と無機物 ... 174
- ヘドロ ... 174
- 溶出と溶出物 ... 174
- 溶存酸素消費または酸素消費 ... 174
- 間隙率 ... 175
- 巻き上げ ... 175
- 底質調査項目 ... 175
- 粒度組成 ... 176

9章 生物学的水質

9.1 調　査 ... 179
- 生物学的水質階級 ... 179
- 生物指標 ... 180
- 生態環境調査 ... 180
- 魚類調査 ... 180
- 微小生物調査 ... 180

9.2 試　験 ... 181
- 毒性試験 ... 181
- 半数致死濃度 [LC_{50} または TL_m] ... 181
- 致死濃度 [LC] ... 181
- 半数致死量 [LD_{50}] ... 182
- 濃縮毒性値 ... 182
- 一日許容摂取量 [TDI または ADI] ... 183
- 生物検定 [バイオアッセイ] ... 183
- 毒性 ... 183
- 濃縮毒性試験 ... 184
- 毒性解析 ... 184
- 生理・生化学・細胞学的指標 ... 184
- 半数増殖阻害濃度 [EC_{50}] ... 185
- TTC試験 ... 185
- ATP試験 ... 185

目　次

　　　　光合成試験 ··· 185
　　　　変異原性試験 ··· 186
　　　　免疫指標 ·· 186
　　　　水系感染症 ·· 186
　　　　安全指標 ·· 187
　　　　最確数法［MPN法］ ··· 187
　　　　類似性指数 ·· 188

10章　生物項目

10.1　生物項目 ·· 191
　　　　分類学体系 ·· 191
　　　　生態学的分類 ··· 191
　　　　藻　類 ··· 191
　　　　藍藻類 ··· 191
　　　　珪藻類 ··· 192
　　　　緑藻類 ··· 192
　　　　有毒藻類 ·· 192
　　　　原生動物 ·· 193
　　　　渦鞭毛虫類 ·· 193
　　　　付着生物 ·· 194
　　　　付着藻類 ·· 194
　　　　水生昆虫 ·· 194
　　　　魚　類 ··· 194
　　　　真核生物と原核生物 ·· 195
　　　　後生動物 ·· 195
　　　　一般細菌 ·· 196
　　　　特殊細菌類 ·· 196
　　　　大腸菌と腸内細菌 ··· 196
　　　　純生産量 ·· 196
　　　　高次生産量 ·· 197
　　　　セストン［浮遊・懸濁物質］ ··· 197
　　　　水生植物 ·· 197
　　　　沿岸帯、亜沿岸帯、および沖帯 ··· 198
　　　　生活型 ··· 198
　　　　ネウストン［水表生物］ ··· 199
　　　　プランクトン［浮遊生物］ ··· 199
　　　　ネクトン［遊泳生物］ ·· 200
　　　　ベントス［底生生物］ ·· 200
　　　　好気性微生物 ··· 200
　　　　嫌気性微生物 ··· 200
　　　　摂食速度 ·· 201
　　　　ろ過速度 ·· 201
　　　　クリプトスポリジウム ·· 201
　　　　ジアルディア ··· 202

　　　　菌　類 ……………………………………………………………… 202
　　　　指標生物 …………………………………………………………… 202
　　　　土壌生物群集 ……………………………………………………… 203
　　　　捕　食 ……………………………………………………………… 203
　　　　増　殖 ……………………………………………………………… 204
　　　　現存量 ……………………………………………………………… 204

11章　水質障害
11.1　水質障害
　　　　利水障害 …………………………………………………………… 207
　　　　異臭味障害 ………………………………………………………… 207
　　　　カビ臭 ……………………………………………………………… 207
　　　　臭　気 ……………………………………………………………… 208
　　　　水道水の水質被害 ………………………………………………… 209
　　　　赤水と黒水 ………………………………………………………… 209
　　　　発ガン性物質 ……………………………………………………… 210
　　　　浄水被害 …………………………………………………………… 210
　　　　2-メチルイソボルネオール［2-MIB］ ………………………… 211
　　　　ジオスミン ………………………………………………………… 211
　　　　水系病原性微生物 ………………………………………………… 212
　　　　景観障害 …………………………………………………………… 212
　　　　親水活動 …………………………………………………………… 212

12章　予測解析手法
12.1　予測解析手法
　　　　有限体積法 ………………………………………………………… 215
　　　　差分法 ……………………………………………………………… 215
　　　　SIMPLE法 ………………………………………………………… 217
　　　　乱流モデル ………………………………………………………… 217
　　　　非圧縮性流体 ……………………………………………………… 219
　　　　CFL条件 …………………………………………………………… 219
　　　　リチャードソンの4/3乗則 ……………………………………… 220
　　　　ボックスモデル …………………………………………………… 221
　　　　鉛直一次元モデル ………………………………………………… 222
　　　　鉛直二次元モデルと一次元多層流モデル ……………………… 223
　　　　三次元モデル ……………………………………………………… 224
　　　　生態系モデル ……………………………………………………… 225
　　　　ストリータ・ヘルプスモデル …………………………………… 226
　　　　ボーレンワイダーモデル ………………………………………… 227
　　　　最大比増殖速度 …………………………………………………… 228
　　　　最適水温 …………………………………………………………… 228
　　　　最適日射量 ………………………………………………………… 231
　　　　スティールの式 …………………………………………………… 231

目　次

　　　ミカエリス・メンテンの式 ……………………………………………… 232
　　　セル・クォタ値 …………………………………………………………… 232
　　　レッドフィールド比 ……………………………………………………… 234

13章　水質対策

13.1　湖内対策 …………………………………………………………………… 237
　　　生物学的水質改善法 ……………………………………………………… 237
　　　植生浄化 …………………………………………………………………… 237
　　　浮　島 ……………………………………………………………………… 237
　　　人工生態礁 ………………………………………………………………… 238
　　　水生生物回収による栄養塩類除去法 …………………………………… 238
　　　アオコ回収 ………………………………………………………………… 239
　　　バイオマニピュレーション ……………………………………………… 239
　　　流動制御システム ………………………………………………………… 239
　　　表層流動化 ………………………………………………………………… 240
　　　選択取水 …………………………………………………………………… 240
　　　取水方式 …………………………………………………………………… 241
　　　表層取水 …………………………………………………………………… 241
　　　中間取水 …………………………………………………………………… 241
　　　底層取水 …………………………………………………………………… 241
　　　全層曝気循環システム …………………………………………………… 241
　　　浅層曝気循環システム …………………………………………………… 242
　　　深層曝気循環システム …………………………………………………… 243
　　　間欠式空気揚水筒［気泡弾方式揚水筒］ ……………………………… 243
　　　機械式曝気システム ……………………………………………………… 245
　　　噴水装置 …………………………………………………………………… 245
　　　貯水池の弾力的管理 ……………………………………………………… 246
　　　流入水処理システム ……………………………………………………… 246
　　　副ダム ……………………………………………………………………… 247
　　　バイパス …………………………………………………………………… 248
　　　物理的除去法 ……………………………………………………………… 248
　　　フェンス …………………………………………………………………… 249
　　　りん吸着材 ………………………………………………………………… 250
　　　化学的不活性化処理 ……………………………………………………… 250
　　　殺藻剤の散布 ……………………………………………………………… 251
　　　干し上げ，池干し ………………………………………………………… 251
　　　底泥の浚渫 ………………………………………………………………… 252
　　　底泥被覆 …………………………………………………………………… 252
　　　裸地対策 …………………………………………………………………… 253
　　　崩壊湖岸対策 ……………………………………………………………… 253

13.2　流域対策 …………………………………………………………………… 254
　　　下水道整備 ………………………………………………………………… 254
　　　合併処理浄化槽 …………………………………………………………… 254
　　　単独処理浄化槽 …………………………………………………………… 255

目次

　　　　生活排水対策 ……………………………………………… 255
　　　　農業集落排水事業 ………………………………………… 256
　　　　土壌浄化法 ………………………………………………… 256
　　　　礫間接触酸化法 …………………………………………… 257
　　　　し尿処理施設 ……………………………………………… 258
　　　　崩壊地対策 ………………………………………………… 258
　13.3　下流対策 …………………………………………………… 259
　　　　温水施設 …………………………………………………… 259
　　　　放流水浄化設備 …………………………………………… 259

14章　水処理関連

　14.1　浄水処理関連 ……………………………………………… 263
　　　　浄水操作 …………………………………………………… 263
　　　　消毒または殺菌処理 ……………………………………… 263
　　　　塩素処理または塩素消毒 ………………………………… 263
　　　　普通沈殿処理 ……………………………………………… 264
　　　　緩速ろ過処理 ……………………………………………… 264
　　　　薬品擬集沈殿処理 ………………………………………… 265
　　　　擬集剤 ……………………………………………………… 266
　　　　急速ろ過処理 ……………………………………………… 266
　　　　異臭味対策 ………………………………………………… 267
　　　　オゾン処理 ………………………………………………… 267
　　　　高度浄水処理［特殊処理］ ……………………………… 268
　　　　膜処理 ……………………………………………………… 268
　　　　逆浸透法による処理 ……………………………………… 269
　　　　活性炭吸着処理 …………………………………………… 270
　　　　トリハロメタン対策 ……………………………………… 270
　　　　除鉄処理［第一鉄塩の除去］ …………………………… 271
　　　　除マンガン処理［マンガン塩の除去］ ………………… 271
　　　　汚泥の処理・処分・利用 ………………………………… 272
　14.2　下水処理関連 ……………………………………………… 273
　　　　都市下水の処理 …………………………………………… 273
　　　　高度処理 …………………………………………………… 274
　　　　活性汚泥法 ………………………………………………… 274
　　　　生物膜法 …………………………………………………… 275
　　　　膜分離活性汚泥法 ………………………………………… 276
　　　　下水処理水のろ過処理 …………………………………… 276
　　　　生物学的窒素除去法 ……………………………………… 277
　　　　硝化および脱窒 …………………………………………… 278
　　　　りん除去法 ………………………………………………… 278
　　　　生物学的りん・窒素同時除去法 ………………………… 279
　　　　下水処理水の消毒 ………………………………………… 280
　　　　下水汚泥の処理・処分・利用 …………………………… 281

xxi

目 次

15章　関連事業と計画

15.1　関連事業と計画 ··· 285
　　　ダム貯水池水質保全事業 ··· 285
　　　水環境改善事業 ··· 285
　　　特定水域高度処理基本計画 ·· 285
　　　流域水環境総合改善計画 ··· 286
　　　湖沼水質保全計画 ··· 286

16章　水質基準等および関連法規

16.1　基　準 ··· 291
　　　水質の基準 ··· 291
　　　水質汚濁に係る環境基準 ··· 292
　　　人の健康の保護に関する環境基準 ··· 293
　　　生活環境の保全に関する環境基準 ··· 293
　　　75％値 ··· 293
　　　地下水の水質汚濁に係る環境基準 ··· 294
　　　土壌汚染に係る環境基準 ··· 294
　　　ダイオキシン類に係る環境基準 ·· 294
　　　一律排水基準 ··· 295
　　　上乗せ基準 ··· 295
　　　横出し基準 ··· 296
　　　地下浸透水基準 ··· 296
　　　水道水の水質基準 ··· 296
　　　下水道からの放流水基準 ··· 297
　　　底質暫定除去基準 ··· 297
　　　農業（水稲）用水基準 ·· 297
　　　水産用水基準 ··· 298
　　　水浴場水質基準 ··· 298
　　　WHO飲料用水質ガイドライン ·· 298
　　　ミネラルウォーター類の原水基準 ··· 298

16.2　法　規 ··· 300
　　　水質規制の法令 ··· 300
　　　河川法 ··· 300
　　　水質汚濁防止法 ··· 300
　　　特定施設 ··· 301
　　　みなし特定施設 ··· 301
　　　公共用水域 ··· 301
　　　総量規制 ··· 302
　　　瀬戸内海環境保全特別措置法［瀬戸内保全法］ ······················ 302
　　　水源地域対策特別措置法［水特法］ ····································· 303
　　　湖沼水質保全特別措置法［湖沼法］ ····································· 303
　　　指定湖沼 ··· 303
　　　下水道法 ··· 304

目　次

　　下水道の種類 ……………………………………………………… 304
　　下水道類似施設 …………………………………………………… 305
　　流域別下水道整備総合計画 ……………………………………… 306
　　水道法 ……………………………………………………………… 306
　　鉱山保安法 ………………………………………………………… 307
　　環境基本法 ………………………………………………………… 307
　　環境基本計画 ……………………………………………………… 307
　　環境への負荷 ……………………………………………………… 308
　　公　害 ……………………………………………………………… 308
　　類型指定 …………………………………………………………… 308
　　特定多目的ダム法 ………………………………………………… 309
　　水源二法 …………………………………………………………… 309
　　化学物質排出移動登録制度［PRTR］ ………………………… 309
　　浄化槽法 …………………………………………………………… 310
　　廃棄物の処理および清掃に関する法律［廃掃法］ …………… 310
　　環境影響評価法 …………………………………………………… 311
　　地球環境保全 ……………………………………………………… 311
　　建設工事に係る資材の再資源化等に関する法律［建設リサイクル法］ … 312
　　生物多様性条約 …………………………………………………… 312
　　文化財保護法 ……………………………………………………… 312
　　自然環境保全法 …………………………………………………… 313
　　野生生物の保護に関する法律 …………………………………… 313
　　絶滅のおそれのある野生動植物の種の保存に関する法律［種の保存法］ … 314

付録　水質の基準 ……………………………………………………… 315
参考文献一覧 …………………………………………………………… 351
索　引 …………………………………………………………………… 357

xxiii

1章

環境影響評価・ミチゲーション

1.1 技術指針・手法

● 環境影響評価［環境アセスメント］（environmental impact assessment）

　土地の形状の変更、工作物の新設やこれらに類する事業を行う事業者が、予めその事業による環境への影響について自ら適正に調査・予測・評価を行い、その結果に基づき環境保全措置等を検討し、事業計画を環境保全上より望ましいものとしていく仕組みを指す。わが国では、1984年に閣議決定された**「環境影響評価実施要綱」**（閣議アセス）によって初めて統一的な手続きに基づく環境影響評価が実施されるようになり、さらに1993年に環境影響評価の推進を規定した「環境基本法」が制定され、次いで「環境影響評価法」が1997年に公布され、1999年に全面施行された。

　この法律に基づく評価の流れは大略図1.1のようになる。

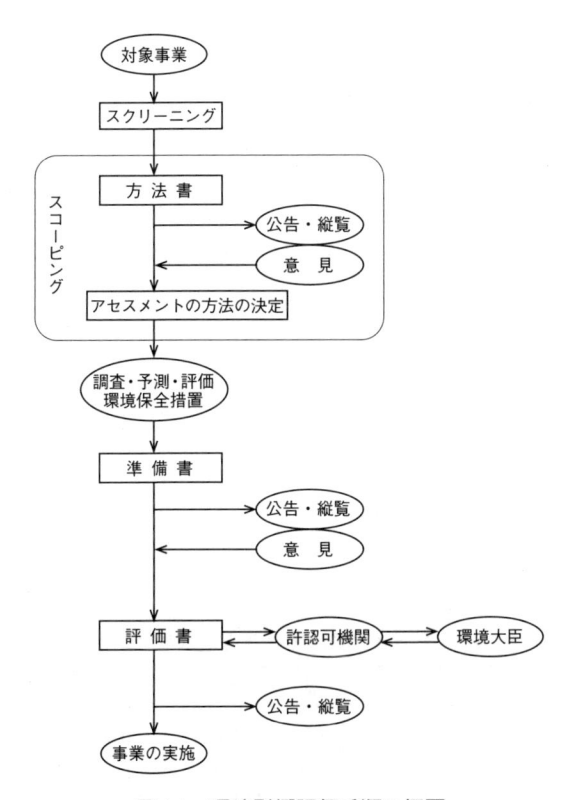

図1.1　環境影響評価手順の概要

1章

● スクリーニング（screening）

　環境影響評価法で対象とする事業は、規模が大きく環境に著しい影響を及ぼすおそれがあり、かつ国が実施もしくは許認可等を行う事業である。必ず環境影響評価を行う一定規模以上の事業を「第一種事業」と定め、また第一種事業に準ずる規模を有する事業を「第二種事業」と定めている。「第二種事業」では、個別の事業特性や地域特性の違いを踏まえ環境影響評価の実施の必要性を個別に検討し、対象事業とするかどうか判定する仕組みとしてスクリーニングを導入している。

　第二種事業の判定の基準は、事業特性と地域特性から環境大臣が定める基本的事項をもとに、事業種ごとに事業所管大臣が主務省令で定めている。

　スクリーニングの具体的な手続きは第二種事業を実施しようとする者（事業者）が、当該事業の許認可等を行う行政機関に事業の実施区域や概要の届け出を行い、これに対して許認可等を行う行政機関は、都道府県知事に意見を聴いて、環境影響評価を行うか否かを判定する流れで行われる。

● 第一種事業（category-I project）

　環境影響評価法が対象とする事業は、規模が大きく環境に著しい影響を及ぼすおそれがあり、かつ国が実施し、または許認可等を行う事業である。対象事業には必ず環境影響評価を行うべき事業の種類、規模等の要件が定められており、これに該当するものを「第一種事業」と呼ぶ。第一種事業の種類は「環境影響評価法施行令」第一条の別表第一に要件が示されている。

● 第二種事業（category-II project）

　「第一種事業」に準ずる規模を有し、環境影響評価実施の必要性について許認可等を行う行政機関が都道府県知事の意見を聴いて個別に判定する事業をいう。

　「第二種事業」の規模の目安は第一種事業の75％とされ、スクリーニングにより環境影響評価を実施すべきか否かを判定する。その種類は「環境影響評価法施行令」第一条の別表第一に要件が示されているが、ダム等については表1.1の通りである。

表1.1　ダム・堰・湖沼水位調節施設および放水路に係る事業の規模

事業の種類	第 一 種 事 業	第 二 種 事 業
ダム	貯水（湛水）面積　100ha以上	75ha以上 100ha未満
堰		
湖沼水位調節施設	改変面積　　　　　100ha以上	75ha以上 100ha未満
放水路		

◗ スコーピング（scoping）

環境アセスメントの方法の確定のために調査、予測および評価の項目および方法を選定するための手続きをスコーピングと呼んでいる。個別の環境影響評価の実施にあたっては、事業者が地方公共団体および環境保全の見地からの意見を有する住民等の意見を聴き、事業特性および地域特性を勘案しながら適切な環境影響評価の項目および手法を選定する仕組みとなっている。

スコーピングの第一の目的は、環境影響評価の内容が画一的なものとならないように、地域や事業の特性を反映した創意工夫のなされた環境影響評価を実施することである。

第二の目的は、事業計画を変更することのできる計画の早期段階で、地方公共団体、住民、専門家等の意見を反映させることにより、事業計画により良い環境配慮を効果的・効率的に組み込むことである。

◗ 方法書（environmental impact scoping statement）

事業者が事業計画や事前に把握した地域の特性をもとにして、今後行うべき環境影響評価の実施計画（項目および手法）案を検討し、これらの案を記載したものをいう。

事業者は「方法書」を公告・縦覧して地方公共団体や環境保全の見地からの意見を有する者の意見を聴き（方法書手続）、この手続の結果を踏まえながら適切な環境影響評価の項目および手法の選定を行う。方法書の作成、公告・縦覧によって、早い段階からの環境配慮の検討等に生かすことができる。

この方法書は広く一般からの情報や意見を求めるためのものであり、事業の内容や地域特性、これらを踏まえた環境影響評価の項目とその調査、予測および評価の手法について、できる限り分かりやすい内容とする必要がある。また、環境影響評価の項目および手法を選定するために用いた情報については、基本的にすべて記載する。

◗ 準備書（draft environmental impact statement）

環境影響評価の項目や調査、予測および評価を合理的に行うための手法の選定のための指針は主務大臣が環境大臣と協議して定められる。事業者はこの指針にしたがい対象事業に係る環境影響評価を行った後、環境影響評価の結果を示すため、「環境影響評価準備書」（以下「準備書」という）を作成することになる。

事業者は準備書の公告・縦覧を行うとともに、縦覧期間内に関係地域内で準備書の記載内容を周知させるための説明会を開催する。準備書の内容に関しては、環境保全の見地から意見のある人は誰でも意見書を提出することができる。準備書の特徴は、記載事項として環境保全措置の検討経過、事業着手後の調査が盛り込まれている点に

あり、これにより必要に応じ複数案の比較検討、フォローアップの内容も記述される。

● 評価書（environmental impact statement）

　事業者は「準備書」の手続を踏まえて「環境影響評価書」（以下「評価書」という）を作成する。この作成にあたって事業者は、「準備書」に対する関係市町村長や、一般住民から提出された意見を踏まえた知事の意見および意見書に対する見解を記載し、必要に応じて準備書の内容に修正を加えた「評価書」を作成して、許認可を行う行政機関に送付する。送付を受けた機関は環境大臣に写しを送付するとともに、環境大臣の意見を勘案して「評価書」について意見を述べることもできる。意見が述べられた時は、事業者はこれらの意見を踏まえて「評価書」を再検討した上で必要に応じてこれを修正などして再度許認可を行う機関に送付し（修正のない場合はその旨の通知）、これを受けた機関は環境大臣に送付（または通知）する。送付（または通知）後、同「評価書」は関係地域を管轄する知事および関係市長村長に送付されるとともに公告、縦覧に供する。

　対象事業の事業者は、この評価書の公告までは工事に着手することはできない。公告がなされてはじめて事業は実施可能となる。一方、許認可の必要な事業については、この「評価書」の内容を受けて、さらに事業の許認可などに係る環境の保全の配慮についての審査が行われた後、事業が実施される。

　「評価書」の公告の後でも、対象地域やその周辺の環境に変化があるなど特別の事情があって再評価が必要となったときは、環境影響評価手続きを再度行うことができる。

● 環境要素と環境影響要因（environmental factor and factor affecting environmental impact）

　事業実施区域およびその周辺の地域特性から、事業実施にともなう環境の変化によって影響を受けるおそれのある環境の構成要素（環境要素）と、環境影響を及ぼすおそれのある要因（環境影響要因）は、対になって環境影響評価の対象とする項目を構成する。

　環境影響評価の項目は、各事業ごとに主務省令で標準的な項目（標準項目）が定められている。また、環境要素についても主務省令で標準項目に対応した環境要素が定められている。これらの標準的な環境要素に係わる項目に対し、事業特性や地域特性に応じて項目の削除および追加がなされる。

　ダム貯水池、堰、湖沼および放水路に係る事業における標準的な環境要素を表1.2に示す。

表1.2　環境要素の区分と基本的な考え方

環境要素とその区分		基本的考え方
環境の自然的構成要素の良好な状態の保持	大気環境	大気環境、水環境、その他(地形、地質、地盤等)の状態の変化が人の健康、生活環境および自然環境に及ぼす影響の把握
	水環境	
	土壌環境・その他の環境	
生物の多様性の確保および自然環境の体系的保全	植物	動物、植物および生態系に対する影響の把握
	動物	
	生態系	
人と自然との豊かな触れ合い	景観	景観や人が自然と触れ合う場に対する影響の把握
	人と自然との触れ合い活動の場	
環境への負荷	廃棄物等	地球環境保全に係わる環境への影響のうち温室効果ガスの排出量等の環境への負荷量、廃棄物に関する発生量等の把握
	人温室効果ガス等	

● 標準調査手法（standardized study procedure）

　環境影響評価を行うにあたっての標準調査方法は、その事業内容を踏まえ、標準項目に対して行う適切で標準的な調査内容を指している。具体的には、主務省令で定められた環境影響評価項目等の選定指針の中で、事業種別の標準項目および各標準項目ごとに標準的な調査および予測の手法が示されている。

　事業者は個別の事業において標準手法を基本とし、事業特性および地域特性、都道府県知事の意見・住民等の意見を踏まえ、必要に応じて標準手法より簡単な手法を選定(簡略化)、または詳細な手法を選定(重点化)することについても検討することになる。なお、必要に応じて標準手法以外の適切と考えられる手法を選定することもできる。

● 予測手法（estimation procedure）

　環境影響評価において、事業の実施による環境への影響の内容および程度を明らかにする予測手法については、調査方法と同様に主務省令で規定された環境影響評価項目等の選定指針の中で標準項目ごとに標準的な手法が示されている。

　事業者は個別の事業において標準手法を基本とし、事業特性および地域特性、都道府県知事の意見や住民等の意見を踏まえ、必要に応じて標準手法より簡略な手法を選定(簡略化)、または詳細な手法を選定(重点化)することについても検討することになる。なお、必要に応じて当該事業の環境影響評価を実施するために適切と考えられる標準以外の手法を選定することもできる。

1章

● 戦略的環境アセスメント［SEA］（strategic environmental assessment）

　戦略的環境アセスメントとは、戦略的な意思決定の初期の段階、すなわち、政策、計画、あるいはプログラムに対し、経済的・社会的な配慮を行うと同様に、環境面においての影響を評価し、考慮するための体系的な手続きをいう。

　戦略的環境アセスメントは、①社会の持続可能な発展を達成するための政策の策定や実施にあたって環境への配慮を意思決定に統合するためのツールとして、また、②従来行われてきた事業実施段階における環境アセスメントでは影響回避に限界があるので、それを補完するためのツールとしての意義がある。

　戦略的環境アセスメントのうち、とくに計画段階で行うものは計画段階アセスメントと称している。

● 事業評価手法（project evaluating procedure）

　旧建設省をはじめとする当時の公共事業関係6省庁は、「公共事業の実施に関する連絡協議会」等の検討を経て、公共事業の再評価システムを1998年に導入するともに、新規事業採択時の費用対効果についても試行をスタートさせた。

　公共事業の評価制度は、「再評価システム」と「新規採択時の費用対効果分析を活用した事前評価システム」の両システムからなる。継続中の事業や予算化しようとする新規事業に対し再評価や事前評価を行い、中止・休止を含む事業の見直し、あるいは新規事業の採択の結果を公表する。公共事業の実施に係わる意思決定プロセスのために重要かつ客観的な判断材料を提供するものであり、事業実施の意思決定プロセスにおける透明性を確保し、国民へのアカウンタビリティ（説明責任）を果たすものである。

　事業評価手法については、これまで統一的評価指針や事業分野別の評価マニュアルが作成されているが、より効率的な事業の実施に向けて一層の改善が求められている。とくに、事業がもたらす社会的波及効果（良質の影響を外部経済効果、悪質の影響を外部不経済効果と呼ぶ）を計測するため、仮想評価法（CVM）やヘッドニック法など、さまざまな評価手法が提案されて試算が行われている。しかしながら、現時点ではどのような場合にどのような評価手法を適用すればよいか体系的な整理が行われておらず、調査方法等によって評価結果が大きく変わるなどの信頼性が十分でないことから、実際の事業評価において適用が進んでいない。

1.1 技術指針・手法

● ダム事業の環境影響評価の技術的な指針（engineering criteria on environmental impact assessment for dam construction project）

　環境影響評価を法律としてではなく、閣議決定として実施していた時代（旧建設省当時）には、ダム事業に係る環境影響評価のための技術指針として「建設省所管ダム事業環境影響評価技術指針」が策定され、建設省所管ダム事業のうち建設省所管事業に係る環境影響評価要綱に定められた対象事業を実施する場合に、公害の防止および自然環境の保全に関して行う調査、予測、評価等の考え方がまとめられていた。

　「環境影響評価法」が1999年に施行されて以降、ダム事業に係る環境影響評価における技術的な指針として、「ダム事業に係る環境影響評価の項目並びに当該項目に係る調査、予測及び評価を合理的に行うための手法を選定するための指針」および「環境の保全のための措置に関する指針」が省令において定められている。

　前者は、ダム事業に係る環境影響評価の項目選定や、それぞれの項目に係る調査、予測および評価を合理的に行うための手法を選定するために必要な事項が指針として示されており、後者は、事業者が実行可能な範囲内で環境影響の悪化をできる限り回避し、または低減させるための措置、あるいは代償措置を検討するための指針を定めたものである。

　なお、ダム事業に係る環境影響評価について実務的な作業を行う際にその考え方や、技術的な指針としての細部要綱が河川事業環境影響評価研究会によって編集された「ダム事業における環境影響評価の考え方」がある。

● 環境の定義と種類（definition and kinds of environment）

　「環境」は一般的に、「そのものを取り巻く外界」と表現されている。環境アセスメントにおける「環境」の定義はとくに設定されているわけではないが、環境要素として大気環境・水環境・土壌環境等・動植物・生態系・景観・自然との触れ合い・廃棄物等が設定されているように、人間社会を形成する（取り巻く）ために係る事業に焦点があてられている。しかし、「環境」という用語は広範囲にかつ概念的にも用いられる言葉であり、定義として定める上で明確に表現できない用語でもある。

　環境基本法制定を目指した中央公害対策審議会と自然環境保全審議会の答申では、「そもそも環境は包括的な概念であって、また、環境施策の範囲はその時代の社会的ニーズ、国民的認識の変化にともない変遷していくものである。したがって、環境基本法制の立法にあたってはその下でこれらの社会的ニーズ、国民的認識の変化に明確に対応し、健康で文化的な生活に不可欠の環境保全のために必要な施策が講じられるようにすべきである」としているが、環境基本法の中でとくに環境または環境保全の定義は与えていない。

1.2 ミチゲーション

■ ミチゲーション（mitigation）

　ミチゲーションは、米国が「開発への影響をトータルとしてゼロとする"No－Net－Loss"構想」を環境政策として打ち出した際に注目を浴びた概念である。その定義は以下の通りである。

① 開発全体あるいはその一部の実施回避（回避行為：Avoidance）
② 行為の影響度を制限することによる影響の最小化（最小化行為：Minimization）
③ 影響を受けた環境そのものの修復、復旧（修復・復旧行為：Rectifying）
④ 保護およびメンテナンス作業によりある行為の影響を全期間中にわたって軽減するか、除去する行為（軽減・除去行為：Reducing and Eliminating）
⑤ 代替し得る資源または環境の提供による代償（代償行為：Compensation）

　これは、開発行為を実施するにあたってそれがもたらすであろう環境への影響をできるだけ軽減するとともに、失われるであろう環境と同等の質のものをより積極的に代替処置を講じて再生、修復あるいは復元しようとする対策である。

1.3 生 態

■ 生態系（ecosystem）

　ある地域にすむ全ての生物群集とその生活に関する非生物（無機的）環境をひとまとめにして、物質循環やエネルギーの流れに注目して機能系として捉えた系。その構造は陸上、水圏を問わず図1.2に示すような仕組みになっている。

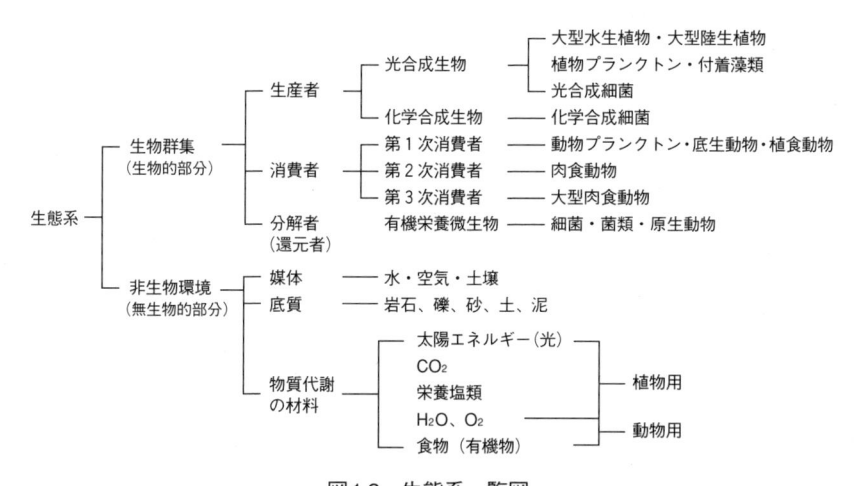

```
                    ┌ 生産者 ─┬ 光合成生物 ─┬ 大型水生植物・大型陸生植物
                    │         │              ├ 植物プランクトン・付着藻類
                    │         │              └ 光合成細菌
          ┌ 生物群集 │         └ 化学合成生物 ── 化学合成細菌
          │ (生物的 ┤ 消費者 ─┬ 第1次消費者 ── 動物プランクトン・底生動物・植食動物
          │  部分) │         ├ 第2次消費者 ── 肉食動物
          │        │         └ 第3次消費者 ── 大型肉食動物
          │        └ 分解者 ── 有機栄養微生物 ── 細菌・菌類・原生動物
生態系 ─┤           (還元者)
          │        ┌ 媒体 ── 水・空気・土壌
          │        │ 底質 ── 岩石、礫、砂、土、泥
          └ 非生物環境
            (無生物的部分)    ┌ 太陽エネルギー（光）
                    └ 物質代謝 │ CO₂
                       の材料 ─┤ 栄養塩類 ─┬ 植物用
                              │ H₂O、O₂   │
                              └ 食物（有機物） ── 動物用
```

　　　　　　　　図1.2　生態系一覧図
　　　　　　　山岸宏（1982）より引用の上加筆

■ 食物連鎖（food chain）

　生物群集内においてある種(A)が他の動物(B)に食べられ、(B)が他の動物(C)に、そして(C)が(D)に食べられる関係があるとき、(A)、(B)、(C)、(D)は食物連鎖を形成するという。

　食物連鎖は図1.3に示すように複雑な連鎖網を形成するが、質的量的に重要な連鎖を骨格的食物連鎖（skeleton food-chain）といい、太線の矢印で示されている。また連鎖を形成する様式によって、動物を捕らえて食する捕食連鎖（predation food-chain）、植物を直接食する生食連鎖（grazing food-chain）、死骸を食する腐食連鎖（redation food-chain）そして寄生連鎖（detritus food-chain）などに分類される。

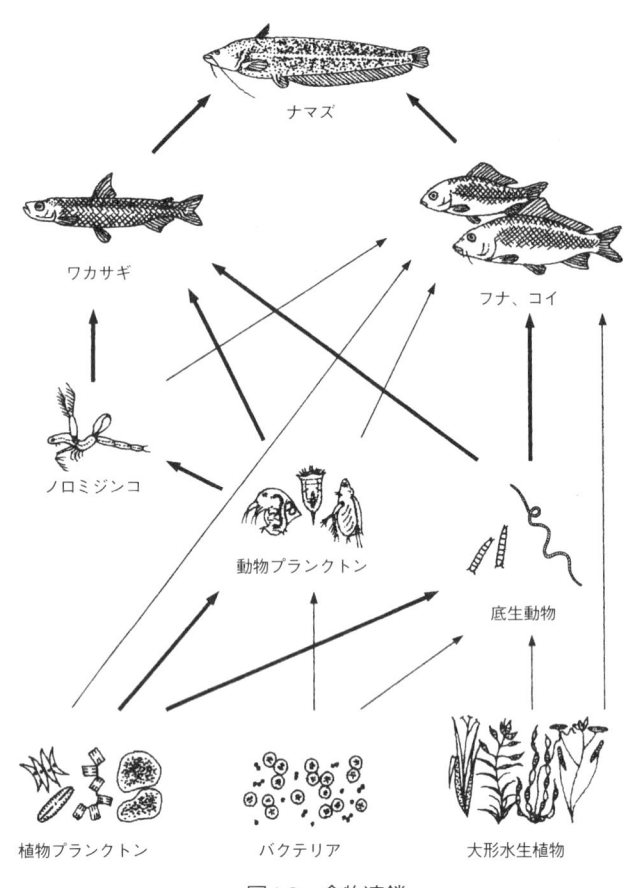

図1.3　食物連鎖
西条八束(1996)より引用

● 生態ピラミッド（ecological pyramid）
　一つの群集の内で、食物連鎖関係にある動物種の間で個体群数を比較すると、食物となる種の方が捕食する側の種より多いのが普通であり、これを図1.4のように三角形状に模式化したものをいう。食うものと食われるものとの間の関係は、生産者→第一次消費者→第二次消費者→第三次消費者と個体数の関係にまで拡張され、各層の個体数比率はおおよそ1対10といわれている。

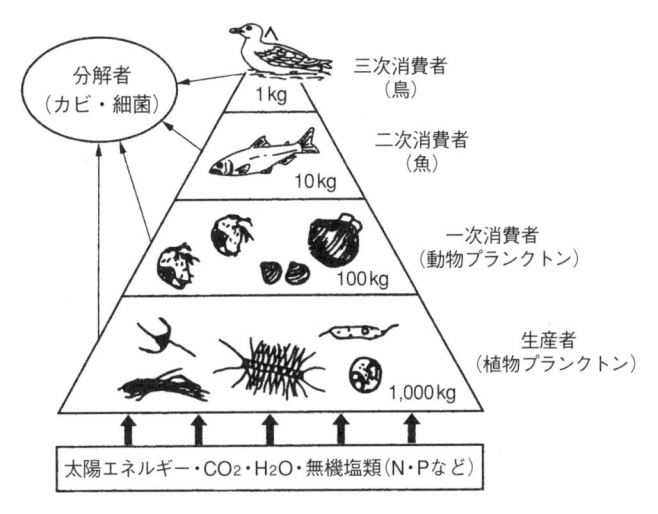

図1.4　生態ピラミッドの概念
山室真澄（1996）より引用

● 生産者（producer）

　生態系において無機物から有機物、すなわち生物体をつくる独立栄養生物あるいは生物群のことで、栄養段階の最基底をなす生物である。通常の生態系では、光合成能力をもつ細菌類・植物がこれにあたる。これらの生物は太陽エネルギーを利用して二酸化炭素と水から有機物を合成し生物体をつくり上げており、それが動物に捕食されること、すなわち食物連鎖によって生態系の基礎を成り立たせている。その意味で、無機物からの有機物生産を一次生産または基礎生産という。なお、特殊な生態系では化学合成能力をもつ硫黄細菌、硝化細菌、水素細菌、鉄細菌などが生産者となっている場合もある（「一次生産量」p.108参照）。

● 消費者（consumer）

　生態系において、生産者がつくった有機物を直接、間接に利用することによって生活している生物群のことであり、通常は後生動物と原生動物である。また、寄生性の植物も消費者といえる。
　この定義からは菌類や従属栄養細菌も含まれることになるが、これらは「分解者」として扱われる。生産者を直接捕食するものを一次消費者、さらにそれを捕食するものを二次消費者、以下三次消費者、四次消費者などというが、二次消費者以降をまと

めて高次消費者ということも多い。湖沼や貯水池内では植物プランクトンを食べる動物プランクトンが一次消費者、それを食べる魚類以上が高次消費者である。なお、消費者は有機物を消費するだけでなく、自分の体という別の有機物につくり替えているという意味で消費者を二次生産者ということもある。

◉ 分解者（decomposer）

生態系における腐食食物連鎖に属し、死んだ生物体や排出物あるいはその分解物を分解して、その際に生ずるエネルギーによって生活し、有機化合物を生産者が利用できる簡単な無機化合物に戻す無機化の役割を果している生物あるいは生物群で、還元者ともいう。その他、栄養性の細菌類、菌類、原生動物も含まれる。

◉ 上位性（dominance）

食物連鎖の上位に位置する種およびその生息環境によって表現され、下位に位置する生物を含めた地域の生態系の保全の指標となるという観点から環境影響評価が行われる。上位性の注目種等は、地域の動物相やその生息環境を参考に、ほ乳類、鳥類等の地域の食物連鎖の上位に位置する種を抽出する。

◉ 典型性（typification）

地域の生態系の特徴を典型的に表している生物群集および生息・生育環境によって表現され、地域の代表的な生物群集およびその生息・生育環境の保全が地域の生態系の保全の指標になるという観点から環境影響評価が行われる。典型性の注目種等は、地域の動植物相やその生息・生育環境を参考に、地域において代表的な生物群集を抽出する。

◉ 特殊性（particularity）

特殊性は、典型性では把握しにくい特殊な環境を指標とする生息・生育環境およびそこに生息・生育する生物群集によって表現され、特殊な生物の生息・生育環境の保全が地域の特殊な生態系の確保の指標となるという観点から環境影響評価が行われる。特殊性の注目種等は、地域の地形および地質、動植物相やその生息・生育環境を参考に、地域の特殊な生息・生育環境に生息・生育する生物群集を抽出する。

◉ 移動性（migratory habit）

複数の環境を移動し生息する種、およびその生育環境によって表現され、複数の環境を移動し生息する種、およびその移動経路の保全が地域の生態系の保全の指標とな

るという観点から環境影響評価が行われる。移動性の注目種等は、地域の動物相および生育環境を参考に、移動範囲の広いほ乳類、魚類を抽出する。

■ 群集と群落（biotic community and ecological community）

群集とは自然界に混ざり合って生活している異種の生物の集まりを指すが、その定義は数多くある。

おのおのの生物の生活のしかたには独自性が強いので、とくに植物、なかでも緑色有胚植物についてはこれだけを取り出して「植物群落」あるいは「群落」と呼ぶ。

■ 重要な種（important species）

環境影響評価等で取り上げられる「重要な種」は、**表1.3**と**表1.4**に示すように天然記念物などの環境関連法律で指定されたもの、あるいはレッドデータブックに掲載されているものなどが該当し、複数の根拠より選定されている。

■ 絶滅危惧種と絶滅種（endangered species and extinct species）

絶滅危惧種は現在知られている個体群で、個体数が著しく減少している種、すべての生息地で生息条件が著しく悪化している種、再生産能力を上回るほど捕獲、採取されている種、種として純粋性がほとんど失われつつある種などをいう。

絶滅種は過去に生息が確認されているがすでに絶滅したと推定される種であり、信頼度の高い調査や記録によって絶滅したことが確認されているか、複数の信頼できる調査でも生息が確認できなかったものをいう。

■ 危急種と希少種（vulnerable species and rare species）

危急種は絶滅の危険が増大しているもので、大部分の個体群で個体数が大幅に減っている種、大部分の生息地で生息条件が明らかに悪化しつつある種、大部分の個体群がその再生能力を上回るほど捕獲、採取されている種、分布域のかなりの部分に交雑可能な別種が侵入しており、種としての純粋性が失われつつあるものをいう。

希少種は存続基盤が脆弱な種であって、生活環境が変化すれば容易に絶滅危惧種や危急種に移行するような要素をもつもの、生息状態の推移からみて種の存続への圧迫が強まっているもの、分布域の一部で個体数の減少や生息環境の悪化などの傾向が強いか、今後さらに進行するおそれのあるものをいう。

表1.3　必ず対象とする重要な種

法律名等	基準となる区分
文化財保護法（文化庁告示第2号）（昭和25年2月30日法律第214号）（文化財保護法の第98条第2項の規定に基づく地方公共団体の文化財保護条例を含む）	文化財保護法、地方公共団体における条例で指定された自然的構成要素である動物に係る天然記念物で、以下に示す国宝及び重要文化財指定基準並びに特別史跡名勝天然記念物及び史跡名勝天然記念物指定基準（昭和26年5月10日告示）に該当するもの ①日本特有の動物で著名なもの及びその棲息地 ②特有の産ではないが、日本著名の動物としてその保存を必要とするもの及びその棲息地 ③自然環境における動物又は動物群集 ④家畜以外の動物で海外よりわが国に移植され現時野生の状態にある著名なもの及びその棲息地 注）天然記念物には家畜を対象としている場合があるが、野生の種のみを対象とする。
絶滅のおそれのある野生動植物の種の保存に関する法律（平成4年6月5日法律第75号）	①国内希少野生動物種（その個体が本邦に生息し又は生育する絶滅のおそれのある野生動植物の種） ②緊急指定種 ③生息地等の保護区域（動物に係わるもの）
日本の絶滅のおそれのある野生生物－無脊椎動物編－（レッドデータブック）（環境庁、平成3年）	①絶滅種 ・我が国ではすでに絶滅したと考えられる種又は亜種 ②絶滅危惧種 ・絶滅の危機に瀕している種又は亜種 ③危急種 ・絶滅の危機が増大している種又は亜種 ④希少種 ・存続基盤が脆弱な種又は亜種 ⑤地域個体群 ・保護に留意すべき地域個体群
レッドリスト（環境庁、平成10年他）	①絶滅 ・我が国ではすでに絶滅したと考えられる種 ②野生絶滅 ・飼育・栽培下でのみ存続している種 ③絶滅危惧 　○絶滅危惧Ⅰ類（絶滅危惧ⅠA類・絶滅危惧ⅠB類） 　　・絶滅に瀕している種 　○絶滅危惧Ⅱ類 　　・絶滅の危機が増大している種 ④準絶滅危惧 ・現時点では絶滅危険度は小さいが、生息条件の変化によっては「絶滅危惧」に移行する可能性がある種 ⑤情報不足 ・評価するだけの情報が不足している種 ⑥絶滅のおそれのある地域個体群 ・地域的に孤立しており、地域レベルでの絶滅のおそれが高い個体群

河川事業環境影響評価研究会（2000）より一部引用

表1.4　必要に応じて対象とする重要な種

文　献　名	基　準　と　な　る　区　分
地方公共団体作成レッドデータブック 例）さいたまレッドデータブック(埼玉県、1996年)	例）さいたまレッドデータブックにおけるカテゴリーの定義 ①絶滅種 ・すでに絶滅したと考えられる種又は亜種 ②絶滅危惧種 ・絶滅の危機に瀕している種又は亜種 ③危急種 ・絶滅の危機が増大している種又は亜種 ④希少種 ・存続基盤が脆弱な種又は亜種 ⑤地域個体群 次のいずれかに該当する地域個体群 ・各地帯区内で生息域が孤立しており、地域レベルで見た場合、絶滅に瀕しているかその危機が増大していると判断されるもの ・地方型としての特徴を有するもの、又は分布域の縁辺部や隔離分布という観点から見て重要と判断される地域個体群で、絶滅に瀕しているかその危機が増大していると判断されるもの ［留保分類群］ ・上記のカテゴリーのいずれかに属すべき性格の一部を有しているものの、分布や生息環境などに関する既存知見が乏しく、カテゴリーへの分類が困難である分類群

注）対象ダム事業実施区域及びその周辺の区域が属する地域に、地方版レッドデータブックが無く、対象ダム事業実施区域が県境部にある場合には、周辺の地方公共団体のレッドデータブック等を必要に応じて参考にする。

河川事業環境影響評価研究会（2000）より引用

● 多様性指数（diversity index）

　生態系の安定性は種の豊富さと種間の個体数によって示される。これを定量的に示す指数として多様性指数が用いられる。環境に対する影響（富栄養化・水質汚濁・毒性物質の流入など）によって、その環境に生息する生物種の多様性は低下することが多いことから、生物の多様性から環境状況を類推することも可能となる。

　また、生物現存量は少ないが、多様な種が存在し生態系が安定な状態であれば、外からの影響に対して適応し得る種が存在することにより生態系の変換は円滑になされる。一方、特定の少ない種だけで存在すると統計上現存量の多い状態となり、生態系が安定でない状態となり外からの影響によりその特定の生物種が損傷を受け、その影響が食物連鎖や物質循環を通して伝搬し、生態系全体が大きな損傷を受けることになる。

　したがって、生態系の安定性を論ずるには現存する生態系の生物の多様性が重要となり、その程度を表す指標として多様性指数が用いられる。

一般にはShannon Indexが用いられている。

$$\mathrm{SI} = -\sum_{i=1}^{m}(N_i/N)\ln(N_i/N)$$

ここに、m=種の数、N_iはi番目の種の個体数、Nは全個体数

　種類が1種類ならばSI=0となる。SI値が小さくなるほど汚濁や富栄養化が進んでいるといえる。

2 章

ダム設備

2.1 放流設備

● 常用洪水吐（normal spillway）
　ダムは異常な洪水に見舞われてもダム天端から越流しないことを原則として計画されている。洪水吐は、洪水の流入に対してダムと貯水池の安全を確保するために設けられた施設で、常用洪水吐と非常用洪水吐がある。常用洪水吐は洪水時にダム貯水池に流入した流水をサーチャージ水位以下の水位で洪水調節しながら放流するための施設である。

● 非常用洪水吐（emergency spillway）
　異常洪水時にダム天端からの越流を防ぎダムの安全を確保するために、常用洪水吐と合わせて一定の流量（設計洪水流量）以下の流水を安全に流下させるための施設のことで、ダムの安全を確保するためサーチャージ水位以上の貯留水の放流に使用する。
　一般に、洪水吐のゲート操作には時間を要するため、湛水面積の小さなダムではこれが原因となって水位の異常な上昇をひき起こすおそれがあるので、流域面積が100km^{2}以下のダムの非常用洪水吐にあっては、原則としてゲートを設けないものとされ越流堤等が設けられている。

● 表面取水設備（surface water intake facility）
　ダム貯水池の表層水を取水する設備である。表層取水設備ともいう。
　ダム貯水池では、太陽熱による水面の温度上昇および対流のため、鉛直方向に異なる水温分布を形成し、放流水の取水位置によっては流入河川の水温と異なることもある。特に取水口が底部にある場合は取水温が流入河川より低くなり、下流の生態系や、農業用水として利用する場合は農作物の生育に悪影響を与えることがある（「冷水現象」p.120参照）。
　そこで、貯水池で暖まった表層水を取水するために「表面取水設備」が設置されるようになった。取水量は小さいものの形状の簡易な多孔式は昭和20年代以前から使われており、現在でも新設される約半数はこの形式である。水位変動に追随することができる形式（直線多段式、円形多段式、半円形多段式、ヒンジパイプ式等）も多孔式同様古くから設置されているが、昭和50年ごろから昭和末年ごろまで設置数が増えている。
　これら表面取水設備の設置によって冷水問題はかなり解決されたが、一方で濁水や過温水の問題が取り上げられるようになった。すなわち、出水時に貯水池に流入した濁水が貯水池に溜まり、これを徐々に放流することにより、下流河川の濁水が長期化

し、景観のみならず下流の生態系にも悪影響を与えることがある(「濁水長期化現象」p.110参照)。また、表層取水して放流した水温が高すぎると下流の生態系に悪影響を与えるとも言われている(「温水現象」p.120参照)。

このため、最近は貯水池の任意の水深からも取水できる選択取水設備が設置されるようになってきている。

● 選択取水設備（selective water withdrawal facility）

ダム貯水池内において取水する水深を選択できる取水設備をいう(図2.1参照)。一般に、ダム貯水池では表層から底層にかけて水温や濁度などの水質が異なる。選択取水設備により、必要に応じて取水する水深を変え、深さにより異なる性質の水を目的に応じて取水することができるため、灌漑期における冷水対策、洪水時の濁水対策等が可能となる。常時は流入水温に近い水温層からの取水を基本とする。

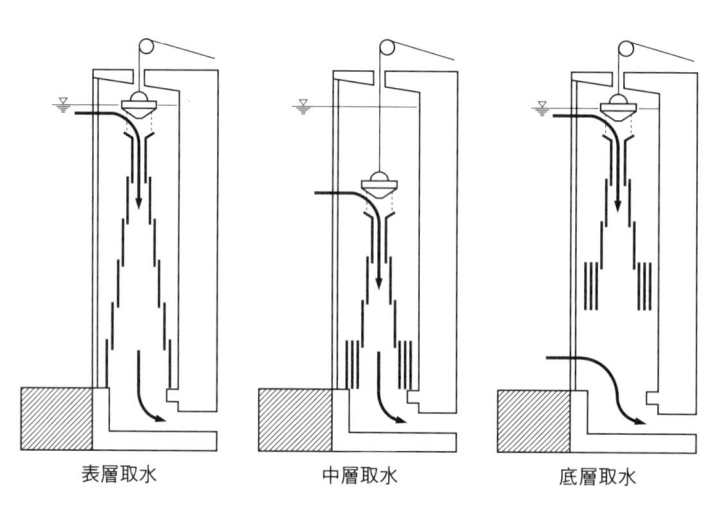

表層取水　　中層取水　　底層取水

図2.1　選択取水設備
盛下勇(2002)より引用

● ゲート（gate or hydraulic gate）

洪水吐など、ダムから水を放流するための設備として設置される開閉や流量調節をする装置である。設置場所により、クレストゲート、オリフィスゲートや高圧ゲート等がある。また、構造より分類してさまざまな形式のものがあるが、ダムで使用される代表的なゲートとしてローラーゲートやラジアルゲートがある。

◼ クレストゲート（crest spillway gate）

ダムの堤頂部に設置されるゲートである。一般に、異常出水時にダム天端からの越流を防ぐために洪水吐に設置されている非常用洪水吐ゲートとして設置される。ダムへの流入量が計画規模を超える洪水量となる場合に、他の放流設備と合わせて設計洪水量以下の流量を放流する。一般に、ローラーゲート（開閉用ゲートの板にローラーが付いている構造で、上下に開閉するもの）またはラジアルゲート（表面が円弧状で、その曲線の中心を軸に回転することによって開閉するもの）が使用される（図2.2参照）。

◼ オリフィスゲート（orifice gate）

ダム貯水池計画上の必要性から越流頂の敷高が低標高となったときに、最高水位での放流量が極端に大きくなるのを避けるため、その上部をコンクリート製カーテンウォールで閉塞した放流設備をいう。

比較的浅い位置に設置されるゲートであり、通常は洪水調節用に使用される。

基本的構造は高圧ゲートと変わるところはなく、設計水深25m未満をオリフィスゲートと呼び、25m以上を高圧ゲートと呼ぶ（図2.3参照）。

◼ 高圧ゲート（high pressure gate）

設計水深25m以上の場所に設置され、水圧が作用した状態で操作を行うダム用水門扉をいう。

堤体の中央部に埋設された全管路形あるいは半管路形の放流管の下流側に洪水調節用の大容量の高圧放流設備として設置され、コンジットゲート（conduit gate）とも呼ばれる。下流部には主ゲートが、上流部には流水遮断および主ゲートの保守点検のための予備ゲートが設けられる（図2.4参照）。

◼ 排砂ゲート（wash-out gate）

ダム直上流部に堆積した土砂を下流に排出させるためにダム底部付近に設ける設備で、出し平ダムと宇奈月ダムの排砂設備は止水ゲート、調節ゲート、副ゲートの3門で構成される。止水ゲートは排砂路の止水を行い、調節ゲートは放流量を調節しながら土石を放流するためのゲートで、副ゲートは調節ゲートのバックアップ機能として設置される。なお、ゲートの運用は下流河川およびダム運用への影響を考慮して行う必要がある（図2.5参照）。

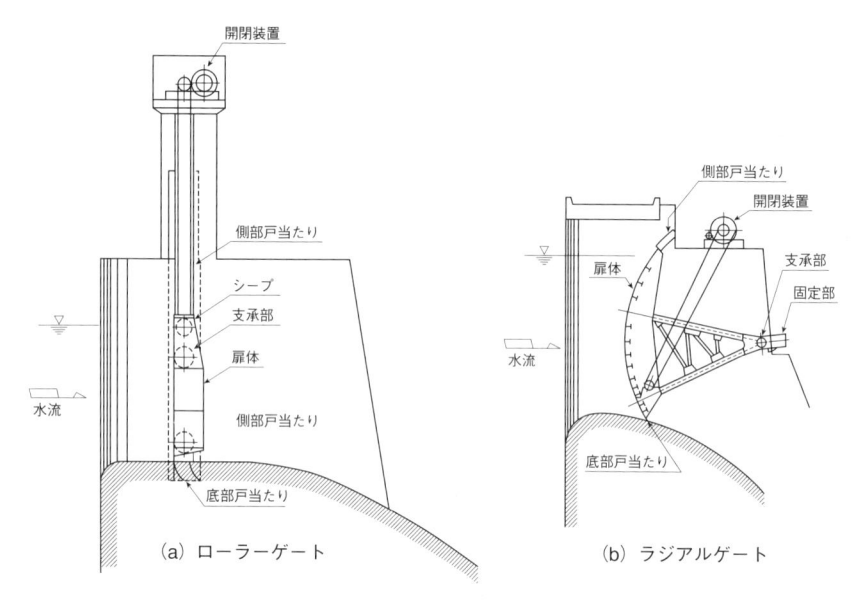

(a) ローラーゲート　　　　　(b) ラジアルゲート

図2.2　クレストゲート
(財)ダム技術センター(2005)より引用

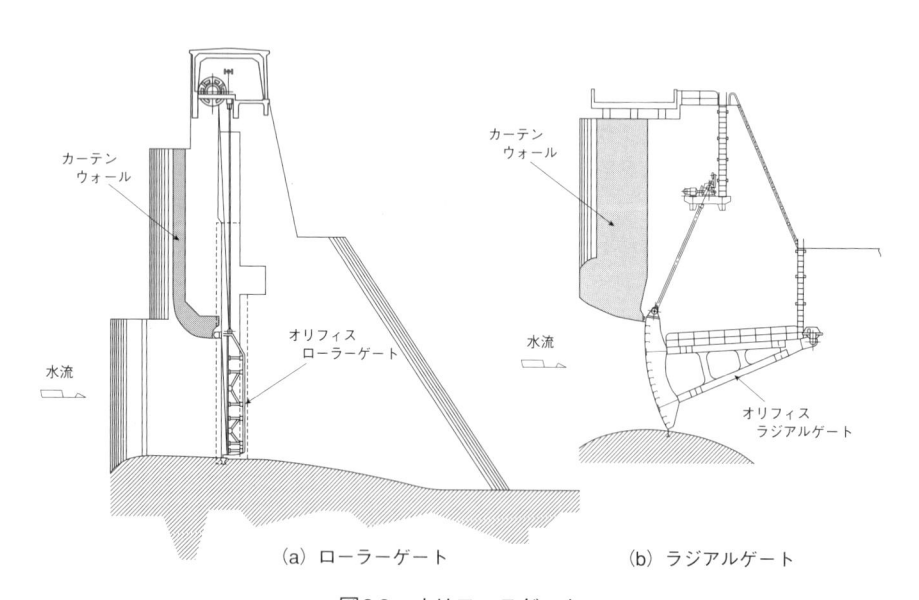

(a) ローラーゲート　　　　　(b) ラジアルゲート

図2.3　オリフィスゲート
ゲート総覧委員会(1980)より引用の上修正

2.1 放流設備

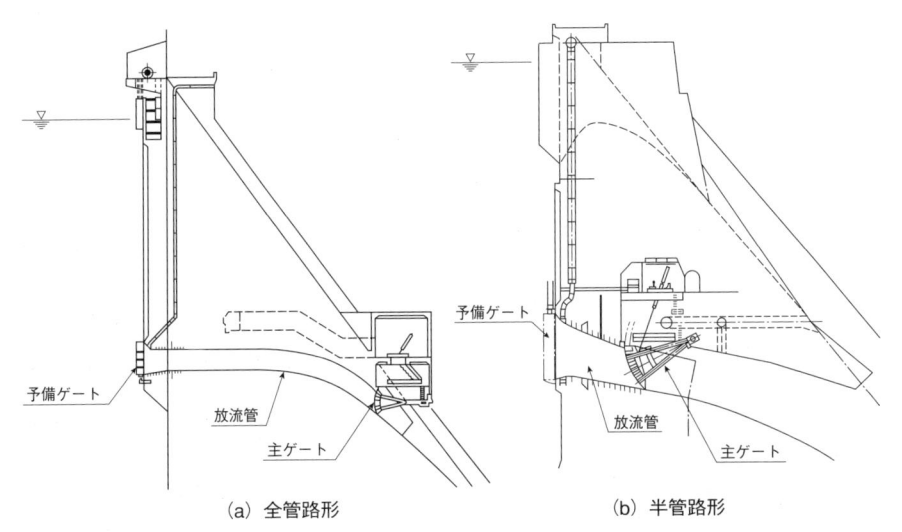

(a) 全管路形　　　　　　　(b) 半管路形

図2.4　高圧ゲート
ゲート総覧委員会(1980)より引用の上修正

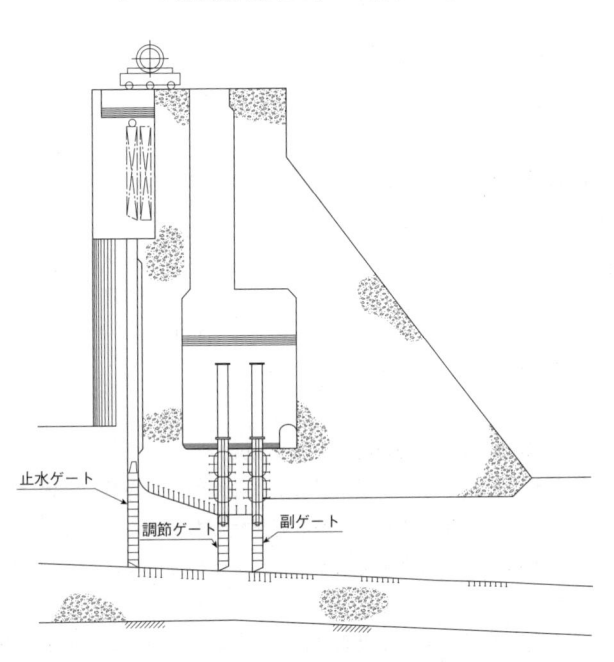

図2.5　排砂ゲート
国土交通省黒部工事事務所(2002)より引用の上修正

🔘 放流管（conduit pipe）

　ダム放流設備のうち、主要部分を鋼材とする管路式の流入部および導流部をいい、整流管、整流板および内張管を含む。ただし、水力発電の送水専用に使われる管路（水圧鉄管）は、構造は放流管に類似するが、放流管の内には通常含まれない。

　一般に、管路型の放流設備のうち、操作水深が25m以上のものについては高圧型管路と呼ばれるが、操作水深が25m未満のものは低圧型管路あるいはオリフィス型の放流設備とも呼ばれ、中小水頭の放流設備として使われている。

　オリフィス型以外で圧力管路部分を有する放流設備は、通常「放流管」と呼ばれ、その設置目的と規模によって大断面放流管と小断面放流管とに分けて取り扱われる。このうち大断面放流管は、洪水調節用放流設備として使用される吐出口断面積が3〜4m^{2}以上の放流管である。これに対して、小断面放流管は小規模の洪水調節用放流設備、ダムの維持管理および流水管理用の放流設備として使用される吐出口断面積が3〜4m^{2}以下の放流管である。

🔘 利水放流管（utilizing water conduit pipe）

　水道水、灌漑用水、工業用水および河川維持流量等をダム前面よりダム直下に放流する設備である。一般に、小断面の放流管、流量調節用のゲートまたはバルブにより構成される。常時満水位から洪水期制限水位まで水位を下げる時にも用いられる。

🔘 低水位放流管（bottom outlet conduit pipe）

　非洪水時に河川の流水の正常な機能を維持するために必要な流量、すなわち**正常流量**を放流するための設備である。その放流能力は、低水基準点で正常流量が定められているときは、これに対応するダム地点で必要流量以上の流量を、低水基準点で上記流量が定められていないときは、ダム地点の流域面積100km^{2}当り1m^3/sec程度の流量を目安として定めている。

🔘 緊急放流管（emergency water conduit pipe）

　コンクリートダムと異なり、フィルダムでは堤体からの異常な漏水は加速度的に堤体材料の流出を招き、堤体の破壊に繋がる可能性がある。このような場合に、貯水位を低下させることは堤体の安全性を増加させ貯留水の流出を緩和し、被害の軽減を図ることになるので、できるだけ標高の低い位置に放流設備（緊急放流管）を設けることがフィルダムの安全性を確保するために必要となる。緊急放流管の放流能力は、他の放流設備と併せて常時満水位から最低水位まで表面遮水型のフィルダムでは約4日間で、その他の形式のフィルダムでは7日から10日間で水位低下できる流量とされる。

なお、緊急放流管はフィルダムに限らずコンクリートダムでも点検、修理用に設置する。また、利水容量が底をついた場合、死水放流にも使うことがある。

● 水圧鉄管（steel penstock）

水力発電機に送水するための内水圧の働く鋼管区間をいう。取水口から水圧鉄管始端までの開水路区間は導水路といい、発電機から放水口までの区間は放水路という。

水力発電は当初川の上流と下流の落差を利用しその間に水圧鉄管を配した流れ込み式と呼ばれるものから始まったが、水量の安定を図るため上流側にダム貯水池を設けたダム式が主流となっていった。近年は電力負荷の変動を吸収するため発電所の上流側と下流側に貯水池を設け、夜間の余剰電力で下流側貯水池の水を上流側貯水池に送り込んでおき、昼間の電力ピーク時にその水で発電する揚水発電も行われるようになった。

2.2 魚道設備

■ 魚道（fishway）

　魚類が遡上する河川を横断して設けられる堰、頭首工、ダム等の構造物に設置される。魚類の移動を阻害するか、あるいはその可能性のある場合、その障害を軽減、除去するために設置された水路または設備をいう。

　魚道の種類としては、その水理学的メカニズムの違いにより分類すると、プールタイプ、水路タイプ、阻流板式、水位追随型、ロック式、エレベーター式、シャフト式等がある。

3章

貯水池の水理・水質

3.1 貯水池の水理

■ 連続式 (continuity equation)

　連続式は流体力学原理の一つである質量保存則（単位面積内の単位時間当りの質量の増加を記述するもの）から導かれる水の運動法則の一つである。水の密度が外力を受けても変わらない性質（非圧縮性）を持つ場合には、連続式は次式のように表示される。

$$\frac{\partial u}{\partial x} + \frac{\partial v}{\partial y} + \frac{\partial w}{\partial z} = 0$$

ここに、x, y, z：直角座標系における空間座標、u, v, w：各 x, y, z 座標軸方向の速度成分である。

■ 運動方程式 (equation of motion or momentum equation)

　物体の運動を決定する方程式で、運動量方程式と呼ばれることもあり、対象とする流れ場の性質や取扱いにより、種々のものがある。

　質点系の力学では、エネルギー保存則とともに運動量保存則が活用される。運動量保存則は、系内の運動量の変化は与えられた力積に等しいと表現されるが、これはニュートン力学の第二法則、$F = m \cdot dv/dt$（力＝質量×加速度）を書き換えたもの、ないしは言い換えたものである。

　流体の力学においても同様であるが、流体粒子には固体や質点系のように特別な目印がなく、個々の流体粒子を解析対象とするのは不便なため、空間の固定点における各瞬間の流速を対象としている（Euler 的取り扱い）。この場合、流体粒子の各方向の速度成分は、時間と位置の座標 (x, y, z) を独立変数として、$u(x, y, z, t)$、$v(x, y, z, t)$、$w(x, y, z, t)$ などと書き表される。したがって、質点系での運動方程式 $F = m \cdot dv/dt$ は、流体では x, y, z を含めた全微分をとることとなる。また実在の粘性流体では外力の他に内部応力としての圧力 p と粘性によるせん断応力が働くため、流体力学の基本式の一つである Navier-Stokes の方程式は次式のように記述される。

〈Navier-Stokes の方程式〉

$$\frac{\partial(\rho u)}{\partial t} + u\frac{\partial(\rho u)}{\partial x} + v\frac{\partial(\rho u)}{\partial y} + w\frac{\partial(\rho u)}{\partial z} = F_x - \frac{\partial p}{\partial x} + \mu\nabla^2 u$$

$$\frac{\partial(\rho v)}{\partial t} + u\frac{\partial(\rho v)}{\partial x} + v\frac{\partial(\rho v)}{\partial y} + w\frac{\partial(\rho v)}{\partial z} = F_y - \frac{\partial p}{\partial y} + \mu\nabla^2 v$$

$$\frac{\partial(\rho w)}{\partial t} + u\frac{\partial(\rho w)}{\partial x} + v\frac{\partial(\rho w)}{\partial y} + w\frac{\partial(\rho w)}{\partial z} = F_z - \frac{\partial p}{\partial x} + \mu\nabla^2 w$$

ここに、ρ は密度、μ は粘性係数、$\nabla^2 = \dfrac{\partial^2}{\partial x^2} + \dfrac{\partial^2}{\partial y^2} + \dfrac{\partial^2}{\partial z^2}$ で表される微分演算子である。

なお、実在の流れは乱流であるため、乱れによる運動量輸送（レイノルズ応力）が粘性応力に付加される。このとき、粘性応力はレイノルズ応力に比べ極めて小さく無視されるのが普通であり、上式の粘性係数 μ は渦動粘性係数（E_x, E_y, E_z）に置き換えられる。

● 移流拡散方程式（convection and diffusion equation）

湖沼や貯水池内における熱および物質輸送を記述するうえで基本となる方程式。一般的に知られているのはFickの拡散方程式と呼ばれるものであり、三次元の場合、次式のように記述される。

$$\frac{\partial C}{\partial t} + u\frac{\partial C}{\partial x} + v\frac{\partial C}{\partial y} + w\frac{\partial C}{\partial z} = K_x\frac{\partial^2 C}{\partial x^2} + K_y\frac{\partial^2 C}{\partial y^2} + K_z\frac{\partial^2 C}{\partial z^2}$$

ここに、x, y, z は直交座標上の互いに直交する軸、u, v, w はそれぞれ x, y, z 方向の流速、K_x, K_y, K_z は x, y, z 方向の拡散係数である。C は水温および濁質をはじめとした物質輸送を取り扱う対象の水質濃度である。

ただし、この式は主に水域内の流動に依存した移流・拡散のみを考える場合に適用できるものであり、実際の水域では、移流・拡散によらない熱および物質の生成・消滅を考慮する必要がある。水温を取り扱う場合には水表面における大気との熱交換、富栄養化現象を取り扱う場合には、植物プランクトンの光合成による増殖等がそれに該当する。この場合、各水質の生成・消滅を表現する項（S）を式の右辺に加えることにより記述することとなる。

$$\frac{\partial C}{\partial t} + u\frac{\partial C}{\partial x} + v\frac{\partial C}{\partial y} + w\frac{\partial C}{\partial z} = K_x\frac{\partial^2 C}{\partial x^2} + K_y\frac{\partial^2 C}{\partial y^2} + K_z\frac{\partial^2 C}{\partial z^2} + S$$

なお、水温や水質の空間平均値を扱う場合には、流速、水温、水質の空間分布に基づく拡がり（分散）の程度を表わす分散係数（D_x, D_y, D_z）を用いて、上述の式と同形の移流分散方程式が用いられることになる。

● 静水圧（hydrostatic pressure）

流体の内部では相対速度がなければ摩擦力は働かない。水が静止していれば、水中でも水と壁面の間でも摩擦力は存在しない。また、表面張力を受けている水面を除けば、流体は引張り力を受けて静止していることはできないから、一般に静止した水の中に働く力は圧力（静水圧）だけであるということができる。

水を入れた容器の内面、あるいは水中に仮想した面には静水圧が働き、その方向は

面に対して垂直である。このことは面に沿う方向の力のないことであって、これは水に限らず空気・油など、すべての流体に共通である。

水圧とは単位面積当りの水の力であって、面積$A(m^2)$に働く水の力を$P(N)$とすると、Aの上に水圧が一様に分布している時は、水圧$p(Pa = N/m^2)$は

$$p = \frac{P}{A}$$

である。静水中の任意の点における水圧の強さはすべての方向に等しい値をもつ。静水圧は以下の式で表現される。

$$0 = -\frac{1}{\rho}\frac{\partial p}{\partial Z} - g$$

水中の密度が一様であるとして上式を積分することにより次式が得られる。

$$p = \gamma H$$

ここに、ρ：水の密度(kg/m^3)、g：重力加速度(m/s^2)、Z：鉛直方向距離(m)、γ：$(=\rho g)$水の単位体積重量$(kg/m^2/s^2)$、H：水深(m)

湖沼や貯水池の流れは極めて緩慢であるため、鉛直方向の運動方程式には上記のような静水圧近似を用いるのが普通である。

乱流と層流（turbulent flow and laminar flow）

粘性流体の実際の流れには、層流と乱流という明確に異なった二つの流れの状態が存在する。外的条件が一定であっても、ある条件を境にして時間的にも空間的にも不規則な変動を伴う流れが発生する。このような状態の流れを乱流と呼び、次のような特徴を有する。

i) 不規則性（時間的・空間的）、ii) 偶然性、iii) 三次元性、iv) 大きな拡散能、v) 高いエネルギー消散。

乱流中では、その大きな拡散能によって物質は著しく拡散される（乱流拡散という）。

一方、流体粒子が互いに不規則に混合することなく整然とした流れを層流と呼ぶ。ただし、自然界の実際の流れには層流はほとんど存在しない。

流れが層流の状態であるか乱流の状態になるかは、流速$U(m)$、流れの代表長さ（管径など）$l(m)$、流体の動粘性係数$\nu(m^2/s)$よりつくられる**レイノルズ数**とよばれる無次元数

$$Re = U \cdot l / \nu$$

の大きさが目安となる。一般に同一種類の流れに対応して、あるレイノルズ数以下では乱流状態を保持しないという限界レイノルズ数が存在する。例えば円管路流れの場合は約2,000である。

淡水の密度 (density of fresh water)

淡水の密度は水温によって変化し、1気圧、水温4.0℃において最大値1.000 g/cm³となり、水温に対して図3.1のように変化する。

1気圧のもとで、0℃以下で固相(氷)になり、密度は0.917 g/cm³になる。また100℃以上で気相(水蒸気)になり、密度は0.598×10^{-3} g/cm³になる。

淡水の圧縮率は1気圧(約0.1 GPa)のもとで0.45 (GPa)$^{-1}$であり、日常の気圧変動範囲(1気圧の±5％)では水の密度は$\pm 2 \times 10^{-6}$程度しか変動せず、実質上非圧縮性流体とみなしてよい。

なお、現実の水では、各種の浮遊物質、溶存物質が水中に存在するため、それに起因する密度が上述の密度に付加されることになる。

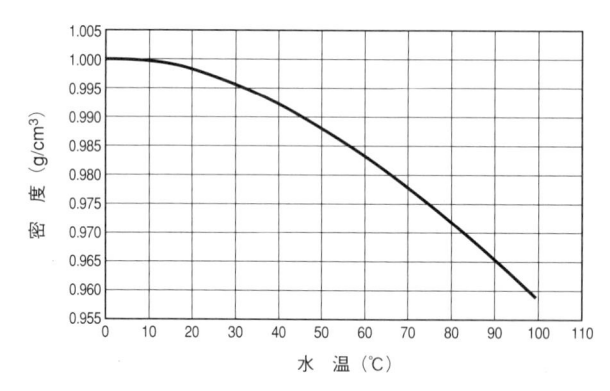

水温 (℃)	密度 (g/cm³)
0	0.9998
4	1.0000
10	0.9997
20	0.9982
30	0.9957
40	0.9922
50	0.9880
60	0.9832
70	0.9778
80	0.9718
90	0.9653
99	0.9591

図3.1　水温による淡水の密度変化

濁水の密度 (density of turbid water)

出水時の河川水は懸濁物質を含むことによって清澄水と比較して密度が大きくなり、貯水池内での流動に影響を与えることがある。ダム貯水池のように水深が大きい水域では、出水時の濁水化した流入水の密度が表層水と比較して大きいため水温が低く、密度が大きい中層もしくは下層に流入することがしばしばある。なお、水温10～30℃の範囲では、水温1℃の密度変化が濁度200～300度の密度変化に相当する。

物質循環 (material cycle)

湖沼や貯水池の水質は流域から河川水の負荷として、あるいは降水による負荷として系内にもたらされ、やがて流出河川や放流という形で系外へと出ていく。この間、貯水池内では物質の循環的な流れが存在している(図3.2参照)。

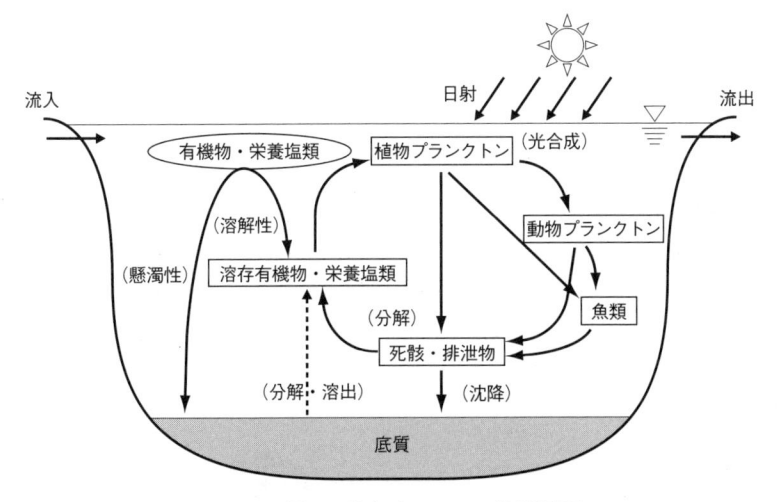

図3.2 湖沼・貯水池における物質循環
盛下勇(2002)より引用

　湖沼や貯水池内において物質循環をもたらす主な要因は、植物プランクトンによる一次生産とそれを取り巻く食物連鎖(動物プランクトンによる)、栄養塩の挙動である。それに加えて水の流れにともなう物質の移動、水中における沈降・堆積、湖底での巻き上げや溶出といった、物理的・化学的過程も自然界における物質循環に大きな影響を及ぼしている。
　各物質循環の経路やそれらの速度、各過程のバランス、各要素の回転速度(turnover rate)などは、循環系が定常状態にある時はほぼ一定である。しかし、富栄養化条件下で植物プランクトンの異常増殖が起きるなど、系のバランスが部分的に破壊された場合には物質循環の安定性がくずれ、有機物質の異常蓄積や貧酸素水塊の発生といった水質障害が生じることとなる。

物質量保存則（material conservation law）

　湖沼や貯水池内の物質変化量は、貯水池への流入量、貯水池内での生産・分解・沈降量、底泥からの溶出量、貯水池からの流出量の和と等しい。つまり、ある領域内での物質の増減は、ある時間内にその領域内を出入り、あるいは領域内で発生・消滅した物質量に等しい。
　例えば、濁質では流入河川からの供給、底質からの巻き上げ、貯水池内での沈降と流出量の総和が貯水池内での濁質変化量と等しい。また、植物プランクトンの場合で

は光合成による増殖、動物プランクトンによる捕食、死滅や沈降、貯水池からの流入出量の総和が貯水池内植物プランクトン変化量となる。

● 拡散 (diffusion)

流体粒子の不規則 (ランダム) 運動によって流体中の物質が拡がる現象をいう (図3.3参照)。不可逆な現象であり、一度拡がった物質が元の状態に戻ることはない。

静止流体中もしくは層流中の拡散現象は分子運動により生じるもので、これを**分子拡散**と呼んでいる。一方、乱流中では物質は乱流運動によって拡散され、これを**乱流拡散**と呼んでいる。分子拡散の程度は流体中の物理特性に依存するが、乱流拡散の程度は流体の物理特性ではなく、流動状態に大きく依存する。

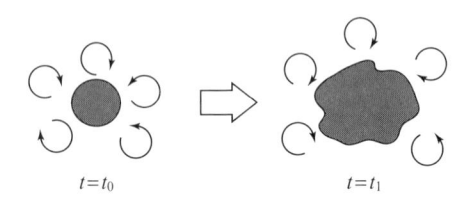

図3.3 物質拡散の概念
有田正光 (1999) より引用

● 拡散係数 (diffusion coefficient)

拡散による物質の輸送量を表す係数。物質輸送を表現するうえで重要なパラメータの一つであり、とくに物質濃度の分布特性に影響を与える。

単位面積の面を通しての単位時間当りの物質輸送量 (フラックス) F は、その点における物質の濃度 C の勾配に比例する。一次元の場合には

$$F = -K_x \frac{dC}{dx}$$

と記述される。この比例係数 K_x が拡散係数である。

通常、自然現象における流動は乱流であるため、三次元の拡散方程式では x 方向、y 方向および z 方向の拡散係数 K_x, K_y, K_z は分子拡散係数と乱流拡散係数の和として表されている。しかし、河川の流れなど乱れの大きな場では、分子拡散係数は乱流拡散係数に比べはるかに小さいため、拡散係数＝乱流拡散係数と近似して取り扱うことが多い。ただし、湖沼や貯水池など流れが緩やかな場においては、分子拡散係数の影響を必ずしも無視することができない。

● 分散 (dispersion)

現実の流れでは、流速、水温、水質の空間分布は一様ではなく、場所により変化する。このため、運動量、熱量、物質量の輸送過程において、空間的な非一様性に起因する拡がりを生ずる。このような現象を分散という。

● 分散係数 (dispersion coefficient)

流速、水温、水質の空間的な非一様性に起因する拡がりの程度を表す係数であり、空間平均値を扱う現実の解析において重要なパラメータの一つである。

分散係数は諸量の空間的非一様性の程度に依存するが、それは扱う流れの場の空間スケールおよび空間平均化のスケールに左右される。

分散によるみかけの輸送は拡散と同様、Fick 型の方程式を用いて次式のように表示される。

$$F = -D \frac{dC}{dL}$$

ここに、F：分散による輸送フラックス、D：分散係数、C：流速、水温、水質の空間平均値、L：距離である。

● 湖流 (lake current)

河川では、重力により主に河道方向の一次元的な流れが形成されている。一方、湖沼や貯水池では河川のように一つの支配的な外力が存在しないため、河川では無視できるような外力が流動に大きな影響を及ぼす。

湖流を誘起する外力としては、風、河川水の流入・流出、水温や濁質等による密度差が考えられる。水域の空間スケールが大きい場合には、地球の自転による遠心力（コリオリ力）や気圧などの影響も無視できない。これら複数の外力の影響が組合わさり、湖盆形状などの地形条件の影響を加えて、各水域固有の複雑な流れが形成されることとなる。湖沼・貯水池と河川における外力と流動現象の関係を図3.4に示す。なお、水域の条件によっては必ずしもあてはまらない場合もある。

● 吹送流 (wind driven current)

風が吹くと水面に摩擦力が生じ、この力に引きずられて水流が起こる。この流れは一般に吹送流と呼ばれ、湖沼・貯水池における代表的な湖流である。吹送流は表層水を風下に流動させるが、これにより風下側で水面が高くなり、下層では風下側と風上側との圧力差により風上側への流れが生ずる。

浅い湖岸部では風による表面摩擦力が水圧差に勝り、鉛直方向全層にわたり風下に

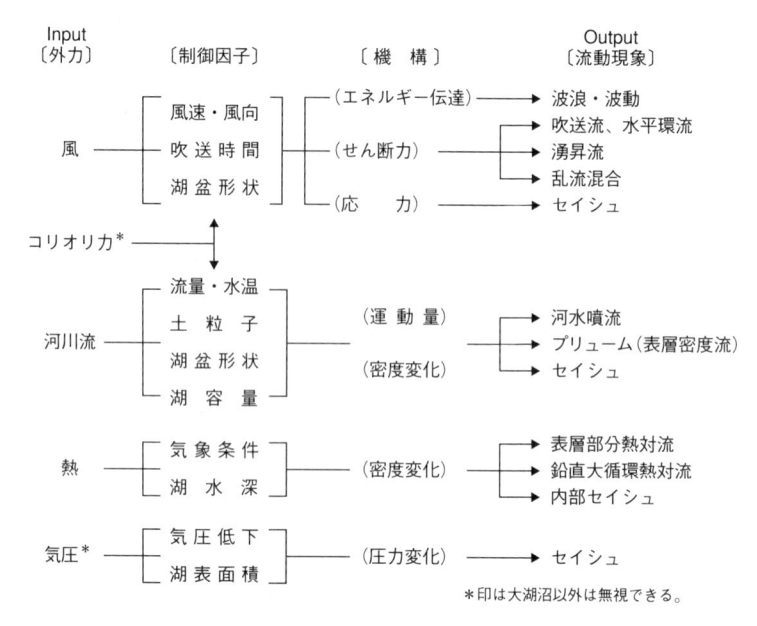

```
Input                                                    Output
〔外力〕        〔制御因子〕      〔機 構〕              〔流動現象〕
                ┌ 風速・風向 ┐   ┌(エネルギー伝達)─→ 波浪・波動
         ┌──┤ 吹 送 時 間 ├──┤                    →  吹送流、水平環流
   風 ──┤    │            │    │(せ ん 断 力)─→ 湧昇流
         └──┤ 湖 盆 形 状 ├──┤                    →  乱流混合
                └──────┘   └(応    力)─→ セイシュ

 コリオリカ* ─→↑
              ↓
                ┌ 流量・水温 ┐
         ┌──┤ 土  粒  子 ├──┐(運 動 量)─→ 河水噴流
  河川流─┤    │ 湖 盆 形 状 │  │                →  プリューム(表層密度流)
         └──┤ 湖  容  量 ├──┤(密度変化)─→ セイシュ
                └──────┘

                ┌ 気 象 条 件 ┐                       →  表層部分熱対流
   熱 ────┤            ├──(密度変化)─→ 鉛直大循環熱対流
                └ 湖  水  深 ┘                       →  内部セイシュ

                ┌ 気 圧 低 下 ┐
  気圧*───┤            ├──(圧力変化)─→ セイシュ
                └ 湖 表 面 積 ┘
                                          *印は大湖沼以外は無視できる。
```

図3.4　湖沼・貯水池における外力と流動現象
(社)日本水質汚濁研究会(1982)より引用の上修正

流れるのに対して、湖央の比較的水深の深い部分では表層を除き、下層で風上側への流れが生じることがある。

● ラングミュアー循環（Langmuir circulation）

　湖面に風の作用により風の方向に並行な縦渦が発生する場合、この縦渦をラングミュアー循環という（図3.5参照）。この縦渦の波長λは、次式で表示される。

$$\lambda = C\frac{U^2}{g}$$

ここに、U：風速、g：重力加速度、C：比例定数である。

　ラングミュアー循環の発生は波と流れの相互作用の結果と考えられており、風速3 m/s以上がその発生限界とされている。湖沼やダム貯水池ではラングミュアー循環による藻類の集積現象が沈み込み帯でみられることがある。

図3.5　ラングミュアー循環

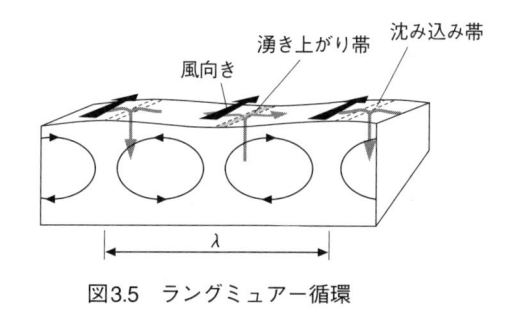

◼ セイシュ［静振］（seiche）

　湖沼や貯水池など閉鎖性水域において、外力によって水表面に生じる振動をセイシュまたは静振という。セイシュ時の水面は図3.6に示したような単振動をする。ここで、$m(=1, 2, \cdots)$は振動のモードで表すパラメータで、$m=1$のときに最も単純な振動モードになる。この時の起動力は水面勾配ができることにより生じる圧力差である。

　水面勾配を生じる要因としては風や洪水が考えられる。いずれも水が風下側、下流側に寄せられることで水面勾配が生じる。これによって生じる圧力と等しい抗力（風応力や動水圧）が働いている間は水面勾配を生じたまま釣り合うが、風の強さや流量が変化すると、水面勾配による圧力との不均衡が生じ、その結果水面が振動することとなる。

(a) 完全に閉じた長方形水域　　(b) 一方向のみが開いた長方形水域

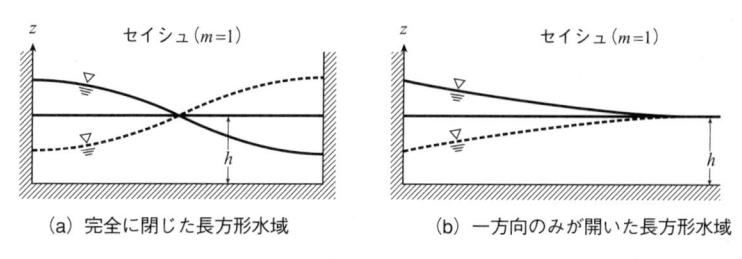

図3.6　セイシュの模式図
有田正光（1999）より引用

◼ 内部セイシュ（internal seiche）

　一般に、水深の深い湖沼や貯水池では夏季に水温躍層が形成されるが、この不連続面の振動を内部セイシュ（内部静振）と呼ぶ。

　内部セイシュは主に風によって生じる。すなわち、上層の水が風下に運ばれ、これを補うために下層の水が風上側に移動する。その結果、水温躍層は風下側で下降し風

上側で上昇する。風が吹き続けると、風の力によって水温躍層を傾斜させようとする力と重力によって元に戻ろうとする力が釣り合って一定の傾斜が生じるが、風が止むと傾斜した水温躍層はもとの水平位置に戻ろうとして動き始め上下運動が生じる。その後、その粘性や摩擦などによってしだいに振動は小さくなっていく。図3.7に内部セイシュの模式図を示した。

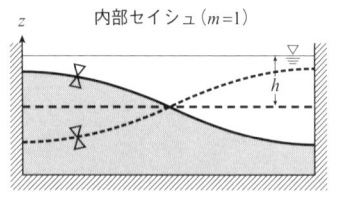

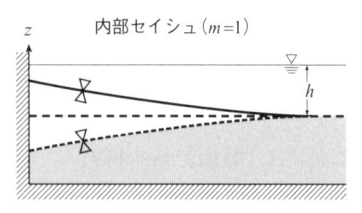

(a) 完全に閉じた長方形水域　　(b) 一方向のみが開いた長方形水域

図3.7　内部セイシュの模式図
有田正光(1999)より引用

このように、内部振動による水の上下運動によって湖水中のプランクトンが移動したり、水の下方への運動をともない深水層中に渦動をもたらす重要な原因ともなる（図3.7参照）。

湧昇現象（upwelling phenomenon）

水深の深い湖沼や貯水池において、下層から温度の低い水塊が上昇してくる現象を湧昇現象という。この現象は、風応力により一定時間以上連続して同じ方向に風が吹いたとき内部セイシュが起こり、これにより下層の水塊が水面まで上昇することで発生する。

密度流（density current）

流体の運動が密度の差に基づいて決定されるような流れのこと。湖沼や貯水池の河川流入部においては、主に以下のような要因があると密度流が生じることが知られている。
① 大気との熱交換による密度差
② 流入水と湖水の水温差による密度差
③ 降雨後の濁水の濁質濃度による密度差

● プルームとサーマル、噴流とパフ（plume and thermal, jet and puff）

流体中に連続的に射出される流れのうち、運動量は与えられずに密度差による浮力のみによって生ずる流れをプルームと呼ぶ。一方、放出時に運動量が与えられた流れは噴流と呼ばれ、周囲流体と密度が等しい場合を均質噴流、密度差がある場合を密度噴流という。また、射出が不連続な場合、プルームはサーマル、噴流はパフと呼ばれる。

貯水池でのプルームの例としては、連続的な気泡の放出によって深層水を表層に持ち上げる浅層曝気によって生じる流れがある。

● 連行（entrainment）

密度流が生じている場において密度の異なる二層間の流速差が大きくなると、流れのせん断により密度界面が不安定となり内部波が砕波する。このとき、流速の小さな層の水が流速の大きな層に混入することを連行と呼ぶ。

貯水池の流入部では、互いに密度と流速の異なる貯留水と河川水の間で連行が生じ、流動や水質分布に影響を及ぼしている。また、成層期には変水温層（水温躍層）を境として安定な密度成層が形成され、上下層の鉛直混合は抑制される。しかし、外力の擾乱の影響を受けやすい表水層での流速が大きくなると徐々に下層の水が連行され、変水温層での水温勾配は小さくなる場合がある。

● カルマンヘッド（Karman head）

密度が異なる流体が周囲流体中に侵入するとき、侵入流体は先端部の角度が小さく密度流の侵入力と密度境界面に作用する界面せん断力とが釣り合う**密度楔**、あるいは、先端部の角度が大きく密度流の侵入力と先端部に作用する形状抵抗とが釣り合う**密度カレント**と呼ばれる二種類の流動形態のいずれかをとる。流動形態が密度カレントのとき、その先端部（頭部）では激しい混合がおきており、これをカルマンヘッドと呼ぶ（図3.8参照）。

● ウェダバーン数（Wedderburn number）

風の作用による鉛直循環流や深層水の湧昇の特性を表すパラメータとしてウェダバーン数（W）は以下の式で表される。

$$W = \frac{g'H}{U_*^2} \cdot \frac{H}{L}$$

$$g' = \{(\rho_2 - \rho_1)/\rho_1\} \cdot g$$

ここに、ρ_1, ρ_2 はそれぞれ上層、下層の密度、g は重力加速度、H は水域の水深、L は

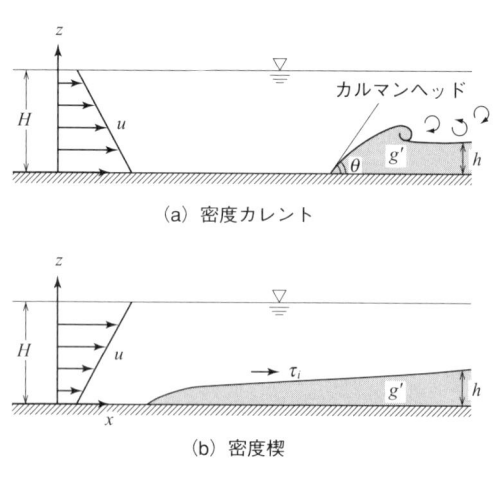

図3.8 カルマンヘッドと密度楔
有田正光(1999)より引用

風が作用する方向における水域の長さ、U_*は風応力の摩擦速度であり、次式で表される。

$$U_* = \sqrt{\tau_0/\rho_1}, \quad \tau_0 = \rho_0 C_D U_z^2$$

ここに、τ_0は水面に作用する風応力、ρ_0は空気の密度、C_Dは水面の抵抗係数である。また、U_zは水面上Z(m)における風速であり、一般的には水面上10mの風速が用いられる。

つまり、ウェダバーン数は、有効重力に対抗して深層水を持ち上げるのに要する仕事量：$(\rho_2-\rho_1)gH^2/2$ と水面に作用する風応力のエネルギー：$(\rho_1 U_*^2/2)\cdot L$ の比であり、$W\gg 1$のときは湧昇に対して安定、$W<1$では下層水の湧昇が生じる。

滞留時間［HRT］（hydraulic retention time）

滞留時間は水理学的滞留時間とも呼ばれ、湖沼や貯水池の流出入量を平衡とした場合に、湖沼・貯水池の貯水量を全部入れ替えるのに必要な時間である。平均水深や富栄養化限界、汚濁物負荷率等とともに、湖沼の水質・生態特性を左右する水理・水文的な環境因子の一つである。

一般には、湖沼・貯水池の容量(m³)を年平均流入水量(m³/年)で除して求められる。ただし、流入水量のうち、地下水量等の割合が大きいと予想される場合には、年平均流入水量の代わりに年平均流出量が用いられる場合もある。また、年平均流入水量(m³/年)は年間降水量と流域面積を用いて概算することもできる。ただし、発電等の

利水状況等により適用しにくい場合もあるため注意が必要である。

滞留時間が長い湖沼・貯水池では、外乱としての汚濁物流入に対して、水域内の水質生態変化の応答は遅く小さくなり、日照や気温等の気象条件の影響をより受けやすくなる。一方、滞留時間が短いと外乱に対する応答が早くかつ鋭くなり、水域内の水質生態変化は流入水質に大きな影響を受けることとなる。なお、回転率は滞留時間の逆数である。

● 年回転率 [α] と夏期7月回転率 [α_7]（turnover rate and turnover rate in july）

貯水池の水理・水分的特徴を表すパラメータとして年回転率 α がある。これは、年間総流入（出）量 Q_0 と総貯水容量 V_0 との比によって表され、α_7 は夏期7月の回転率をいう。

$$\alpha = Q_0/V_0$$

この値を貯水池の水温成層発達のパラメータとし、安芸ら（1974a）は10以下であれば成層型、20以上であれば混合型であるとしている。また、小林ら（1980）は水温成層が最も安定化する7月の月平均流入量（Q_7）を用いた7月回転率 α_7 が1以下であれば成層型、5以上であれば混合型であるとしている。

$$\alpha_7 = Q_7/V_0$$

回転率と成層形成との関係を表3.1に示した。

表3.1 回転率と成層化形成との関係

評　　　価	α	α_7
成層が形成される可能性が十分ある。	<10	<1
成層が形成される可能性がある程度ある。	10～30	1～5
成層が形成される可能性がほとんどない。	30<	5<

岩佐義朗（1990）より一部引用

● 洪水時回転率 [β]（turnover rate in flood period）

夏季に発達した成層が破壊される条件に、洪水の発生による影響がある。その洪水規模を表す指標として安芸・白砂は洪水時回転率 β を提案し、$\beta<0.5$ を小規模洪水、$0.5<\beta<1$ を中規模洪水、$\beta>1$ を大規模洪水の判断基準としている。

$$\beta = \frac{洪水総流入量}{貯水池総容量}$$

$\beta<0.5$ のような小規模洪水で、貯留と通常の放流操作によって洪水を吸収してしまうような場合には、貯水池の水温分布は洪水の影響をほとんど受けず、濁水は流入による流れや取水による流れに乗って排出され、成層にはほとんど影響しない。ただし、中規模ないし大規模洪水では洪水吐からの放流も加わり、水温分布は著しい変形を受ける。

濁水現象からみた中、大規模洪水の分類は、洪水が二次躍層以下に流入するか否かが一つの指標となる。中規模洪水では表層に近いところでできる一次躍層は消滅し、二次躍層上の水温分布は一様になる。大規模洪水においては、二次躍層面に達した洪水が躍層を破壊し、洪水は二次躍層下部に流入する。このような洪水は $\beta>1$ のことが多く、貯留水は洪水時の流入水によって入れ替り、貯水池の水温成層は完全に破壊され水温分布は一様となり、貯水池は全層にわたって濁水化する。中規模洪水と著しく異なる点は底層水温の大幅な上昇であり、受熱期では冷却源がないため、上昇した水温は放熱期に至って対流現象で冷却されるまで持続する。

● 閉鎖性水域（closed water）

湖沼、貯水池、内湾や内海のように、外の水域との水の交換が悪い水域をいう。これらの水域においては汚濁物質や濁質が蓄積されやすいため、富栄養化現象、淡水赤潮の発生、青潮の発生、濁水長期化現象等が発生しやすく、水質の保全、改善が難しい特徴を有している。

閉鎖性水域の代表的な例として、海域においては、瀬戸内海、東京湾、伊勢湾などがあげられ、赤潮の発生が春期～夏期にみられる。また、陸域においては、手賀沼、印旛沼、霞ヶ浦、琵琶湖等で、アオコや淡水赤潮の藻類増殖現象がみられる。貯水池でも上流に汚濁負荷源をかかえており、滞留時間が長い場合は同様の富栄養化現象が認められる。

● 受熱期と放熱期（heating and radiant heat periods）

春から夏において、太陽からの熱供給や大気との熱交換などによって湖面表層を温め水温躍層を形成する期間を受熱期という。

一方、水域に蓄積された熱量が大気中に放射・伝導することにより水域の熱量が減少し、湖の水温が低下する期間を放熱期という。

● 循環期と成層期（circulation and stratification periods）

通常、晩秋から初冬にかけては水表面からの放熱が大きくなり、表層水が冷やされて密度不安定状態が生じる。これにより鉛直方向に流動が生じ、上下層の水が混合

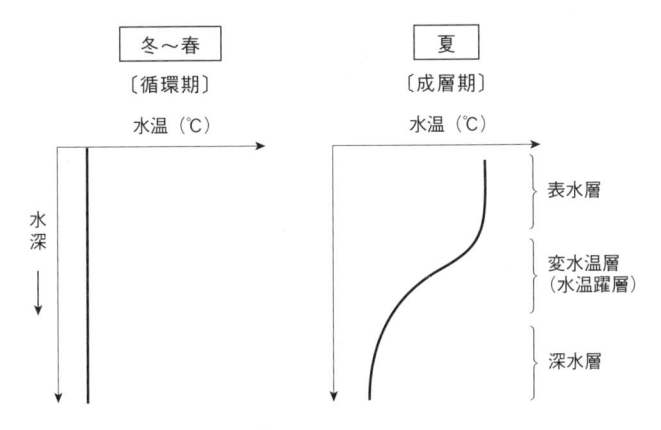

図3.9　循環期と成層期の水温鉛直分布
盛下勇（2002）より引用

する（図3.9参照）。こうした自然対流による鉛直混合が生じる期間を循環期と呼ぶ。循環期には成層期に形成された変水温層（**水温躍層**）は消滅し、全層一様の水温分布となるまで鉛直循環は進行する。ただし、全層が水の密度が最大となる4℃になると、表層水が冷やされてもそれ以上の鉛直混合は生じず、表層に逆成層が形成される。

なお、ダム貯水池では出水による乱流混合によって変水温層（水温躍層）が消滅し、水温分布が一様となる場合があるが、これは循環とは異なり**成層破壊**という。湖沼や貯水池内の流れは緩やかで、河川とは異なる水理、水質特性を有する。変水温層はその特性の一つで、図3.9に示すようにこの変水温層を形成する期間を成層期という。形成された成層（夏季成層と呼ぶ）は7～8月頃に最も安定し、変水温層を境とした上下層間では鉛直混合が生じにくくなる。

● 表水層、変水温層と深水層（epilimnion, thermocline and hypolimnion）

春から夏の受熱期に滞留時間等の水理的な条件が整う水域では、大気との熱交換や貯留水と流入水の水温差、ならびに風のじょう乱が作用して、水面付近には図3.10に示す特徴的な水温分布が形成される。水温が急変する層を変水温層（水温躍層）といい、それより浅い水域を表水層、深い水域を深水層という。水温が高い上層と水温の低い下層は密度の差よりお互いに混合されない。

【表水層】

水温の急変部より浅い部分における、鉛直混合が卓越した高温層。水温は日周変動を受け易いが、その水温勾配は比較的小さい。混合層（Mixed-layer）と呼ばれることも

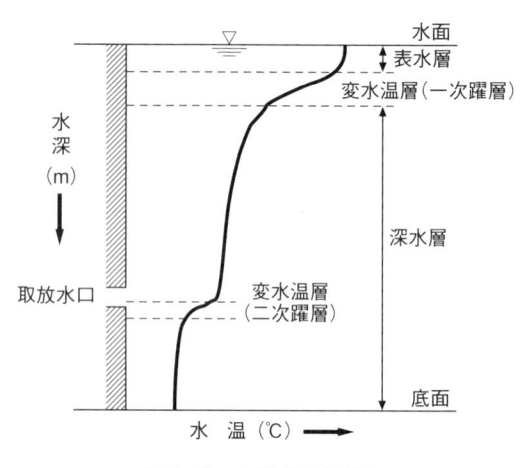

図3.10 水温成層の概念

ある。表水層は流入・流出水の流動や気温の日周変動、さらには風の作用を受けて表水層内で鉛直方向に一様に混合される。

【変水温層（水温躍層）】

水温が急変する層。水温躍層とも呼ばれる。変水温層の上下間では一般的に密度差が大きく、密度的安定状態にあるため、鉛直混合が抑制される。このため、変水温層を境に上下層で流動、水質・生物分布などが大きく異なる。ダム貯水池では、取放水により上層の暖かい水が下層の低温水と余り混合することなく取放水口付近へ引き寄せられることによっても変水温層が形成される。水面熱交換や風などの気象要因によって形成される水温躍層を一次躍層と呼ぶのに対して、これを二次躍層と呼ぶ。

【深水層】

水温躍層より下層の水深が深い低温層。流れは一般に極めて小さく乱れや水質混合も比較的小さい。

● 成層と逆成層（stratification and inverse stratification）

貯水池容量が流入量に比べて大きく、水の滞留時間が長い貯水池では、春から夏にかけて表層が温められ、表層に密度の小さい温かい水、底層には密度の大きい冷たい水が存在し、その密度差によって表層水と深層水が分離する。これを成層（水温成層）という。

寒冷地における冷却の著しい湖沼では、表面付近は0℃になり結氷する。しかし、深い湖では深層に水温の密度が最大となる4℃の水塊が残され、弱い水温成層が形成

される。このように、温度の逆転がある場合を逆成層または逆列成層という。

■日成層と季節成層（diurnal and seasonal stratifications）

　表層水が日射で温められて軽くなり、下層水が相対的に重くなると鉛直混合が抑制され、物質循環や水質動態に影響を及ぼす。こうした成層は日射や気温、熱収支などにより、1日単位の日成層と1年単位の季節成層とに分けられる。日中の日射により表層に数℃オーダーの成層が形成されるものを日成層といって、晴天時であればほとんどの湖沼で見られるが、この程度では密度差が微弱なため、風速4〜5mの風や夜間の放射冷却によってほとんど消滅してしまう。

　日射の強い春から夏にかけては日成層が完全には消滅せずに、深さ10m程度までの水温をわずかに上昇させる。これが季節規模の時間スケールをかけて積み重なることにより、上下層の水温差が10〜20℃にも達する。これを季節成層と呼び、ダム貯水池のようなある程度深い湖でみられる。

■成層型（stratification type）

　湖沼は特有の水温成層を形成し、その発達度合いによって水温成層型が表3.2のように分類されている。

表3.2　湖沼の水温成層型

成層型	全期成層型	一年を通じて成層が形成されており、全層循環を生じない。
	一季成層型	夏期または冬期に成層が形成される。大半が夏期成層型である。
	二季成層型	夏期と冬期に成層が形成される。
中間型		成層期のごく一時期に弱い成層が形成されることがある。
混合型		一年を通じて成層が形成されず、全層循環を生じる。

中央環境審議会水環境部会陸水環境基準専門委員会（2003）より引用

　ダム貯水池の場合は、自然湖沼に対して貯水の流入出量が比較的大きく、表面からの流入出のみならず中下層からの流入出もあることから、次のように分類されている。

a）夏期成層型
　a)-1　気象要因による成層型（成層Ⅰ型）
　　　気象成層型は、春季から夏季にかけて主に太陽の輻射、気温等の気象要因により水温成層が形成されるもので、流入流出量が一般的に少ない。この成層型は、年間を通じて底層水温が一定もしくは変動が極めて小さく、等水温線は受熱期に

水温の高い領域が深部へと下がっていくのが特徴的である。

a)-2 流出入要因による成層型（成層Ⅱ型）

年間を通じて底層水温がほとんど変化しないのは気象成層型と同様であるが、流入出成層型の大きな特徴は、中下層からの取放水にともなう移流熱量により水温成層の形成が支配的な影響を受けるものである。この成層型は流入水温と気温に支配されて成層型を示すが、取水口付近に水温躍層が形成され、それが成層期を通じてほとんど変化しないのが特徴である。

b) 中間型

中間型は盛夏期において弱い水温成層が形成されるが、上下層の水温差が小さく、かつその期間も短い特徴を有する。すなわち、受熱期には水温成層が形成されるものの、a)の成層型に比べ弱い成層型である。また、他の期間はほぼ一様な水温となるのが特徴である。

c) 混合型

混合型は年間を通じて明確な水温成層が形成されず、水深方向に水温分布がほぼ一様となるのが特徴である。貯水池内の水温分布はほぼ全層一様であり、これは貯水池内の水が流入水により混合されやすい特徴を示している。

■ 局所リチャードソン数（local Richardson number）

局所リチャードソン数（Ri）は次式で表される密度成層の安定度を表すパラメータの一つで、大きいほど安定であることを表している。

$$\mathrm{Ri} = -\frac{g}{\rho_r}\frac{d\rho}{dz} \Big/ \left(\frac{du}{dz}\right)^2$$

ここに、ρ：貯水の密度、ρ_r：較正密度（基準となる密度）、g：重力加速度、u：水平方向の流速、z：標高（ここでは鉛直上向きに正）である。

上の式から、流速差（流速勾配）が小さく、密度差（密度勾配）が大きいほど局所リチャードソン数は大きくなり、その場合の密度成層は安定であることがわかる。

■ ステファン・ボルツマンの放射法則（Stefan-Boltzmann radiation law）

全ての物体は、物体表面からその絶対温度に応じた可視光線や赤外線を熱エネルギーとして放射している。単位面積、単位時間当りの熱エネルギー量を放射強度Iといい、黒体から放射される全エネルギー量は、黒体の絶対温度の4乗に比例する。なお、黒体とは入射された放射を完全に吸収する物体のことである。

$$I = \sigma \cdot T^4$$

ここに、I：単位面積当りの全放射エネルギー [$J \cdot m^{-2} \cdot s$]、σ：定数（Stefan-Boltzmann

定数$5.67×10^{-8}$ $[W·m^{-2}·K^{-4}]$)、T：黒体の絶対温度［K］。

地球に入射する太陽エネルギーは$1.37 kW/m^2$ ($1.96 cal/cm^2/min$)であることが知られている。これを**太陽定数**という。このうち、地球に吸収される割合は1から平均アルベド（次項参照）を差し引いた0.66である。黒体を地球と仮定し、これにステファン・ボルツマンの放射法則を適用して計算すると、地表面の平均温度は$T=254 K$ ($-19℃$)が得られる。これは、地表の平均温度15℃における約5 km上空の温度である。すなわち、地表面は温室効果によって約34℃暖められていることになる。

● アルベド（albedo）

水面は太陽からの日射あるいは短波放射を受けるが、その一部は反射され水中に透過しない。この反射率をアルベドといい、アルベドの値が1.0であれば100％の反射を意味し、値が0であればまったく反射しないことを意味する。

平均アルベドは森林地帯0.15、農地0.2、砂漠0.3、雪原（緯度60°以上）0.8、海洋（緯度70°）0.8、海洋（緯度70°以下）0.4、雲約0.5程度といわれている。地球全体の平均アルベドは0.34として試算などに使われている。

● 水面熱収支（heat balance at surface water）

水面での熱収支は、図3.11のように太陽からの日射あるいは短波放射を受けるが、その一部は水面において反射される。反射率をαとすると、水面において反射される短波放射は$\alpha·I$となり、水面で吸収され水温の形成に関与する有効短波放射は$(1-\alpha)I$となる。水面からは長波放射（R_1）により熱が放出されるが、一方で大気からも常に長波放射の形で水面に熱をあたえている（R_2）。

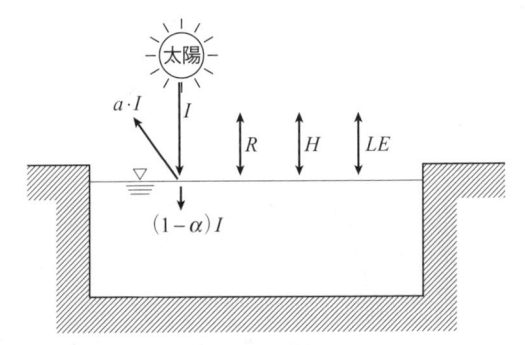

図3.11 水面における熱交換
新井正・西沢利栄（1974）より引用の上修正

図3.11では、長波放射による熱交換の収支量(R_1-R_2)を一括して有効長波放射(R)で表してある。気温・水温差によって大気から水面へ、あるいは水面から大気へ移動する熱を顕熱交換という。また、水面における水蒸気量と大気中の水蒸気量の差によって生ずる水蒸気の移動、すなわち蒸発・凝結にともなって生ずる熱を潜熱交換という。顕熱の交換をHで、潜熱の交換をLEで表す。

長波放射・顕熱・潜熱は、一般的には水面から大気中に向かう放熱の状態にあるが、局地的に水温が低い場合には受熱の状態になる。

● 消散係数、吸収係数、散乱係数（extinction, absorption and scattering coefficients）

水中に入った光は水分子や水中の懸濁粒子に吸収、散乱され、その強度を弱めていく。水中における光の強さは水面から指数関数的に減少する。

$$I = I_0 \exp(-k_s z)$$

ここに、I_0およびIは水面および水深Zにおける光の強さ、k_sは消散係数である。また、水中での光の消散は吸収・散乱の効果の和として次式で表される。

$$k_s = b(\lambda) + c(\lambda)$$

ここに、$b(\lambda)$は波長λに対する吸収係数（m^{-1}）、$c(\lambda)$は波長λに対する散乱係数（m^{-1}）である。吸収係数、散乱係数は、それぞれ水分子によるものと懸濁粒子によるものに分ける場合がある。水分子による吸収係数は大きく、消散係数の中でも大きな部分を占めるが、水分子による散乱係数は短波長の光を除いて一般に小さい。

図3.12は、きれいな水の吸収係数の波長による変化を示している。3μm以上の長波

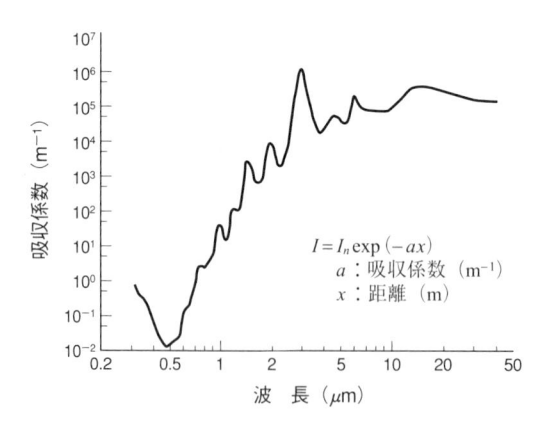

図3.12　きれいな水の吸収係数の波長依存性
近藤純正（1994）より引用

長では、放射は水深10^{-5}m [=10μm]までにほとんど吸収される。したがって、水面での反射率があまり大きくないにも係わらず、実質的には長波放射は水面の極く薄い層内で吸収・射出されてしまうことになる。一方、波長0.45～0.52μm（おおよそ青から緑の範囲）付近の一部の可視光はきれいな水では水深100mまで届くことになる。

● 水中照度 （underwater illuminance intensity）

水中における光りの強さを示すもので、通常、水中照度計の受光部を水中に鉛直に沈め、生じた光電流を読み取ることにより計測する。水域の透明度が高く、清澄な水中ではより深い水深まで光が透過し照度は高い。一方、透明度が低く、アオコ等が発生した場合や濁りなどが多い水域では、時により水深数センチメートルでも照度がゼロとなることがある。

この測定値は、水温とともに植物プランクトンの生育とも関連し、植物プランクトンの発生する水深、その生産量を把握するためにも用いられる。

● 補償深度 （compensation depth）

植物の光合成量は光の強さに依存する。水中における光の強さは水面から指数関数的に減少する。

$$I = I_0 \exp(-k_s z)$$

ここに、I_0とIは水面および水深zにおける光の強さ、k_sは消散係数である。

光合成による酸素生産量は水深が深くなるほど減少するため、水表面付近では光合成による酸素生産量が呼吸による酸素消費量を上回り、水深の深い地点では酸素消費が生産より大きくなる。光合成による酸素生産量が呼吸による酸素消費量と等しくなり、正味の酸素生産量（Net O_2 production）がゼロになる水深を補償深度という。一般には、水表面の光強度に対する相対光強度が1％になる水深に対応し、透明度の約2～3倍程度であるといわれている。

なお、補償深度より浅い層を有光層、それより深く植物プランクトンが生育・成長できない層を無光層という。

● 有光層と無光層 （euphotic and aphotic zones）

水中に透過した光強度は水面から指数関数的に減少する。植物プランクトンの光合成による酸素生産量は光強度に影響を受け、水深が深くなるほど減少するため、水表面付近では光合成による酸素生産量が呼吸による酸素消費量を上回る。こうした層を有光層といい、植物プランクトンによる一次生産が活発に行われる。補償深度を用いれば、それより浅い層と定義される（図3.13参照）。

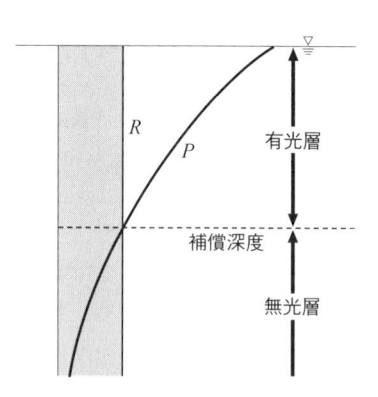

図3.13　光合成による酸素生産量(P)と呼吸による
酸素消費量(R)および補償深度との関係
有田正光(1999)より引用の上修正

　無光層とは補償深度以深の層をさす。植物の光合成作用は光が十分にないと行えない。水は、空気に比べて太陽からの放射エネルギーをはるかに吸収する。そのため、湖水中では植物は光が十分な深度(補償深度)までしか成長できず、それより深くなると光合成(生産)より呼吸(分解)の方が大きくなる。したがって、無光層では植物による有機物の生産はなく、この部分の動物や微生物は透光層(有光層)から沈降してくる生物の遺骸によって生活している
　なお、植物プランクトン異常増殖の対策として曝気循環施設が設置されているダム貯水池があるが、これはエアレーションにより生じた鉛直循環流により有光層にいる植物プランクトンを無光層に移流して、一次生産を抑制することを目的の一つとしたものである。

3.2 貯水池の水質

■ 水質管理（water quality management）

広義の意味では、公共用水域において、それぞれの水域に設定されてきた水質汚濁に係る環境基準や用途別目標水質（利水、親水、魚類の生息・生育等の水質）を達成しているかの水質監視とその達成のための水質を保全する施策をいう。

水質汚濁に係る環境基準はその水域での水の利用目的別に設定されており、第一義的には設定された基準値を遵守することである。とくに、人の健康の保護に関する環境基準では要監視項目と指針も定められており、これらの要監視項目についても水質監視をすすめていくことが望まれる。

湖沼や貯水池の水質管理では、流域から流入する汚濁負荷削減への対策、流入水質や湖内水質の監視、淡水赤潮などの異常時の水質調査や保全対策の実施などの適正な運用が望まれる。また、上流域に工場、事業場などが存在する場合には、故障や事故のために排水基準を超えた汚水が処理施設から流入する可能性がないとはいえず、とくに油分を含む汚水の流入事故は過去に例も多い。水質管理にはこの種の水質監視も含まれると考えるべきである。

■ 制限因子（limiting factor）

生物の生理的活性や植物プランクトンの増殖に関係する諸要因のうち、質的あるいは量的に大きく、全体の生物現象に決定的な影響を与える要因を制限因子という。

制限因子には、気象条件（水温、照度、日射量等）、栄養塩となる物質、成長を抑制する有害物等があるが、一般には藻類の増加への寄与が高い**栄養塩類**を制限因子として捉えることが多い。制限因子となる栄養塩類には、窒素、りん、珪素、ある種のビタミン類等が調査により知られている。

湖沼や貯水池では窒素、りんのいずれかが制限因子となるが、とくにりんは富栄養化の制限因子として重要視されていることが多い。

■ 化学吸着（chemisorption）

吸着とは、二相の界面で分子やイオンが濃縮される現象のことで、化学吸着と物理吸着との二つに大別できる。一般に、化学吸着は個体表面の性質や吸着する物質の特性によって吸着の仕方が異なり、共有結合、静電引力およびイオン交換作用等の結びつきが生じ、物理吸着に比べ極めて強い結合である。

ダム貯水池では、富栄養化に関わる栄養塩であるりん酸イオンやアンモニウムイオ

ンは底泥堆積物に吸着され、底層のDOや酸化還元状態の変化により脱着して水中に回帰することもある。この時の吸着は化学吸着である。

◼ 物理吸着（physical adsorption）

一般に、物理吸着はファンデルワールス力、または疎水性相互作用により固体の表面に分子が吸着することで、吸着力は化学吸着と比べ弱い特徴がある。

貯水池での物理吸着としては、出水時に流入する濁質の中で細かい粒子である土壌由来の濁質が相互に結合して粒子径が大きくなること、また微細な物質に金属化合物が付着する場合などがあり、これは物理吸着によるものとされている。

◼ フミン質（humin）

腐植質とも呼ばれる。森林土壌の表面近くには落葉・落枝、動物や微生物の遺体など、新鮮な有機物が絶えず供給される。これらの有機物の構成成分である炭水化物・タンパク質・リグニン・脂質などは土壌生物群集により分解を受け、各種の中間代謝生産物を経て、多くの部分は二酸化炭素・水・アンモニア等の無機物に転化する。残りの部分（一部の中間代謝生産物と、この際に合成された微生物体およびその代謝生産物）は、微生物の酸化酵素・無機イオン・粘土鉱物などの触媒作用の下、酵素化学的あるいは純化学的に重縮合して暗色無定形の高分子化合物であるフミン質となる。土壌表面近くにはフミン質を多量に含む層が形成される。

降雨時に河川に流出したフミン質は、トリハロメタン前駆物質と呼ばれており、浄水過程で使用する塩素と反応すると発ガン性のトリハロメタンが生成される可能性があるといわれている。

◼ フミン酸とフルボ酸（fumic acid and fulvic acid）

フミン質をアルカリに溶かし、酸によって沈殿させて抽出した成分をフミン酸といい、沈殿しないで溶存している成分をフルボ酸という。なお、フミン質のアルカリに溶けない成分はフムス質という。

フミン酸は褐色泥状の物質であり、分子量は数千から数十万で特定の化学構造物質を示すものではない。フルボ酸の分子量はフミン酸に比べて小さく数百以下で、黄褐色・水溶性の化合物である。

フミン質を含む水を浄化する場合、フムス質やフミン酸は凝集処理によって比較的容易に除去することができるが、溶解性の高いフルボ酸は従来処理では除去が難しく、殺菌剤の塩素と反応してトリハロメタンを生成するといわれている。このため、最近は活性炭吸着によりフルボ酸を除去する高度浄水処理が行われるようになった。

◉ 重金属 (heavy metal)

　通常比重が4以上の密度が比較的大きい金属を指し、約60元素が存在する。マンガン・鉄・銅・亜鉛など生体にとっての必須元素も含むが、クロム・水銀・鉛・カドミウムなど健康に有害なものも多く、水俣病やイタイイタイ病等、多くの公害病の原因となってきた。全ての重金属類は硫黄原子と結合しやすい。有害な重金属類の毒性は、体内に取り込まれるとタンパク質中の硫黄を含むアミノ酸と重金属が結合し、酵素の活性を妨げたり細胞構造を破壊したりして生じる。結合された酵素の種類は重金属によって異なるが、生化学的なメカニズムは共通である。

　河川水などの重金属類汚染の歴史は底泥の層状堆積物として残されており、その供給源は工場・事業場、鉱山の選鉱場などである。ある調査によると、水銀は大気から降雨を経由して流入する場合が非常に多く、カドミウム、銅、亜鉛等もかなりの量が降雨を経由して流入するといわれている。これら水中の重金属類は食物連鎖を通じて生態内で濃縮され、特定の種類の重金属類は上記のような公害病といわれる災害を引き起こすことが知られている。

◉ 湖沼型 (lake type)

　湖沼標識ともいう。当初は、湖中に生息する生物の生活に重点をおいて（例えば、植物プランクトン現存量と生物生産量を制限する要因に分類するもの、底生生物の生息域、大型植物（水草）の分布状態、植物プランクトンの優占種を基準とするものなど）湖沼型を定めているものもあるが、現在では吉村信吉（1933）に提案されたものが使用されている。吉村は、湖中に生息する生物にとって環境要因が調和されているかどうかを基準として図3.14のように分類している。

```
                              ┌ 正　型
  Ⅰ 調和湖沼標式   1 貧栄養型 ┤ 石灰栄養相
                   2 富栄養型 ┤ 粘土栄養相
                              └ 硫化物栄養相

                                ┌ 中性型
  Ⅱ 非調和湖沼標式  3 腐植栄養型 ┤
                                └ 酸性亜型

                                ┌ 正　型
                   4 酸栄養型   ┤
                                └ 鉄栄養相

                   5 アルカリ栄養型
```

図3.14　湖沼標式の分類
吉村信吉（1937）より引用

⬛ 導電率（electric conductivity）

　面積1 cm²の2個の平面電極が対向する容器内に対象液体を満たして測定した電気抵抗の逆数をいう。単位は、S/m（ジーメンス／メートル）である。自然水の導電率は小さいので通常mS/m（ミリジーメンス／メートル）で表す。導電率は水温1℃の増加に対し約2％増加するので、一般に25℃における数値で表示する。

　これは、含有する陽イオン、陰イオンの合計量と各イオンの電流を伝導する能力に関係があり、普通、同一水系の水ではpHが5～9の範囲で溶解性物質量に近似的に比例し、導電率と溶解性物質量の比は1 mS/mが6 mg/ℓ程度であることが多い。ちなみに、日本の河川の平均的導電率の値は12 mS/m程度、海水の値は4,500 mS/m程度である。

　なお、この導電率は迅速に測定できるためそれ以後に行う試験項目の選定に役立ち、また異質水の混入検知にも利用することができる。

⬛ 酸化還元電位［ORP］（oxidation reduction potential）

　水や底質中に含まれる酸化物質と還元物質との平衡によって生ずる電位と、基準となる電位との差により表される。水や底質中での酸化還元状態の程度を示す指標として取り扱われ、現場で測定が迅速に行われるため水域環境の概略を知る手掛かりとなる。ORP計ではその電極に化学的に安定な金属電極（例えば、白金電極）と電位が、既知の参照電極には飽和塩化銀電極または飽和甘こう電極が用いられる。なお、温度により指示値が異なるので、温度による補正が必要であり、また測定時の安定に少なくても数分を要する。

　ある酸化還元系のORP（あるいはEh）は熱力学により次式で与えられる。標準酸化還元電位（E'_0）は、その系の酸化能あるいは還元能の強さを示し、次式より酸化性物質が還元性物質より多いほどEhはE'_0より高い電位を示すことが分かる。

$$X_{red}（還元性物質）\Leftrightarrow X_{ox}（酸化性物質）+ n$$

$$Eh = E'_0 + \frac{RT}{nF} \ln \frac{[ox]}{[Red]}$$

ここで、R：気体定数、T：絶対温度、F：ファラデー定数、n：1分子当りにやりとりされる電子の数、E'_0：標準酸化還元電位（それぞれの酸化還元系に固有の値）、ox, Redは溶液中における酸化および還元体の活量である。

　ORPが＋（プラス）の場合では酸化反応が、－（マイナス）であれば還元状態が進行していることを意味する。溶存酸素（DO）濃度との関係は、概略好気性状態の場合（DO > 0）ではORP > 0となり、嫌気性状態の場合（DO = 0）ではORP < 0と考えられ、底泥が嫌気状態であり、りんの溶出等が起こるかどうかの目安としても有効であると考えられる。

● 蒸発残留物（residual solids）

試料を105～110℃で蒸発乾固したときに得られる物質の総量を示したものである。濁っている試料をそのまま蒸発させたときの浮遊物質（Suspended solids）と溶解性物質（Dissolved solids）との総和である。通常灰白色を示すが、有機物や鉄分等を含む場合は褐色を帯びることがある。

水道水原水となる貯水池の水の蒸発残留物の主成分は、いわゆるミネラルと呼ばれるカルシウム、マグネシウム、シリカ、ナトリウム、カリウムなどから成り、それらの濃度が高くなると水道水の味などに悪い影響を与える。

● 硬度（hardness）

一般的には、石けんの泡立ちが良い水を軟水、泡立ちの悪い水を硬水と呼び、水の硬さを数値として示したものであり、水中のカルシウムイオンおよびマグネシウムイオンの量を炭酸カルシウム（$CaCO_3$）の量に換算して表される。炭酸カルシウムに換算するのは、一般の陸水ではカルシウムイオンがマグネシウムイオンに比べ多く存在するためであり、通常は硬度といえば総硬度（または全硬度という）を示し、下記のように表される。

$$総硬度（mg/\ell）=（Ca×2.5）+（Mg×4.1）$$

ここにCa、Mgは、水中のそれぞれの溶存量（mg/ℓ）である。

水中のカルシウム、マグネシウムイオンの成因は、主として地質由来であるが、人為的な由来として海水、工場排水、下水等の混入、施設のコンクリート構造物からの溶出や水の石灰処理によることがある。

硬度は水の味に影響を与え、硬度の高い水は口に残るような味がし、硬度の低すぎる水はコクのない味がする。硬度250mg/ℓ以上を硬水と呼び、わが国の河川水などは概ね軟水（250mg/ℓ以下）に分類される。

● アルカリ度（alkalinity）

水に溶けている重炭酸塩、炭酸塩または水酸化物などのアルカリ分を、これに対応する炭酸カルシウム（$CaCO_3$）の量（mg/ℓ）に換算して表わしたものである。アルカリ度は、下水や各種の鉱工業排水の影響を受けると著しく増減することから、水質汚濁の指標の一つとなる。アルカリ度の低い水（20mg/ℓ程度以下）は、一般に腐食性が強いといわれている。また、浄水場における凝集処理にあたっては、水の濁度とともにアルカリ度は重要な指標であり、良好なフロックを形成するためにはアルカリ分が適当量（20mg/ℓ程度とされている）存在することが望ましい。

自然水中では水と土壌や岩石、さらには植生との接触時間等がアルカリ度を決める

要因であり、水の経歴、とくにその自然地理学的条件を知るのによい指標でもある。地下水は一般にアルカリ度が高く30～80mg/ℓで、表流水は通常20～40mg/ℓであり、一般に河川水のアルカリ度は上流は低く、下流に行くにしたがって少しずつ増加するといわれている。

なお、自然水の多くは通常では遊離炭酸を含むことから、一般的にはアルカリ度が高くてもpHは必ずしも高くなるとは限らない。

● 酸度（acidity）

水に溶けている強酸、炭酸、有機酸および水酸化物として沈殿する金属元素等を、中和するのに必要なアルカリの量を炭酸カルシウムに換算して表したものである。

自然水の酸度は、主に炭酸塩や有機物の分解で発生したCO_2や空気中のCO_2の水への溶解に起因する遊離炭酸による。表流水の酸度は通常は10mg/ℓ程度であり、地下水の酸度は遊離炭酸の量に比例する。鉱山排水や工場排水、あるいは温泉等が混入した場合は鉱酸や有機酸を含むこともある。有機酸による酸度は、植物質に富んだ地層を通過した水、例えば、泥炭層の地下水中に認められる。

酸度の高い水は一般に腐食性をもち、とくに鉱酸による酸度を有する水は腐食性が極めて強く、鉄管やコンクリート構造物等を劣化させる。

● 塩化物と塩素イオン（chloride and chloride-ion）

塩化物は塩素よりも電気陰性度の低い元素と塩素との化合物である。たとえば、$NaCl$, $FeCl_3$などの無機物のほか、非金属元素と塩素の結合体CCl_4、炭化水素の塩素置換体CH_3Clなども含まれる。

陸水中の塩素イオンは、一般には数mg/ℓ～十数mg/ℓの値であり、風送塩（海水のしぶきが舞い上がったもの）の落下、風送塩を含む雨水、人為汚染、温泉および火山、土壌、岩石などから供給される。塩素イオンは、生活雑排水やし尿、工場排水等に多く含まれていることから、河川等における人為汚染の簡易な指標としてみることができる。また、海から離れた山間部の流水や地下水で、人為的汚染がないにもかかわらず塩素イオンの濃度が高い場合には、温泉や火山ガスの溶け込みが考えられる。

● カルシウム（calcium）

新しい割面は銀白色で、光沢のある軟らかくて軽いアルカリ土類金属である。カルシウムは生体にとって必須の元素で、骨、歯の主成分である。自然界中では炭酸塩（方解石、霰石）、硫酸塩（石膏）として地球上に広くかつ大量に存在し、ふっ化物（ホタル石）、りん酸塩としても産出する。

カルシウムは湖沼、河川水中にも硬度成分として存在し、水の石灰処理、あるいは海水、温泉水、工場排水等の混入により水中のカルシウム濃度が増加する場合もある。
　また、貯水池の流域に鉱山（廃鉱山を含む）や温泉が存在する場合、流入河川水および貯水池が酸性化し、ダム堤体や水利用への影響、水生生物の生息環境の悪化等が顕在化することがある。

■ マグネシウム（magnesium）

　延性に富んだアルカリ土類金属で、生物にとっての必須微量元素の一つとなっている。葉緑素クロロフィルはマグネシウムを含む有機化合物である。主な鉱物は、緑泥石（クロライト）、苦灰石（ドロマイト）である。また、海水中にも1ℓ当り約1.3gのマグネシウムが含まれており、これらを回収して広く利用している。マグネシウム塩の最大利用先は農地であり、苦土石灰として農地改良に用いられる。またニガリとして食品の豆腐の凝固剤に用いられる。

■ 硫酸塩と硫酸イオン（sulfate and sulfate-ion）

　硫酸塩は硫酸（H_2SO_4）の水素が金属やその化合物で置換された塩をいい、一部を除いて水に可溶である。自然界では石膏（$CaSO_4・2H_2O$）、重晶石（$BaSO_4$）などとして算出される。
　硫酸イオンは水中に溶解している硫酸塩中の硫酸根（SO_4^{2-}）を示す。天然に硫化物鉱床等があると空気中や水中の酸素により酸化され硫酸イオンが生じる。温泉や鉱泉にはしばしば多量の硫酸イオンを含むものがあり、河川等の水質を酸性化させ、ダム貯水池に流入する場合、ダム堤体や水利用等に大きな影響を与える。
　河川での人為的汚染源としては、工場排水や化学肥料（硫安）を含む農業排水や鉱内排水等があり、その他下水汚泥やし尿を含む下水にも硫酸イオンは含まれる。
　また、硫酸イオンは湖沼、内湾のように、夏期の底層や汚濁水の停滞層のような貧酸素の還元性の条件のもとでは、硫酸還元菌の作用で還元され硫化物となる。日本の多くの河川では数mg/ℓ～十数mg/ℓであり、硫酸イオン濃度が問題となるケースはそれほど多くないが、一部の河川、とくに上流部に硫黄採掘の廃鉱山が存在する場合は、いまだに溶存酸素濃度の高い地下水が硫黄を溶かし、pHの極めて低い水を流下させている。そのため、下流に被害の及ぶのを防ぐために特別な施設を設けて中和処理を続けてきている例が北上川の四十四田ダム上流にもある。また、群馬県草津町の湯川では炭酸カルシウム水溶液を投入することにより、常に酸性河川の中和を続けてきている。

3章

■ 硫化物と硫化水素（sulfide and hydrogen sulfide）

　硫化物は、ほとんどすべての金属類、ひ素、硼素、セレン、シリカ、炭素、窒素などと硫黄が結びついた化合物である。アルカリ金属の硫化物は溶解性が高く、その溶液は強アルカリ性である。

　水中の硫化物は、溶存状態のほかに各種金属と結合して存在している。金属と結合していない遊離の硫化物は、H_2S, HS^-およびS^{2-}の形態で存在しているが、中性（pH7）付近の水中に溶存できるS^{2-}は非常に微量である。また、溶存酸素の供給が少ない湖沼での深層水中や汚濁した感潮域での河川水においては硫酸イオンが硫酸還元菌により還元されて生成される。汚濁の進んだ水域の底泥は、この硫化物が底質に含まれる鉄と反応し黒色の硫化鉄を生成し黒色を呈する。これは、貯水池における富栄養化の進行においても懸念される現象である。また、水中で遊離した硫化物は溶存酸素と反応し、これを消費するため貧酸素となり生物の生育の障害となる。

　硫化物が還元してガス化したのが硫化水素で、数10μg/ℓの低濃度で臭気を発し、金属類を腐食させる。人体に有害で、1,000mg/ℓ以上硫化水素を含む空気を吸引すると直ちに虚脱、昏睡状態となり、呼吸麻痺で死亡する。

■ ナトリウム（sodium or natrium）

　銀白色で軟らかく伸展性があり、電気的陽性が極めて強いアルカリ金属である。空気中では常温でも酸化されて被膜を作り光沢をなくす。また、水との反応性が高い。

　自然界中では大気圏、水圏（とくに海水）、岩石、動植物体内等、地球上のあらゆるところに存在している。また、カルシウムやマグネシウムなどとともに生物の成長には欠かせない必須元素の一つとされている。

　ナトリウムイオンは土壌コロイドとの吸着力が弱く、地下水と土壌粒子とのイオン交換において放出されやすいため、そこから溶出して地下水や河川水の成分となる。その他の発生源としては、温泉水や海水の混入、あるいは生活排水（食塩など）や工場排水の流入等がある。

　貯水池等においては、通常の水質測定項目としては取扱われていないが、測定結果において異常な変化等を認めた場合には、人為的影響を疑うことができる。

■ カリウム（potassium or kalium）

　銀白色の軟らかく電気的陽性が極めて強い金属で、ナトリウムと似た性質をもっているが、反応性ははるかに高い。地殻中には珪酸塩（カリ長石、ミョウバン石等）として広く分布し、植物の三大栄養素（窒素、りん、カリウム）の一つである。

　カリウムは、岩石や土壌に含まれているものが溶出して地下水や河川水の成分とな

る。しかし、カリウムイオンは土壌中に強く吸着されるので、ナトリウムよりもはるかに溶出しにくい。人為的な排出源としては、工場排水、肥料等からの混入が考えられる。

貯水池等においては、通常の水質測定項目としては取扱われないが、測定結果において異常な変化等を認めた場合には、工場や農地等からの排水の影響を疑うことができる。

● アルミニウム（aluminium）

銀白色で軽く、展延性のある金属で、金属アルミニウムまたは合金として広く使用されている。水処理では、硫酸アルミニウムやポリ塩化アルミニウム（PAC）が凝集剤として使用されている。地球上に広く多量に分布する。地殻中には酸素、珪素に次いで多く、金属としては最も多く存在し鉄の2倍となっている。自然水中にも含まれているが、中性付近での溶解度は小さい。

酸性雨により酸性化した土壌から吸着されていたアルミニウムが溶脱し、植物の過剰吸収による成長阻害に起因する森林荒廃や、湖沼への流入とその毒性による魚類の死滅などが問題として考えられている。

貯水池等においては、通常の水質測定項目としては取り扱われない。ただし、酸性化している貯水池では監視への配慮が望ましい。

● すず（tin）

天然にすず石（SnO_2）として算出され、1,200℃以上で還元して金属すずを得る。白銀色の金属光沢を有した軟らかく展延性に富んでいる金属で、他の金属との合金は青銅、ハンダ、活字合金などとして古くから使用されてきた。

人体にも成人で17～130mgのすずが含まれており、1日の摂取量が130mg以内であれば尿と糞中への排泄量が吸収量と平衡になり生体内への蓄積は起こらず、摂取量が130mgを超えると主に肝臓や脾臓に蓄積されるが、他の臓器への蓄積は少ないといわれている。

毒性は無機化合物と有機化合物とでは大きく異なり、無機すず化合物は呼吸困難、運動失調を起こし、肝臓、腎臓、肺に障害を引き起こすといわれている。一方、有機すず化合物は、殺菌作用、殺虫作用を有することから、防カビ剤、殺虫剤、漁網防汚剤、船底塗料として広く使用されてきた。しかし、アルキル化合物等の有機すずは強い毒性を現し、例えば、塩化トリフェニルすず（TPTC）の水生生物へのTLm（半数致死濃度）は、ミジンコで0.18mg/ℓ（3 hr原体換算）、コイで0.055mg/ℓ（48 hr原体換算）、LD_{50}（半数致死量）はマウスで80mg/kgである。また、海産巻貝の産卵障害を引き起こす内分泌攪乱化学物質（いわゆる環境ホルモン）の疑いがある。

3章

■ ニッケル (nickel)

　天然のケイニッケル鉱(蛇紋石鉱物など)、硫鉄ニッケル鉱(ペントランド鉱)などとして産出し、粗製ニッケルとした後、炭素還元と電解によって単体ニッケルを製造する。銀白色に輝き展延性に富んでいる金属である。主たる用途は、ステンレス鋼、ニクロム線等の合金、金属メッキ、貨幣鋳造、バッテリー、殺菌剤等に使用されている。

　食物からのニッケルの吸収率は極めて低く、体内に吸収されても大部分は尿中に排泄されるが、動物投与実験から呼吸器系のガンと関係のあることが確認されており、国際ガン研究機関(IARC)による分類では3(人に対して発ガン性の疑いがある)にランクされている。また、皮膚炎を引き起こす。

　水生生物への影響については、とくに淡水藻類に対して強い毒性を示し、0.05 mg/ℓで増殖障害を起こす。ニッケルの化合物は難溶性のものが多いので、自然水中に高濃度で存在することはまれであるが、鉱山排水、工場排水、ニッケルメッキの溶出などから混入することがある。

■ アンチモン (antimony)

　輝安鉱(Sb_2S_3)、酸化物鉱石アンチモン華(Sb_2O_3)として産出し、還元して単体アンチモンを取り出す。灰色、黄色、黒色と3種類の同素体があり、このうち最も一般的なものは、金属アンチモンといわれる灰色アンチモンである。需要の2/3は鉛の合金として鉛蓄電池に用いられ、そのほかに活字用合金、軸受け合金としても用いられている。

　単体、化合物とも有毒であるが、毒性はひ素よりも弱い。アンチモンの化合物は通常三価と五価であり、三価の可溶性塩の毒性が最も強く、動物投与実験で急性毒性が確認されている。慢性毒性では、旋盤作業所(室内の空気濃度 5.5 mg/m³)で働く労働者に、少なからず高血圧症と心電図の異常が認められた。また、Sb_2O_3およびSb_2O_5のダストに暴露された労働者に、塵肺症とアンチモン皮膚炎が見られたという報告もある。

■ 酸化第二鉄 (ferric oxide)

　三酸化二鉄(Fe_2O_3)とも呼ばれ、不溶解性鉄の主な形態の一つである。水中の鉄(Ⅱ)イオン(Fe^{2+})は無色または淡黄色であるが、水中に溶存酸素が存在するときは酸化されて酸化第二鉄の赤褐色の沈殿を生じる。また、水中で鉄バクテリアにより溶存鉄(鉄イオン)から酸化第二鉄が生成されると、水道での赤水、異臭味、配管のスライムや目詰まり、ゴルフ場などの造成地での赤水の湧出など、利水や環境に対する障害が発生する。

貯水池の底層水の嫌気化により鉄分の溶出があると底層水の着色現象が発生するが、この際の着色は酸化第二鉄の生成による場合が多い。

● 無水亜りん酸（anhydrous phosphorous acid）

ホスホン酸（H_2PO_3）とも呼ばれており、三塩化りんを加水分解して合成する。白色でろう状の固体または単斜晶系の結晶で水によく溶け、また、エタノールなどの有機溶媒に可溶である。融点23.8℃、沸点173℃である。空気または酸素の供給を不十分にしてりんを燃やすと得られる。

空気中で熱すると70℃で発火して五酸化二りんとなる。冷水と徐々に反応して亜りん酸のほか、ホスフィン、りん酸を生じる。塩素、臭素と反応し、150℃以上では硫黄と反応する。また、塩化水素により三塩化りんと亜りん酸を生じ、有毒である。

なお、水に極めてよく溶け、溶解後はりん酸イオンを生じる。

● 酸化第一鉄（ferrous oxide）

一酸化鉄（FeO）とも呼ばれ、純粋なものは得られにくい。黒色の粉末で水に不溶である。低温でつくったものは強磁性で反応性に富み、発火性をもつが、強熱すると磁性と発火性を失う。これは、低温では酸化鉄（Ⅱ）が$4FeO \rightarrow Fe_3O_4 + Fe$のように分解されるためといわれる。水素により還元され金属鉄を生じるが、この反応は純鉄の製造に利用される。発火性のものは水を分解し二酸化炭素と反応する。

硫酸第一鉄などの化合物を水中に溶解し酸化されると酸化第二鉄として赤褐色を呈し、貯水池等での底層水の着色の要因の一つともなる。

● キレート（chelate）

金属キレートともいい、1個の分子またはイオンのもつ2個以上の配位原子が、金属イオンを挟むように配位結合してできた環構造をもつ化合物をいう。こうしたキレート物質は、元肥化学肥料、浴槽用洗剤、洗濯洗剤に含まれ、近年、水域の富栄養化による藻類の増殖を促進することが明らかとなってきている。

一般にアオコが発生する要因となる物質には、栄養塩としての無機態の窒素・りんなどがあげられるが、その一方、水域には藻類の増殖に対して毒性を発する重金属類が存在する。化学肥料や洗剤などに含まれるキレート物質は、こうした重金属類の藻類増殖に対する毒性を抑制することが明らかになってきており、キレート物質が含まれない化学肥料や洗剤を使用することにより、水域におけるアオコの増殖を抑制する効果が期待されている。

4章

汚濁負荷

4.1 汚濁負荷

●汚濁負荷量（pollutant loading amount）

　水路・河川や湖沼・貯水池の水、生活排水、産業排水などに含まれて流出する汚濁物質（BOD, COD, SS, T－N, T－Pなど）の量（負荷量）のことで、通常1日当りgやkgなどの重量で表わす。

　工場等の汚濁源において発生する汚濁負荷量を**発生負荷量**といい、水質規制などにより処理施設を経て汚濁源外に排出される負荷量を**排出負荷量**という。また、水路や支川を経て本川に流入する地点（流達点）での負荷量を**流達負荷量**、本川の水質基準点に到達する負荷量を**流出負荷量**という（図4.1参照）。

　一般に、水質汚濁の程度は汚濁物質の濃度で表わされる。しかし、低濃度の排水でも排水量が多ければ、対象とする水域に流れ込む汚濁物の量は大きなものとなる。このため、総合的に水質汚濁を考えるには濃度だけでなく、汚濁物質の量、すなわち汚濁負荷量で評価する必要がある。なお、汚濁負荷量は、汚濁物質の濃度と流量との積で求められる。

　　汚濁負荷量（g/日）＝濃度（mg/ℓまたはg/m^3）×流量（m^3/日）

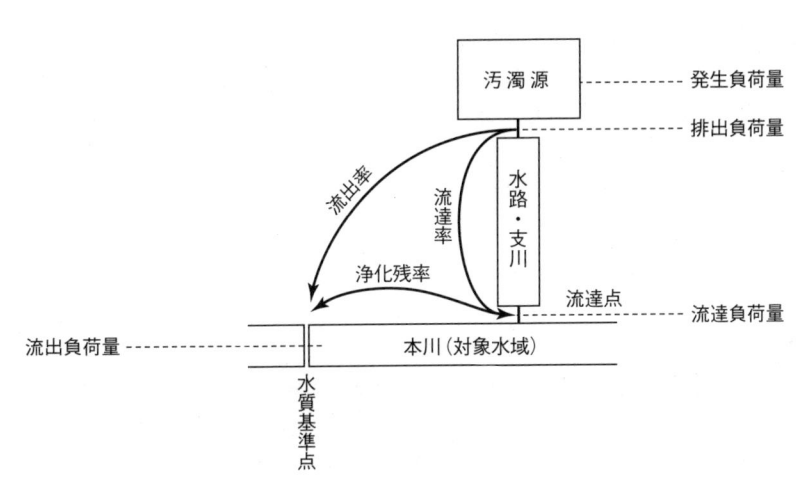

図4.1　汚濁負荷の発生と流達・流出の概念

4章

■ 汚濁負荷原単位（pollutant unit load）

　各発生源からの汚濁負荷発生量を、それぞれ汚濁源のフレームベースで1日または1年単位の発生量として整理したものを汚濁負荷原単位という。

　汚濁負荷は発生源ごとに発生量も発生の様態も異なり、とくにノンポイントソース（非特定点源または面源）の汚濁負荷流出は晴天日と雨天日で大きな差が生じる。したがって、対象流域の汚濁負荷量を把握するためには、流域内のすべての発生源について汚濁負荷量を実測することが基本となる。しかし、実際にはこれら発生源のすべてについて、長期にわたり継続して実測するのは不可能である。そこで、小規模な事業所や家庭排水のように、個々にそれほど大きな相違がないと考えられるものについては、文献値や過去の調査事例から整理された汚濁負荷原単位を参考として用いることになる。

■ 流達率（pollutant runoff rate）

　排出負荷量は水路や支川を流下している間に沈殿、生物学的分解などの作用を受けながら対象水域に達する。この対象水域に達する点（流達点）での負荷量を流達負荷量といい、排出負荷量に対する流達負荷量の割合を流達率という（図4.1参照）。

$$流達率 = 流達負荷量 / 排出負荷量$$

■ 浄化残率（pollutant remained rate）

　河川の上下流2地点間に汚濁負荷の流入がないと仮定し、上流側断面を通過する負荷量をL_1、下流側断面を通過する負荷量をL_2とした場合、L_2/L_1を浄化残率という。

$$浄化残率 = \frac{下流側断面を通過する汚濁負荷量\,(L_2)}{上流側断面を通過する汚濁負荷量\,(L_1)}$$

■ 流出率（pollutant flown rate）

　水文学で用いられる流出率は、一つの洪水中の全降雨量に対する流出量の比率をいうが、汚濁負荷の流出率は、排出負荷量が河川の水質の基準点に到達する割合（流出負荷量と排出負荷量の比）をいい、流達率と浄化残率との積でも定義される。なお、河川の水質（単位体積当りの水中の汚濁物質量、g/m^3）は、流出負荷量（$g/日$）を流量（$m^3/日$）で割ることによって算定される（図4.1参照）。

$$汚濁負荷流出率 = \frac{流出負荷量}{排出負荷量} = 流達率 \times 浄化残率$$

■ ポイントソースとノンポイントソース（pollutant point source and non-point source）

　汚濁負荷発生源は、汚濁物質の排出位置が特定できるポイントソース(**特定点源**)と、特定できないノンポイントソース(**非特定点源**または**面源**)に分けられる。汚濁物質の排出ポイントが特定できる下水処理場、工場や家畜などの廃水処理施設などをポイントソース(特定点源負荷)という。

　生活系排水は、し尿と生活雑排水からなり、下水処理場、**コミュニティプラント**(小規模集合浄化施設)、農業集落排水処理施設、単独処理浄化槽、合併処理浄化槽などで処理された後に排出される。工場排水は業種・規模によって異なるが、一般的に大規模な業種は自己処理、小規模な業種では下水道に受け入れられている場合が多い。畜産排水は、一般的にみて自己処理されているが、農業集落排水処理施設に受け入れられている場合もある。これらの排水はいずれも位置が特定できるため、その汚濁発生源はポイントソースに分類される。

　一方、農地、市街地(路面など)、山林などから排出される負荷は、排出位置が特定できないため、ノンポイントソースからの負荷に分類される。ノンポイントソースからの負荷は、晴天時には地下浸透、農業用水等によってのみ流出するが、降雨時には地表面流出によって多量に流出する。また、降水・降下塵による負荷は、農地、市街地、山林などを発生源とする汚濁負荷の一部となっているため、水面に直接降下する分のみを考慮することにしている。

■ 家畜排水（livestock wastewater）

　牛、豚や鶏など家畜の排泄物により汚染された排水のことである。大規模な飼育では畜舎に多数飼養されていることから畜舎排水としての処理設備を有し、ポイントソースの一つとなる。このうち、鶏などの家禽類の排泄固形物は乾燥したものがそのまま肥料として使われるため、水質汚濁の原因となることは比較的少ないといわれているが、牛、豚などの小規模な畜舎排水では処理設備が十分でないために、その種の畜舎が多い地区などでは水質汚濁上も問題が多い。

　家畜排水はすべてが公共用水域に直接排出されるわけではなく、家畜の飼育形態や糞尿の処理処分形態(畜舎排水処理、農地還元等)によって排出される量は異なる。

　なお、豚房施設、牛房施設、馬房施設は水質汚濁防止法等に基づき、一定規模以上(1日の排水量が50m³以上)のものは排水規制を受ける。

　また、「家畜排せつ物の管理の適正化及び利用の促進に関する法律」(平成11年7月28日制定、野積み禁止法と称されることもある)の第3条第1項により同法律施行規則第1条(平成16年11月1日施行)で、ある程度の規模の畜舎(牛馬で10頭以上、豚で100

頭以上、鶏で2,000羽以上）にかかわる家畜排せつ物は、不浸透性材料で構築した貯留槽に貯蔵しなければならないと定められた。

● 農地排水（agricultural effluent）

　水田や畑地から排出される水で、田畑の表面からの流出水と地下への浸透水がある。とくに、排水中に含まれる窒素、りんなどの肥効成分と農薬による環境汚染が問題視され、湖沼・内湾など閉鎖性水域の水質汚濁の要因となっている。その原因として、近代農業における大量の化学肥料の使用と、用水・排水路の分離にともなう農業用水の反復利用の減少が考えられる。

● 工場排水（industrial wastewater）

　鉱業を除く第二次産業の生産工程から排出される排水で、その性状は業種によりさまざまである。また、一工場内でも複数種類の製造が行われているのが通常で、かつ同じ製品でも製法が異なれば排水の性状が全く異なることもある。

　工場排水は1955年以降、無処理に近い不良な処理設備からの流出によって水俣病など公害問題の主役になったが、1970年に制定された水質汚濁防止法とそれに基づく都道府県条例で水質規制が行われるようになり、現在ではむしろ生活排水や農地排水による水質汚濁が大きな問題となっている。ただし、近年は未規制の有機塩素系化合物など、新しい合成化学物質が原材料として次々と使用されるようになり、1950～70年とは異なる水質汚濁問題が生じている。

● 生活排水（domestic wastewater）

　日常生活にともない一般家庭から排出される排水をいう。このうち、し尿または水洗便所からの排水を除くすべての排水を生活雑排水という。わが国では、一般家庭で1人が1日に使用する水の量は約200～350ℓ/日で、その内訳は洗濯30％、炊事20％、風呂20％、水洗トイレ13％、洗面・手洗10％、その他7％となっている。

　一方、生活排水による1人1日当り汚濁負荷量をみると、BOD、COD、SS、全窒素および全りんについては、水洗便所によるし尿よりも生活雑排水に含まれる汚濁負荷量が多いことが知られてきた。

　近年は、一般住民の環境意識の高まりから無りん洗剤を使用する傾向が強く、その結果、洗剤由来のりんの減少にともない雑排水中のりんも大幅に減少した。しかし、生活雑排水は下水道未整備地区では処理されずに排出される場合が多く、近年の水質汚濁の大きな要因となってきた。このため、1990年に**水質汚濁防止法**を改正し、生活排水対策の総合的推進について規定を設けた。これにより下水道の整備、し尿と雑排

水を一緒に処理する合併浄化槽の設置促進などの対策が進められている。

◼ 観光排水（tourist wastewater）

　国・県立公園内のトイレ、食堂、休憩施設からの排水や観光地である温泉やリゾートに立地するホテルや旅館、食堂、レジャー施設などの観光利用施設から排出される生活系の排水をいう。観光客が訪れる季節、滞在時間、水利用形態がさまざまであるため、排水量や汚濁負荷量の季節的、時間的変動は大きく、かつ地域によってその様相は大きく異なる。なお、温泉からの排水は最近、湧出湯量の減少にともない処理して循環・再利用される場合が増加してきている。

◼ 降水負荷（pollutant load by precipitation）

　大気中に浮遊している煤塵、窒素酸化物などが落下中の雨滴に取り込まれることにより生じる汚濁負荷のことで、当該水域の周辺地域での大気汚染状況により大きく異なることが知られている。最近では、大型車両のディーゼルエンジン廃ガスからの浮遊粒子状物質（SPM）が降水負荷を増加させている傾向があるが、これも規制の網がかぶせられて、次第に減少することが期待されている。

◼ 水産負荷（pollutant load by fish cultivation）

　対象とする水域で水産養殖が行われている場合に発生する汚濁負荷であり、給餌にともなう負荷、魚の糞尿による負荷が主要なものである。また、養殖用ネット内で死亡した魚の分解などにともなう負荷も存在する。過去において、霞ヶ浦などで鯉の養殖による水産負荷が大きな問題になったことがある。しかし、鯉ヘルペスの発生により養殖が中止され、このことから水産負荷は大幅に減少した。湖沼・貯水池などで水産負荷が問題となるのは、養殖魚の餌摂取量よりも給餌量が過剰であった場合である。このために相当量の餌料は養殖魚に摂取されずに湖底などに堆積し、これが高水温期に分解されて有機物、栄養塩類が水中に回帰してくるとみられるためである。

◼ 融雪出水（snow-melting flood）

　春季には気温の上昇と日射量の増加にともなって堆積した雪が溶けてくる。その融雪が緩慢な場合は出水といった現象までは引き起こさないが、雪崩などにより大量の水を含んだ雪が流出する場合や気温の急上昇などにより、出水が生じる。これを融雪出水という。

　積雪寒冷地域では、春季の融雪出水を貯水池にいかに貯留し、利用するかは水資源管理上重要な課題であり、灌漑等への需要に備えて融雪期に貯水位をできる限り高く

維持する必要がある。一方、融雪出水は積雪量、降雨量、気温、日照等に左右され、その形態は複雑であり、降雨が重なると思わぬ出水となる。とくに、貯水位の高い状況での集中的な流入は流域やダムの安全にとって大きな脅威となる。また、貯水池の水質保全上で留意しなければならない点は、融雪出水にともなう冷水、高濁度水の流入および堆積物の掃流による栄養塩類の流入である。

● 降雨出水（inundation by rainfall）

降雨により大量の雨水が流出してくる出水をいう。土壌が水分で飽和状態近くに達すると浸透する水量が減少し、地表面を流出する水量の方が増加する。この出水は一般に多量の懸濁物質を含み大きな負荷をもたらす。都市化にともなう地表面の被覆化の拡大および農耕地や森林地域の荒廃がこの出水を助長する要因となる。

● 内部負荷（internal pollutant load）

湖沼や貯水池などの閉鎖水域内で発生する有機物や栄養塩類がその水中に寄与する負荷のことである。水中の植物プランクトンが増殖すると有機物（BOD, COD, TOCなどとして表現される）負荷が増加する。植物プランクトンが死滅して池底に沈降すると、流域から流れこんだ植物繊維などとともに有機物の多い底泥を形成し、有機物は水温上昇とともに分解して、溶解性有機物や栄養塩類（りん、窒素）を水中に回帰して内部負荷を増加させる。

● 外部負荷（external pollutant load）

湖沼や貯水池などの閉鎖水域に、上流域や周辺から湖内に流入してくる有機物や栄養塩類の負荷である。流入時の形態から、ポイントソース（特定点源）とノンポイントソース（非点源または面源）からの負荷に分けられる。前者は下水処理場からの放流水、工場・事業場からの排水（通常は処理施設からの放流水）による負荷である。後者は集落や家畜あるいは田畑や森林、さらに都市内の分流式下水道の雨水渠などに雨天時に流出してくる負荷である。前者はその負荷量の把握が比較的容易に行えるが、後者の把握は困難な場合が多く、過去の汚濁負荷原単位を使って見積もることになる。

5章

水質観測

5.1 観測計画

● 水質測定計画 (water quality monitoring scheme)

　水質測定計画は水質汚濁防止法によって定めることが義務づけられている。同法第十六条によれば、「都道府県知事は、毎年、国の地方行政機関の長と協議して、当該都道府県の区域に属する公共用水域および当該区域にある地下水の水質の測定に関する計画(以下「測定計画」という)を作成するもの」とされている。

　湖沼や貯水池の管理運営時においては、水質環境基準、水道水質基準の改定にみられるように、異臭味の回避等、より快適な水環境の確保、トリハロメタンの生成の起きないより安全性の高い良質な水源の確保が求められている。有効な水質測定計画を立てることにより、より精度の高い流域調査や数値シミュレーションによる水質予測手法の適用が可能となる。水質測定の実施により、淡水赤潮、水の華、濁水長期化、冷水放流等、多様化する水質に係る現象の早期把握、対策の立案と実施が可能となる。

　上記の目的を達成するには、流入河川、湖沼・貯水池内の測定地点、測定頻度、測定機器、解析システム等を考慮した、適切な水質測定計画を立てることが非常に重要になる。

● 水質自動監視システム (automatic water quality monitoring system)

　海域を除く公共用水域においては、旧建設省当時から、水温、pH、導電率、濁度、溶存酸素の5項目について水質の自動監視がなされてきた。その後、水質自動監視装置がさらに進歩して測定項目も増加し、水温、pH、溶存酸素、導電率、濁度、クロロフィル-a、水深の7項目が容易に測定できるようになった。近年では測定器の検出器部分がコンパクト化され、小電力での測定が可能となり、検出部は筏(ブイ)や堤体、橋脚等よりウインチで測定水深まで上下できるものが使用できるようになった。

　測定されたデータは、測定器の機側制御盤まではケーブルで伝送され、操作表示部、信号処理部、電源部、筐体およびプリンタから構成される記録部に記録される。このシステムでは、記録部までで完結しているものや、水質データおよび監視信号の変換処理を行い、これを表示、記録および外部出力までをおこなっているものもある。リアルタイムで水質監視を行う場合には、現場の管理棟内に設置された測定制御記録盤までの距離や測定地点数等を総合的に考慮し、効果的、経済的な伝送方式(テレメータ、ケーブル、光ケーブル、NTT回線、簡易無線、携帯電話)が決定される。

　測定時間は標準的には1回／時間であるが、水質や出水等の状況により時間当りの測定回数を決定できれば湖沼や貯水池の管理により有効である。

5章

■ ダム貯水池水質調査要領（water quality monitoring manual for dam reservoirs）

　ダム貯水池の水質調査を実施するにあたって、調査・測定の内容、方法および結果の整理方法等を取りまとめたものをいう。当初は、統一的なダム貯水池水質の把握および貯水池における水質に係わる現象のメカニズムの解明を目的として1980年に策定された。その後の環境への関心の高まり等の社会情勢と社会的ニーズの変化、水質環境基準の改正、ダム貯水池の水質に係わる現象の多様化などから1996年に改訂された。

　水質調査要領に示す調査には、①ダム貯水池の水質・底質の状況を監視し、その実態を経年的、長期的に把握すること等を目的として実施する基本調査、②利水面等に影響を及ぼす可能性のある、ダム貯水池特有の水質に係る現象（「水質変化現象」）の発生により、利水面や貯水池景観面に影響が及ぶ場合に行われる対策調査、③「水質変化現象」の発生が確認された場合、その詳細な実態を迅速かつ的確に把握することを目的として実施する詳細調査がある。

5.2 水質観測機器・方法

■ 採水器（water sampler）

　水質測定に必要な試水を採取するための器具で、材質、容量、形式がさまざまあり、目的に応じて使い分ける。

① ハイロート型採水器（図5.1(a)参照）

　　試料容器を、おもりをつけた金属製の枠に取り付けた採水器であり、目的の深さまで沈めて試料容器の栓をひもで抜き取り、その深さでの水を採水する。比較的浅い場合（10m以下）に適する。

② バンドーン型採水器（図5.1(b)参照）

　ワイヤーまたはロープで目的の深さまで沈めてから、メッセンジャーを落として上下のふたを固定しているフックを外し採水する。通水性のよい構造で、一度に多量の水（2ℓ以上）を採水するのに適している。

③ 転倒式採水器（図5.1(c)参照）

　転倒温度計がついている採水器で、採水水深の水温を同時に測定する場合に適している。目的の深さでメッセンジャーを落とし採水すると同時に、転倒温度計がその深度の温度を記録するようになっている。

④ ポンプ式採水器（図5.1(d)参照）

　おもりを付けた鎖または網に軟質塩化ビニール管等を添わせ、目的の深さまで沈めてポンプで吸引する。吸引ポンプには注射筒、排気ポンプ等の手動のものや、ロータリーポンプ・真空ポンプ等の動力によるものがある。ポンプ式採水器は、深さを自由に変えながら採水を続けることができる。

■ 採泥器（bottom mud sampler）

　底泥を採集する器具のこと。その作動原理により次の種類に大別される。

① グラブ採泥器（図5.2(a)参照）

　　左右に開閉できるバケットを用いて開いた状態で底泥面まで下ろし、次いで閉じることにより「つかみ取る方式」のものである。バネの力でバケットを閉じるもの（図に示す**エクマンバージ型**）や、底面に達するとバケットを開いていた金具がはずれ、持ち上げる際自重で口が閉じるものなどがある。

　　「ダム貯水池水質調査要領」には、「底泥の採取は、原則としてエクマンバージ型採泥器またはこれに準ずる採泥器を用いるものとする。」とある。

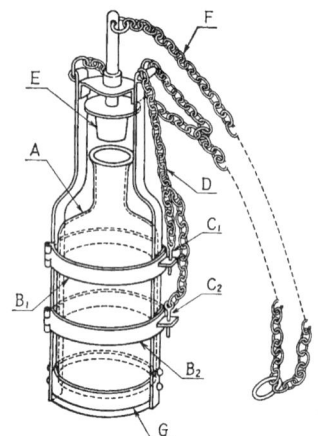

5章

A：採水びん
B₁, B₂：びん保持バンド
C₁, C₂：びん保持バンド止め具
D：びん保持バンド止め具用鎖
E：びんのせん
F：開せん用鎖
G：おもり

(a) ハイロート型採水器

A：メッセンジャー
B：ワイヤ（またはロープ）
C：メッセンジャー受
D：ゴムひも
E：ワイヤ締金具
F₁, F₂：ゴムふた
G₁, G₂：ゴムふた用ワイヤ
H₁, H₂：ゴムふた用ワイヤ止金具
I：ワイヤ固定部
J₁, J₂：試料取出用ピンチコック付
K：透明円筒

(b) バンドーン型採水器

ワイヤーの先端におもりをつける

5.2 水質観測機器・方法

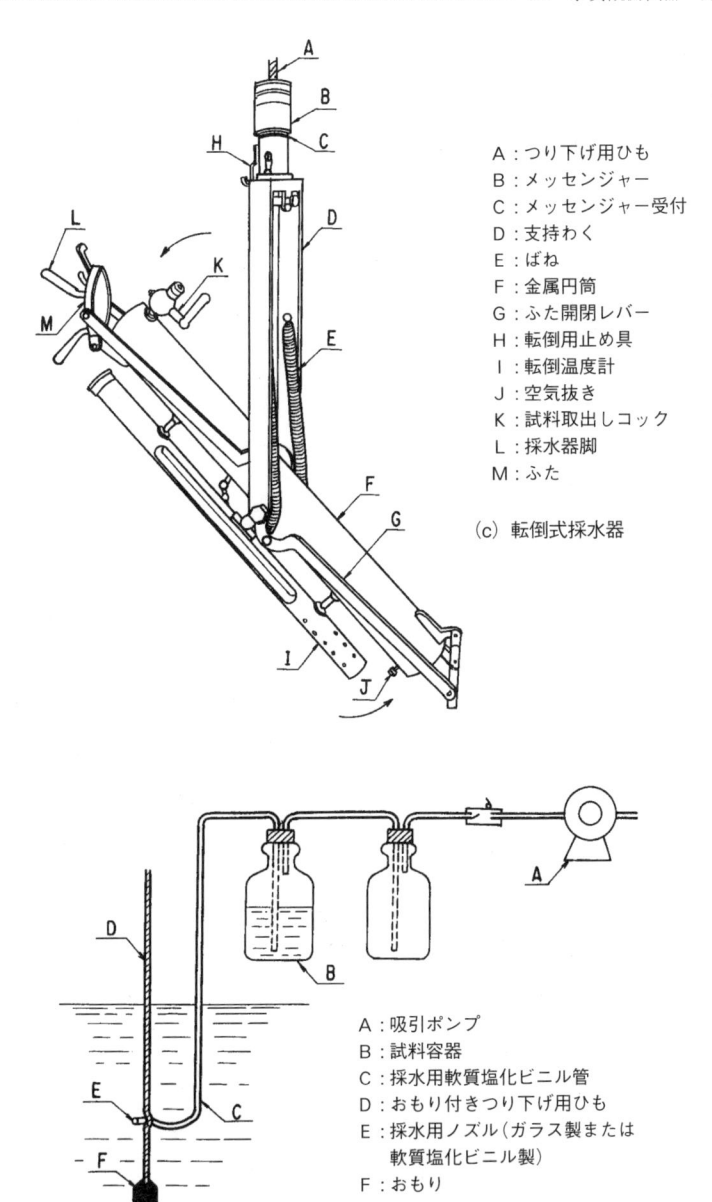

A：つり下げ用ひも
B：メッセンジャー
C：メッセンジャー受付
D：支持わく
E：ばね
F：金属円筒
G：ふた開閉レバー
H：転倒用止め具
I：転倒温度計
J：空気抜き
K：試料取出しコック
L：採水器脚
M：ふた

(c) 転倒式採水器

A：吸引ポンプ
B：試料容器
C：採水用軟質塩化ビニル管
D：おもり付きつり下げ用ひも
E：採水用ノズル（ガラス製または軟質塩化ビニル製）
F：おもり

(d) ポンプ式採水器

図5.1 採 水 器
建設省技術管理業務連絡会水質部会(1984)より引用

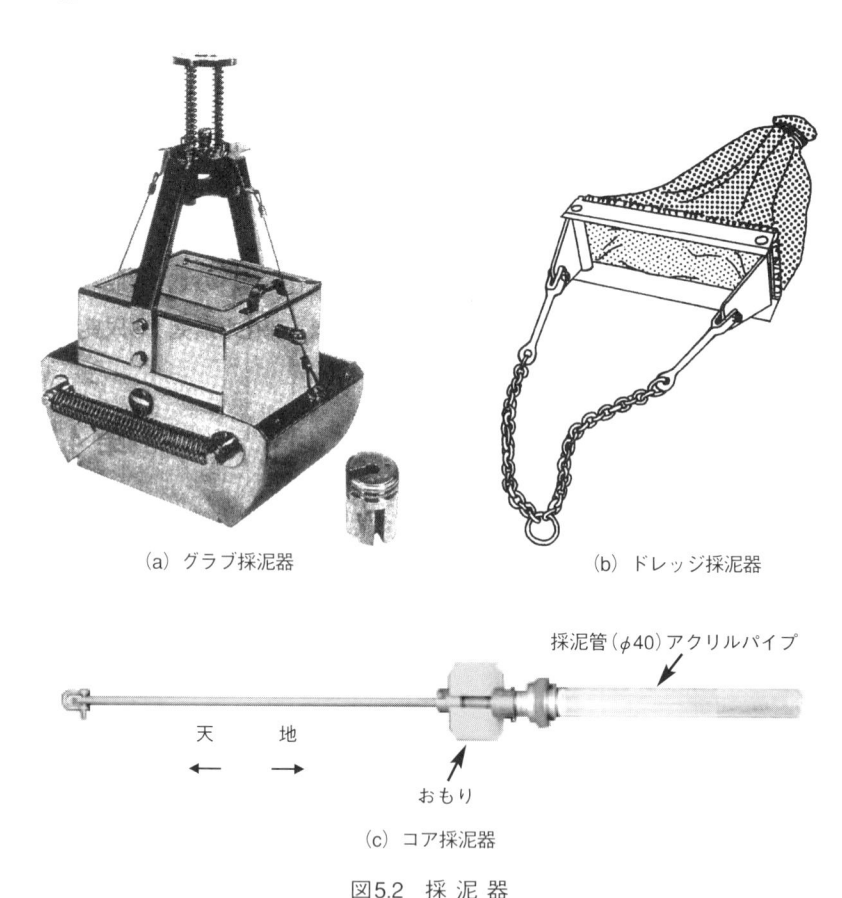

5章

(a) グラブ採泥器　　　　　　　　　　(b) ドレッジ採泥器

採泥管(ϕ40)アクリルパイプ

天　　地

おもり

(c) コア採泥器

図5.2　採泥器
(a)：(社)日本下水道協会(1997)、(b)：竹内均(2003)より引用

② ドレッジ採泥器（図5.2(b) 参照）
　　円筒形もしくは箱形の容器を湖底面で引きずることで底質を採集する「ひっかき方式」のものである。固い湖底でも採泥できるように、採集口に爪の付いたものや採集した底質を確保するために布袋が付いたものなどがある。
③ コア採泥器（図5.2(c) 参照）
　　長尺の円筒形の採泥管を海底面に垂直に打ち込み、海底の堆積層を保持した状態で採集する「打ち込み方式」のもので、自重で海底に突き刺さるものや採泥管がスライドするなどして海底に貫入してゆくものなどがある。

● 自動採水器（automatic water sampler）

　水質調査に必要な試水を自動的・定期的に採取するための装置のこと。採水ポンプ、ホース、採水ビン、制御装置等から構成され、ポンプによる揚水と真空による吸引による揚水の2タイプがある。

　また、試水の保存方法には、混合された試料とするもの、個別の試料としておくものがある。前者は大きな容器1個を備えるのに対して、後者は小型の容器を多数配備しており、これらを回転板体で採水ごとに回転させるか、試料排水口が回転して容器にそれぞれ配水するタイプがある。

　採水間隔は制御装置に組み込まれたタイマーを用いて設定される。採水ポンプおよび制御装置の電源もバッテリーによるものと商用電力によるものがある。

● プランクトンネット（plankton net）

　水中に浮遊する植物（微細な藻類）・動物プランクトンを採取するためのネット器具（図5.3参照）。通常は開放式ネットが用いられるが、用途に応じて用いることができるように、定量ネット、閉鎖ネット、開閉ネットなどが考案されている。小さな池や

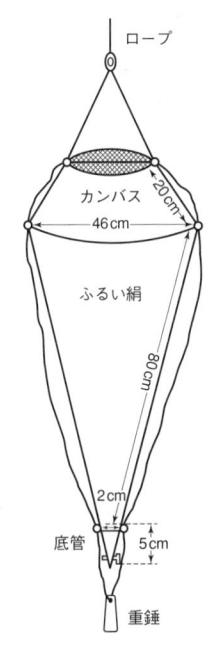

図5.3　プランクトンネット
日本水産資源保護協会（1980）より引用

沼では柄つき小型ネット器具も用いられる。ネットの形式やメッシュのサイズなどは調査の目的により異なる。わずかな刺激でも細胞が破損してしまうような鞭毛藻類の採取には向いていない。

水温センサーと水温モニター (water temperature sensor and monitor)

水温センサーは水温を感知するセンサー(検知器)と測定器具をいう。水温は水中の生態系の活動を活発化させたり、停滞させたりするのに最も大きな影響を与える因子の一つである。したがって、定期的、かつ一定時間間隔で測定することが望まれる。センサーには熱電対、測温抵抗体、サーミスタなどが用いられ、金属や半導体などの電気抵抗が温度差により変化する性質を利用して、その電気抵抗値を測定するものである。

水温計は増幅回路や表示器を組み込んだ測定器であり、水温モニターは伝送装置などを組み込んであり、リアルタイムでデータを遠隔地センターに通報することもできる。

水温は物理化学反応や生物化学反応に関連があることから、湖沼や貯水池の水質変化を知るためには常に測定が必要となる。

pHセンサーとpHモニター (pH sensor and monitor)

pHは水中の水素イオン濃度指数の逆数を常用対数で表したもので、pH7を中性として水が酸性またはアルカリ性の程度を表す指標である。工場、事業場などからの排水には、酸(pH<7.0)やアルカリ(pH>7.0)を含むものがあり、これらがpH≒7.0まで中和されずに流入される時には、水中の生物に何らかの障害を与える可能性がある。

pHセンサーを用いた測定はガラス電極と比較電極の組み合わせで行われ、両電極間に生じる電位差を測定することによりpHは求められる。

pH計は増幅回路や表示器などを組み込んだ測定器で、pHモニターは伝送装置などが組み込まれ、電話回線などを利用してリアルタイムでデータを遠隔地にも通報することもできる。

湖沼や貯水池で藻類の光合成が行われると水中の炭酸ガスが使用され、炭酸ガスの増減はpHに変化をもたらす。光合成が盛んに行われるときには、水中に炭酸ガスが不足するので弱アルカリ性を示し、夜間には藻類の呼吸によって炭酸ガスが増加するので弱酸性を示す。

濁度センサーと濁度モニター (turbidity sensor and monitor)

濁度とは水の濁りの程度を示す指標であり、この測定用センサーを内蔵する装置を濁度センサーという。濁度センサーには透過光測定法を応用したもの、散乱(反射)光

測定法を応用したもの、積分球式測定法を応用したものがあり、それぞれ利点と欠点がある。

濁度計はセンサーに加え、増幅回路や記録針を組み込んだ測定器であり、濁度モニターは伝送装置などを組み込んであり、電話回線などを利用してリアルタイムで濁度データを遠隔地にも通報することができる。

■ 透過光測定法（transmitted light measurement for turbidity）

濁度測定法の一種。試料セルの一方から光を入射させ、その反対側で試料中の懸濁物質によって減衰後に通過した波長660 nm付近の透過光量を測定する。定量範囲は光路長50 mmの吸収セルで5～50°、光路長10 mmの吸収セルで25～50°である（いずれもカオリン標準液を用いた場合）。測定方式は簡単であるが、試料や粒子の着色と窓の汚れなどの影響が大きく、これによる誤差を生じやすい。

■ 散乱光測定法（scattered light measurement for turbidity）

濁度測定法の一種で、試料中の粒子によって散乱（反射）した光の強度を波長660 nm付近で測定する。標準液としてカオリンまたはホルマジンを用いる場合が多い。ホルマジン標準液を用いるのは、水中に分散したホルマジン・ポリマーの粒子がカオリン粒子に比べて均一であり、分散性も優れているためである。

■ 積分球式測定法（photoelectric measurement by integrating sphere）

水中の粒子による散乱光の強度と透過光の強度との比を積分球により測定して求め、カリオン標準液を用いて作成した検量線から濁度を求める方法である。試料が着色されていても散乱光強度と透過光強度との比が妨害されない利点がある。

■ 溶存酸素（DO）センサーとDOモニター（dissolved oxygen sensor and monitor）

溶存酸素（DO）は水中に溶解している酸素で、その濃度は気圧、水温、塩分などに影響される。また、汚染された水中では微生物によって消費される量が多くなるのでDO濃度は減少し、水が清純であればあるほど、その水温における飽和濃度に近くなる。溶存酸素センサーにはポーラログラフ法を応用したものやガルバニ電池を使用するものなどがあり、いずれの場合も水中に含有する気体のみ分離できるメンブレン（薄膜）を用いて分離し、電解液に溶解した溶存酸素の濃度を電気的に測定する。DO計はセンサーに加え、回路や記録針を組み込んだ測定器である。

DOモニターは伝送装置などが組み込んであり、電話回線などを利用してリアルタ

5章

イムでデータを遠隔地にも通報することができる。

◼ クロロフィル a (Chl-a) センサーと Chl-a モニター (chlorophyl-a sensor and monitor)

クロロフィル (Chl) は葉緑素ともいい、藻類や高等緑色植物に含まれる光合成に必要な緑色色素で、タンパク質結合した形で葉緑体に存在している。クロロフィル a (Chl-a) は $C_{55}H_{72}MgN_4O_5$ の分子構造を有し、希酸処理すると Mg が 2 個の H と置換してフェオフィチン a となる。Chl にはそのほかに、b, c, d, e などがあり、クロロフィル b は黄緑素とも呼ばれている。Chl-a は赤色部と青色部に非常に強い吸収帯 (662 nm と 430 nm) をもった特徴的な吸収スペクトルを示す。したがって、この吸収帯を計測することで Chl-a のみを検出することが可能となり、藻類の存在量を大まかに把握することが可能となる。

Chl-a 計は上記 2 点の吸収スペクトルを測定する比色センサーに増幅回路、表示器を組み込んだ測定器で、Chl-a モニターは伝送装置などを組み込んであり、電話回線などを利用してリアルタイムでデータを遠隔地にも通報することができる。

◼ バイオセンサー (biosensor)

バイオセンサーは、互いに親和性のある物質の一方を膜に固定化して、生体物質の分子識別機能を利用して選択性を向上させ、特定の化学物質や生物化学反応物質を検出するものである。

バイオセンサーでの反応の検出は、化学変化、生物化学変化、熱変化、光変化、電気信号を直接誘導するなどの検出部近辺における変化を電気信号として検出するもので、公共用水域にてモニタリングの重要性が認識されていることから BOD 測定センサーなどが開発の対象とされてきた。しかし、現在までのところ、公共用水域の水質測定に確実に利用できるバイオセンサーの開発までには至っていない。

◼ 簡易比色テスト［パックテスト］(simplified colormetric test)

環境調査や排水管理の際に、水質を迅速に測定しなければならない場合がある。反応にはやや時間がかかるものもあるが、本テストを用いると操作が容易で、含有物質の濃度の概略値を迅速に知ることができる。このテストでは試薬が封入されたチューブなどに試料液を吸い込み、比色することにより濃度を測定する。パックテストという呼び名が一般的で、測定できる項目とそのテスト方法は次の通りである。

pH (BTB または BCG 法)、アンモニウム態窒素 (インドフェノール法)、残留塩素 (DPD 法)、六価クロム (ジフェニルカルバジド法)、亜鉛 (PAN 法)、鉄 (o-フェナント

ロリン法)、亜硝酸体窒素(ナフチルエチレンジアミン法)、ニッケル(ジメチルグリオキシム法)、銅(ジエチルジチオカルバミン酸法)、硝酸体窒素(還元とナフチルエチレンジアミン法)、フェノール(4-アミノアンチピリン法)、化学的酸素要求量(常温アルカリ性過マンガン酸カリウム法)、マンガン(過ヨウ素酸カリウム酸化法)、りん酸体りん(モリブデンブルー法)、遊離シアン(4-ピリジンカルボン酸法)、ホルムアルデヒド(MBTH法)、全硬度(フタレインコンプレキソン法)等。

なお、従来残留塩素の測定にo-トリジン法が一般に使用されていたが、o-トリジン試薬の毒性に関する知見等により、2002年4月以降使用禁止となった。

試験紙テスト (colormetric paper test)

簡単比色テストと同様に比色によって試験紙の対象とする濃度を求める。一般的には試薬が塗布された試験紙を用いる。簡易比色テスト(パックテスト)よりもさらに簡便かつ取り扱いが容易であり、携帯もできるので簡単な分析によく使われる。測定項目は、pH、残留塩素、六価クロム、亜鉛、第二鉄塩、亜硝酸塩、ニッケル、銅などである。

5.3 リモートセンシング

■ リモートセンシング（remote sensing）

　リモートセンシングとは遠隔探査を意味し、センサーと対象物とが遠く離れた観測方法を指す。一般的には地表や水面(対象物)の状態を知るために、人工衛星や航空機にセンサーを搭載して観測を行う方法である。

　リモートセンシングのもつ特徴は、広域性、均質性、周期性および継続性であり、地球環境の監視のためにはとくに重要な測定法である。湖沼や貯水池の流域内の監視では、地表被覆の変化(例えば森林面積の変化、市街地面積拡大)、水温の変化、汚濁水の流入状況の監視などに役立つ。

6章

水質汚濁の種類と現象

6.1 有機・無機汚濁

● 有機汚濁（organic pollution）

し尿や生ごみなどに含まれるタンパク質、炭水化物、脂肪といった有機物を含む生活系排水または産業排水による汚濁を意味しており、水質汚濁の主要な要素である。

水中や底質中に入った有機物は微生物の働きによって分解され、その過程で水中の溶存酸素を消費する。溶存酸素（DO）は空気中の酸素や水中の植物の光合成によって補給されるが、水中に有機物濃度が高いと消費される酸素消費が極めて大きく、DOはゼロまで低下する。この状態が続いていくと、硫化水素やメルカプタンなどの硫化物の発生による悪臭の発生、金属の硫化物が生成して底泥や水が黒色を呈するなど、河川水はいわゆるどぶ川の状態になる。

有機汚濁の問題点は、有機物と好気性微生物の介在によって生ずるDOの消費、さらに嫌気性微生物の介在によるメタンガスや硫化水素ガスの発生などによる利水障害や生態系に対する障害の大きな原因となることである。

水中の有機汚濁はBOD、CODなどの指標を用いて表示される。また、酸化還元電位（ORP）を測定することによっておおまかな嫌気性の度合を知ることができる

● 有機系汚濁源（organic pollutant source）

有機性物質を発生する汚濁源のことで、生活排水（し尿も含めて）のほかに、畜産排水、畜場排水、し尿処理場排水、さらに工場排水としての食品加工製造業排水、パルプ・製紙工業排水、繊維工業排水なども有機性汚濁源としてあげられる。また、近年では集約型農産物生産施設からの排水も注目されている。これらが河川などに流入するとBODが上昇し、水中の溶存酸素（DO）が消費される。

● 無機系汚濁源（inorganic pollutant source）

有機物以外の物質を発生する汚濁源をいう。無機汚濁源は、点源（ポイントソース）としての発生源、非点源（ノンポイントソース）としての発生源がある。前者にはセメント工場、コンクリートプラント、陶磁器工場、選鉱場などの工場・事業場があり、後者には鉱山、山林、農地、街路からの濁質（土壌粒子等）の流出が含まれる。これらが河川などに流入した場合、特定のケースを除いてBODとしての流入は少なく、したがって溶存酸素（DO）の減少はともなわないことが多い。

6章

■ 自浄作用［浄化作用］（self-purification）

水域に有機汚濁物質が流入して流下していく際に、自然の浄化能力によって有機汚濁物質の濃度は次第に減少していく。この作用を自浄作用と呼び、以下の三つの作用が存在する。

① 物理的作用

流入した無機・有機の汚濁物質は、一部が沈降するとともに残りは大量の河川水などに混合されて希釈・拡散されていき、濃度が減少していく。しかし、この作用では汚濁物質が本質的に浄化されたわけではない。

② 化学的作用

酸化、還元、凝集、吸着等の作用によって無機・有機の汚濁物質が無害なものに変化したり沈殿しやすくなったり、水中に溶出しにくくなったりする効果をいう。

③ 生物的作用

有機汚濁物質が水中の微生物により吸収され、分解あるいは低分子化することをいう。窒素やりんが藻類や水生植物に吸収されることも広義の自浄作用である。

これらの作用はあらゆる水域や土壌中で起こるが、自浄作用という言葉は主に河川の流下にともなう有機汚濁物質の減少に対して使われることが多い。

■ 微生物による有機物分解（organic decomposition due to microorganisms）

有機物の分解には微生物が大きく関わっており、好気性微生物によって分解が行われるものと嫌気性微生物によるものに大別される。好気性微生物による有機物の分解は好気的分解といい、これによる酸化反応で二酸化炭素、水、硝酸イオン、硫酸イオンを生成する。この反応は時間単位で早く進行する。一方、嫌気性微生物による嫌気性分解は、硫化水素やアンモニア等を生成する。また、好気性微生物による分解に比べて分解速度は遅く日単位で進行する。

好気性微生物は、溶存酸素が存在する環境で生育するもので、活性汚泥の中心的な微生物でもある。また、好気性微生物は細菌の他、カビの一種、微小な藻類、原生動物、輪虫、線虫類といった好気性処理法でよく出現する多細胞生物もこの範疇に含まれる。

嫌気性微生物は、溶存酸素や酸化物が存在しない環境で生育する細菌類や原生生物のことで、嫌気性細菌にはさらに少しでも酸素が存在すると生育できない偏性嫌気性菌と、溶存酸素が存在しても生育できる通性嫌気性菌に分けられる。

■ 脱酸素係数（deoxidation coefficient）

水中で有機物（BOD）が微生物により好気性分解される際の溶存酸素（DO）消費を脱酸素という。この現象にともなって、有機物が分解される際には次の一次反応式が成

立する。時間 t における残存BOD（ここでいうBODは第一段階最終BODをいう。以下同じ）の分解速度は残存BODと脱酸素係数に依存する。

$$dL/dt = -KL$$

ここで、L：残存BOD濃度（mg/ℓ）、K：脱酸素係数（1/日）とする。Kは約0.1（1/日）であることが多い。

この式を積分すると、流下または時間経過にともなうBODの変化を表わす式が得られる。

$$L = L_0 \exp(-Kt)$$

ここで、L_0：$t=0$におけるBOD（mg/ℓ）

この式によって求められるKの値が大きいほど、有機物の分解が急速に進んでいることを示している。実際の河川を有機物が流下する間に溶存酸素を消費する係数をBOD減少係数と呼んでいる。ただし、脱酸素係数と実際河川でのBOD減少係数とは値が異なり、後者が大きな値となる。

◗ BOD減少係数（BOD reduction coefficient）

実際の河川を有機物が流下する間に溶存酸素を消費する係数をBOD減少係数と呼んでいる。しかしながら、実際河川における脱酸素係数を実測すると、これは実験室で測定されたものより非常に大きいことが知られてきた。それは、沈殿等の物理現象により減少する浮遊性BODが多いためであった。このことから、実際河川でのBODの減少は、脱酸素をともなう部分とともなわない部分の係数を合せ加えた係数K_dで表される。

すなわち、

$$K_d = K_1 + K_3$$

$$L = L_0 \exp(-K_d t)$$

ここで、K_d：実際河川のBOD減少係数（1/日）、K_1：脱酸素係数または溶存BODの減少係数（1/日）、K_3：浮遊性BODの沈殿などによるBOD減少係数（1/日）、L_0：$t=0$におけるBOD（mg/ℓ）

◗ 再曝気係数（reaeration coefficient）

気体、液体、固体などの異相間において物質の濃度や成分が不均一であるとき、均一になるよう異相間の接触界面を通して物質が移動する現象を物質移動といい、物質の移動速度は、物質の濃度差（推進力）と異相間の接触面積に比例する。その比例係数を物質移動係数あるいはガス交換係数という。

再曝気も物質移動の一種であり、溶存酸素（DO）が不足状態にある流水や湖水に対

して、水の流れ、波などにより生じる乱れにより大気中の酸素が水面から水中へ供給されてDO濃度が増加し、飽和状態に近づいていくことであり、酸素の移動速度は大気中と水中の酸素濃度差に比例する。その比例係数を再曝気係数という。すなわち、

$$\frac{dD}{dt} = -K_2 D \tag{1}$$

ここに、Dは大気中と水中の酸素濃度差、tは時間、K_2：は再曝気係数である。この式を積分することにより時間経過にともなうDに変化を表す式が得られる。

$$D = Do \exp(-K_2 t)$$

ここに、Doは$t=0$のときの酸素濃度差である。

河川の再曝気係数として、わが国でよく知られてきたものにDobbinsの式と村上の式があり、それぞれ次のように表される。

(1) Dobbinsの式

$$K_2 = \frac{C_A \sqrt{C_5 \cdot D_M \cdot \alpha}}{H(C_4)^{3/2}} \cdot \coth \sqrt{\frac{C_5 \cdot \psi}{C_4 \cdot D_M}}$$

ここで、K_2：再曝気係数(1/s)、D_M：分子拡散係数$=2.037 \times 10^{-9} \times (1.037)^{(T-20)}$ (m²/s)、T：水温(℃)、H：水深(m)、$C_A = 1.0 + 0.3 Fr^2$、Fr：フルード数、$C_4 = 0.65 + 15000 [(\nu^3/E)^{1/4}/H]^2$、$\nu$：動粘性係数(m²/s)、$E = S \cdot U \cdot g$、$U$：平均流速(m/s)、$S$：エネルギー勾配、$g$：重力加速度(m/s²)、$C_5 = 14.3$、$\alpha = \rho(\nu E)^{3/4}/\sigma$、$\psi = \rho \nu^{9/4}/E^{1/4}/\sigma$、$\rho$：密度(kg/m³)、$\sigma$：表面張力(N/m)

(2) 村上の式

$$K_2 = 8.58 \frac{(g \cdot \nu)^{3/8}(D_M \cdot \rho)^{1/2}}{\sigma^{1/2}} \cdot \frac{n^{3/4} \cdot U^{9/8}}{H \cdot R^{1/2}}$$

ここで、n：Manning粗度係数、R：径深(m)、その他の記号は(1)と同様である。

村上の式おいて、水温$=20$℃の物性値を用いれば、$\rho = 0.998 \times 10^3$ kg/m³、$\nu = 1.0105 \times 10^{-6}$ m²/s、$\sigma = 7.275 \times 10^2$ kg/s²であり、$D_M = 2.037 \times 10^{-9}$ m²/sとなり、K_2は下式で表される。なお、$g = 9.8$ m/s²とする。

$$K_2 = 6.02 \times 10^{-4} \cdot \frac{n^{3/4} \cdot U^{9/8}}{H^{3/2}}$$

● 自浄係数 (self-purification coefficient)

河川流下過程において、上流で流入したBOD(ここでいうBODは第一段階BODをいう。以下同じ)が流下中にまず脱酸素反応が卓越し、溶存酸素(DO)が消費されてDO不足量が増加するが、やがて再曝気による酸素の補給で平衡に達し、その後は再曝気が卓越してDOは徐々に回復して飽和濃度に近づいていく。これを**DO垂下曲線**(DO sag curve) という。

これは、ストリータ・ヘルプス (Streeter-Phelps) によって与えられた次式より求められる。

$$\frac{dD}{dt} = K_1 L - K_2 D$$

ここで、D：酸素飽和不足量 (mg/ℓ)、L：BOD (mg/ℓ)、t：経過時間 (日)、K_1：脱酸素係数 (1/日)、K_2：再曝気係数 (1/日)

この式を積分すると、DO の不足量の変化は次式で与えられる。

$$D = \frac{K_1 L_0}{K_2 - K_1}(e^{-K_1 t} - e^{-K_2 t}) + D_0 e^{-K_2 t}$$

ここで、L_0：$t=0$ における BOD、D_0：$t=0$ における DO

K_1 と K_2 との関係について、フェア (Fair) は K_2/K_1 を自浄係数 (F) と定義して表6.1の数値を与えている。

表6.1 フェアによる自浄係数 (F)

状　　　況	F
小さい湖河、または河川背水部	0.5〜1.0
ゆるやかな流れ、大きな湖沼	1.0〜1.5
緩流の河川	1.5〜2.0
急流の大河川	2.0〜3.0
急流	3.0〜5.0
滝など	5.0以上

Fair, G. M. (1939) より引用

6.2 有害物質

■ 有害物質（hazardous substance）

　人の健康および生活環境に影響・被害を与えるおそれのある物質を有害物質といい、「大気汚染防止法」、「水質汚濁防止法」、「廃棄物の処理および清掃に関する法律」、「化学物質の審査および製造等の規制に関する法律」、「農薬取締法」、「環境汚染物質排出・移動登録（PRTR）」などで厳しく規制されている。

　水質汚濁防止法においては、カドミウムおよびその化合物、シアン化合物、有機りん化合物、鉛およびその化合物、六価クロム化合物、ひ素およびその化合物、水銀およびアルキル水銀その他の水銀化合物、アルキル水銀化合物、PCBの9物質およびトリクロロエチレン等がこれに指定され、一律排水基準中に有害項目が設定されている。

　なお、時代とともに有害物質としての規制を受けるものは増加する傾向にあり、2001年に公布された政令によって、ほう素およびその化合物、ふっ素およびその化合物並びにアンモニア、アンモニウム化合物、亜硝酸化合物および硝酸化合物が新たな規制対象に加わった。

■ 有機系有害物質（organic hazardous substance）

　有害物質のうち有機系の性状を示す物質のことをいい、「水質汚濁防止法」では排水基準を定める総理府令における有害物質のうち、有機塩素系化合物、有機金属化合物、農薬併せて18種類［シアン化合物、有機りん化合物（パラチオン、メチルパラチオン、メチルジメトンおよびEPNに限る）、アルキル水銀化合物、PCB、トリクロロエチレン、テトラクロロエチレン、ジクロロメタン、四塩化炭素、1,2-ジクロロエタン、1,1-ジクロロエチレン、cis-1,2-ジクロロエチレン、1,1,1-トリクロロエタン、1,1,2-トリクロロエタン、1,3-ジクロロプロペン、チウラム、シマジン、チオベンカルブ、ベンゼン］が指定されており、有害物質の2/3を占める。

　こうした有機性有害物質は人為的に製造されたものが多く、通常、自然界には存在しないものである。

■ 無機系有害物質（inorganic hazardous substance）

　有害物質のうち、有機性有害物質以外のものをいい、有害物質の排水基準を定めている総理府令では、無機性有害物質はカドミウムおよびその化合物、鉛およびその化合物、六価クロム化合物、ひ素およびその化合物、水銀およびアルキル水銀その他の

水銀化合物、セレンおよびその化合物の6種類が指定されている。

　無機系有害物質は有機系有害物質とは異なり、自然界に存在する物質であることが多い。採掘等によってあるいは工場での製品製造の際に工場廃水に含まれて、河川に流入することによって水質を汚染する。また、一部の無機系有害物質は微生物の働きによって有害な有機物質と変ることもある。

　なお、水道の健康項目の中ではカドミウム、シアン、水銀、セレン、鉛、ひ素、六価クロム、ふっ素、硝酸性窒素および亜硝酸性窒素が無機性有害物質にあたり、1993年に新たな水道基準が施行され、無機性有害物質としてはナトリウム、セレンが追加された。

◗病原性微生物（pathogenic microorganism）

　微生物の中でも、ヒトや動物に感染して障害をひき起こす有害な微生物をいい、微生物の人および動物に対する危険度を定めたバイオセイフティレベル（Bio-safety level）では4段階に区分され、最も危険なレベル4では、人または動物に感染すると重篤な疾患を起こし、罹患者から他の個体への伝播が直接または間接に起こりやすいとしている。

　病原性微生物は大きく分けて、ウイルス、細菌（バクテリア）、病原性原生動物、寄生性微生物などに分類される。細菌には、コレラ、赤痢といった法定伝染病の病原細菌があるほか、病原性大腸菌O-157もここに含まれる。ウイルスではインフルエンザをはじめ、A型肝炎ウイルスやロタウイルスなどがあり、病原性原生動物類では、アメーバ赤痢、ジアルジア、クリプトスポリディウム、寄生性微生物としては線虫類の回虫などがあげられる。

　病原性原生生物類には塩素に対して耐性をもち、水系伝播する性質のものもある。1996年、埼玉県越生町において水道水がクリプトスポリディウムに汚染され、集団下痢症が流行した。それまで水道施設の故障に起因した水質汚染はあったものの、越生町の場合は通常の処理により塩素消毒が行き届いた水道水が原虫によって汚染されたことから、「新たな水質問題」として注目され、水道水の安全性や今後の水道の管理のあり方が問い直されるきっかけとなった。

　また、近年新たに発生した水系感染症としては、2003年に確認されたコイヘルペスウイルス病（KHV）があげられ、その被害は全国22の都府県に広がった。国土交通省の調査によると、コイヘルペスウイルス病が確認された場所は必ずしも水質の悪い水域ではなく、現在のところ、感染コイの処分とコイヘルペスウイルス病が確認された天然水域からのコイの持ち出しを禁止する以外に有効な防止策はない。

6章

● 内分泌攪乱物質［EDS］（endocrine disruptor）

　正確には「外因性内分泌攪乱化学物質」といって、環境中にある化学物質で、生物の体内に取り込まれるとホルモンに似た働きをすることから、日本では通称、**環境ホルモン**（environmental hormones）とも呼ばれる。

　内分泌攪乱物質はホルモンの正常な働きを阻害し、代謝機能を攪乱させ、生殖機能の低下や悪性腫瘍の誘発といった健康被害を引き起こすといわれており、環境中に放出されていくのが微量であっても、食物連鎖が進むにつれて体内の脂肪に高濃度に蓄積されていく性質があるため、高次捕食者であるヒトに深刻な影響を与える可能性が高い。

　環境省が取りまとめた『環境ホルモン戦略計画SPEED'98－（2000年11月版）』によると、内分泌攪乱作用があると疑われる化学物質は65種類とされており、ダイオキシンやポリ塩化ビフェニール類（PCB）、ディルドリン、シマジンなどの農薬、スチレン、フタル酸エステル、ビスフェノールAなどのプラスチック関連物質、界面活性剤のノニルフェノール等があげられている。

　2003年における公共用水域の内分泌攪乱物質調査では、河川・湖沼・海域の水質と底質および地下水について18種の内分泌攪乱物質の調査を行っている。その結果、水質については、河川66地点、湖沼5地点の調査地点の大半から検出下限値以上のポリ塩化ビフェニール類（PCB）とビスフェノールA等が確認された。また、河川10地点、湖沼4地点の底質についても、その大半から検出下限値以上のポリ塩化ビフェニール類（PCB）、トリブチルスズ、ノニルフェノール、4-t-オクチルフェノール、ビスフェノールA、フタル酸ジ-2-エチルヘキシル、芳香族化合物等が検出された。

● 有機りん系化合物（organic phosphorus compound）

　りんと脂肪族、芳香族等の有機物との化合物の総称である。これらの化合物には、EPN、DDVP、DEP、ダイアジノン、ペスタン、PAP、PMP、CMP、EBP、ピノザン、メチルパラチオン、メチルジメトン等があり、殺菌力、殺虫力が強いため、パラチオン、マラソン、スミチオン、クロルチオン等の名で農薬として用いられおり、地下水からしばしば検出されることがある。

　有機りん系化合物のうち、りん酸やピロリン酸のエステルである有機りん系殺虫剤は殺虫力が非常に強く、人間にも有害である。また、浸透力が強く、体についたり吸収したりすると急速かつ強力に作用し、頭痛、手足のしびれといった症状が起こる。これらの物質は皮膚に付着しても刺激を与えることがないため、自覚作用のないまま死に至る場合もある。

　「農業取締法」では1971年の改正によって毒性の強い農薬について、毒性などの点

で問題がある場合は登録を保留して農薬の品質を改良すべく指示することができるようになった。これをうけて毒性の強いパラチオンなどの有機りん系農薬の使用は禁止されるようになった。このようなことから、有機りん系化合物は水質汚濁に係る環境基準の健康項目からも除外されている。

◉ 有機塩素系化合物（organochloride compound）

炭素と塩素が結合した有機化合物の総称で、トリクロロエチレン、テトラクロロエチレン、四塩化炭素、1,1,1-トリクロロエタン等が水質汚濁防止法に基づく排水規制で有害物質として挙げられている。多くは脂溶性に富み、溶媒として優れた性質を示すため、ドライクリーニングのシミ抜き、金属・機械等の脱脂洗浄剤等に使われ、極めて安定し優れた電気絶縁性等から、かつては大量に生産・使用されたPCBも有機塩素系化合物に含まれ、しばしば地下水から検出される。

有機塩素系化合物は人体に有害（有機性有害物質の一つ）であり、急性毒性としては中枢神経の抑圧、皮膚障害、肝臓や腎臓の障害等があげられ、長期間摂取した場合、慢性毒性として指の麻痺、呼吸器や心臓への障害、視覚・聴覚障害が現れる。また、動物実験では発ガン性も認められている。これらにはDDT、BHCなどがあるが、「農業取締法」によって登録を取り消されたものもある。

有機塩素系化合物の一般的な特徴は、第一には生物分解性が悪いことである。環境汚染の観点からは生物の働きによって自然に浄化されず、いつまでも環境中に残留し、蓄積してしまう。第二には生物濃縮を起こしやすいことである。これらの物質は一般に動物の脂肪中に蓄積され、食物連鎖で上位にいくほど高濃度な蓄積が認められる。

◉ 生物濃縮（bioaccumulation or bioconcentration）

生物が捕食等により取り込んだ物質が、周囲の環境中の現存量（濃度）より高い濃度で蓄積される現象をいう。新鮮な生物体1g中の特定物質含有量を、その水域の水の同じ物質含有量で除して求めたものを濃縮係数と称している。

生物濃縮は食物連鎖の中で高濃度化していくため、食物連鎖の下位の生物には害を及ぼさなかった物質の濃度が、上位の生物に致命的な障害を引き起こすことがある。例えば、海水中に含まれる各種金属類、DDT、BHC、有機水銀、PCB等生体内で分解されにくく蓄積性のある化学物質や放射性物質は、魚介類の体内に蓄積され、それを人間が食べ続けることで、海水に含まれる量の数千から数万倍にまで濃縮されて生体に悪影響を与えることがある。その顕著な例が、1956年に公式発見された水俣病である。水俣湾に長期間排出されていた無機水銀が底質中に長期間堆積して嫌気性分解を受けメチル水銀化し、下等動物から魚類を経て、食物連鎖によって人体内に生物濃縮され

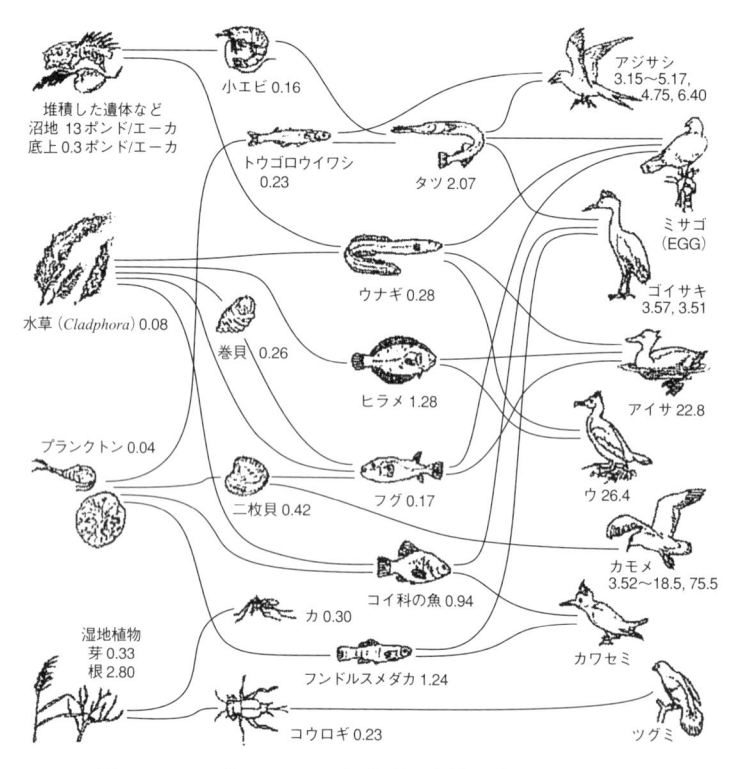

図6.1 ロングアイランド沿岸域の食物連鎖とDDTの濃縮
数字は生鮮物中のppm（湿重量）
山岸宏（1982）より引用

て発症するに至ったものである。図6.1はWoodwell（1967）によって発表されたロングアイランド沿岸域の食物連鎖とDDT濃度生体別変化を示したものである。

● 濃縮係数 [CF]（concentration factor）

　生物濃縮の度合を表す指数をいい、特定物質の生物体内濃度と環境中の濃度の比で表わされる。生体内の物質濃度は、一般に湿重量当りの濃度（mg/kg湿重）が用いられる。ただし、プランクトン等のように正確な湿重量がわからない場合には、乾重量当りの濃度が用いられることもある。

$$CF = \frac{C_B}{C_A}$$

ここに、C_A：環境中の濃度（mg/kg湿重）、C_B：生体中の濃度（mg/kg湿重）。

表6.2 淡水生物の濃縮係数

元素	淡水藻	淡水無脊椎動物	淡水魚類
Na	10^2	1.7×10	2×10
Mg	10^2	10^2	5×10
P	10^4	10^3	10^5
S	10^2	10^2	7.5×10^2
K	6.7×10^2	8.3×10^2	10^3
Ca	1.3×10^2	3.3×10^2	4×10
Cr	4×10	2×10	4×10
Mn	10^4	4×10^4	10^2
Fe	10^3	3.2×10^3	10^2
Co	2×10^2	2×10^2	2×10
Ni	5×10	10^2	10^2
Cu	10^3	10^3	2×10^2
Zn	10^3	10^4	10^3
As	1.7×10^3	3.3×10^2	3.3×10^2
Ag	2×10^2	7.7×10^2	2.3
Cd	10^3	2×10^3	2×10^2
Hg	10^3	10^5	10^3
Pb	2×10^2	10^2	3×10^2

山県登(1978)より一部引用

表6.2は淡水生物(淡水藻、淡水無脊椎動物および淡水魚類)の濃縮係数を示している。

ダイオキシン類(dioxines)

ダイオキシン類はベトナム戦争当時、枯葉剤として散布していた除草剤に含まれていた不純物であり、これが奇形児を誕生させるということで知られるようになった。急性毒性、発ガン性、生殖毒性も強力である。2個の酸素で架橋された2個のベンゼン核(ジオキシン)の1, 2, 3, 4, 6, 7, 8, 9の位置に1〜8の塩素が結合したPCDD(ポリ塩化ジオキシン)、これには同族体を合わせて75の異性体があり、塩素数とその置換位置により毒性が異なる。このうち、最も毒性の強いのは2, 3, 7, 8 TCDD (2,3,7,8-テトラクロロジベンゾ-p-ジオキシン)(図6.2参照)と呼ばれているものであり、各同属体化合物(PCDD)は毒性等価ファクター(TEF)によって2, 3, 7, 8 TCDDに換算されてその総含有量が求められる。さらに、PCDDとよく似た構造をもち、同時に発生するポリ塩化ジベンゾフラン(PCDF)、およびコプラナーPCB (Co-PCB)を合わせてダイオキシン類と称している。

6章

　ダイオキシン類は天然には存在せず、また直接製造されていないが、都市ごみの焼却、金属精錬、自動車排気ガス、農薬の2,4,5-トリクロロフェノキシ酢酸(2,4,5-T)、ペンタクロロフェノール等の製造工程等で副生成される。

　ダイオキシン類による環境汚染が問題となるのは人、家畜に対する急性、慢性、免疫、遺伝、生殖、発生等の各毒性の強さと発ガン性によるものであり、暴露による人体被害例ではクロルアクネ、皮膚の色素沈着、脱毛、多毛、肝機能異常、血液障害がある。1999年「ダイオキシン類対策特別措置法」が公布された。その第七条で大気・水質(水底の底質を含む)・土壌について、人の健康を保護する上で維持することが望ましい基準が定められ、汚染状況を把握するために、常時監視・調査測定を都道府県に義務づけている。

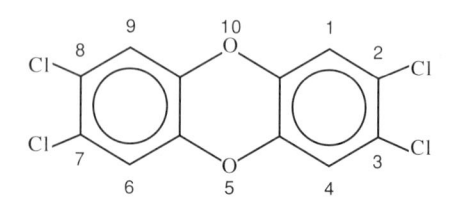

図6.2　2, 3, 7, 8 TCDDの分子構造

6.3 富栄養化現象

● 富栄養化 (eutrophication)

富栄養化は、当初は「天然の湖沼が自然の状態下で時間の経過とともに浅化し、湿原を経て草原化していく湖沼の遷移」を意味する用語だった。しかし、近年では人間活動の結果として栄養塩類が流入し、富栄養化が急速に進む「**人為的富栄養化**」と、自然的要因による「自然的富栄養化」に分けるようになってきている。

栄養塩類の増加の結果、植物プランクトンが著しく増殖し、湖沼・貯水池において光合成により水の華やアオコと呼ばれる藻類の異常増殖現象を引き起こし、さまざまな機能障害の起因となり社会的問題を誘発する場合もある。湖沼・貯水池での富栄養化レベルと水質循環との関連は**表6.3**に示される。

表6.3　湖沼・貯水池での富栄養化レベル

富栄養化レベル	年平均栄養塩濃度(μg/ℓ) リン	年平均栄養塩濃度(μg/ℓ) 窒素*	クロロフィルa濃度(μg/ℓ) 年平均	クロロフィルa濃度(μg/ℓ) 年最大	透明度(m) 年平均	透明度(m) 年最小
極貧栄養	≦4		≦1.0	≦2.5	≧12.0	≧6.0
貧栄養	≦10	20～200	≦2.5	≦8.0	≧6.0	≧3.0
中栄養	10～35	100～700	2.5～8	8～25	6～3	3～1.5
富栄養	35～100	500～1,300	8～25	25～75	3～1.5	1.5～0.7
過栄養	≧100		≧25	≧75	≦1.5	≦0.7

OECD(1982)より引用。*は坂本充(1973)より引用

● 富栄養化現象 (eutrophication phenomenon)

富栄養化により水域内の窒素、りんといった栄養塩類の濃度が高まり、さらに水温、日射量、滞留時間等の条件が整った際に発生する水質変化のことで、下記の諸現象として観察または観測される。

① 微小生物(動植物プランクトン、細菌等)量の増加による透明度の低下
② 栄養塩濃度の増加にともなう微小生物量の増加および優占種の変化
③ 藻類などの微小生物量の増加による水色の変化(緑色、褐色化)
④ 特定の植物種の増殖による水の華(アオコ)や淡水赤潮等の生物異常増殖現象の発生
⑤ 植物プランクトンの異常増殖による夏季表層水のpHの上昇
⑥ 植物プランクトンの増殖による代謝物または分解物による異臭味の発生

⑦ 有機物の沈降、堆積、分解による深水層における溶存酸素の減少
⑧ 深水層の溶存酸素の減少にともなう底泥からのFe, Mn等の溶出

水の華とアオコ（water bloom）

淡水域において浮遊性の植物プランクトンの異常増殖によって水表面が緑の膜や抹茶を撒いたような状況になる現象で、淡水の湖沼で見られる緑水、アオコ（青粉）といった現象であり、総称が水の華である。

水の華の原因となる生物は、主として藍藻類（＝藍色光合成細菌類）、珪藻類、緑藻類、そして原生動物の植物性鞭毛虫類がある。*Microsystis*（ミクロシスティス）、*Aphanizomenon*（アファニゾメノン）、*Anabaena*（アナベナ）といった藍藻類の発生によって水面に緑黄色の膜がはったような状態をアオコ、赤色や黄褐色等の色素を持つ植物性鞭毛虫類や動物プランクトン、珪藻類の異常発生で水色が赤～褐色になる現象は淡水赤潮と呼ぶ場合がある。

わが国では、水の華による水質障害の事例が多く報告されており、しばしば水の華とアオコを同義に使っている。また、藍藻類を原因とする水の華はカビ臭の原因となることもある。

淡水赤潮（freshwater red tide）

湖沼・ダム貯水池の淡水域で発生する動植物プランクトンの異常発生現象のなかで、外観が海の赤潮に似て褐色ないし黄色味を呈しているものも多い。そのため淡水赤潮と呼ばれる。

淡水赤潮は、琵琶湖北湖や山間部のダム貯水池のような比較的貧栄養の水域でも発生する傾向がある。淡水赤潮を起こす生物としては、琵琶湖でのウログレナ（*Uroglena*）や各地のダム貯水池でのペリディニウム（*Peridinium*）など、植物性鞭毛虫類に属するものが多い。また、特定の珪藻類・緑藻類によるものもある。

淡水赤潮が周辺の住人や産業に与える影響としては、①上水道水に不快臭をつける、②浄水場でろ過障害を起こさせる、③養魚場で養殖しているアユなどの魚類をへい死させる（注：魚介類のへい死は、原因生物による毒性の発生、魚介類の代謝機能の低下、原因生物の分解による溶存酸素の低下といった要素が複合的に関係して発生していると考えられている）、④周辺の住人に直接異臭を感じさせる場合もある、⑤著しい場合には水域の景観を損なうことなどがあげられる。

◗ 栄養塩類（nutrients）

　生物の増殖に不可欠な塩類を栄養塩類と呼んでいる。栄養塩類は多量栄養素と微量栄養素に分けられる。微量栄養素は特定の植物プランクトンの異常増殖の引き金になると言われているが、多量栄養素はりんおよび窒素化合物を主体とし、湖沼・貯水池ではその濃度が植物プランクトンの細胞増殖の律速となっていることが知られている。このことから、水質汚濁に係る環境基準では湖沼（天然湖沼および貯水量 $10 \times 10^6 \mathrm{m}^3$ 以上の人工湖）で全りんおよび全窒素の基準値が定められている。また植物プランクトンの著しい増殖をもたらすおそれのある数多くの湖沼・貯水池に流入する特定施設からの排水について全りんおよび全窒素による排水基準が適用されており、栄養塩類の過度の流入を制限している。

◗ 内部生産（internal production）

　有光層内で植物プランクトンが水中の栄養塩を摂取し、光合成により無機物（二酸化炭素）から有機物を合成して増殖する過程を指し、水域外部から供給される有機物とは別に、水域内部での生産活動による有機物の純増活動であることからこう呼ばれる。

　湖沼・貯水池における内部生産の主体は、一次生産が岸辺あるいは沿岸、あるいは浅い沼沢地などに生える大型の水生植物を除き、微細な藻類で構成されている。また、詳細に見ると付着性藻類、植物性鞭毛虫類そして浮遊性藻類に分かれる。前二者は大型水生植物の表面、岩石や砂礫質の表面などに生育し、後者はいわゆる植物プランクトンで、水中で生活し湖水中の内部生産を行う主な生物群である。

　藻類の内部生産は湖沼・貯水池の内部負荷を増加させる。具体的にはCOD濃度を上昇させて、水質汚濁に係る環境基準を維持し難くする可能性もある。このようなことから、内部生産をできるだけ減らす努力が必要となる。

◗ 富栄養湖と貧栄養湖（eutrophic and oligotrophic lakes）

　富栄養化指標において各指標が富栄養を示す（**表6.4**参照）ような栄養塩類が豊富に存在し、生物生産が大きい湖を富栄養湖といい、夏期には植物プランクトンが増殖するため水の華を生じる場合も多い。

　富栄養湖を水質からみると、通常は中性または弱アルカリ性であるが、夏季の表層では光合成が盛んなためにアルカリ度が増す（時にはpH10.0以上）。水は緑色または黄緑色をなし、透明度は5m以下で数10cmとなる場合もある。

　湖沼内に流入した有機堆積物が底層の酸素を奪いつつ分解して湖水中に溶出し、酸素濃度を低下させ富栄養化を助長することもある。また、生物的には、富栄養湖には

表6.4　富栄養湖と貧栄養湖

特徴	富栄養湖	貧栄養湖
水色	緑色ないし黄色。水の華のため、ときには著しく着色することがある。	藍色または緑色
透明度	小さい（5m以下）	大きい（5m以上）
pH	中性または弱アルカリ性、夏期に表層は強アルカリ性になることもある。	中性付近
栄養塩類 (mg/ℓ)	多量（N＞0.15、P＞0.02）	少量（N＜0.15、P＜0.02）
懸濁物質	プランクトンおよびその残渣による懸濁物質が多量	少量
溶存酸素	表層水は飽和または過飽和。深水層では常に著しく減少する。消費は主にプランクトン遺骸の酸化に基づく	全層を通じて飽和に近い
底生動物	酸素の不足に耐える種類	種類は多い。酸素不足に耐えられぬ種類
植物プランクトン	豊富、夏には藍藻の水の草をつくる。珪藻、虫藻も多い	貧弱、主に珪藻よりなる
魚類	量が多い。暖水性のものが多い（コイ、フナ、ウナギなど）	量は少ない。冷水性のものがいる（マス、ウグイ）

岩佐義朗（1990）より引用

　一次生産者すなわち植物プランクトンが異常増殖する他、魚類や底生動物も水質汚濁に強い種類が生息するようになる。温帯地方の富栄養湖は浅い湖沼に多く、日本では霞ヶ浦やサロマ湖、印旛沼のような平地の浅い湖沼や、高地でも盆地にある諏訪湖などがこれに属する。

　貧栄養湖は富栄養化指標において栄養塩類が乏しく、生物生産が小さい湖のことである。一般に、深湖で湖岸の侵食は弱く、表水層に比べて深水層の容量が大きい。また、腐植質やセストン（水中に浮遊する0.45ミクロン以上の固形物）が少ないために透明度は大きく、夏季でも底層の溶存酸素は十分にある。日本では山間地に多く見られ、透明度が10m以上の深湖となり、摩周湖、田沢湖、十和田湖、中禅寺湖、本栖湖、青木湖などがこれに属する。

● 中栄養湖（mesotrophic lake）

　栄養塩が富栄養湖と貧栄養湖の中間的範囲に位置する湖沼で、中間栄養湖ともいう。湖沼には調和型湖沼と非調和型湖沼があり、調和型湖沼はさまざまな生物が生息できる湖沼であり、非調和型湖沼は限られた生物しか生息できない湖沼である。調和型湖沼は、貧栄養湖と富栄養湖に分類されてきたが、最近では多くの研究者による富栄養

化階級の分類において、貧栄養、中栄養、富栄養が一般的な分類となり、中栄養湖という用語が用いられるようになった。日本では琵琶湖、浜名湖、池田湖などがこれに属する。

● 富栄養化指標（index of eutrophication）

対象とする水域が富栄養化という変化過程のどの位置に存在するか、またある一定期間にどの程度変化したかなどの評価をするための指標をいう。指標には全りん（T－P）、全窒素（T－N）、無機態窒素（I－N）およびクロロフィルa（Chl-a）の濃度、透明度、溶存酸素（DO）濃度、一次生産力などがあり、これらの数値は数多くの研究者の報告から**表6.5**の範囲にあるといわれている。それぞれの湖沼・貯水池について、それがどの階級に属するかは各指標を総合して判定する。

● 富栄養度指標［TSI］（trophic status index）

水の透明度と植物プランクトン濃度とは反比例するとして、透明度を基準に湖沼の栄養状態を判定する指標である。

湖沼は、地理学的な特性により植物プランクトン以外の原因によって不透明となっている場合があるため、TSI値は湖沼の栄養状態を表すひとつの指標にすぎないが、測定が安価かつ容易であることから、藻類量を計る指標としての透明度、クロロフィルa、全りん等をパラメータとする下記の式をR. E. Carlsonが提言している。

$$\text{TSI(SD)} = 10 \times \left(6 - \frac{\ln \text{SD}}{\ln 2}\right) \quad \text{……透明度SD（m）をパラメータとするもの}$$

$$\text{TSI(Chl)} = 10 \times \left(6 - \frac{2.04 - 0.68 \cdot \ln \text{Chl}}{\ln 2}\right) \quad \text{…クロロフィルa濃度Chl（mg/m}^3\text{）をパラメータとするもの}$$

$$\text{TSI(TP)} = 10 \times \left(6 - \frac{\ln \frac{48}{\text{TP}}}{\ln 2}\right) \quad \text{……全りんTP（mg/m}^3\text{）をパラメータとするもの}$$

表6.6にTSIの5段階評価と他の分類の関係を示す。

表6.5 栄養階級とその範囲

指標 \ 階級	貧栄養	中栄養	富栄養	出典
T－P （mg/m³）	5～10	10～30	30～100	Vollenweider 1967
	2～20	10～30	10～90	坂本 1966
	＜20		＞20	吉村 1937
	＜10	10～20	＞20	US EPA 1974
	＜12	12～24	＞24	Carlson 1977
	＜12.5	12.5～25	＞25	Ahl & Wiederholm 1977
	＜10	10～20	＞20	Rest & Lee 1978
	＜10	10～35	35～100	OECD
※	＜15	15～25	25～100	Forsberg & Ryding 1980
T－N （mg/m³）	20～200	100～700	500～1,300	坂本 1966
※	＜400	400～600	600～1,500	Forsberg & Ryding 1980
I－N （mg/m³）	200～400	300～650	500～1,500	Vollenweider 1967
クロロフィルa （mg/m³）	＜4	4～10	＞10	US EPA 1974
※	＜3	3～7	7～40	Forsberg & Ryding 1980
年平均クロロフィル濃度 （mg/m³）	＜2.5	2.5～8	8～25	OECD
最大クロロフィル濃度 （mg/m³）	＜8.0	8～25	25～75	OECD
透明度 （m）	＞3.7	2.0～3.7	＜2.0	US EPA 1974
	＞4.0	2.0～4.0	＜2.0	Carlson 1977
	＞4.0	2.5～4.0	＜2.5	Rast & Lee 1978
※	＞4.0	2.5～4.0	1.0～2.5	Forsberg & Ryding 1980
年平均透明度 （m）	＞6.0	6～3	3～1.5	OECD
最小透明度 （m）	＞3.0	3～1.5	1.5～0.7	OECD
深水層の溶存酸素量 （飽和％）	＞80	10～80	＜10	US EPA
増殖期における一次生産力の平均値 （mgC/m³/日）	30～100	300～1,000	3,000	1,500～ Rodhe
一次生産力の年平均値 （mgC/m³/日）	7～25	75～250	350～700	Rodhe

※夏期（6～9月）平均値
岩佐義朗（1990）より引用

表6.6 TSIの5段階評価と他の分類の関係

評価	TSI	参考項目		他の分類との関係		
^	^	全りん (mg/m^3)	透明度 (m)	津田	坂本	環境基準
a	37以下	10以下	4.9以上	貧栄養	貧栄養	Ⅰ、Ⅱ
b	47以下	20以下	2.5以上	^	中栄養	Ⅲ
c	53以下	30以下	1.6以上	富栄養	^	^
d	61以下	50以下	0.9以上	^	富栄養	Ⅳ
e	61以上	50以上	0.9以下	^	^	Ⅴ

土木学会(1986)より一部引用

深水層溶存酸素飽和率 (dissolved oxygen saturation rate in deep water zone)

湖沼・貯水池での富栄養化レベルの指標の一つでもあり、深水層中において溶存酸素(DO)がどの程度の割合で含まれているかを示す比率(深水層の水温に対する100％飽和酸素濃度を分母とする率)のことである。

有光層で増殖した動植物プランクトンの死骸は通常水より比重が重いため沈降し、深水層を経て底泥層に堆積する。光が十分届かない深水層では、動植物プランクトンはDOを消費するため、深水層内の酸素飽和率が低くなる傾向にある。富栄養化の進んだ湖沼・貯水池では底泥層にデトリタスや有機物が多く堆積している。底泥表層におけるこれらの有機物の分解や底泥から溶出した還元性物質によって深水層のDOが消費される。したがって、深水層DO飽和率をみると栄養塩レベルが判定できる。

深水層溶存酸素消費速度 (dissolved oxygen consumption rate in deep water zone)

深水層において、死滅した植物プランクトン等が分解により溶存酸素(DO)を消費する速度をいい、富栄養化の進行度を計る指標の一つとして用いられることがある。

有光層で生産された動植物プランクトンの死骸は分解しながら深水層に沈降し、さらにそこで分解を続ける。このため、夏季の成層期中は深水層のDO濃度は日を重ねるにしたがい次第に減少していく。この減少の度合は、有光層中における藻類の一次生産量や有光層から深水層への動植物プランクトン供給速度に大きく依存する。

富栄養化の進んだ湖沼・貯水池では底泥層にデトリタスや有機物が堆積している。底泥表層の好気層におけるこれらの有機物分解および、底泥から溶出した還元性物質

による酸素消費によっても深水層のDOの消費が行われる。深水層のDO消費速度はこれらの影響の重ね合わせである。従ってこの速度は深水層の嫌気化によって底泥層表面からの栄養塩類や鉄、マンガン等重金属類の溶出を曝気等の対策で抑制するための供給酸素量を決める基準となる。

一次生産量 (primary production)

一般には、ある植物プランクトンが単位時間内に無機物（普通はCO_2とH_2O）から合成する有機物 $[(CH_2O)_n]$ の量をいう。一次生産量には総生産量と純生産量がある。

総生産量は一定面積の水面もしくは一定容積の水塊内の生産者としての植物プランクトンの光合成量であり、一定時間内に生産された光合成有機物の総量を指す。これには、この時間内に生産者の呼吸によって消費される有機物量も含まれる。

純生産量はある植物プランクトンが一定の面積もしくは容積内で、一定時間内に合成した有機物量と、呼吸によって消費された有機物量との差で示される。純生産量が0より大きいときはこの植物プランクトンは増殖が可能であり、純生産量が0より小さいときは減衰に向かう。

全窒素／全りん比 [N/P比] (N/P ratio)

湖沼・貯水池の水中における全窒素（T−N）と全りん（T−P）の濃度の比率で、水域の富栄養化現象の制限因子がT−PまたはT−Nのいずれであるかを判定する際の指標となる。

これらのうち、いずれが制限栄養塩として働くかについてはいくつかの調査結果がある。藻類の重量比で、N/P比は7〜10といわれている。N/P比がこれよりも低くなると窒素（N）が制限栄養塩となり、高くなるとりん（P）が制限栄養塩となる。

坂本（1987）によると、夏期の表層水中のT−N、T−Pおよびとクロロフィルaとの関係から、N/P比が20以上の湖ではT−Pにより強く制限を受け、10以下の湖ではT−Nがより強い制限栄養塩として働くといわれている。OECDの報告書は、N/P比が10以下のところではT−N制限であり、17以上でT−P制限であるとしている。

光合成 (photosynthesis)

クロロフィル（葉緑素）を有する緑色植物やある種の細菌類が、太陽エネルギーを捕捉して炭酸同化作用といわれる炭水化物やその他の有機化合物をつくる光化学反応のことをいう。例えば、植物プランクトンが増殖するためには、二酸化炭素、栄養塩、光、水温条件および増殖するための時間が必要であり、いずれの条件が欠落しても増殖が進行しにくくなる。

湖沼・貯水池では、太陽によって温められた水温躍層より上部にある表層部は躍層の下部との水の交換が減少し、表層部分に長時間滞留することになるため、植物プランクトンが光合成により増殖しやすい環境が整う。

光合成の反応形式は次式で表せる。

$$n\mathrm{CO_2} + n\mathrm{H_2O} \xrightarrow{\text{光エネルギー}} (\mathrm{CH_2O})_n + n\mathrm{O_2}$$

この反応では、同化の結果として有機物質（藻類細胞）〔$(\mathrm{CH_2O})_n$〕が合成され、さらに大量の酸素が発生する。ここで、クロロフィルの役割は触媒的なものであると考えられてきたが、その反応機構はきわめて複雑で、まだ完全に解明されていない。

光合成速度 （photosynthetic rate）

光合成による二酸化炭素固定（あるいは酸素発生）の速度のことで、同化速度ともいう。

高等植物では、葉緑体面積 $10\,\mathrm{cm^2}$ で 1 時間当りに固定される $\mathrm{CO_2}$ の量（単位：$\mathrm{mg\cdot CO_2/10\,cm^2/}$時）として表現することが多く、単離葉緑体などでは、クロロフィル 1 mg 当り 1 時間に固定される $\mathrm{CO_2}$ の量（単位：$\mathrm{\mu mol\,CO_2/mg}$ クロロフィル/時）で表すことが多い。

光合成中の呼吸速度を実測することは極めて困難なため、暗中で $\mathrm{O_2}$ 吸収（$\mathrm{CO_2}$ 発生）速度を求め、ついで明中で $\mathrm{O_2}$ 発生（$\mathrm{CO_2}$ 吸収）速度を測定し、この値に先に測定した暗中の速度を捕ったものを真の光合成速度または総光合成速度と呼んでいる。一方、明中における $\mathrm{O_2}$ 発生（$\mathrm{CO_2}$ 吸収）速度をみかけの光合成速度、あるいは純光合成速度と呼んでいる。

弱光条件下（$10^4\,\mathrm{erg/cm^2/s}$ 以下）では照射光強度が光合成を律速し、光合成速度と照射光強度との間に直線関係が成立する。照射光強度をさらに高めても、光合成速度が増加しなくなる光強度を飽和光強度という。一般に、飽和光強度が高いほど見かけの光合成速度は大きい。

6.4 濁水化現象

◗ 濁水長期化現象 (long-term persisting phenomenon of turbid water)

　一般に、降雨等によって生じた自然河川の濁りは長くても数日程度で回復する。しかし、貯水池では流入した濁水を貯留することから、洪水が終わった後も長期間濁水が放流されることがある。これを濁水長期化現象という。洪水を一時的に貯留するという治水目的を含むダム貯水池にとっては、ダム貯水池本来の機能に起因する現象である。その他、渇水等により貯水位が低下して湛水域末端の堆積泥土が露出し、流入水がこれを洗い流すことによって生ずる「渇水濁水」と呼ばれる現象がある。
　濁水長期化現象は、景観上の障害、水産資源、農業用水、上水処理、生態系への影響という観点から懸念される水質問題であるが、具体的な障害については定量化して表すことが困難である。生態系への影響としては、転石、護岸などの付着性藻類の生息場への直接的な影響のほか、日光の透過が阻害され付着性藻類が減少する。底生動物も同様の影響を受ける。また、魚類は餌料である付着性藻類や底生動物の減少と濁りに対する忌避行動などがあげられる。

◗ 渇水濁水 (drought muddy water)

　渇水時になど貯水位が低下することによって湛水域末端の堆積土砂が露出し、流入水がこれを洗い流すことによって発生する濁水をいう。貯水池の底には、主に出水時に運ばれてきた濁質粒子が沈殿しているため、流入濁度が小さくても貯水池内に流入してくる過程で堆積土砂を巻き込むので貯水池水が懸濁化する場合がある。

◗ 濁質 (turbid substances)

　水中の濁りの原因物質のことで**懸濁物質**ともいう。濁りの原因物質としては、粘土などの無機系および微生物や生物の分解物質などの有機系の物質がある。濁質となる物質の分類とその分離・識別方法を図6.3に示す。

◗ 浮遊物質 [SS] (suspended solids)

　水中に懸濁している不溶解性物質で、日本工業規格 (JIS) では懸濁物質、環境基準や排水基準では浮遊物質 (SS) と呼んでいる。
　これには、粘土鉱物に由来する微粒子や動植物プランクトンとその死骸、下水・工場排水等に由来する有機物や金属の沈殿物等が含まれる。一般に、清澄な河川では粘土分が主体であり、汚濁が進んだ河川では有機物の比率が高く、湖沼などの閉鎖水域

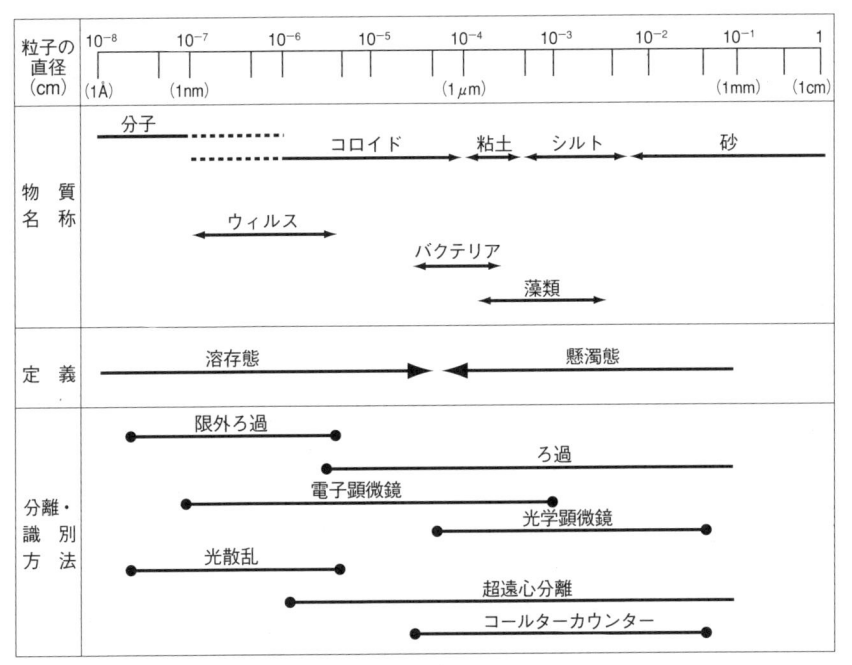

図6.3 濁質の粒子径と物質の名称および分離・識別方法
半谷高久・小倉紀雄(1985)より引用し加筆

では季節によって動植物プランクトンとその死骸が多くなる。

浮遊物質量は、孔径1μmのガラス繊維ろ紙に検水を通し、ろ紙と残留物を105～110℃で2時間乾燥させてそれらの質量を測定し、前もって計測しておいたろ紙の重量を引いて残留物重量を求め、検水1ℓ当たりの残留物重量を計算して求める。

浮遊物質の含有は、水の濁りや透明度等の水の外観に影響を与える。生態系に与える影響には、魚類のえらを塞ぎ呼吸を妨げて窒息させる危険性や、太陽光線の透過を妨げて藻類の光合成を阻害させる等がある。さらに、沈降した浮遊物質は底生生物を埋没させて死滅させ、堆積した浮遊物質は二次的汚染を引き起こすことがある。農作物に対しては、微細粒子層の形成、稲の活着根の損傷、有機性沈降物質の嫌気的分解による根の損傷等の被害を与えることがある。

◉ 掃流砂と浮遊砂（bed load and suspended load）

流水により砂粒が輸送される際の運動形態は、掃流と浮流（浮遊）とに大別される各々の運動形態で輸送される砂粒を掃流砂と浮遊砂という。このうち、浮遊砂が河床

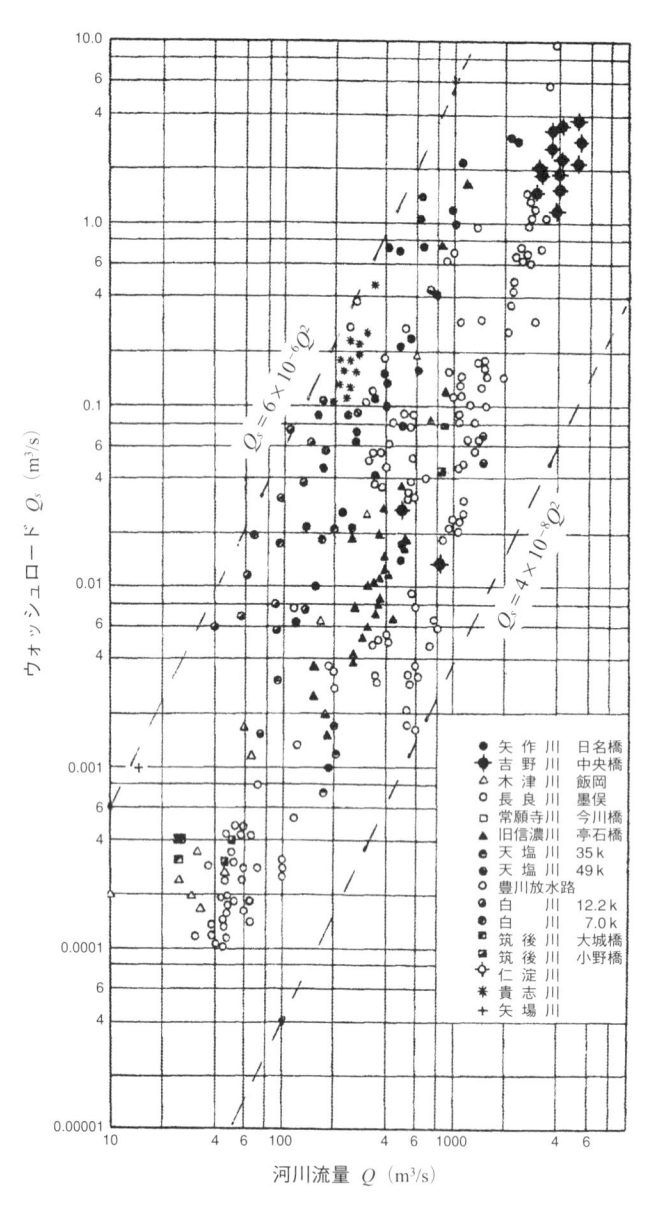

図6.4 河川流量とウォッシュロードの相関
(社)日本河川協会(1978)より引用の上加筆

から浮き上がり長い距離を接触することなく輸送されるのに対して、掃流砂は河床と接触を保って跳躍、転動、滑動しつつ輸送される。

◼ ウォッシュロード（wash load）

掃流砂や浮遊砂などの河床物質輸送量（bed material load）とは異なり、底質よりも細かく、一旦生産されるとほとんど他の河床材料と交換することなく、常に移動しながら流下する物質をいう。日本国内の多くの河川では、洪水時に発生する浮遊物質の大部分がウォッシュロードである。

ウォッシュロードの生産源としては、①山腹崩壊地、道路切盛面、農耕地などの雨水流によって容易に浸食を受ける自然および人工の裸地斜面、②基岩が露出している領域を除いた河道区間の土石流堆積物、段丘堆積物、渓岩崩壊堆積物、工事による巻き出し土、河床堆積物などの河道堆積物である。

ウォッシュロードの粒径範囲について、芦田は$d<0.1～0.2$mm以下を妥当としている。ウオッシュロードの発生量は、日本各地の河川での実測量から流量の2乗にほぼ比例することが見いだされており（図6.4参照）、以下の関数として範囲が示されている。

$$Q_s = (4 \times 10^{-8} \sim 6 \times 10^{-6}) \times Q^2$$

ここで、Q_s：ウォッシュロード[m³/s]、Q：河川流量[m³/s]である。

◼ シルト（silt）

日本統一土質分類法では粒径5～74μmの微細な土粒子を指し、これより細かい粒子は粘土、粗い粒子は砂と定義している。一般に、流れの緩やかなところに沈積しやすく、密に沈積すると粘土の性状に近くなり、乾燥すると固結して岩石状になる。湖沼・貯水池では、粘土とともに濁水の長期化の大きな原因となりうる物質である（粒径区分などについては、「濁質」p.110参照）。

◼ 粘土（clay）

岩石または鉱物の風化、変成作用によって生成した5μm以下の微細な鉱物粒子の集合体をいう。主成分は、1種類あるいは2種類以上の粘土鉱物からなる。ほかに水酸化鉄、酸化鉄、水酸化アルミニウム、石英、沸石などの鉱物微粒子、フミンなどの有機物が含まれる。その特性は、含まれる粘土鉱物の種類や割合、粒形によって変化するが、水中に懸濁させると一般にコロイドとしての特性を示す。

コロイド粒子（colloidal particle）

　直径10～1,000 nmの粒子領域をコロイドサイズ領域と呼び、この範囲の大きさをもつ固体あるいは液体の微粒子をコロイド粒子あるいは単にコロイドという。この分散状態をコロイド状態という。コロイド粒子は粘土質よりも微細であり、体積に比して表面積が大きくなる。また、U字管にコロイド粒子を分散した溶液を入れ、これに電極を浸して50～200 Vの直流電流をかけしばらく放置すると、コロイド粒子は一方の極に移動する。この現象を電気泳動といい、溶液中のコロイド粒子はすべて正・負いずれかの同種に帯電していることがわかる。さらに、コロイド溶液を限外顕微鏡を用いて観察すると、コロイド粒子は絶えず小刻みに動いている。これをブラウン運動といい、コロイド粒子が水中で沈降しにくく濁りの長期化の要因となる現象である。

粘土鉱物（clay mineral）

　粘土を構成する主成分鉱物のことをいう。結晶質と非結晶質（アロフェン等）に分類されるが、大部分は2 μm以下の微細な層状珪酸塩である。代表的な粘土鉱物として、カオリナイト、ハロイサイト、モンモリロナイト、イライト、バーミキュライトや緑泥石等がある。粘土鉱物は粒径が小さく微細な層状構造を呈する場合が多いことから、貯水池内に濁質として大量に侵入すると、沈降速度が小さいために濁水長期化現象を起こす可能性が高い。

鉱物組成（mineral composition）

　地殻に産する非生物で、ほぼ均一で一定の化学的および物理的性質をもつ物質が鉱物で、その成分含有組成のことをいう。ほとんどが結晶質の無機物ではあるが、非結晶や液体（自然水銀もある）、またはコハクのような有機物の鉱物も存在する。主に化学組成および結晶化学的な分類がなされ、化学組成は珪酸塩、炭酸塩、酸化物、硫化物などが多い。例えば、火成岩は深成岩、半深成岩、火山岩に分類される流域によって鉱物組成が異なる場合には、濁水の供給源を推定することが可能となる。また、鉱物が結晶状で濁水中に存在している場合は、球形の粒子と比較して沈降速度が小さくなる。このような濁水長期化の解明のためにも鉱物組成を知ることは重要である。

　鉱物組成の分析には、一般に粉末X線回折法が用いられる。これにより、試料に含まれる鉱物の種類、含有量などが把握できる。河川濁質の主要鉱物の種類は、クロライト（緑泥石）、マイカ（雲母）、タルク（滑石）、グラファクト（黒鉛）、アンフィボール（角閃石）である。

◼ 沈降速度（settling velocity）

　一般に液体中を沈降する粒子に働く重力と抵抗力が等しくなって鉛直下方に等速運動しているときの速度をいう。沈降の形態には粒子の濃度、凝集性等から、①単粒子自由沈降、②多粒子沈降に分けられ、多粒子沈降は界面沈降（干渉沈降）と圧縮沈降に分類される。この中で、湖沼・貯水池での粒子沈降形態は単粒子自由沈降であり、単一球形粒子の代表的な沈降速度式は粒子レイノルズ数の範囲（資料により多少の相違がある）によって異なっており、沈降速度は粒子の大きさ、密度、形状、液体の温度（粘度）等によって決まる（表6.7参照）。

表6.7　単一球形粒子の沈降速度式

Reの適用範囲	式　名	沈　降　速　度　式
～1	ストークスの式 （Stokes）	$V = \dfrac{g \cdot (\rho_s - \rho_1) \cdot d^2}{18\mu}$
1～1,000	アレンの式 （Allen）	$V = 0.223 \left\{ \dfrac{(\rho_s - \rho_1)^2 \cdot g^2}{\mu \cdot \rho_1} \right\}^{1/3} \cdot d$
1,000～250,000	ニュートンの式 （Newton）	$V = 1.82 \left\{ \dfrac{\rho_s - \rho_1}{\rho_1} \cdot g \cdot d \right\}^{1/2}$

注：V；沈降速度(cm/s)　　ρ_s；粒子の密度(g/cm³)　　ρ_1；液体の密度(g/cm³)
　　d；粒子の直径(cm)　　g；重力加速度(cm/s²)
　　Re；粒子レイノルズ数〔$(\rho_1 d/\mu) V$〕　　μ；液体の粘性係数(g/cm/s)
経済産業省産業技術環境局（1995）より引用

　単一球形粒子の沈降速度測定値に対してストークスの式は精度の高い値を示すが、アレンの式とニュートンの式は近似値を示す。

◼ ストークスの式（Stokes formula）

　流れの中におかれた単一球形粒子が、粒子間の干渉のない状態で重力沈降する際の沈降速度を表す式の一つである。水中の粒子の沈降速度は粒子の大きさ、密度、形状、水の温度（粘性）などにより決まる。水中の粒子が自らの重さで沈降する時の速度は、粒子に働く抵抗力がレイノルズ数の関数として三つの式、すなわち、ストークスの式、アレンの式、ニュートンの式に分類できる（表6.7参照）。

　湖沼・貯水池のように、細かな粒子がゆっくり沈降する現象（レイノルズ数が小さい）の場合、一般に粒子レイノルズ数は1以下と小さくなり、慣性力は粘性力に対し無視できる状態となる。このような状態における沈降速度を求める場合、ストークスの

式が適用されることが多い。

$$\text{Re} \leq 1$$

$$V_s = \frac{g \cdot (\rho_s - \rho_1) \cdot d^2}{18\mu} = \frac{1}{18} \cdot \left\{ \left(\frac{\rho_s}{\rho_1}\right) - 1 \right\} \cdot \frac{g}{\nu} \cdot d^2$$

ただし、V_s：粒子の沈降速度(cm/s)、g：重力の加速度(cm/s²)＝980cm/s²、ρ_s：粒子の密度(g/cm³)、ρ_1：水の密度(g/cm³)、d：粒子の直径(cm)、μ：水の粘性係数(g/cm/s)、$\nu = \mu/\rho_1$：水の動粘性係数(cm²/s)、Re：粒子レイノルズ数＝$(d/\nu)V_s$.

すなわち、粒子の沈降速度は水と粒子の比重差および粒子の直径の2乗に比例し、水の粘性係数に反比例する。凝集剤が濁水の清澄化に効果があるのは、粒子を結びつけて粒径を大きくし、沈降速度を大きくするためである。

濁質比重（specific gravity of suspended matters）

水中に懸濁している濁質の比重のことをいう。濁質には、出水時に流入する土砂や粘土鉱物による微粒子、動植物プランクトンやその死骸、下水、工場排水などに由来する有機物や金属の沈降物が含まれる。粒子径の比較的大きい有機物の比重は1.0g/cm³よりもわずかに大きい程度であり、重金属類の沈降物は1～3g/cm³と巾が大きい。水より濁質の比重が大きければ粒子は沈降するが、微小粒子の沈降速度は濁質の粒径の2乗に比例する。いま、土砂の密度を2.6g/cm³、水の粘性係数を0.01g/cm/sとしてストークスの式により粒径別の沈降速度を算出すると図6.5のようになる。水深が50mの貯水池ならば、例えば水面にある粒径3μmの濁質は約75日間その水中に滞留することになり、貯水池の濁水長期化の原因となる。

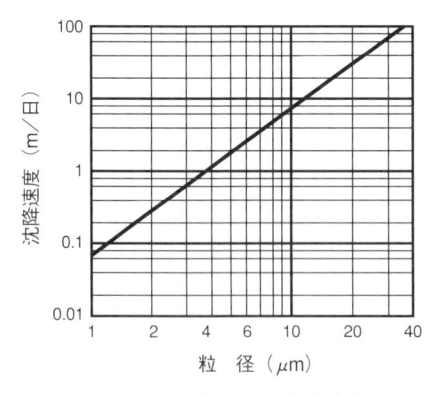

図6.5 微小粒子の沈降速度

ゼータ電位［ζ電位］（zeta potential）

液体中に分散している粒子の多くは、プラスまたはマイナスに帯電しており、電気的に中性を保とうとして粒子表面の液体中には粒子とは反対の符号をもつイオンが集まり、球殻状に取り囲むことになる。一部のイオンは粒子表面に強くひきつけられており、粒子に固定されて一緒に動く固定イオン層（スターン層）を形成し、そのさらに周囲の層は拡散イオン層（グイ層）と呼ばれる（図6.6参照）。

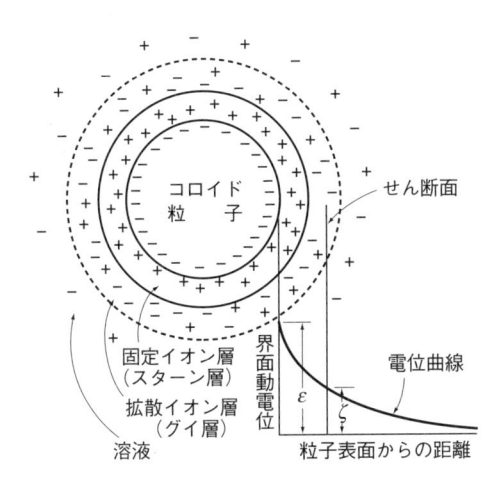

図6.6　疎水コロイド粒子の表面および周囲の電位
合田健（1975）より引用

この固定イオン層と拡散イオン層の境界をスベリ面と呼び、粒子から十分離れた電気的に中性な領域の電位を0とした場合のスベリ面における電位をゼータ電位と呼ぶ。

ゼータ電位が増加すると粒子間の反発力は大きくなり安定性が高くなる。逆に、ゼータ電位が0に近い場合、粒子は凝集しやすくなり不安定となる。以上の特性を利用することで、ゼータ電位は分散された粒子の分散安定性の指標として用いられる。

ゼータ電位の絶対値が大きいと粒子間の反発が大きくなる。すなわち、互いに反発し安定に分散することから粒子の沈降は制限される。貯水池内では、想定される沈降速度（例えばストークス式）よりも実際の沈降速度が小さい場合、ゼータ電位による沈降の阻害が発生している可能性もあり、濁水長期化の原因の一つとなる可能性がある。

6章

● 沈降分析（sedimentation analysis）

懸濁液中の粒子の沈降特性を把握し、沈降曲線等を求める際に行う実験をいう。とくに規定はないが、通常は高さ1～2m程度の沈降筒を用いて、濁水、崩壊土、ダム貯水池底泥を対象とした沈降実験を行う場合が多い。

沈降実験の結果をみると、沈降は粒度と密接な関係にありながらも粒度分布と比較すると必ずしも対応していない。これは、実際の沈降現象には電気化学的な条件や形状・比重などが加わるためであると考えられる。

● 粒度分布と粒径加積曲線（grain size distribution and grain size cumulative curve）

粒子群を構成する粒子の粒径に対応する質量分布のことで粒度組成ともいう。砕屑物の粒子の大きさは、礫・砂・シルト・粘土に四分されてさらに細分類されるが、天然の砕屑物はそれぞれ岩片・鉱物粒・粘土鉱物など、一定の範囲の粒子の複雑な集合体でできている。

粒度分布の表わし方には、①土の粒度分布をふるい通過の質量百分率で示したもの（図6.7には粒径加積曲線を示した）、②沈降速度の計測によってストークス式からの粒径を算出したもの、③顕微鏡法によって球相当径で表したもの、④光散乱法による計測での球相当で表したもの、⑤電気抵抗試験方法による抵抗値から換算したものがある。

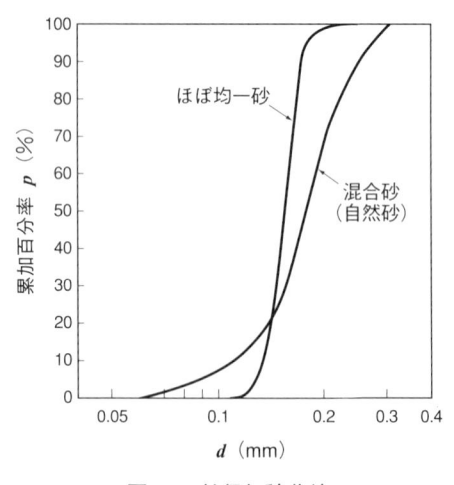

図6.7 粒径加積曲線

一般に、懸濁物質の形状は球や立方体といった単純かつ定量的に表現できるものではなく、複雑かつ不規則である。そして、ある最小粒径から最大粒径の範囲内に、種々の大きさや形状の粒子がいろいろな割合で存在する。貯水池で濁水が問題となるのは、とくに粒径の小さい粒子であり、これらの粒径粒子の分布の把握が重要となる。河川では濁水との関連で、流水中の懸濁物質を対象粒子とした粒度の分布状態を、一般に河川における粒度分布という。

●コールターカウンター（Coulter counter）

　溶液中に分散している細胞や粒子の数および大きさを、電気抵抗の変化を利用して測定する装置のことを発明者の名前をとってコールターカウンターという。測定原理に基づいた名称としては電気抵抗法(電気的検知帯法)という。細胞や粒子を電解液中に分散させ、吸引力を使って電気が流れている細孔を通過させると、粒子が通過するとき、粒子の体積分だけ電解液が置換されて抵抗が増加し、粒子の体積に比例した電圧パルスが生じる。この電圧パルスの高さと数とを電気的に測定することにより、粒子の数と個々の粒子の体積を測定することができる。

　1948年、アメリカのウォレス・H. コールター（Wallace. H. Coulter）によって発明されたもので、今なお微粒子の計測とサイズ測定に広く活用されている。

●レーザー回折・散乱式粒度分布測定装置（laser diffraction and scattering particle size analyser）

　粒子に光をあてたとき、対象によってさまざまな強度パターンの回折、散乱といった現象が発生することを利用し、対象物質の粒子径の分布を調べる解析装置である。

　媒質中に分散された粒子にレーザー光を照射すると、レーザー光は粒子により回折現象を起こす。この回折光をレンズで集光すると焦点面に回折リングが得られ、この回折リングの径と光の強度分布からフラウンホーファー（Fraunhofer）の光回折式を基本とした解析を行うことにより粒度分布が求められる。また、この光の回折現象を利用した解析は、対象の粒径1μm程度が限界となるため、それ以下の粒径についてはMieの光散乱理論を適用し、回折光用とは別に設けられた散乱光用センサーで検出し、粒度分布を求めることができる。この方式を採用した測定機器は、測定範囲に入っていれば懸濁液、オイルといったダスト液に溶解しているサンプルについても測定が可能なため、水中の微細な物質の測定に有効である。

6.5 冷水・温水現象

■ 冷水現象（cold water phenomenon）

　成層型の貯水池では底層水の水温は年間を通じてほぼ一定であり、低い温度で滞留しているので、取水口の位置が水温躍層よりも深い場合には流入河川水の水温よりもかなり低い水温の水が放流される。これを冷水現象という。成層期の表面近くの水温は流入河川の水温よりかなり高いので、冷水のみが問題になっている貯水池の場合は、選択取水設備により表層温水を選択的に取水することで概ね回避できる。ただし、夏季制限水位への移行時や利水補給など、選択取水設備の能力を上回る放流を下部に位置する放流設備から行なわなければならない場合には、下層の冷水を一部加えて放流することとなり、冷水放流による障害が発生する場合がある。また、利水補給等により水位が低下し、取水設備の構造上表層部の温水を取水できなくなる場合には、低層部の取水口から冷水を放流しなければならないこともある。

■ 温水現象（warm water phenomenon）

　成層化している貯水池では、受熱期後期の夏季から初冬にかけて流入河川水は貯水池表層部よりも水温が低いことが多く、貯水池の中間層部に流入する。そのため、表層部からのみの放流を行っている場合には、この期間流入水より温かい水を放流する温水現象が生ずることとなる。

　受熱期後期の温水放流の問題については、選択取水設備の取水深度を徐々に低下させ下層部の冷水を連行することにより対応可能であるが、貯水池内の水温状況や選択取水設備の取水範囲によっては対応できない場合もある。

■ 水温変化現象（water temperature changing phenomenon）

　水温変化現象とは、河道にダムが築造されることにより、ダム下流の水温が貯水池の出現以前の水温に比べて変化していることをいう。河川水温の変化はダム貯水池の水温成層状況と取水口の位置によるもので、農業や河川における生態系に影響を及ぼすことがある。

　一般的に、貯水容量が流入水量に比べて相対的に大きい場合、晩春から夏季にかけて水温成層が形成される。水温成層が形成され始めると、放流口が中・低層部にある場合は、高水温の流入水は中・低層部に入り込めず表層部附近を流れ、放流水は流入水よりも水温が低くなり、いわゆる冷水現象が生じる。このような現象は、選択取水設備により表層の温水を放流することにより概ね回避することができるが、表層部か

らのみの放流を継続した場合には、夏季から初冬にかけては逆に流入水よりも高水温の水を放流する温水現象が生ずることとなる。

　一方、貯水容量が流入量に比べて相対的に小さく、いわゆる"流れダム"と呼ばれているような貯水池では、夏季においても強い水温成層は形成されず、深さ方向の水温分布はほぼ一様となる。このような混合型貯水池は、水理的には非常に緩やかな流れの河川とみなされ、水温変化現象が生ずる可能性は少ない。

　冷水現象により発生する障害としては、農業、とくに稲作および内水面漁業に関するものが多く、都市用水関係ではあまり問題とならない。一方、温水現象は主として下流河川の生態環境に影響を与えうる問題として近年注目を集めている。

6.6 酸性水

■ 酸性雨 (acid rain)

通常の雨水は、大気汚染が常温、常圧、CO_2 濃度 330 ppm 以下といった条件下では pH は 5.6 以上である。これよりも pH が低く、硫酸イオン (SO_4^{2-})、硝酸イオン (NO_3^-) 等を含んだ強い酸性の降雨もしくは雨水のことを酸性雨という。

雨水の pH を低くする主な物質は大気中の SO_x と NO_x である。これらの物質は、石炭や石油等の化石燃料の燃焼などにともなって発生する硫黄酸化物や窒素酸化物が大気中へ放出されて雲粒に取り込まれ、複雑な化学反応を繰り返すことで生成されるもので、近年、人間が化石燃料を大量に使用することによって増加する傾向にある。

酸性雨は、河川や湖沼といった水環境を酸性に変え生態系に影響を与えるほか、森林や耕作地等にも被害をもたらす。通常、土壌の粒子は陰性に帯電し、陽イオン (Ca^+、Mg_2^+、NH_4^+、Na^+、Al^{3+} など) を吸着しているが、酸性雨により酸性物質が土壌に染み込むと、これらの陽イオンが H^+ イオンによって置き換わり、土壌が酸性化して酸性土の状態となる。

酸性雨の原因物質は、大気の流動によって発生源よりも数千 km 以上離れた場所まで運ばれる場合もあるため、酸性雨の抑制は国境を越えた国際的な協力をもって取り組む必要のある問題である。なお、雨状ではなく霧状で酸性を帯びたものは酸性霧と呼び、pH は酸性雨よりもさらに低い。

■ 酸性河川 (acid river)

河川水が酸性を示す河川を指す。わが国における酸性河川の成因は、①火山からの硫酸など酸性物質の供給、②腐食起源のフミン酸、フルボ酸による、③緩衝能力に乏しい流域での雨水の酸性化、などがあげられる。それぞれ火山地帯、寒冷地、花崗岩地帯に多い。火山地方で噴出物を溶かす河川や温泉水の混入する河川などには硫酸塩・塩酸塩を多く含むものがある。また、北上川や吾妻川のように鉱山開発により生じることもある。

秋田県の玉川は、上流にある玉川温泉の源泉が pH 1.1 の遊離性塩素を多量に含有する強酸性泉で長年「玉川毒水」と呼ばれ、下流の農業、漁業、河川工作物、発電等に影響を及ぼしていた。近年、玉川ダムの上流に整備された酸性水中和処理施設により水質改善が図られた。

◼︎ 酸性湖沼 (acid lake)

　一般に酸性湖沼とは、猪苗代湖等を代表とする火山・温泉起源等の自然現象として酸性を示す湖沼が多い。わが国では報告事例はまだないが、スウェーデンでは酸性雨起源による湖沼の酸性化の事例が報告されている。

　湖沼の酸性化が起こると、そこに生息する生物、とくに魚類への影響が懸念される。酸性化により湖水のpHが低下するにともない、水生生物に対して毒性の強い水溶性アルミニウムイオン濃度が上昇することや、魚類にとっては体内におけるカルシウムなどのミネラル分濃度が減少してpH低下の耐性に対応できないなど、水生生物には壊滅的な影響が考えられている。

　なお、酸性雨の湖沼への影響は水質に応じて異なっており、すぐ酸性化する湖沼と全く酸性化しない湖沼がある。例えば、北欧の花崗岩地帯の湖沼は容易に酸性化し、石灰岩地帯の湖沼では酸性化は起きていない。これは、それぞれの湖水の酸性化に対する抵抗力（緩衝作用）が異なるためである。

◼︎ 緩衝作用 (buffer action)

　外部から加えられた作用に対して、溶液自身がその影響を小さく抑えようとする働きをいう。酸が加わった水の場合、水の抵抗力はアルカリ度を尺度として測ることができる。水に含まれているアルカリ度は水中の炭酸水素イオン(HCO_3^-)によって支えられていることが多く、水中の炭酸水素イオンは酸と中和反応し二酸化炭素となるため、水はすぐには酸性化しない。

　湖水の酸性化に対する生物の抵抗には、主に微生物の働きが関係している。硫酸イオンから硫化水素(H_2S)を発生させる硫酸還元菌や、溶存酸素（DO）の減少した場所で硝酸イオン(NO_3^-)を消費して窒素ガスを生成させる脱窒菌などがそれである。このような微生物の働きはともに酸を減少させる。この他、水生植物による硝酸イオンの取り込みも酸を減少させる緩衝作用がある。

6.7　その他

■ 油汚染［油濁］（oil pollution）

　オイルタンカー、オイルタンク、難破船、あるいは工場・事業場などからの鉱物油の流出により周辺環境に影響を及ぼす汚染現象のこと。とくに、沿岸海域での油汚染が多くの被害をもたらしてきた。河川や湖沼水域の場合にも、油の流出により食用の魚貝類に異臭問題を発生させたり、油の流出が多い場合には魚類の斃死を生じさせた例もある。また、油流出地点の下流で取水が行われている場合、取水停止による上水道、工業用水や農業用水への影響も大きい。

　油流出の対策としては、オイルフェンスで油の拡散を防止してオイルマットで吸着・回収、薬剤散布による油処理、バキュームによる吸引が行われる場合もある。なお、全国の一級河川における水質事故は年々増加しており、なかでも油流出事故は2003年には水質事故総数964件中777件（81%）に達している（平成15年全国一級河川の水質現況、国交省河川局河川環境課）。

7章

水質項目

7.1 一般

■ 溶解性物質と粒子状物質（dissolved and particulate matters）

　水中に含まれる物質は、通常、孔径1 μm程度のガラス繊維フィルターを用いて減圧ろ過を行うことによって通過する成分を溶解性（溶存態）物質、通過しない成分を粒子状(懸濁態)物質と定義している。粒子状物質とは、いわゆる浮遊物質(suspended solids)に包含される物質である。また、水質分析においては、通常は2 mm目のふるいを通過しないものは粒子状物質としては取り扱わない。

■ 有機態物質と無機態物質（organic and inorganic matters）

　水中に含まれる炭酸塩や重炭酸塩などを除く炭素、水素、酸素によって構成される物質が有機物で、それ以外を無機物と呼ぶ。水中に存在する物質について、この両者のいずれの形態であるかに応じて無機態、有機態に分類することがある。例えば、りんや窒素に対して、有機物の構成要素となっている（有機物中の一元素として存在している）場合は有機態りん（窒素）と分類し、無機物の要素である場合は無機態りんと分類される。水生植物や植物プランクトンは、水中の無機態の窒素とりんを栄養塩類とし、無機態である溶存二酸化炭素（CO_2）を用いて光合成を行うことで有機態物質を生産する。

7.2 一般項目

● 水質一般項目 (general items)

現地における基本的な水の状態を示す計測項目である。計測者が自主的に設定しているもので、水温、外観（水の色、透明性、濁り、混入物等）、臭気のほか、水素イオン濃度指数(pH)や溶存酸素(DO)など他の水質計測項目が加えられることもある。

● 水温 (water temperature)

水の状態を示す重要な指標の一つであり、水の密度を支配するとともに、水生生物の生息環境や水中溶存物質の化学変化と密接に関係する。河川、湖沼・貯水池などでの水温の分布を調べることによって、水の運動、排水の混入などを推定する基礎データともなる。しかし、湖沼や貯水池全体の水温分布を知ることは容易ではなく、とくに大きな河川が流入していたり湖内に湧泉などがある場合には湖沼・貯水池内の水温分布が複雑であり、数地点の測定で全体の状況を把握することは困難である。

中緯度地方の湖沼・貯水池では、日照で春から秋にかけて表層近くが暖められた結果として、水深にともなう水温の変化がとくに大きな層（**水温躍層**）が形成されることがあり、湖沼・貯水池の水温把握のためには表面水温だけでなく、鉛直分布を測定することが極めて重要となる。

● 外観 (appearance)

外観とは水質を目視、すなわち人間の感覚としての視覚により判断する指標である。流れている水の外観を科学的・定量的に記述することは難しく、客観性がないようにみえるが、水質の全体的な把握には不可欠な観察事項である。

具体的には、水の色、濁り、ゴミ、臭い、泡などを対象とした観察を行うが、熟練者であれば外観によって水質をある程度判断することも可能である。また、河川では護岸や河床の材料（礫、砂泥、コンクリートなど）、瀬や淵、植生の存在などによる水質浄化作用や生態的な機能によって変化するので外観では判断しづらいが、湖沼・貯水池では水の富栄養の状況をおおまかに知るための情報を与えてくれる。

● 色度 (color)

水中の溶解性物質およびコロイド性物質が呈する淡黄色から黄褐色系統の色が、視覚により識別できる程度を数値で表したものである。色度標準液は、ヘキサクロロ白金(Ⅳ)酸カリウム(K_2PtCl_6)と塩化コバルト(Ⅱ)六水和物($CoCl \cdot 6H_2O$)を塩酸で溶

かした後に蒸留水で希釈したものである。この色度標準液1mℓ（塩化白金酸カリウム中の白金1mgおよび塩化コバルト中のコバルト0.5mgを含む）を蒸留水1ℓに加えたときの色度を1度としている。この色は天然水に最も普通に見られる色で、主な原因は土壌成分に含まれるフミン質（腐植土壌に含まれる有機物の一種）によるが、生活系排水や工場排水の流入による場合もある。

色度には浮遊物質を含めての「みかけの色度」と、浮遊物を除いてもなお残る「真の色度」とがある。一般に、衛生面からは濁りによるものよりも溶解性物質によるものへの注意が必要となる。

● 水色（water color appearance）

水面を垂直上方から見たときの水の色のことで、標準の色と比較して判定する。色の標準としては、湖沼の藍色～黄緑色の程度を示すフォーレル水色標準液が最も一般的で、ほかに黄緑色～褐色の程度を示すウーレの水色標準液や日本工業規格（JIS）の新産業色票に基づく水色コードなども用いられる。ただし、水の色は湖沼の富栄養化度を示す一つの目安となるが、溶解成分やプランクトンなどによる水自体の色のほかに、水深、天候条件、環境条件（周囲の地勢、植生、底質）によって影響を受けるので、ただ単に色だけでなく総合的に判断する必要がある。

湖沼の水色は、一般に湖水中の懸濁物質が少ないほど青く、懸濁物質が多くなるほど青色に散乱光がまじるために緑から黄色帯へ移っていく。また、腐植物質を多く含む湖沼では懸濁物の有無にかかわらず特有の褐色を帯びる。その他、鉄等の無機コロイドを含むことにより特有の着色（茶褐色）を生じたり、藍藻の水面集積による青緑の斑点、珪藻などの集積による黄緑～褐色等、プランクトンの繁殖による着色現象もある。

このように、湖沼の水色は湖沼で起っている物質代謝の総合的結果として現れるものであり、湖沼の状況を把握する上での重要な要素の一つとなる。

● 透視度（transparency by cylinder test）

河川水ではその濁りの程度、すなわち透明感を示す指標である。濁りが影像をぼやけさせることを利用したものであり、比較的濁った水の透明さを簡単に測ることができるために、現場での計測器として用いられている。

計測では透視度計が用いられる。これは底の平らな直径3cm、高さ30cm、50cmまたは100cm程度の下口付きのガラス管であり、これに試料水を入れ、その底においた標識板の二重十字が明らかに判別できる試料水柱の高さ（cm）で示す。また、30cm以上の透視度を計る場合は周囲からの光の影響を受けないよう工夫された透視度計を使

用する。透視度は、個人誤差やガラス管にあたる光の具合等で値がやや異なるが、高価な器具を必要としないことがこの測定法の特徴である。なお、湖沼・貯水池では透明度の測定が行われるが、透視度が測定されることは希れである。

● 透明度（transparency measured by secchi plate）

　湖沼・貯水池や閉鎖海域における水の透明の程度を表す指標である。ほとんど波のない水面から透明度板あるいは**セッキ板**（secchi plate）とよばれる径30cmの白色の陶器板を水中に沈めて、周囲と明確に区別できなくなる深度(m)で表す。また、湖沼・貯水池を物質代謝から分類した湖沼のタイプと透明度との間にはある程度の相関関係があり、貧栄養型湖沼の透明度は大きく、中栄養型、富栄養型となるほど透明度は小さくなるので透明度を測定することによって、湖沼・貯水池の概況を知ることができる。

　ただし、湖沼・貯水池の状況を示す重要な情報であるが年間を通じて不変のものではなく、プランクトンの異常な繁殖や降雨後の泥水の混入時において著しく変化する。また、透明度は湖沼・貯水池の経年変化の傾向を知る重要な指標の一つであり、湖沼・貯水池では一般に年月とともに富栄養化して透明度も低下していく傾向にある。

● 濁度（turbidity）

　水の濁りの程度を表す指標で、精製水1ℓ中に標準物質（カオリンまたはホルマジン）1mgを含む場合と同程度の濁りを濁度1度としている。例えば、水に食塩や色素を溶かしても透明で濁りはないが、粘土のような水に溶けない物質が水中に分散すると濁って見える。

　濁りの原因となる物質は、降雨によって地表から押し流されてくるシルト・粘土系物質および有機系物質、水中に繁殖する微生物である動植物プランクトンや細菌、汲み取り便所や単独浄化槽が設置されている家屋からの生活雑排水や小規模事業所からの排水に多く含まれている懸濁物質があげられる。

　なお、濁度は見た目の濁りの程度を表す指標で、目視により既知濃度の濁水と比較して測定する方法もあるが、今日では専用の濁度計測器を使って測定するのが一般的である。

● 臭気と臭気強度［TON］（odor and threshold odor number）

　水の臭気は、水中の臭気物質がガス化・気散することにより生じる。河川水の臭気は、生活排水や下水処理水、工場排水、畜舎排水等の流入により生じるほか、水中の細菌類や藻類、その他魚介類等の生物繁殖や死滅に起因する。臭いの種類については、

その発生要因と深く係わり、土臭、カビ臭、下水臭、汚泥臭、腐敗臭等に分けられている。

近年、水道の異臭味としてカビ臭等が問題になっており、その主な原因物質としては、ジオスミン（geosmin）と2-メチルイソボルネオール（2-MIB）があげられる。これらの物質は、底泥中の放線菌や藍藻類（光合成糸状細菌）に属するアナベナ（*Anabaena*）属・フォルミディウム（*Phormidium*）属・オシラトア（*Oscillatoria*）属のある種のプランクトンや付着藻類によって生産され、水に10ng/ℓ混入する程度の超微量で感知される（ng：ナノグラム、10^{-9}g）。このカビ臭は、凝集沈殿等の通常の浄水処理で除去することが難しいため、活性炭処理やオゾン処理等を用いる高度処理が大都市域を中心に採用されつつある。

水の臭気の強さを示す指標としては臭気強度（TON）があり、これは河川や湖沼・貯水池の水を臭気を感知しなくなるまで無臭水で希釈し、その希釈倍率で示す。測定は人の嗅覚によるもので、モニター（測定者）の個人差をできるだけ小さくするため、数人のモニターにより同時に測定を行う。

水道法に基づく水質基準では、「異常な臭味がないこと」と臭気が規定されており、水質管理目標設定項目中ではTON－3以下と設定されている。

7.3 健康項目

● 健康項目 (environmental quality standards related to the protection of human health)

水質汚濁に係わる環境基準は、「環境基本法」(1993年)第十六条第1項の規定に基づき、公共水域の水質汚濁に係わる環境上の条件に対し、人の健康を保護し、および生活環境を保全する上で維持することが望ましい基準として定められている。その中で、「人の健康の保護に関する環境基準」(p.317参照)は全ての公共用水域に対して、カドミウム、全シアン、鉛、六価クロム、ひ素、総水銀、アルキル水銀などの無機物、PCBなどの有機塩素化合物、チウラム、シマジンなどの農薬など23項目について一律に基準値が定められ、直ちに達成し維持するよう努力することが求められてきた。

さらに、1993年に硝酸性窒素および亜硝酸性窒素、ふっ素、ほう素の3項目の基準値が追加され、全部で26項目の基準値が定められている。また、発ガン性への疑いがある鉛およびひ素の基準値が改訂されて、より厳しいものとなった。

なお、浄水処理や下水処理の通常の水処理工程では、健康項目に含まれる重金属類および有機塩素化合物等を常に基準値以内に維持するように除去することは困難であることから、発生源で除去することが重要である。

また、1999年には「ダイオキシン類対策特別措置法」が制定され、その第7条の規定に基づき、人の健康を保護する上で維持されることが望ましい基準として、「ダイオキシン類に係る環境基準」(p.325参照)が定められている。基準値は、水質、底質等の媒体毎に一律に定められており、水質の汚濁(水底の底質の汚染を除く)に係る環境基準は、公共用水域および地下水について適用し、水底の底質の汚染に係る環境基準は、公共用水域の水底の底質について適用することとされている。基準が達成されていない水域については、可及的速やかに達成させるよう努めることとされている。

● カドミウム (cadmium)

カドミウムは銀白色の光沢を有し、展延性に富み加工しやすい金属であり、亜鉛と化学的性質が似ている。無色のものが多いが、着色した化合物(硫化物はカドミウムイエローとしての無機顔料)としての多くの特色を持っている。硫酸塩、硝酸塩、亜硫酸塩、過塩素酸塩、硫酸塩は水に溶け、アクアイオン(例えば、$Cd(H_2O)_4^{2+}$)として存在する。

水中では$Cd(H_2O)_4^{2+}$として、また塩化物イオン(Cl^-)と錯体をつくりやすく、Cl^-濃度に応じて$CdCl_4^{2-}$, $CdCl_2(H_2O)_2$等の形で存在する。土壌中で陽イオンの形をとる

ときは粘土等に吸着されるが、わずかなCl^-の存在で海水中と同様に中性または陰電荷をもつ錯イオンとなり、粘土から離れていくという特性をもつ。この性質は亜鉛よりはるかに強い。自然界ではカドミウム単独ではなく、亜鉛鉱物、とくに閃亜鉛鉱(ZnS)や菱亜鉛鉱($ZnCO_3$)にともなって産出され、地表水、地下水では亜鉛の1/200程度含まれていることが多い。したがって、水域への汚染源はカドミウム含有製品製造工場、亜鉛採鉱・製錬所等の排出水等である。

ヒトへの影響としては、1日の許容摂取量（TDI）は、食物、大気、煙草、水等から30～60μgとされる。経口摂取の吸収率は1～4％で残りは大便により体外へ排出され、吸入での吸収率は約30％である。吸収されたカドミウムは肝臓、腎臓に多く蓄積し、顕著な例として神通川沿岸で発生した「イタイイタイ病」の原因となったように、致命的な影響を及ぼす。

全シアン（total cyanide）

シアン化合物にはシアン基を有する無機系と有機系化合物がある。水中ではCN^-、HCN、各種金属とのシアン錯化合物の形で存在し、アルカリ性（高pH）でCNは安定して存在するが、酸性（低pH）ではHCNとなり空気中へ揮散しやすい。また、水中のある種の有機物と塩素が反応して微量の塩化シアンが生成されることがあるが、自然水中にはほとんど含まれていない。なお、含窒素有機物の燃焼によっても生じることがある。

水域への汚染源はメッキ工業、金銀精錬、写真工業、コークス、ガス製造業等となる。ヒトへの影響は、シアン化カリウム等が経口嚥下されると胃液の塩酸でHCNを遊離し、急速に粘膜、肺等から吸収され、ヘモグロビンが酸素を運ぶ作用が阻害されるため、全身窒息症状を起こし死に至る。ただし、変異原性、発ガン性、催奇形性はないといわれている。

鉛（lead）

蒼白色の金属光沢を有し、軟らかく加工しやすい重金属で、水中ではPb^{2+}、$[Pb(OH)]^+$、$[Pb(OH)_4]^{2-}$等として溶存しているが沈降しやすい。水域への汚染源は、蓄電池、合金、顔料、塗料、陶磁器、ガラス、農薬、活字、鉛管等の鉛を使用する工場、鉛採鉱、製錬所等からの排水となる。水道水の場合、鉛管を使用したときに鉛溶出がある。とくに硬度が低く、遊離炭酸の多い水では溶けやすい。現在、新規の鉛管の布設は行っていないが、既に使用中の鉛管でも0.05mg/ℓ以内の鉛の溶出が認められることから、PVC管と交換されている。

鉛中毒は、昔から鉛毒として知られている。近年では、自動車のアンチノック剤と

してのガソリンへの添加が、環境中に鉛をまき散らすという問題で注目されるようになった。職業性曝露では、はんだ作業中に生じるはんだ煙の粉塵の肺からの吸収が多く、次いで経口摂取が多い。吸収された鉛は最終的に骨に蓄積され、生物学的半減期は約20年以上と算定されている。環境基準値は、以前は0.1 mg/ℓ以下とされてきたが、鉛の体内への蓄積などが見直されて、その基準値が0.01 mg/ℓ以下に変更になった。

六価クロム（hexavalent chromium）

銀白色の光沢をもった硬くて脆い性質だが耐食性に富み、耐熱性、耐摩耗性が強い重金属である。主なクロム化合物は三価と六価の化合物である。六価クロム化合物には、無水クロム酸（CrO_3）、クロム酸カリウム（K_2CrO_4）、重クロム酸カリウム（$K_2Cr_2O_7$）などがある。天然の存在形態はほとんどが三価のクロムであるが、雨水などによる溶出と酸化を受けて六価クロムとなり、地下水を汚染することも知られている。

慢性毒性としては、六価クロムを含む空気やダストを吸引することによる職業病として、鼻中隔穿孔や呼吸器障害等が知られている。また、暴露したことによる肺ガンなどの呼吸器系ガンとの相関性があるといわれている。1975年、クロムメッキ工場排水が新興住宅地の井戸水を汚染（0.05～2.54 mg/ℓ）し、この水の飲用や浴用により100名もの人が消化器障害や皮膚疾患等を引き起こし、低濃度の場合での亜急性から慢性中毒の可能性が示された。

水域への汚染源はメッキなどクロム使用工場からの排水、クロム鉱床からの浸出水などとなる。重クロム酸カリウムの水生生物に対する24時間TLm（半数致死濃度）は、コイで140～150 mg/ℓ、フナで700 mg/ℓであるといわれている。

ひ素（arsenic）

金属と非金属との中間的性質を有し、主なひ素の化合物は五価と三価で、硫化物、酸化物、ハロゲン化物、水素化物および有機ひ素化合物が存在する。酸化物である三酸化二ひ素（As_2O_3）、五酸化二ひ素（As_2O_5）は水に溶けて、それぞれ亜ヒ酸、ヒ酸となり強い毒性を示す。このことから殺虫剤、医薬用として用いられている。

水域への汚染源は、温泉の源泉、染料、製革、精錬等の工場排水や鉱山排水等があり、これらによって表流水や底質・土壌に高い濃度で含まれていることがある。水中での存在形態は、好気条件で無機のヒ酸、還元条件で無機の亜ヒ酸が主となる。

環境中では土壌0.1～40 mg/kg、河川水0.9～1.3 μg/ℓ、降雨0.55～12.0 μg/ℓ、海水0.15～5.0 μg/ℓ程度存在し、単体では水に不溶、経口摂取しても吸収されにくい。食物中のひ素は有機態で毒性はないが、化合物は可溶で毒性は強い。また、健康被害の実例と

しては、1955年に岡山、広島を中心に起きた「森永ひ素ミルク事件」がよく知られている。急性中毒として嘔吐、下痢、腹痛など、慢性中毒として皮膚の角化症、黒皮症（ガン）、抹消神経炎などが報告されている。

環境基準値は従来0.05 mg/ℓとされてきたが、最近の研究によって発ガン性などが指摘されて0.01 mg/ℓに変更された。なお、上流域に鉱山や廃鉱山などが存在する場合、貯水池内で底泥中のひ素濃度が高くなり、有機物を含む底泥では嫌気化による水中への溶出の可能性が疑われている。

総水銀（total mercury）

無機水銀と有機水銀の総量を指す。無機水銀には金属水銀、第一水銀塩(甘こう等)、第二水銀塩(昇こう等)など、有機水銀にはアルキル水銀(メチル水銀、エチル水銀、メトキシエチル水銀)、アリール水銀(酢酸フェニル水銀、マーキュロクロム等)などがある。水銀は常温で唯一の液体の金属で銀白色の金属光沢を有しており、主に赤色の辰砂(HgS)として産出される。主な化合物は、一価および二価のハロゲン化合物、硫化物および有機化合物(アルキル水銀)が知られている。熱や電気の伝導性があり、触媒作用を有し熱膨張率が安定していることで、多くの金属と合金(アマルガム)に使われる。

水域への汚染源は塩素やカセイソーダの製造工場、水銀製剤の製造工場、その他水銀触媒使用の工場、病院、水銀鉱山等である。公共用水域に放流された無機水銀は有機物を含む底質(底泥)に含まれ、その間に微生物作用によってアルキル水銀に変化し、底泥中の微生物への摂取を経て、さらに水生生物間の食物連鎖を経て魚介類に蓄積していき、それらの捕食によって最終的にヒトの体内に高濃度に蓄積される危険性がある。水俣病(1953年)の悲劇はこの原理に基づいて発生したことが知られてきた。

アルキル水銀（alkyl mercury）

有機水銀の一つで、アルキル基と水銀の結合した化合物でメチル水銀、エチル水銀、メトキシエチル水銀がこれに属する。

汚染源は水銀製剤の製造工場、水銀使用の工場、病院、水銀鉱山等である。これらが水域に侵入すると、底泥中に蓄積されて無機水銀が細菌類の働きで生物学的にメチル水銀に変化する。その後、水中生物間の食物連鎖を経て魚介類へ高濃度に蓄積し、最終的に人間や哺乳動物で生体濃縮されることがすでに見い出されてきた。

最も毒性の強いメチル水銀は、摂取されると全身に分布し、脳内にも移行して蓄積される。この場合、大脳の感覚、視覚、聴覚を司る部分と小脳が最も影響を受け、感覚異常、視野狭窄、難聴、言語障害、運動障害と深刻な障害を引き起こす。生態系で

7章

無機水銀からメチル誘導体が生成され、食物連鎖により生態内で濃縮されて人間の食物にまで及ぶ危険性がある。その顕著な例として、熊本県水俣の水俣病と、新潟県阿賀野川流域での新潟水俣病の発生(1964年)が大きな社会問題となった。

● ポリ塩化ビフェニル［PCB］（polychlorinated biphenyl）

ビフェニルの種々の位置に、1ないし数個の塩素原子が結合した化合物の総称で、209種の異性体および同族体があり、天然には存在しない合成有機塩素化合物である。その性質が熱に対して安定で電気絶縁性がよく、接着性、伸展性に富み、化学的に不活性(生物分解されない)で耐酸、耐アルカリ(電気絶縁性が高い)であるなど、工業用資材として理想的な化合物といわれた。反面、水、土壌および大気中で、光、微生物等の分解を受けることがないため、長期間にわたり環境および生態系を汚染し続けることとなる。

水域等への汚染源は、PCBおよびPCB含有製品の製造工場、熱媒体および切削油等の使用工場、感圧紙再生工場、清掃工場および廃棄物処分場、下水処理場等の排水である。

慢性毒性としては肝肥大や肝機能障害が知られている。人体に対する影響は明確でないが、亜急性毒性を示す例として福岡県北九州市のカネミ油症事件(1968年)があり、その主な症状は呼吸器障害、神経内分泌障害、脂質代謝異常等であった。

● ジクロロメタン（dichloromethane）

塩化メチレン(methylene chloride)、二塩化メチレン(methylene dichloride)ともいう。無色透明の液体、不燃性、揮発性有機塩素化合物で、揮発性が高いことから大部分は大気に揮散する。また、水中での分解速度は小さいといわれている。

大気中のジクロロメタンは、OHラジカルとの反応によってゆっくりと分解され、その半減期は53～127日と算定されている。オゾン破壊係数は、フロンの1/1,000程度である。環境中に放出されたものの大部分が大気中に揮散し、数日で光分解する。表流水に混入した場合、数日から数週間で大気中に揮散し分解する。土壌吸着性が低く、生分解性も低いため地下水中では数カ月から数年残留すると考えられる。

急性中毒症状は、麻酔作用(めまい、嘔吐、四肢の知覚異常、昏睡)があるが、肺から吸収されたものは速やかに呼気および尿中に排泄される。また、発ガン性の疑われる物質である。公共用水域や地下水において、比較的広くかつ高いレベルでの検出がみられる。

● 四塩化炭素（carbon tetrachloride）

　無色透明の液体で不燃性、水に難溶であるが、エタノール、エーテル、クロロホルムには可溶である。揮発性有機塩素化合物やクロロホルムに類似の臭気を発し、蒸気圧が高く大気に移行する割合が大きい。人体には肝毒性や発ガン性を示す。水中での分解は極めて遅いが、十分に馴化された微生物による処理を行えば75〜95%の除去が可能である。

　地表面の四塩化炭素は一部は地下に浸透し、土壌には吸着されずに地下水に達する。地下水中での四塩化炭素の残留期間は、数カ月から数年間と見積もられている。なお、土壌吸着性が低い上に地下に浸透後の生分解性は低いが、嫌気状態の土壌中ではクロロホルムを経て二酸化炭素まで分解される。

　1996年からは四塩化炭素の製造および使用が全面禁止となった。

● 1,2-ジクロロエタン（1,2-dichloroethane）

　塩化エチレン（ethylene chloride）、二塩化エチレン（ethylene dichloride）ともいう。無色透明の油状液体で可燃性、甘味臭あり、アルコール、エーテルに可溶な揮発性の有機塩素化合物である。

　大気中ではOHラジカルとの反応で分解され、半減期は1カ月あるいはそれ以上である。環境への放出先は大部分が大気で、表流水および地下水への混入は比較的少ないが、難生分解性で土壌吸着性は低く地下にも浸透する。

　中毒症状は四塩化炭素と類似しており、発ガン性も疑われるため化学物質の審査および製造等の規制に関する法律（化審法）の指定化学物質（蓄積性は有さないものの、難分解性で、慢性毒性の疑いのあるもの）に指定されている。

● 1,1-ジクロロエチレン（1,1-dichloroethylene）

　塩化ビニリデン（vinylidene chloride）、二塩化ビニリデン（vinylidene dichloride）ともいう。無色ないし淡黄色の透明な重い液体で水に難溶であるが、有機溶媒には可溶である。芳香臭のある揮発性有機塩素化合物で、しかも極めて不安定である。酸素と接触すると過酸化物をつくり、加熱や衝撃によって爆発することがあるので常に水中にて保存する。

　揮発性が高いため大気中に揮散しやすい。大気中においては反応性が高く、半減期は2日と見積もられている。水中では化学的に比較的安定であり、河川水中では半減期は1〜6日と見積もられている。環境中に放出されたものは大部分が大気中に揮散する。水中では安定で、土壌吸着性は低い。

　人体への影響は、急性症状としては麻酔作用があり、反復暴露では肝臓や腎臓に障

害が認められ、動物実験では発ガン性が認められた報告もある。

なお、本物質は環境中でトリクロロエチレン、テトラクロロエチレン、1,1,1-トリクロロエタンなどの分解過程で二次的に生成するといわれている。

● シス-1,2-ジクロロエチレン（cis-1,2-dichloroethylene）

二塩化アセチレン（acetylene dichloride）ともいわれ、シス体とトランス体がある。どちらも常温常圧で無色透明の水より重い液体でわずかに刺激臭をもち、引火性、可燃性がある。トリクロロエチレン、テトラクロロエチレン、1,1,2,2-テトラクロロエタンの還元的な脱ハロゲン化によって、シス-1,2-ジクロロエチレンが生成する。

土壌吸着性が低く地下に浸透し、地下水中でトリクロロエチレン、テトラクロロエチレンから還元状態で生成し、さらに生分解により塩化ビニルになることもある。表流水中に混入した場合は大気中に揮散すると考えられている。

急性症状は中枢神経の抑制作用が主で、肝・腎の障害は少なく、肝障害作用は1,1-ジクロロエチレンより弱いとされている。

● 1,1,1-トリクロロエタン（1,1,1-trichloroethane）

メチルクロロホルム（methylchloroform）ともいう。常温常圧で無色透明の水より重い液体で芳香臭がある。大気中では比較的安定で広域に拡散しやすく、オゾン層破壊の原因物質の一つでもある。揮発性有機塩素化合物でクロロホルムのような甘味臭がする。生分解性はきわめて低く、十分に馴化した環境での長期の培養で初めて分解が見られる。

表流水に混入した場合には2日～数週間で大気中に揮散する。大気中での半減期は1～8年と推定される。土壌中の嫌気的生分解で1,1-ジクロロエタンを、化学的分解で1,1-ジクロロエチレンを生成する。

塩素系有機溶剤の中では最も毒性の低いもので、体内に吸収されても大半が未変化のまま呼気中に排泄される。中毒症状は、高濃度に暴露された場合の軽度の麻酔作用や目の刺激で反復暴露した場合でも、臓器などに対する障害はほとんどない。

● 1,1,2-トリクロロエタン（1,1,2-trichloroethane）

三塩化ビニル（vinyl trichloride）ともいう。常温常圧で無色透明の水より重い液体で芳香臭があり、揮発性が高く、水中から大気に蒸散する傾向がある。

土壌吸着性は低く、一部は地下浸透して地下水を汚染する。微生物による分解性は低く、生物濃縮性は無視できる程度に低い。表流水に混入した場合、比較的容易に大気中に揮散する。水中の半減期は数日から1週間と考えられている。

毒性は中枢神経抑制と肝臓障害で、肺からの吸収のほかに経皮吸収にも注意を要する。動物実験では発ガン性を疑わせるデータもある。

■ トリクロロエチレン（trichloroethylene）
　常温常圧で無色透明の水より重い液体で、エーテルやクロロホルムに似た芳香臭がある。不燃性で油脂の溶解性が高いなど溶剤として優れた特性をもつことから、金属機械部品の脱脂洗浄剤やドライクリーニングなどの用途に広く使われてきた。しかし、近年ではテトラクロロエチレンや1,1,1-トリクロロエタンなどとともに広範囲に地下水を汚染していることが判明して大きな社会問題となってきた。
　環境へ送り込まれた後で揮散して大気へ移行していく。水中での生分解性は低いが、嫌気的な条件が揃うとゆっくりとした分解が起こり、8週間で40%が分解したとの報告がある。
　ヒトへの影響では、蒸気の吸入あるいは経皮的に体内に取り込まれ、急性毒性としては目、鼻、のどの刺激や頭痛、麻酔作用などがあり、慢性的には肝臓や腎臓への障害のほか、発ガン性も疑われている。

■ テトラクロロエチレン（tetrachlorothylene）
　パークロロエチレン(perchloroethylene)、あるいはパークレン(perclene)ともいう。無色透明の不燃性の液体で、水に難溶であるが、有機溶媒には可溶な揮発性有機塩素化合物である。ドライクリーニング洗浄剤、金属洗浄溶剤、フロン113の原料等に使用されているが、近年、トリクロロエチレンなどとともに広範囲に地下水を汚染していることが判明して大きな社会問題となってきた。
　蒸気圧が高いために環境中では主に大気に移行し、また一部は地下浸透して地下水に達する。地表水中に放出された場合は、主に揮散によって水中から除かれる。嫌気的条件下ではゆっくりと分解し、トリクロロエチレンを生成する。
　表流水に混入した場合は3時間から7日程度で揮散し消失するが、地下水中に混入した場合は揮散せず、数カ月から数年にわたって残留する。また、性状、毒性などはトリクロロエチレンとほぼ同様だが、代謝されにくく蓄積されやすいといわれている。

■ 1,3-ジクロロプロペン（1,3-dichloropropene）
　1,3-ジクロロプロピレン(1,3-dichloropropylene)ともいう。1,2-ジクロロエチレンと同様にシス体とトランス体があり、どちらも常温常圧で水より重い淡黄色の液体であり、可燃性、金属腐食性がある。
　揮発性が高く水中から大気に揮散するが、水道水、環境水での検出例はほとんどな

い。土壌吸着されにくいが、土壌で生分解される。
　ヒトへの影響としては強い刺激作用があり、動物実験では肝および腎障害が認められるほか、発ガン性の可能性も認められている。

● チウラム（thiuram）

　チオ尿素誘導体として、チウラム・スルフィド（thiuram sulfide）とチウラム・ジスルフィド（thiuram disulfide）からなり、殺菌剤や防カビ剤としての用途が広い。ジチオカーバメート系の農薬で殺菌剤として害虫の忌避に用いられているが、毒物、劇物には指定されていない。白色結晶で水（酸、アルカリ）には不溶、エタノール、エーテルには微溶であり、アセトン、クロロホルムに可溶である。高濃度では分子の形で、低濃度ではイオンの形で作用して、金属酵素、SH酵素を阻害するといわれている。
　人体の中毒症状としては、咽頭痛、咳、痰、皮膚の発疹・痛痒感、結膜炎、腎障害などがある。

● シマジン（simazine）

　トリアジン系除草剤である。土壌への散布では発芽直後の一年生雑草は殺草するが、茎への散布では効果が少ない光合成阻害型の除草剤である。白色結晶で水に不溶で有機溶媒にも難溶であるが、メタノールやクロロホルムには溶解する。土壌中で75～100％分解するのに1年以上を要す。水中での安定性が高いので公共用水域での検出頻度もかなり高く、地下浸透の可能性がある。
　環境中では比較的安定で、土壌中で75～100％分解するのに12カ月以上かかるという報告がある。急性毒性はごく低いが、変異原性や発ガン性の疑いを指摘する意見もある。

● チオベンカルブ（thiobencarb）

　チオカーバメート系の除草剤であるが、毒物、劇物には指定されていない。畑苗代では種まき後に土壌散布され、水田では田植後の湛水状態で散布されノビエ、マツバイなどの除草に使用される。帯黄色液体で水に不溶であるが、有機溶媒に可溶である。アルカリにも安定である。
　土壌に吸着されやすいが、土壌中での分解半減期は100日を越える場合があるといわれ、水中での半減期は4～6日といわれている。水田散布による河川への流出率は2％程度と推定されていて、公共用水域では比較的広くかつ高いレベルでの検出がみられる。

■ ベンゼン（benzene）

　無色透明の可燃性液体で水に難溶であるが、有機溶媒には可溶の揮発性有機化合物であり芳香臭を有する。揮発性が高く、水中では主として大気への揮発によって除かれる。かつては典型的な有機溶剤として使用されてきた。

　最終溶剤製品中ではほとんど検出されることはなく、最も大きな発生源はガソリンの燃焼である。ガソリンには1％前後存在し、自動車排ガスと一般大気中からも数10 ppbのレベルで検出されている。大気中では太陽光下で光化学反応を受け消失する。

　水中での半減期は1～6日と推定されている。ベンゼンの一部は水中に残存し、土壌吸着係数が大きくないことから地下水に到達する。水中では化学的な分解は受けづらいが、微生物により分解される。

■ セレン（selenium）

　硫黄または硫化物にともなって産出し、化学的性質は硫黄に類似する。古くからガラス工業の着色・脱色剤として使用され、その特異な電気的性質を利用して整流器などに用いられてきた。工業的には気体のセレン化水素として使用する例が多いが、単体では灰色の光沢のある固体（金属セレン）がよく知られている。天然には硫化物および硫黄鉱床に含まれ、地殻中には微量ながら広範囲に存在しており、鉄、銅、鉛、亜鉛および水銀の硫化物にともなって産出される。

　汚濁源は鉱山、金属製錬所、セレン製品製造所（半導体材料、顔料等）等である。

　ヒトへの影響としては吸入した場合、めまいや吐き気、眼への刺激、慢性症状として肺炎、肝臓・脾臓障害、溶血作用があるといわれている。

■ 亜硝酸性窒素および硝酸性窒素

　（7章6「亜硝酸態（性）窒素」p.154、「硝酸態（性）窒素」p.155参照）

■ ふっ素（fluoride）

　ふっ素を含む化合物には無機系化合物と有機系化合物がある。アルミ電解工場、りん酸系肥料工場、工学ガラス工場、石油化学工場などで使用されている。河川水中のふっ素イオン（JISではふっ化物イオンと呼んでいる）の存在は、主として地質による場合と工場排水の混入等に起因する場合がある。とくに花崗岩、ホタル石、ケイ石等の主成分にふっ素が多く含まれ、温泉地帯の地下水、河川水に多く含まれることがある。

　ふっ素化合物の人体影響は、食道、胃の疼痛、嘔吐、胃けいれんなどがあり、吸い込むと咳、呼吸困難、肺水腫などを引き起す。慢性中毒としては、濃度1.5 mg以上の

7章

水を飲料水として長期間摂取すると斑状歯（歯のホウロウ質に白墨様の斑点が生じ、色素が沈着して暗褐色になる病気）が生じ、さらに摂取量が多いと骨硬化症その他の障害が起こるとされている。

● ほう素とほう化物（boron and boride）

ほう砂、カーン石、コールマン石などとして産出され、還元、電解、熱分解によって単体が製造される。常温では黄色あるいは黒色の硬い固体で安定であるが、300℃以上で酸化されやすい。原子価は通常三価であるが、ほう素化合物中には原子価にしたがわないものもあるため、ほう化物（M_xB_y）には極めて多様な200種以上の化合物があり、金属精錬時の酸素や窒素の脱気剤、医薬品（防腐消毒剤）、ガラス、ホウロウ、陶器、ペイント等に使用されている。

水中のほう素濃度は、海水では4.5 mg/ℓ程度、世界の河川水平均で0.01 mg/ℓ、日本では渡良瀬川や桐生川で約0.1 mg/ℓ程度含まれているとの報告がある。自然の汚染源は火山地帯の地下水・温泉が、人為的には金属表面処理、ガラス、エナメル工場排水が考えられる。

ほう素による中毒症状は、胃腸障害、皮膚紅疹、抑うつ症を伴う中枢神経症等が一般にみられる。急性毒性は比較的弱いといわれている。

7.4 生活環境項目

◗ 生活環境基準項目 (environmental quality standards related to the protection of human living)

　環境基本法に基づく「公共用水域の水質汚濁に係る環境基準」のうち、「生活環境の保全に係る環境基準」(p.318参照)の項目を指している。公共用水域を河川、湖沼(天然湖沼および貯水量1,000万m³以上であり、かつ水の滞留時間が4日間以上である人工湖)と海域に区分し、水の利用目的別に類型化(16章2「類型指定」p.308参照)して指定されている項目(河川水は5項目、湖沼と海域は7項目)であり、最も基本的な水質項目である。なお、環境基準の生活環境項目は、対象水域・類型ならびに達成の時期が指定され、達成に向けた努力を義務付けられてきた。
　対象水域ごとの生活環境項目は以下の通りである。

① 河川(湖沼を除く)

　　水素イオン濃度指数(pH)、生物化学的酸素要求量(BOD)、浮遊物質量(SS)、
　　溶存酸素量(DO)、大腸菌群数

② 湖沼(天然湖沼および貯水量1,000m³以上であり、かつ水の滞留時間が4日間以上である人工湖)

　　水素イオン濃度指数(pH)、化学的酸素要求量(COD)、浮遊物質量(SS)、
　　溶存酸素量(DO)、大腸菌群数、全窒素(T–N)、全りん(T–P)

③ 海域

　　水素イオン濃度指数(pH)、化学的酸素要求量(COD)、溶存酸素量(DO)、
　　大腸菌群数、n-ヘキサン抽出物質(油分等)、全窒素(T–N)、全りん(T–P)

　また、2003年には環境基準生活環境項目として、新たに公共用水域における水生生物およびその生息または生育環境を保全する観点から全亜鉛を追加するとともに、これについて基準値が設定された。基準値は、水生生物の集団の維持を可能とする観点から、慢性影響を防止する上で必要な水質の水準として、全亜鉛の濃度の年間平均値として定められた。また、海域および淡水域の区分、水域の水温、産卵・繁殖または幼稚仔の生育場等の水生生物の生息状況の適応性に応じて6種類の類型に分けて設定されている。

7章

● 水素イオン濃度指数［pH］（hydrogen ion concentration index）

水溶液中の水素イオン指数（水素イオン濃度の逆数の常用対数）によって塩基性・酸性の強さを表したものである。水中の水素イオン濃度［H^+］と水酸イオン濃度［OH^-］の間には次のような関係があり、水素イオン濃度と水酸イオン濃度が等しい中性においてpH＝7となり、pH＞7をアルカリ性、pH＜7を酸性と呼んでいる。

$pH = -\log[H^+]$

$[H^+]\cdot[OH^-] = 1.0\times 10^{-14}$

pHは水中の化学変化および生化学的変化の制約因子となることから、河川や湖沼・貯水池での水質の変化や生物の消長、ならびに水利用における施設の腐食や浄水処理効果等へ影響を及ぼす重要な因子となる。なお、人為的な汚染のない河川等の水のpHは、その地質的要因や火山・温泉等の影響を受けたものとなる。

湖沼・貯水池で植物プランクトンや付着藻類の増殖が大きくなると、増殖水域のpHはアルカリを示す。これは、水中の二酸化炭素（炭酸塩）が植物の炭酸同化作用（光合成）により消費されることに起因している。一方、プランクトンを含む生物の遺骸や他の有機物の分解が進行する水域では、分解生成物である二酸化炭素や有機酸によりpHは低下する。このほか、環境中のpHに関しては酸性雨等が注目されている。

● 生物化学的酸素要求量［BOD］（biochemical oxygen demand）

水域の分解し易い有機物による水質汚濁を示す代表的な指標であり、水生生物の生息環境とも関係する。溶存酸素（DO）の存在する状態で、水中の好気性微生物による有機（炭素化合物）分解で消費される酸素量で示す。通常、20℃、5日間で消費されたDO濃度（mg/ℓ）で表している。

BODは、河川の「生活環境の保全に関する環境基準」の基準項目として定められている。この基準値では、水道水源として維持されるためには、3mg/ℓ以下に保つ必要があるとされている。また、環境保全の面では、臭気発生等との関連から10mg/ℓ以下でなければならない。

BODには20℃、5日間で消費されるDO濃度から求められるもののほか、長期間の測定によって求められるBODがある。これは第一段階BOD（C-BODともいう）と第二段階BOD（N-BODともいう）と呼ばれている。前者は炭素化合物の酸化に基づくBOD、後者は窒素化合物の酸化に基づくBODである。比較的低濃度のBODの測定の際には、炭素化合物の酸化分解以外に、水中のアンモニア態窒素（NH_4-N）が亜硝酸態窒素（NO_2-N）を経て硝酸態窒素（NO_3-N）まで酸化（これを硝化という）されるまでに消費されるDOによって求められるBODも含まれているために、やや高い濃度で得られることもある。BODの計測値は通常75％値（p.293参照）で示される。

化学的酸素要求量［COD］（chemical oxygen demand）

CODはBODとともに広く一般に用いられている水域の有機的な汚濁を示す代表的な指標である。酸化性の強い化学薬品で、水中にある物質の中で化学的に直接酸化できる有機物等の含有量を測定している。日本では、測定のための酸化剤として過マンガン酸カリウム（$KMnO_4$）が用いられている。これは、諸外国で使われているCODの酸化剤である重クロム酸カリウム（$K_2Cr_2O_7$）による測定法に比べて酸化力は低く、含有物質の60～65％の酸化力である。しかし、水産関係で古くから使われてきた測定方法であること、測定中に水銀化合物がまったく使用されないことから、この測定方法が定められたといわれている。

CODは、湖沼および海域を対象に「生活環境の保全に関する環境基準」の項目として定められている。また、水質関係の各種法令で規制項目として採用されており、水質総量規制では指定項目とされている。

過マンガン酸カリウム（$KMnO_4$）はある種の無機物を酸化してCODを高めることもある。低酸化状態の物質、例えば二価の鉄（Fe^{2+}）、二価のマンガン（Mn^{2+}）、亜硝酸イオン（NO_2^-）、硫化物イオン（S^{2-}）などがこれに相当する無機物であり、これらが多量に存在するときはCOD濃度が高くなり、有機汚濁評価における妨害物質となる。CODの計測値は通常75％値（p.293参照）で示される。

溶存酸素量［DO］（dissolved oxygen）

DOはその名の示すように、酸素分子として河川や湖沼・貯水池などの水中に溶存している酸素量であり、水中での有機物の好気性分解作用や魚類等の水生生物の生息には不可欠なものである。

水中におけるDOの飽和濃度は気圧、水温、塩分等に影響されるが、20℃、1気圧で塩分を含まない水では8.84mg/lである。水が清澄であればあるほど、その温度における飽和濃度に近いDOが含まれる。また、水温の急激な上昇、植物プランクトン等の藻類の繁殖が著しい場合等では、過飽和濃度になることがある。

河川や湖沼・貯水池で有機性物質や硫化物等の還元物質が増加すると、DOの消費量も増大する。その結果、DOが欠乏して嫌気性状態（還元性の状態）となると、さらに有機物の嫌気性分解が進行し、メタン、メルカプタン、硫化水素等の不快なガスが発生する。これらのガスは悪臭の原因物質でもある。

一定濃度以上のDOの存在は、河川、湖沼・貯水池の水生生物の生息に欠かすことのできない条件でもあり、水質の基本的かつ重要な指標として用いられている。なお、光合成作用によりDOを供給する植物プランクトンも、光が充分に存在しない状態では呼吸作用によりDOの消費を進行させる。また、DOが皆無に近づいたような条件下

7章

では、硫酸イオン（SO_4^{2-}）や硝酸イオン（NO_3^-）等の原子の酸素が有機物の分解で消費される。

● 大腸菌群数（number of coliform group）

　大腸菌は人間を始めとする哺乳動物の腸管内に生息する大腸菌および大腸菌ときわめてよく似た性質をもつ細菌の総称である。大腸菌群数は検水1mℓ中の大腸菌群の集落（コロニー）数、または検水100mℓ中の大腸菌群の最確数（Most probable number、略してMPN）で表される。なお、ヒトのし尿や生活排水の大腸菌群の80～95%は、一般に真性の大腸菌で構成されている。

　大腸菌群数は「生活環境の保全に係る環境基準」の中で河川および湖沼では水道用水、海域では水産（生食用カキ養殖のケース）が利用目的の場合に基準値が定められている。

　大腸菌にはO-157等のような病原性のものもあるが概ね非病原性であり、衛生管理の一手段として行う大腸菌群数試験での大腸菌群数の検出が、直ちに衛生上有害というものではない。すなわち、大腸菌群の中に含まれる細菌の中には、動物の糞便由来以外に土壌・植物等自然界に由来する非糞便性の菌が多く存在し（例えばエイロモナス（*Aeromonas*等）、大腸菌群数がその値に対応した糞便汚染を意味しないこともある。しかしながら、大腸菌群数を検出した際には、検水がし尿を含む排水や病原性細菌等によって汚染された可能性があることに留意すべきである。（10章1「大腸菌と腸内細菌」p.196参照）

● n-ヘキサン抽出物質（normal hexane extract substance）

　有機溶媒の一種n-ヘキサン（ノルマルヘキサン）によって抽出される不揮発性物質の総称であり、水中の油分の指標として用いられている。

　油分は直接および間接的に魚介類を死亡させ、あるいは魚介類に臭いをつけてその商品価値を失わせるため、環境基準では油汚染の多い海域のAおよびB類型に、n-ヘキサン抽出物質は「検出されないこと」（検出下限値0.5mg/ℓ）と定めている。河川や湖沼の陸水域においても、油分は鉱物油由来の石油臭による水道水の価値喪失や下水処理への障害要因となることなどから、排水基準で鉱油類を5mg/ℓ、動植物油脂類を30mg/ℓ以下と規定している。とくに鉱油類の基準値は、魚介類に対する着臭限界濃度が低いため厳しくしている。

　n-ヘキサン抽出物質は、個々の成分については問わず、水中に存在し、n-ヘキサンに可溶性成分として測定されるものであり、これには動植物性の油脂や石油石炭系の炭化水素などが含まれる。なお、油分の指標としては、他に四塩化炭素抽出物質もある。

亜鉛 (zinc)

　青みを帯びた銀白色で展延性に富んでいる金属で、湿った空気中では表面に塩基性炭酸塩を形成する。銅と同様に自然界に比較的広く分布する金属で、カドミウムと化学的性質が似ており、同時に産出されることが多いといわれている。自然水中に1～10μg/ℓ程度含まれる (50mg/ℓも検出された例もある)。

　亜鉛鉱山、亜鉛製錬所、めっき工場、顔料、医薬品製造工場が汚染源となる。水道水では、給水管や給水装置の亜鉛めっき部分から溶出する。とくに遊離炭酸が多く、pH値の低い地下水では多く溶出することから、亜鉛めっき鋼管の使用を認めない水道事業者も多い。

　人体に対する毒性は低く、人の許容摂取量は10～15mg/日程度といわれており、亜鉛による水質汚染が人間の健康上問題になることはほとんどない。ただし、植物や微生物、魚類に対してはかなり強い毒性があるといわれている。魚類の致死濃度は魚種や個体によっても違うが、0.1～50mg/ℓの範囲とされている。

　なお、濃度1mg/ℓ以上になると白濁したり、お茶の味を損ない、濃度5mg/ℓ以上で風呂等に汲み置きすると表面に油膜状に浮くことがある。亜鉛はカドミウムと異なり生物にとって必須元素であり、生体内で重要な役割を果たしている。

浮遊物質 [SS]

　(6章4「浮遊物質」p.110参照)

全窒素 [T-N]

　(7章6「全窒素」p.153参照)

全りん [T-P]

　(7章6「全りん」p.156参照)

7.5 排水・用水基準項目

◼ 排水基準項目 （items of effluent quality standards）

排水基準項目は、「水質汚濁防止法」に基づき、「水質汚濁防止法施行令」の中で、有害物質に係る排出水の汚染状態について26項目（有害項目）、その他の排出水の汚染状態について12項目（生活環境項目）が「一律排水基準」（p.326参照）として規定されている。

水質汚濁防止法で定められた排水基準については、「工場および事業場から公共用水域への水の排出、および地下に浸透する水の浸透を規制することにより、公共用水域および地下水の水質汚濁の防止を図り、国民の健康を保護するとともに、生活環境を保全する」ことを目的と定められてきた。

以下、他章で取り上げていない項目について記載する。

◼ フェノール類 （phenols）

フェノール（石炭酸）やその誘導体であるクレゾールなどを総称したものである。フェノール類は白色または淡紅色の結晶塊状で、大気から水分を吸収して液状になり、灼くような味と特有な臭気がある。濃度 0.1 mg/ℓ 程度では異臭を感じないが、水道原水に混入すると塩素と反応してクロロフェノールを形成し、フェノールの 300〜500倍の不快な臭気になる。

汚染源は、コークス・ガス工業、薬品合成工業、染料工業、フェノール樹脂工業やアスファルト舗装道路洗浄排水などである。

多量のフェノール類を内服した場合には、皮膚粘膜腐食性が強いため、消化器系粘膜の炎症のほか、腹痛、嘔吐、チアノーゼ、血圧低下、過呼吸、痙攣等の急性中毒症状が現れる。吸収されたフェノール類は、生体内でグルクロン酸または硫酸抱合体として排泄されるが、一部は酸化されてカテコールやキノールとなり、さらに抱合体となって排泄されるといわれる。クレゾールやクロロフェノールも程度の差はあるもののフェノール類とほぼ同じような毒性を示し、トリクロロフェノールは催腫瘍性がある。

◼ 銅 （copper）

赤色で展延性があり、加工性に富んだ重金属である。熱および電気の伝導率は銀に次いで大きい。硫黄との親和性が重金属の中でマンガンに次いで高く、黄銅鉱（$CuFeS_2$）、斑銅鉱（Cu_5FeS_4）、輝銅鉱（Cu_2S）等として産出される。

銅鉱山、銅精練工場、銅線工場、めっき工場などの排水、農薬散布などが汚染源と

なる。水道の給水用銅管（銅の使用を認めない水道事業者も多い）では微量の溶出があり、とくに遊離炭酸の多い水、pH値の低い水ではその傾向が強い。また、銅管や銅、真鍮を使用している湯沸器では、水温が高いことから銅溶出が多いといわれている。

銅は生体への微量必須元素で人体に対する毒性は低く、蓄積性が認められないので慢性毒性のおそれは少ない。下等生物に対しては毒性の強い重金属類の一つであり、とくに水生生物は銅の障害を受けやすい。このことを利用して、水道専用の貯水池では硫酸銅を散布して藻類の増殖を抑制した例もある。しかし、人体や生物への影響を及ぼすとして、今日ではあまり用いられていない。

● 溶解性鉄（dissolved iron）

鉄は自然界において酸素、珪素、アルミニウムについで多く存在する物質であり、流域の地質によっては自然水中に懸濁物としてかなり多量に含まれていることもある。一般的に、溶解性の鉄だけが水質上で問題になる。これは溶存鉄とも呼ばれており、水中の溶存酸素（DO）を大量に消費して酸化されるためである。

還元状態にある地下水中では二価の鉄イオンとして存在し、かつ安定して溶けている。その地下水を地表まで汲み上げると、共存するCO_2が大気中に揮散されて水中の鉄イオンと炭酸との平衡が崩れ、かつ大気中の酸素による酸化が起こり、三価の鉄イオンに変化して赤褐色の水酸化第二鉄がその水中で沈殿する。鉄は生物にとって重要な栄養素の一つであり、自然水に含まれる濃度ではその毒性が問題になることはない。しかし、鉄分が多いと水に臭味（カナケ）や色（赤水）をつけたり、配管内にスケール（缶石）が析出して水の流れを妨げたりするので好ましくない。

● 溶解性マンガン（dissolved manganese）

マンガンは自然界における挙動が鉄と似ており、鉄と一体にして議論される場合が多く、鉄と同様の理由で溶解性のものだけが規制対象とされている。マンガンは灰白色で脆い金属で、水に溶解し酸化されると黒色となる。原子価として二、四、七価のものが普通にみられる。そのうち、二価と七価は水中で安定して溶解しているが、四価のマンガンは溶解度の低い酸化物をつくりやすい。河川水中の溶解性マンガンは主に天然由来のものであるが、鉱山廃水、工場排水等の混入により稀に高くなることがある。

環境中での障害は、溶解性鉄と同様、臭味や着色によるものであり、スケール付着などがあることから、水質基準も健康被害の面よりも利水面から決められている。また、工業用水としてはさまざまな化学反応に触媒として作用し障害を与えることがあるので、写真現像、プラスチック工業、食品工業などの業種によっては濃度0～0.05

mg/ℓの水準が要求される。

　マンガンもまた生体必須元素の一つであるが、毒性の点では溶解性鉄よりも有害であり、多量に摂取すると神経症状を中心とする慢性中毒を引き起こし、一時に大量に摂取した場合は危険であるとされている。ただし、一般的な毒性としてはそれほど強いものではなく、水中の溶解性マンガンがヒトの健康上問題になった例はない。

クロム（chromium）

　天然のクロムは主として三価のクロム鉄鉱（$FeO \cdot Cr_2O_3$）として産出される。クロムの原子価は通常二価、三価、六価で化合物をつくり、総クロムはその全量を表わす。二価のクロム化合物は不安定で、環境中では速やかに酸化され三価のクロム化合物となる。六価のクロム化合物は不安定で酸化力が強いため有害性が高く、水質汚濁防止法では有害物質に指定されている。六価クロム化合物は酸性溶液中や有機物の存在下では容易に三価のクロム化合物に還元される。

　三価クロムはヒトや動物の消化管からの吸収率が低く毒性も低いが、六価クロムや二価クロムと合わせて総クロムとして排出が規制されている（詳しくは7章3「六価クロム」p.134参照）。

7.6 富栄養化関連項目

◼ 富栄養化関連水質項目 (water quality items related to eutrophication)

　湖沼や貯水池の富栄養化状態を把握するため、種々の水質項目について水質調査が行われている。富栄養化に関連する水質の項目としては、有機物の指標となるBOD、COD、TOC (全有機態炭素)、植物プランクトンの栄養塩となるアンモニウム塩、亜硝酸塩、硝酸塩の無機態窒素化合物およびオルトりん酸塩、ポリリン酸塩などの無機態りん化合物があげられる。また、植物プランクトンの含有量を把握する指標としてクロロフィル-a, b, cが測定されている。その他の関連する水質項目として、水温、溶存酸素 (DO)、水素イオン濃度指数 (pH)、濁り (SS、濁度、透明度) などがあげられる。

◼ 窒素の循環 (nitrogen cycle)

　自然界における窒素は大気中の窒素ガス (N_2) として、また河川、湖沼や貯水池、海域および陸域の地下水中で、有機態および無機態のさまざまな形態の化合物やその構成成分として存在する。したがって、窒素はその存在形態を変えながら地球上を循環している。

　大気中のN_2は根粒菌、放線菌、藍藻類などにより固定されて、有機物あるいは細胞の構成物質となる。緑色植物は大気中のN_2を固定する能力をもたず、硝酸塩、亜硝酸塩、アンモニウム塩を吸収、同化してタンパク質、アミノ酸、核酸、その他の含窒素有機物を合成する。これらの物質は緑色植物自身、微生物、動物などによって分解され、窒素はアミドやアンモニウムに転換する。腐敗菌はこのようなアミド、尿素、尿酸をアンモニアに変える。硝化細菌はアンモニアを亜硝酸塩に、さらに硝酸塩に転換する。脱窒素細菌は嫌気性条件下で亜硝酸塩と硝酸塩をN_2に還元して大気へ放出する。

　図7.1に示したものは湖沼・貯水池の生態系を中心として窒素の循環を示したものである。

7章

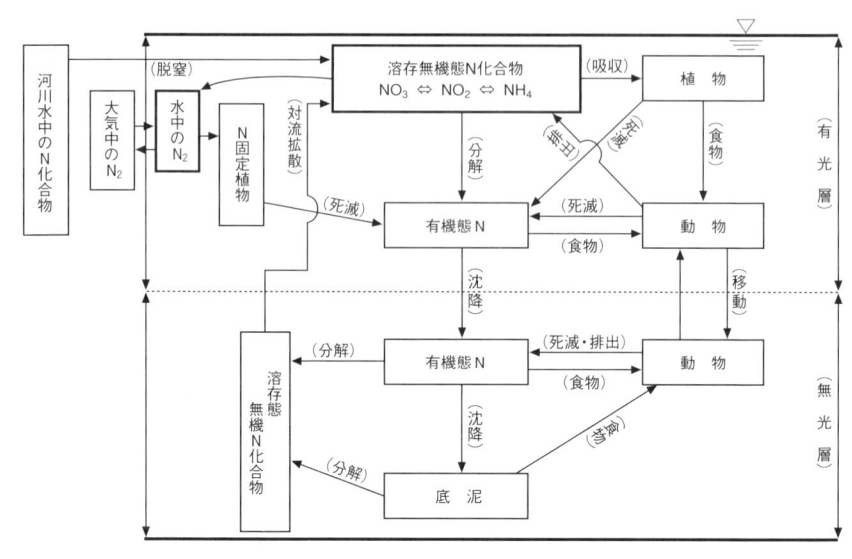

図7.1　湖沼・貯水池生態系における窒素循環
宝月欣二(1998)より引用の上修正

● 窒素化合物 (nitrogen compound)

　自然界における各種の窒素を含む化合物を窒素化合物と呼んでいる。河川等の水域では、窒素化合物は無機態窒素、有機態窒素に区分される。さらに、無機態窒素はアンモニア態窒素、亜硝酸態窒素、硝酸態窒素に分けられ、有機態窒素はアミノ酸、タンパク質、核酸、アルブミノイド等の数多くの有機態窒素化合物がある。なお、水中の窒素化合物の総量は全窒素(T–N)として測定され、環境基準の評価はT–Nによって行われる。

　植物プランクトンの生成(光合成)には無機態窒素が使われる。植物プランクトンは死滅して底泥を形成するが、含有する有機態窒素は時間経過とともに嫌気性分解されて無機態窒素であるアンモニウム塩を水中に放出する。水中の無機性窒素が減少すると、空中窒素の水中への固定によって窒素が補充される。

　水中の窒素化合物は溶存態窒素(DN)と粒子体窒素(PN)に区分される。さらに、それらは無機態の窒素〔(DIN),(PIN)〕と有機態の窒素〔(DON),(PON)〕に細分される。これらは水質シミュレーションの際に使われている。湖沼生態系における窒素化合物の循環については図7.1を参照。

❑ 全窒素［T−N］（total nitrogen）

水中に含まれる窒素化合物の総量をいい、無機態窒素（I−N）と有機態窒素（O−N）から成る。さらに、無機態窒素はアンモニア態窒素（NH_4−N）、亜硝酸態窒素（NO_2−N）、硝酸態窒素（NO_3−N）からなる。ONはタンパク質に起因するもの（アルブミノイド窒素等）と非タンパク性のものに分類される。ケルダール窒素（K−N）は有機態窒素とアンモニア態窒素の和であり、還元性窒素を指している（図7.2参照）。

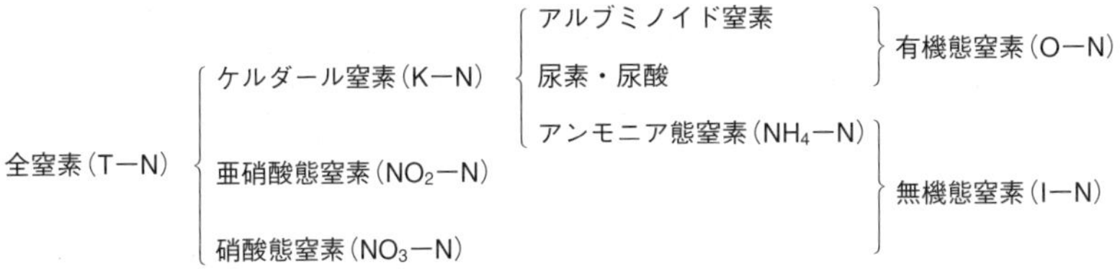

$$
\text{全窒素(T−N)} \begin{cases} \text{ケルダール窒素(K−N)} \begin{cases} \text{アルブミノイド窒素} \\ \text{尿素・尿酸} \end{cases} \text{有機態窒素(O−N)} \\ \text{アンモニア態窒素(NH}_4\text{−N)} \\ \text{亜硝酸態窒素(NO}_2\text{−N)} \\ \text{硝酸態窒素(NO}_3\text{−N)} \end{cases} \text{無機態窒素(I−N)}
$$

図7.2　全窒素の内訳

O−Nでは、藻類等の体内に取り込まれたものとそれ以外のものという意味で、粒子性有機態窒素（PON）と溶解性有機態窒素（DON）に区別する場合がある。I−Nにも粒子性のものがないわけではない（懸濁粒子に吸着されているもの等）が、ほとんどは溶解性である。このような分類は水質予測シミュレーションの際に用いられている。

なお、O−Nは微生物の働きによってNH_4−Nに分解される。好気的環境下では、NH_4−Nはさらに硝化菌の働きによってNO_2−NからNO_3−Nへと変化する（これを硝化という）。嫌気的環境下ではNO_3−N → NO_2−N → NH_4−Nへの変化も起こるが、溶解性有機炭素の存在下ではNO_3−NやNO_2−Nの一部または大部分は、脱窒菌の働きで還元されて窒素ガス（N_2）として大気中に揮散する。

I−Nは、いずれの形でも植物の栄養素として利用される。ある種の藻類やマメ科の植物の根に共生している根粒細菌は、窒素ガス（N_2）を無機態窒素（I−N）として固定して利用する。

T−Nは、全りん（T−P）とともに湖沼や貯水池の富栄養化水準を判定する重要な水質の環境基準項目である。

❑ ケルダール窒素［K−N］（kjerdahl nitrogen）

ケルダール窒素法によって定量される有機態と無機態混合の窒素化合物のことで、有機態窒素（O−N）とアンモニア態窒素（NH_4−N）の和に相当する。この定量法では、試料に硫酸を加えて加熱濃縮し、O−NをNH_4−Nに分解してアンモニア態窒素の総量を測定する。嫌気状態にある排水ではK−Nをもって全窒素（T−N）としている。

7章

◉ アルブミノイド窒素 [Alb－N]（albuminoid nitrogen）

有機態窒素(O–N)のうちで、タンパク質に含まれる窒素で、タンパク質が加水分解されアンモニア性窒素(NH_4–N)や二酸化炭素(CO_2)に変化していく中間段階の窒素化合物である。実験室ではアルカリ条件下で過マンガン酸カリウムによって容易に酸化分解されてアンモニア態窒素(NH_4–N)を形成する有機態窒素化合物と定義されている。し尿や下水による汚染度の指標の一つとして用いられている。

◉ アンモニア態(性)窒素 [NH_4－N]（ammonium nitrogen）

水中にアンモニアの形態で含まれている窒素のことで、大部分はアンモニウムイオン(NH_4^+)またはアンモニウム塩の形で存在している。主として、尿や家庭下水中の有機態窒素化合物の分解や工場排水に起因するものであり、それらによる水質汚染の有力な指標となる。

溶存酸素(DO)の含有の多い自然水中では次第に亜硝酸態(NO_2–N)や硝酸態(NO_3–N)に変化していく。したがって、NH_4–Nが検出されるということは汚染されてから間もないか、有機汚濁の程度が大きいためにDO濃度が極めて低いことを意味している。しかし、深井戸の水中などでは、NO_3–Nの還元によってNH_4–Nが生じることがあるので、このような場合にはNH_4–Nの存在を直接に水質汚染と結びつけることはできない。ただし、NH_4–Nは富栄養化の原因となるだけでなく、浄水処理における塩素の消費量を増加させ、これがトリハロメタン発生量の増加に関係するという問題点も有している。

◉ 亜硝酸態(性)窒素 [NO_2－N]（nitrite nitrogen）

亜硝酸塩などとして水に含まれている窒素(NO_2–N)のことで、水中では亜硝酸イオン(NO_2^-)として存在しているが、不安定で濃度も低い場合が多い。主に、アンモニア態窒素（NH_4-N）の酸化によって生じるが、極めて不安定な窒素化合物で、好気的環境下では硝酸態窒素(NO_3–N)に、嫌気的環境ではNH_4–Nに速やかに移行してしまう。したがって、NO_2–Nを検出するということは、し尿や下水による汚染を受けてからそれほど時間を経過していないことを示す。深井戸水などに含まれる場合にはNH_4–Nと同様に、なぜNO_2–Nが含まれているかの総合的な判断が必要になる。また、富栄養化の原因物質であるほか、血色素と反応して血液の酸素運搬能力を低下させる（メトヘモグロビン血症、乳幼児がかかりやすい）ので、人体、とくに乳幼児には極めて有害である。条件次第によってはニトロソアミンという強い発ガン物質を生成することも知られている。

● 硝酸態(性)窒素［NO_3-N］（nitrate nitrogen）

　硝酸塩などとして水に含まれている窒素のことで、水中では硝酸イオン（NO_3^-）として存在している。植物プランクトンに直接利用されやすい窒素形態の一つであり、自然河川では全窒素（T–N）の大部分が硝酸態窒素（NO_3–N）の形態であることが多い。窒素化合物が酸化されて生じた最終生成物であり、自然の浄化機能の範囲では最も酸化が進んだ安定した状態といえる。自然水中ではそれ自体それほど有害なものではないが、水中に多量に存在することは、その水が過去において窒素系有機物によって汚染されてきたことを示すもので、水の履歴を示す指標として重要である。

　人体に摂取された場合、体内で亜硝酸態窒素（NO_2–N）に還元されてメトヘモグロビン血症等の障害を起こすことも知られており、衛生上も注意が必要である。水質環境基準の健康保護基準および飲料水質基準では、NO_2–NとNO_3–Nを合わせて10mg/ℓ以下と定められている。なお、多くの汚染物質は土壌を通過する際に土壌微生物に分解されたり、土壌に吸着されたりして減少するが、NO_3–Nは土壌に吸着されにくいので、地下水への汚染が問題になることがある。

● 有機態(性)窒素［O－N］（organic nitrogen）

　有機物に含まれている窒素化合物であり、人間や動植物の生活に起因するタンパク質、アミノ酸、ポリペプチド、尿素、核酸などがこれに属する。製薬、染料、繊維、食品、石油、化学、肥料工業などの工場排水には数多くの窒素有機化合物が含まれる。

　水中の有機性窒素は、ケルダール窒素（K–N）からアンモニア態窒素（NH_4–N）を差し引くことで、または全窒素（T–N）から無機態窒素（NH_4–NとNO_2–NとNO_3–Nの和）を差し引くことで求めている。生活系の排水では下水管や水路を流下する間にO–Nは加水分解されて次第にNH_4–Nに変化していくことが知られていて、O–Nは加水分解によって無機態窒素化合物に変っていく窒素化合物といえる。

● 溶解性有機態窒素［DON］と粒子性有機態窒素［PON］（dissolved organic nitrogen and particulate organic nitrogen）

　試料中に含まれている有機態窒素（O–N）の中で、孔径1μmを有するガラス繊維ろ紙を通過したろ液に含まれるO–Nを溶解性有機態窒素（DON）といい、水中で微生物細胞の構成要素となっていない有機態の窒素である。これに対して、粒子性有機態窒素（PON）は水中で主として微生物細胞内に含まれているO–Nである。PONはO–NからDONを差し引くことによって求められる。

溶解性無機態窒素［DIN］（dissolved inorganic nitrogen）

試料中に含まれる無機態窒素の合計量のことである。水中の無機態の窒素は、ほとんどが溶解性である。これにはアンモニア態窒素(NH_4–N)、亜硝酸態窒素(NO_2–N)、硝酸態窒素(NO_3–N)が含まれる。

りん化合物（phosphorus compound）

自然界におけるりんを主成分とした化合物の総称で、水中のりんは各種の無機態りん酸塩のほか、りん酸エステル、りん脂質等の有機態りんとしても存在している。その化合物の一つであるりん酸肥料は、植物の成長に欠かすことのできない栄養素である。また、ヒトを含めた生態のエネルギーをつかさどるアデノシン・三りん酸(ATP)もりん化合物の一つである。

りんは自然界で岩石や土壌を起源とし、雨水に流されて河川水中に含まれ海へと流出する。自然界の水域では、りん成分はきわめて少なく濃度も低いが、植物プランクトンの生産では重要な要素であり、その生産量は増殖を支配する因子として知られている。湖沼や貯水池においても上流域からのりん化合物の流入は、水中の植物プランクトンの増殖において重要なパラメータであり、滞留時間の増加とあいまって、その生産量、増殖量を左右する原因物質とされている。

水中のりん化合物は、溶存態りん(DP)と粒子態りん(PP)に区分される。さらに、それらは無機態のりん［(DIP),(PIP)］と有機態のりん［(DOP),(POP)］に細分される。DIPにはオルトりん酸、メタリン酸、ピロリン酸、ポリリン酸などの塩類が、PIPにはカルシウム、アルミニウム、鉄などのりん酸塩がある。DOPにはエステル酸、りん脂質、農薬等が含まれ、POPにはバクテリアやプランクトン等の生体あるいはその死骸の構成成分として存在している。これらは水質予測シミュレーションの際に使われているが、以上のような各種形態のりんをすべて分別して定量することはほとんど不可能なので、通常はオルトりん酸態りん、加水分解態りん(重合りん酸態りん)や全りん等として定量され、各種形態のりん濃度をこれより推定している。

全りん［T－P］（total phosphorus）

水中の全てのりん化合物を、強酸あるいは酸化剤によって完全に分解してオルトりん酸態りん(PO_4–P)として定量したものである。ただし、各種のりん化合物を全て分別して測定することは現状では不可能で、通常の水質分析では試料そのものと、ろ過して得られたろ液についてそれぞれりん酸イオン態りん、加水分解性りんおよび全りんを測定している(図7.3参照)。これより溶解性りんと粒子性りんが算出される。溶解性のりん酸イオン態りんの大部分はオルトりん酸態りん、溶解性加水分解性りんは

```
                          ┌ 粒子性有機態りん(POP)
            ┌ 有機態りん(OP) ┤
            │              └ 溶解性有機態りん(DOP)
全りん(T-P) ┤
            │              ┌ オルトりん酸態りん(PO₄-P)     ┌ 溶解性
            └ 無機態りん(IP) ┤                            └ 粒子性
                            │ 重合りん酸態りん(Poly PO₄-P)  ┌ 溶解性
                            └   (加水分解態りん)           └ 粒子性
```

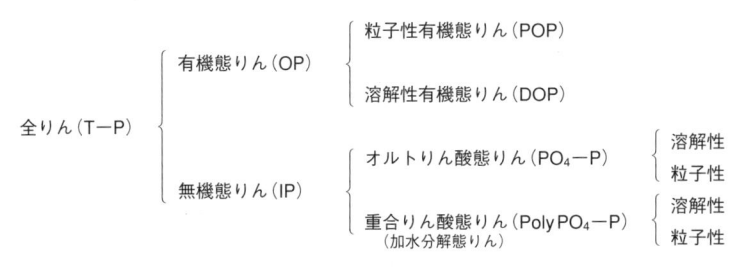

図7.3　全りんの内訳

重合りん酸態りんと考えられており、いずれも無機態りんである。粒子状りんは植物プランクトンなどの生態内に含まれる有機態りんが大部分を占めている場合が一般的である。

● 有機態(性)りん［O-P］（organic phosphorus）

植物プランクトンなどの生態内に含まれているりんを意味する。さらに、工場排水および動植物の死骸や排泄物等に起因するりんの有機態化合物であるエステル類、りん脂質等がある。

通常、有機態りん（O-P）は直接定量化できず、全りん（T-P）からりん酸イオン態りんと加水分解態りんを差し引いて求める。したがって、生態内に含まれているO-Pは、T-Pと無機態りん（I-P）の差として定量される。なお、以前は溶解性の有機態りん（DOP）には難分解性の有機りん系農薬類が含まれていたが、今ではこの種の農薬は使用禁止となり検出されなくなった。湖沼や貯水池の水中に浮遊する粒子性有機態りん（POP）は、藻類をはじめとする水中の動物性プランクトンやその死骸に含まれるものが主体であるので、動植物プランクトン、とくに藻類の発生状況を示す指標として用いられている。

● 溶解性有機態りん［DOP］と粒子性有機態りん［POP］（dissolved organic phosphorus and particulate organic phosphorus）

試料中に含まれている有機態りん（O-P）の中で、孔径1μmを有するガラス繊維ろ紙を通過したろ液に含まれるO-Pを溶解性有機態りん（DOP）といい、水中で微生物細胞の構成要素となっていない有機態のりんである。これに対して、粒子性有機態りん（POP）は、水中で主として微生物細胞内に含まれているO-Pである。POPはO-PからDOPを差し引くことによって求められる。

7章

■ オルトりん酸態りん（orthophosphate）

　無機態のりんで最も安定した形のりんで、正りん酸あるいは単にりん酸とも呼ばれ、（オルト）りん酸イオン（PO_4^{3-}）として存在するりんである。pHによってHPO_4^{2-}、$H_2PO_4^-$、H_3PO_4等の形に変化する。水中の無機態りんの大部分はこの形で存在しており、また重合りん酸や有機態りんも次第に加水分解されていき、最終的にオルトりん酸態りん（PO_4–P）になる。しかし、この種のりんの定量分析は、正確には「溶解性りん酸イオン態りん」でしか行えないことに注意しなければならない。

　溶解性のオルトりん酸態りんは、栄養塩として藻類に吸収利用されるため富栄養化現象の直接的な原因物質の一つである。粒子性のオルトりん酸態りんは、カルシウム、鉄、アルミニウム等の金属とりん酸イオンが結合した不溶性の塩で、藻類に利用されることなく沈殿していくが、ある程度富栄養化が進んで底層水が嫌気化すると溶出し、富栄養化を促進する。

　水中でのりん酸の起源は、自然的には岩石や土壌からの溶出と動植物の死骸、または排泄物中の有機態りんの分解であるが、通常の水域ではそれらの寄与はごくわずかである。しかし、富栄養化に対する人為的負荷源としての寄与率は高い。乱開発によって流出した土壌、森林や農地に過剰散布された肥料や農薬、家庭排水やし尿、工業排水、畜産排水等のほか、通常の下水処理（いわゆる二次処理まで）ではりんはわずかしか除去されないので、し尿処理場や下水処理場からの放流水も大きな負荷源となる。それでも、アルミニウム塩や鉄塩を用いて凝集すれば、りん酸アルミニウムやりん酸第二鉄として容易に沈殿させることができる。

■ 重合りん酸態りん（polymerized phosphate）

　加水分解態りんとも呼ばれている。試料に薄い酸を加えて煮沸し、加水分解することによってオルトりん酸に分解されるもので、メタりん酸［$(HPO_3)_n$］、ピロリン酸［$H_4P_2O_7$］、トリポリリン酸［$H_5P_3O_{10}$］の塩類などがある。これらは自然水中に存在しないが、合成洗剤や生活排水、工場排水等に由来して含まれることがある。

　重合りん酸態りんは自然水中で比較的早く分解され、最終的にオルトりん酸態りんになることが知られている。したがって、とくに汚濁した水域以外では含有量が少ないので、オルトりん酸態りん（PO_4–P）だけを測定して無機態りん（I–P）とみなす場合が多い。

● 溶解性無機態りん［DIP］（dissolved inorganic phosphorus）

　試料中に含まれている無機態りん（I–P）の中で、孔径1μmを有するガラス繊維ろ紙を通過したろ液に含まれるI–Pを溶解性無機態りん（DIP）という。その中でも溶解性オルトりん酸態りん（D・PO_4–P）は植物プランクトンが最も利用しやすい形態のりんである。

　水中に含まれる1 mg/m³のりんが全て植物プランクトンの生産に利用されたとすると、およそ1〜2 mg/m³のクロロフィルaが生産されることになる。

　水中のI–Pにはオルトりん酸、メタリン酸、ピロリン酸、ポリリン酸などがあり、DIPは水中に含まれるI–Pの合計量である。しかし分析上はそれぞれを分離して測定することは難しく、りん酸イオン態りん、加水分解態りんとしてのみ測定される。

● 分解速度係数（degradation rate coefficient）

　植物プランクトンの減少過程には呼吸のほか、動物プランクトンによる捕食、死滅等がある。植物プランクトンは有機物として扱うことができ、この有機物は分解し可溶化していく。これを対象にして一般的に取り扱うと、有機物の無機化速度は次式のように一次反応で表される。

$$\frac{dC}{dt} = -K_d \cdot C$$

ここに、C：植物プランクトン（有機物）濃度、K_d：分解（無機化、可溶化）速度係数である。分解速度係数K_dは水温に依存し、$K_d = C_1$, $K_d(T) = C_2 \cdot C_3^{T-20}$などで表される。ここで、$C_1$, C_2, C_3は定数、Tは水温である。

　湖沼や貯水池などの水域の植物プランクトンは、死滅後に微生物（バクテリア等）により分解されて無機物に変化していく。この分解について、窒素を対象とする分解の場合は溶解性有機態窒素の分解速度係数として取り扱われ、りんを対象とする分解の場合は溶解性有機態りんの分解速度係数として取り扱われる。

● 全有機態炭素［TOC］（total organic carbon）

　水中に含まれる全有機物を全炭素として表したものであり、TOC測定器を用いて計測する。水中の全炭素は、有機系の炭素化合物のほかに二酸化炭素や炭酸塩等の無機態炭素（IC）としても存在する。

　生物化学的酸素要求量（BOD）や化学的酸素要求量（COD）が有機物の量を酸素の消費量という形で間接的に表すのに対し、TOCは有機物を構成成分である全炭素で表すものである。また、BOD、CODと比較検討することにより、含有する有機物の性質を考察することもできる。溶解性有機態炭素（DOC）は、1μmの孔のろ紙を通過したろ液

```
                  ┌ 無機態炭素(IC) ── 溶解性無機炭素(IC)
     全炭素(TC) ┤
                  │                ┌ 溶解性有機態炭素(DOC)
                  └ 有機態炭素(TOC) ┤
                                   └ 粒子性有機態炭素(POC)
```

図7.4 全炭素と全有機態炭素の内訳

中のTOCである。TOCからDOCを差し引いたものは粒子性全有機態炭素(POC)で、POCは富栄養化に関しては、動植物プランクトンの存在量の指標となる(図7.4参照)。

● 溶解性有機態炭素［DOC］と粒子性有機態炭素［POC］（dissolved organic carbon and particulate organic carbon）

試料中に含まれている全有機態炭素(TOC)の中で、孔径1μmのガラス繊維ろ紙を通過したろ液中のTOCを溶解性有機態炭素(DOC)という。なお、ろ紙に残った成分が粒子性有機態炭素(POC)と定義されているが、これはTOCからDOCを差し引くことによって求められる。

● 無機態炭素［IC］（inorganic carbon）

水中に溶存二酸化炭素(CO_2)、炭酸(H_2CO_3)、炭酸水素イオン(重炭酸イオン：HCO_3^-)、炭酸イオン(CO_3^{2-})として存在している炭素化合物をいう。これらは、気相中の二酸化炭素、有機物の分解、地質、水生生物の呼吸などに由来して自然水中に含まれており、これらは水のpHやアルカリ度、さらに水の味を支配する因子となる。

富栄養化現象に関連しては、無機態炭素(IC)はすべて溶解性であり、同じく溶解性の無機態の窒素やりんとともに、植物プランクトンの生産と密接な関係をもっている。

● 全酸素要求量［TOD］（total oxygen demand）

水中に含まれている全ての物質を完全に酸化分解するのに必要な酸素量である。TOD計測器はTOC計測器と同様に、試料を高温燃焼させた際に消費した酸素量を測定することによってTODを求める。生物化学的酸素要求量(BOD)や化学的酸素要求量(COD)として求められる酸素要求量と同様に有機物の指標の一つであるが、試料にアンモニア態窒素などの被酸化性無機物、溶存酸素(DO)の存在、重炭酸塩や炭酸塩などの分解時に酸素を放出する無機物の存在は測定値に影響することがある。なお、富栄養化に関しては、植物プランクトン濃度や底層水の酸素要求量を知るために測定される。

強熱減量［IL］（ignition loss）

水中の有機物含有量の物理的な尺度とみることができる。この値が大きいほど有機物を多く含んでいると判断される。

水の試料を105～110℃で蒸発乾固したときに残る物質を蒸発残留物（Residue）という。強熱減量（IL）とは、この蒸発残留物を約600℃で強熱（灰化）したときに揮散する物質をいう。残留する物質を強熱残留物（IR）という。湖沼や貯水池からの試料では、ILの大部分は有機物であり、IRの大部分は不揮発性の無機物である。

浮遊物（SS）の強熱減量を**揮発性浮遊物**（VSS）といい、水中の動植物プランクトン含有量の目安となる。富栄養化関連では、ILとVSSは植物プランクトン発生量や底泥中の有機物量（藻類の屍骸に起因する）を推定する指標として用いることができる。

クロロフィルaとクロロフィルb（chlorophyll a and b）

クロロフィルaは葉緑素ともいい、植物や藻類に含まれる光合成に必要な緑色色素である。また、タンパク質と結合した状態で葉緑体に存在しており、クロロフィルaの分子式は$C_{55}H_{72}MgN_4O_5$である。藻類にはクロロフィルb（黄緑素）を含むものもあり、この分子式は$C_{50}H_{70}MgN_4O_6$で表される。

クロロフィルaの含有量はプランクトンの種類によっても異なる。例えば、植物プランクトンの全てがカビ臭の原因微生物である光合成糸状細菌の1種、フォルミディウム（*Phormidium tenue*）であったとすると、1 mg/m³のクロロフィルaはおよそ10,000～50,000細胞/mℓのフォルミディウムに相当するなど、実際の調査より推定ができる。

クロロフィルにはクロロフィルcおよびバクテリオクロロフィル（*Bacteriochlorophyll*）に分類されるものもある。クロロフィルaは光合成細菌を除く全ての緑色植物に含まれるもので、藻類の存在量の指標として使用できる。クロロフィルbは高等植物および緑藻類に、クロロフィルcは褐藻、植物性鞭毛虫類、珪藻等にクロロフィルaとともに含まれている。

フェオフィチン（pheophytin）

クロロフィル（Chlorophyll）の分解産物であり、クロロフィルのマグネシウム原子が2個の水素原子に変化したものである。クロロフィルa, b, cおよびバクテリオクロロフィル（*Bacteriochlorophyll*）からそれぞれフェオフィチンa, b, cおよびバクテリオフェオフィチン（*Bacteriopheophytin*）が生じる。クロロフィルの生分解過程で現れることが知られている。藻類が死ぬとクロロフィルはフェオフィチンに変化するため、藻類の死細胞の量を示す指標となる。

7章

● AGPとAGP試験 (algal growth potential and AGP test)

　藻類生産潜在力を示す指標である。生産潜在力については、流入河川、排水などの試験水を使用して培養液を調製し、特定の種類または現場で採取した藻類の培養を行い、試験水に含まれる藻類の増加潜在能力を室内における実験調査により測定するものであり、これをAGP試験と呼んでいる。

　一般的な藻類培養試験は、試料水に特定の種類の藻類を接種して温度、照明などの最適条件下で培養するもので、試験結果より比増殖速度（単位：1/日）や最大増殖量（単位：mg/ℓ, cells/mℓ あるいは細胞数）を求めたものであり、富栄養化の程度を示す直接的な指標となる。

　代表的なAGP試験の応用例としては、富栄養化度の判定、制限栄養塩の推定、放流水域への富栄養化に及ぼす下水処理水や各種工場・事業場排水の影響評価、湛水終了後の水質予測、そしてどのような栄養塩類が増加すると植物プランクトンの増殖がどのようになるかなど、水質の予測に使用できる。

● C-BOD (carbonaceous biochemical oxygen demand)

　生物化学的酸素要求量（BOD）は、通常、河川水などの有機系炭素化合物による水質汚濁の程度を示すもので、通常の公定法によって測定するBODはフラン瓶内で20℃で5日間に消費される溶存酸素（DO）量から求めている。これに対してC-BODは、ある任意の温度における有機物の微生物の酸化分解による有機炭素化合物の酸素要求量を表している。C-BOD$_u$はその水中に含まれるすべての有機炭素系BODを指し、**第一段階最終BOD**とも呼ばれている。第二段階BODは窒素化合物の酸化に基づくBODであり、N-BODと呼ばれている。C-BODとN-BODとの関係を図7.5に示す。C-BOD（mg/ℓ）の時間変化は下記の式によって表される。

$$C-BOD = C-BOD_u \cdot (1 - 10^{-kt})$$

ここに、C-BOD$_u$は第一段階最終BOD（mg/ℓ）、kは生物化学的分解速度定数（1/日）、t：経過日数（日）

　測定温度20℃の場合、5日間BOD（公定法により測定されたBOD）はC-BOD$_u$の70％程度であることが多い（図7.5を参照のこと）。

● N-BOD (nitrogenous biochemical oxygen demands)

　第二段階BODともいい、水中のアンモニア態窒素（NH$_4$-N）（有機態窒素の加水分解生成物を含む）の好気性微生物による酸化分解に由来するBODである。通常の公定法によって測定するBODは、フラン瓶内で20℃で5日間の溶存酸素（DO）の消費量から求めたものである。

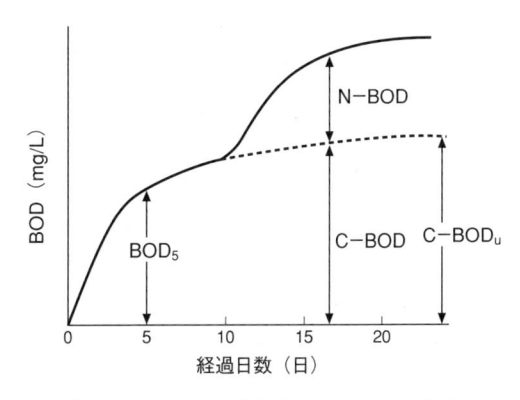

図7.5　BODにおけるC－BOD，N－BOD，5日間BODとの関係（温度20℃を想定）
建設省近畿技術事務所(1994)より引用の上修正

　BODが数mg/ℓ以下の清浄な河川水では、含有する生物分解可能な有機炭素系化合物が比較的早い期間で微生物により酸化分解されてしまい、次いでNH$_4$-Nの酸化（いわゆる、硝化）が行われる。したがって、5日間に測定されたBODは有機炭素系化合物のみの酸化分解によるものよりも高い値で与えられることがある。とくに、生活系排水の処理水ではNH4-Nが酸化されないままで排水口から河川などに放流されており、この一部または全部が硝化されることによってBODは大きく与えられることもある。

　なお、NH$_4$-N 1mg/ℓが硝酸態窒素（NO$_3$-N）まで酸化されると4.57mg/ℓの酸素を消費し、これがBODを高めることになる。BODにおけるC-BODとN-BODとの関係はC-BODの項に図7.5により解説してある。

7.7 地球環境その他の項目

■ 二酸化珪素［SiO_2］（silicon dioxide）

シリカまたは**無水珪酸**とも呼ばれる。珪素（silicon：Si）は地殻中で酸素に次いで存在量が多く、天然に単体としては存在しないが、酸化物、珪酸塩として岩石・土壌・粘土を構成している。各種の珪酸および珪酸塩も含めてシリカと呼び、SiO_2に換算して表すことがある。

水中のシリカは溶解性または粒子性で存在して一般に地下水に多く、表流水として流下するにしたがって減少する傾向がある。日本の水はシリカが多いのが特徴であり、硬度が少なくアルカリ度の高い水に多く含まれる傾向にある。自然水中に通常SiO_2として1～30mg/ℓ存在するが、流域の地質によって左右され、火山地帯の河川や地下水では高くなる。また、水田では珪酸系の肥料が使用されているため、水田地帯の河川で高い値を示す場合がある。

なお、水中のシリカは除去しづらく、ボイラー等にシリカが付着するので工業用水としては問題となる。湖沼や貯水池等で増殖する植物プランクトンの珪藻類は、珪酸による殻を形成するが、水中の珪酸塩との関係については明確ではない。

■ 残留塩素（residual chlorine）

浄水場での塩素処理の結果、水中に残留した有効塩素をいう。その形態により遊離塩素（次亜塩素酸、次亜塩素酸イオン等）と結合塩素（水中に存在するアンモニアと反応して生成するモノクロラミン、ジクロラミン等）の二つに分けられる。単に残留塩素という場合は、遊離残留塩素と結合残留塩素の合計量を指す。消毒力および酸化力は、結合残留塩素よりも遊離残留塩素の方が強い。

遊離塩素は水生生物に対して障害を与えることが指摘されている。残留塩素と溶存有機物より生成する有機ハロゲン化合物（トリハロメタン等）の発ガン性等が問題となり、殺菌処理をオゾン処理等で行い、塩素注入量を減らす消毒方法も実用化されている。なお、残留塩素は湖沼や貯水池等の自然水においては存在しない。

■ トリハロメタン［THM］（trihalomethane）

メタン（CH_4）の4個の水素原子のうち、3個がハロゲン原子で置換された化合物の総称である。このうち、水中に検出されるのはクロロホルム（$CHCl_3$）、ブロモジクロロメタン（$CHBrCl_2$）、ジブロモクロロメタン（$CHBr_2Cl$）、ブロモホルム（$CHBr_3$）であり、通常、これら4種の化合物の合計量を総THMとして表示する。

THMは発ガン性が疑われており、また、浄水の消毒過程において塩素と原水中の有機物質が反応して生成される副生成物である（クロロホルムは、他の人為的汚染にも由来する）。この有機物（THM前駆物質と呼ぶ）の代表としてフミン質があげられ、この前駆物質の総量をTHM生成能（THM・FP）と呼び、水質管理の指標の一つとなっている。フミン質・フミン酸は植物等が枯死して生成される難分解性の天然の安定した着色有機物である。

湖沼や貯水池においても、富栄養化の進行等により有機物量が増加していくとTHM・FPも大きくなることから、要監視項目の一つとして考慮しておくことが望ましい。

● 低沸点有機ハロゲン化合物（volatile organohalogen compound）

物理化学的な性状や用途、環境中での挙動が類似している揮発性有機化合物として総称されている。これら化合物のうち、トリハロメタン（THM）やクロロピクリン（Chloropicrin）は浄水の塩素処理過程で生成される物質である。それ以外の物質は原水の水質汚濁による生成物質である。1,1,1-トリクロロエタン、トリクロロエチレン、テトラクロロエチレンは金属の洗浄剤として、四塩化炭素はフロンの原料として繁用されている。表流水中では大気に拡散するので比較的低濃度であるが、地下水中では安定的に存在し、土壌に非吸着性であることから地下水を汚染する。

低沸点有機ハロゲン化合物はいずれも強い臭気があり、ヒトに対する影響は急性毒性と発ガン性などの慢性毒性がある。したがって、慢性毒性と異臭味の観点から基準値（環境基準、水道法による水質基準など）が設定されている。湖沼や貯水池において通常は検出が少ないが、検出された場合には流域内の人為的汚染が疑われる。

● 全有機ハロゲン化合物［TOX］（total organohalogen compound）

水中に含まれる全有機ハロゲン化合物（TOX）の量を塩素換算して表したものである。ただし、TOXはX^-をAgXにするのに必要なAg^+量として求められるので、Ag^+と沈殿をつくらないふっ素化合物は含まれない。TOXは、主に水道における塩素消毒の過程で塩素と水中の有機物とが反応して生成されるものであり、トリハロメタン（THM）のほかに種々のものがある（図7.6参照）。

水道水中のTHMはTOXの20～30%にすぎず、THMの生成のみではその他の不揮発性の有機ハロゲン化合物の量を見積もることができない。このことから、TOXの測定は有機化合物による水の汚染度を示す指標としてより重要視すべきといわれてきた。

水中のTOX濃度は、人為的汚染の少ない地下水および湖沼水ではおよそ0.003 mg/l 程度と考えられている。湖沼や貯水池の表流水でこれ以上の濃度で検出された場合は、流域内での人為的汚染が疑われる。

```
         ┌ 総トリハロメタン   ……………  クロロホルム、ブロモホルム等
         │ 全ハロ酢酸類      ……………  ジクロロ酢酸、トリクロロ酢酸等
         │ ハロアセトニトリル類 ……  ジクロロアセトニトリル等
         │ ハロケトン類      ……………  1,1-ジクロロプロパノン等
   TOX ┤ クロロピクリン
         │ 抱水クロラール
         │ クロロシアン
         └ 水和物質
```

図7.6　浄水プロセスで塩素消毒によって生じる塩素消毒副生成物の分類
中室克彦・佐谷戸安好（1993）より引用

● フタル酸エステル（phthalic acid ester or phthalate）

フタル酸エステルにはモノエステルとジエステルがあり、数十種類の異性体が存在する。日本のプラスチック可塑剤の約9割を占めるフタル酸ジエステル類の中でフタル酸ジエチルヘキシルは、塩化ビニル、アクリル樹脂、合成ゴムなどの可塑剤として、また被覆加工用、電気絶縁用などとして広く使用されている。

フタル酸エステルは、ポリマーの中に化学的に取り込まれたものではなく、ただ混合された形で混入しているため、製造後の合成樹脂は永続的に溶出する可能性がある（合成樹脂には30〜50％混入している）。環境中では比較的分解されやすく、揮発性も低いことから通常の使用では安全な化学物質と考えられてきたが、動物実験によって大量投与では肝・腎の変性がみられ、催奇形性、変異原性も報告されている。さらに、近年は内分泌攪乱化学物質（いわゆる環境ホルモン）としての疑いが注目されるなど、生産量・使用量が多いことから、毒性評価の面から監視が必要な物質と考えられている。

● コプロスタノール（coprostanol）

コプロステロール（coprosterol）とも呼ばれている。ヒトおよび家畜の糞便中に特徴的に含まれるステロール類の一つで、コレステロールが前駆物質となって腸管内で嫌気性細菌によってできる代謝産物である。し尿汚染の指標として大腸菌群に代わる指標としていくつかが提案されているが、コプロスタノールも有望なものの一つと考えられている。水には難溶であるが、エーテル、アセトンには可溶である。

● 酸化カリウム［K_2O］（potassium oxide）

常温では白色粉末であり、加熱すれば帯黄色となり冷やせば白色となる。吸湿性があり、水と激しく反応し水酸化カリウムを生じる。エタノールやエーテルに可溶である。

カリウムを少量の空気と反応させ、過剰のカリウムを真空蒸留によって除くか、カリウムを硝酸カリウムとともに真空中で熱して製造される。なお、超酸化物（スーパーオキシド）と呼ばれる酸化カリウム（KO_2）は、一般に酸素分子より反応性が高い活性酸素種の一つに数えられている。

二酸化炭素 [CO_2]（cabon dioxide）

無水炭酸ともいう。大気中には約0.03％オーダーで存在し、次第に増加の傾向を示している地域温暖化ガスの一種である。無色無臭の気体で助燃性も可燃性もなく、常温ではほぼ同体積の水に溶解し、水溶液は弱酸性を示す。清涼飲料、固体炭酸の製造、消火剤としても用いられ、また植物の光合成による炭酸同化作用では有機物合成の原材料となる。

なお、夜間等の光制限化においては、水中の炭酸量を植物プランクトンの呼吸量測定の指標とすることも可能である。また、現在の大気の平均CO_2濃度から算出される水のpHは5.7であり、酸性雨はこのpH5.7より低い状態の雨を指すものである。

8章

底質項目

8.1 底質項目

◼︎ 底質（sediment or bed material）
　河川の運搬作用によって運ばれる侵食土壌および人間活動によって排出される物質のうち、微粒子が沈降して湖沼等の底部を構成している堆積物を底質または底泥という。さらに、富栄養化現象によって発生したアオコなどの生物体の沈積、腐敗したヘドロ状のものも底質の構成物となる。
　湖沼や貯水池流入部では、流速が低下するため縣濁物質が沈降して底部に堆積し、また湖沼や貯水池で生産されたプランクトンも死滅して底部に堆積して底質となる。湖沼や貯水池では下層が嫌気化している場合には、底泥から有機物や栄養塩、とくに底泥から水中へのりんの供給が加速してりん濃度が上昇し、富栄養化に拍車がかかるという悪循環をもたらすことがある。

◼︎ 脱窒作用（denitrification）
　湖沼や貯水池の底質中の有機物が嫌気性分解された溶解性の有機性炭素が上方の水塊中に放出され、この水塊中に存在する硝酸塩または亜硝酸塩を窒素ガスとして放出することをいう。通常、深水層の貧酸素水塊や還元的な堆積物が存在する場所に生じる。この作用が起きるのは、脱窒細菌が無機窒素の一部を利用して菌体や細胞を合成するとともに、他の有機物を酸化するためである。したがって、溶存酸素（DO）が充分に存在すれば脱窒作用は起こらないし、DOが欠乏しても有機物が存在しなければ脱窒作用は起こらない。
　流域からの流入負荷が大きく、底質に有機物が多く堆積されている場合、春から夏にかけて成層化されやすい湖沼や貯水池では底質が嫌気化し、脱窒作用が起こることが多い。

◼︎ メタン生成作用（methane fermenting action）
　古細菌の一群であるメタン生成細菌が嫌気条件下におかれると代謝産物としてメタンを発生する。すなわちメタン発酵を行う。これらメタン生成細菌は無胞子性で酸素の存在下では生育できない偏性嫌気性細菌で、汚泥や沼池や哺乳類の消化管などに分布している。メタン生成細菌は、メタン発酵を行うために限られた基質しか用いることができないといわれている。底質に多量の有機物が含まれている湖沼や貯水池においては、とくに春から夏期にかけて成層化が強くなる時期に底層が嫌気的条件になった場合、メタン生成細菌によりメタンが発生する可能性が大きい。

硝酸呼吸 (nitrate respiration)

呼吸における電子受容体として、溶存酸素（DO）の代わりに硝酸塩中の酸素原子を呼吸に用いることをいう。この場合、硝酸塩は還元されるが、硝酸塩をアンモニウム塩まで還元して窒素源として利用することを同化的硝酸還元といい、硝酸塩を窒素ガスに還元して放出することを異化的硝酸還元といって両者を区別している。この作用は通性嫌気性細菌によってよく見られるが、嫌気性条件下で硝酸呼吸を行うことで成し遂げられる。

硫酸還元菌 (sulfate reducing bacteria)

硫酸還元とは、有機物の含有量の多い底質が嫌気的条件下で硫酸塩を電子受容体として、有機物または水素を酸化してエネルギーを得、硫酸塩を還元して**硫化物**あるいは**硫化水素**に転換してしまう作用であり、この働きをする細菌を硫酸還元菌と呼んでいる。有機物が多く還元状態となっている底泥は黒色となる。これも硫酸還元菌の作用によるもので、底質に含まれている硫酸塩の酸素原子が奪われて硫化物（S^{2-}）となり、硫化鉄（FeS）として沈殿しているからである。湖沼や貯水池などの底層は、春から夏期の成層期にはとくに貧酸素状態になりやすいため、硫酸還元菌の活動が活発となって硫化水素（H_2S）の発生の危険も生じる。

嫌気性分解と好気性分解 (anaerobic and aerobic decompositions)

自然の浄化作用である微生物による有機物の分解のことであり、分子状および原子の酸素も存在しない環境での微生物による分解を嫌気性分解、溶存酸素の存在する環境での微生物による分解を好気性分解という。

湖沼や貯水池での嫌気性分解は、春から夏期の成層期に嫌気的条件になりやすい底質（底泥）中など、溶存酸素（DO）の補給が極めて少ない場所で起こりやすい。有機物は最終的に、メタン、二酸化炭素、アンモニウム塩、オルトりん酸塩、硫化水素などに分解されて、上方の水塊を通り抜ける間にその成分を水中に溶解させる。これらは植物プランクトンの発生に寄与する成分となる。

好気性分解は、例えば、河川水のように空気中の酸素によってDOがほぼ飽和の状態にある場合に起こる。好気性微生物は水中の酸素を使って有機物を二酸化炭素、水、硝酸塩、オルトりん酸塩などの無機物に分解してその水中に放出する。

◉ 堆積厚（deposit thickness）

　底質（底泥）の堆積している微細な泥土の厚さを総称して堆積厚と表現することが多い。堆積厚の測定は、一般的にはコアサンプラーを用いた泥土のサンプリングにより行われる。しかしながら近年、面的にも堆積厚を把握する必要性が増加しており、これに対応する簡易的な方法として音波探査などによる堆積厚の測定も行われている。音波探査では波長の設定や誤差の補正等の課題も残っている。

◉ 酸化層と還元層（oxidized and reduced layers）

　水中の底質（底泥）は、間隙水中の溶存酸素（DO）の存在の有無により2層に分けられ、水中から酸素の補給を受けるごく薄い表面には酸化層が、その下に還元層が存在する。酸化層では酸素が存在するため、底質に含まれる鉄が酸化し水酸化第二鉄になって褐色～黄褐色を呈する。また、窒素はアンモニア態窒素が硝化細菌の作用により亜硝酸態または硝酸態窒素に酸化されている。還元層では水酸化第一鉄や硫化物が存在するため青灰色から黒みがかった灰色を呈し、鉄やマンガンなどが還元されて底質中から溶出したり、窒素ガス（脱窒による）や硫化水素、メタンが発生することもある。

◉ デトリタス（detritus）

　湖沼や貯水池におけるデトリタスは、陸域由来の有機物あるいは死滅や捕食などにより沈降・堆積した動植物プランクトン由来の有機物の総称としている。陸域由来のデトリタスは植物の落葉や動物の死骸がバクテリアにより分解を受けている途中のもので、原型をとどめず粒状化している。したがって、デトリタスは水底で現存する微生物群の繁殖の場を提供している。これらは食物連鎖によって底生動物、魚類等に捕食されるという点で生産者としても重要な位置を占めている。

◉ 不溶性塩類と可溶性塩類（insoluble and dissolved salts）

　水に含まれる塩類のうち、水に溶けない、あるいは難溶性のものを不溶性塩類という。これに対して、水に溶けやすいものは可溶性あるいは水溶性塩類と呼ばれる。アルミニウムを例にとると、凝集剤として使用されている硫酸アルミニウムは可溶性塩類であるが、これを水中に滴下すると水中のカルシウム塩、マグネシウム塩などのアルカリ分と反応して水酸化アルミニウムの不溶性塩を形成する。しかし、アルカリ分が不足している水では水酸化アルミニウムの不溶性塩は形成されない。

8章

● 有機物と無機物 (organic and inorganic matters)

すべての物質は有機物または無機物に分類される。有機物とは炭素系化合物（一酸化炭素、二酸化炭素および各種炭酸塩と重炭酸塩を除く）の総称であり、有機物以外の物質を無機物（水銀、カドミウムなどの重金属類や上記の無機系炭素化合物がその例）と総称する。

工場排水に含まれている汚濁物質には、その業種によって有機系汚濁物質を排出するもの、無機系汚濁物質を排出するものがある。生活排水には主として有機系汚濁物質が含まれる。湖沼や貯水池に堆積している底質（底泥）は、河川などから流出してきた有機物や無機物の影響を受けており、これらは底質試料を採取して蒸発残留物と強熱減量を測定することで、有機物と無機物の比率とその由来を概略知ることができる。

● ヘドロ (hedoro or soft mud)

通常、ヘドロというのは有機物、無機物にかかわらず軟らかい泥土のことを称している。これは、閉鎖水域で水の流れが遅いために粘土やシルトなどの微細な土砂が沈積し、それに流域からの有機性の懸濁物質や動植物プランクトンの死骸などの有機物が混在している場合が多い。したがって、強熱減量は10%を越えていることが多い。法律用語にはヘドロはなく、底質に統一されている。しかし、慣用的には、軟泥をヘドロあるいはヘドロ質と呼んでいる。

● 溶出と溶出物 (solubilization and solubilized matter)

湖沼や貯水池のような水の入れ替わりの少ない水域では、河川から流入する有機物や無機物、その水域で夏期に繁殖した植物プランクトンや動物プランクトンの死骸などの有機物が沈降・堆積する。また、それらの有機物や無機物が、懸濁状態にある時に吸着された重金属類・有機塩素化合物などの有害化学物質も底泥に堆積する。この種の底質に含まれる有機物が嫌気化することにより、底層水の貧酸素化ないしは無酸素化により底質中の有機物の嫌気的分解がさらに進み、有機態炭素、栄養塩類（窒素およびりん化合物）の溶出が起り、さらに重金属類なども溶出してこれらはともに底層水塊に溶け込んでいく。これらの物質を溶出物と称している。

● 溶存酸素消費または酸素消費 (dissolved oxygen consumption)

水中での溶存酸素(DO)の消費は流水中と底質表面近傍の両方で起こる。流水中では、その水中に含まれる微生物分解可能な有機物(BODに相当する)が好気的に分解されて減少していき、その際に溶存酸素(DO)を消費する。また、流速の小さな河川や

閉鎖水域では有機物を含有する底質が堆積しており、この堆積物の表面近くの有機物は、接する水中にDOを大量に含む場合には好気的に、DOが皆無かそれに近い状態では嫌気的に分解されて溶出が起こり、その溶出物の酸化分解によってDOが消費される。

間隙率（porosity）

土中の空隙量（液体および気体が占める量）と土の全体積の比（％）である。間隙率（n）の算定は以下の式により行うことができる。

$$間隙率(n) = \frac{Vv}{V} \times 100 \ （％）$$

ここで、Vv；間隙部分の体積、V；土の全体積

間隙率の大小は土の密度や強度を表すほか、含水比、強熱減量などと同様に有機物量を表す項目としても利用することができる。間隙率は空隙率と呼ぶ場合もある。

巻き上げ（resuspension）

湖沼や貯水池の中で浅い場所では、強風時の風波により発生する水中の乱流や、流入河川からの水流の影響（とくに洪水時）を受けて、湖底に堆積している底質が水中に再浮上することがある。この現象を巻き上げという。

底質の巻き上げは濁度の上昇等の要因となり、貯水池では濁水長期化を引き起こすこともあり、景観阻害だけでなく魚類等への障害を生じる可能性がある。手賀沼、霞ヶ浦などのように、水深の浅い湖沼では巻き上げによる影響が大きいと考えられている。

底質調査項目（measurement items of bottom deposit）

底質の状況を表す代表的な指標として、含水比、強熱減量、COD、全窒素（T-N）、全りん（T-P）、硫化物、重金属類、有機塩素化合物がある。含水比は試料を蒸発乾固した水分量から算出するもので、底質中の水分量を表わす。強熱減量は蒸発残留物（固形分）を600±25℃で1時間強熱後の灰分量を蒸発残留物量から差し引いたものである。これは、CODとともに有機物含有量の指標となる。T-N、T-Pは藻類の栄養源ともなるため富栄養化の指標になる。また、硫化物は底質が嫌気化した場合に水質に影響を及ぼす原因となり、硫化水素臭、黒水の潜在発生の指標になる。重金属類は生物への蓄積・濃縮、人の健康被害や水の色相変化にも関係する。有機塩素化合物にはPCB、農薬類などがあり、これらは生物濃縮されて魚類に蓄積する濃度が極めて高くなることがある。このため、これらの項目は貯水池では継続的に調査することが望ましい。

8章

なお、「ダム貯水池水質調査要領」ではダム貯水池における定期調査の底質調査項目は以下の通りとしている。

　　　粒度組成、強熱減量、COD、T–N、T–P、硫化物、鉄、マンガン、
　　　カドミウム、鉛、六価クロム、ひ素、総水銀、アルキル水銀、PCB、
　　　チウラム、シマジン、チオベンカルブ、セレン

● 粒度組成（grain size distribution）

粒度組成とは、底質を構成する粒子の粒径別重量比を百分率で表したものである。粒度組成の大小や偏りは有機物の含有状況等も判断する基準になりうる。なお、土質（底質）の粒径は土質分類学上、土粒子径により、礫、粗砂、細砂、シルト、粘土などにクラス分けして表示される。

底質の粒度組成は、粒径が小さければ小さいほど沈降しにくいという特性があるため、貯水池では上流域の土質の粒径が細かければ、とくに洪水期においては細かい粒子が貯水池に流入し、濁水長期化を引き起こす要因ともなる。

粒径の区分は表8.1のようになっている。

表8.1 粒径の区分名称（日本統一土質分類法）

1μ	5μ	74μ	0.42mm	2.0mm	5.0mm	20mm	75mm	30cm
コロイド	粘土分	シルト分	細砂	粗砂	細礫	中礫	粗礫	コブル	ボルダー
			砂　分		礫　　分				
細　粒　分			粗　粒　分						
土　質　材　料							岩石質材料		

土質試験法改訂編集委員会 (1987) より引用

9 章

生物学的水質

9.1 調　査

■ **生物学的水質階級**（biological water quality classification）

　水環境の中には物理・化学的条件に対応してさまざまな生物群が生息している。それらの水生生物群および伴生種と物理・化学的条件の関係をいくつかのカテゴリー（階級）に分類し、出現する生物種を同定することによってその水域の水質階級を決定することができる。このようにして分類区別された水質階級を生物学的水質階級という（表9.1参照）。この考え方はLiebmann（1951）が**汚水生物体系**（saprobic system）として提唱したもので、各階級指標種をその生理的・生態的性質を加えて4階級に分類し、出現する種で具体的に決定する。

表9.1　生物学的水質階級

	強腐水性水域	α-中腐水性水域	β-中腐水性水域	貧腐水性水域
化学的過程	還元および分解による腐敗現象が著しく起こる	水中および底泥に酸化過程があらわれる	酸化過程がさらに進行する	酸化ないし無機化の完成した段階
溶存酸素	全然ないか、あっても極めてわずか	かなりある	かなり多い	多い
BOD	常にすこぶる高い	高い	かなり低くなる	低い
H_2Sの形成	たいてい認められる；強い硫化水素臭がある	強い硫化水素臭はなくなる	ない	ない
底泥	黒色の硫化鉄がしばしば存在；底泥は黒色	硫化鉄が酸化されて水酸化鉄になるために底泥はもはや黒色を呈しない		底泥がほとんど酸化されている
水中のバクテリア	大量に存在；ときには1ccにつき100万以上もある	バクテリアの数はまだ多い；通常1cc当り10万以下	バクテリア数減少1cc当り10万以下	少ない；1cc当り100以下
植物では	珪藻、緑藻、接合藻、および高等植物は出現しない	藻類が大量に発生；藍藻、緑藻、接合藻、珪藻が出現	珪藻、緑藻、接合藻の多くの種類が出現；鼓藻類はここが主要な分布域	水中の藻類は少ない；ただし、着生藻類は多い
動物では	ミクロなものが主で、原生動物が優勢輪虫、儒形動物、昆虫幼虫が少数出現することがある程度；ヒドラ、淡水海綿、蘚苔動物、小形甲殻類、貝類、魚類は生息しない	まだミクロなものが大多数を占める淡水海綿および蘚苔動物はまだ出現しない；貝類、甲殻類、昆虫が出現；魚類のうち、コイ・フナ・ナマズなどはここにも生息する	多種多様になる淡水海綿、蘚苔動物、小形甲殻類、昆虫の多くの種類が出現；両性類および魚類も多くの種類が出現	多種多様昆虫幼虫の種類が多い；ほか各種の動物が出現

津田松苗（1986）より一部引用

● 生物指標 (bio-indicator or biological indicator)

環境要因の変化の程度を生物現象を用いて評価することができる。現在使用されている生物指標は図9.1のようなものがある。

```
生物指標 ┬ A.
        │  生態学的指標
        │  主として汚水生物体系およびそれに準拠するもの
        │   (水環境・水質等の総合的評価を目的とする)
        │     1. 生物種の特性、種類、個体数を利用するもの
        │     2. 優占的に出現する生物の特性を利用するもの
        │     3. 群集構成状態度、(多様性)を利用するもの
        │     4. 一つの系中における物質代謝栄養性、酸素要求等を基準として利用されるもの
        └ B.
           生理・生化学・細胞生物学指標
           生長、増殖、生理生化学的応答等を基準とするもの
            (水環境中に存在する物質が個体・細胞、細胞内小器官に及ぼす
             生物応答結果をもとに評価することを目的とする)
              1. 個々の生物あるいは混合集団の酸素消費量を基準とするもの
              2. 個々の生物体の細胞・組織の反応を基準とするもの
              3. 特定な生物の増殖状態を評価基準とするもの
              4. 特定な生物物質・生活物質の変化を評価基準とするもの
              5. 個体・細胞、細胞内小器官の生物応答結果および変異原性を評価基準とするもの
```

図9.1 生物指標

盛下勇(1996)より引用

● 生態環境調査 (ecological environmental investigation)

一定地域あるいは水域内の生態系を形成する生物的要素と非生物的要素について調査することをいう。調査の内容については、各生物群の構成状態(属種の現存量)、その生物群を支える基質・媒質等の状態を把握する事項が含まれる。

● 魚類調査 (fish investigation)

特定水域に生息する魚類の属種と生息環境の総合的調査をいう。内容的には魚類相の実態把握(季節的変化、生息環境の物理・化学的要因調査、魚類群集の構成状態、帰化種の実態)、および食物連鎖的調査などがある。

● 微小生物調査 (microorganism investigation)

微小生物とは、細菌類、微小藻類、原生動物、微小後生動物などを含むが、この調査は「属種の出現状態から水質階級の判定」、「利水障害の原因解明」、「水域の富栄養レベルの判定」、「生態系構造における生産者・分解者の現存量の把握」など、さまざまな目的のために実施される。

9.2 試験

● 毒性試験 (toxicity test)

　化学物質により誘発される毒性を細胞・微小生物および細胞内器官などを指標として把握する試験の総称で、単回投与毒性、反復投与毒性、変異原性、生殖毒性、催奇形性、発ガン性、神経毒性、免疫毒性等の試験がある。その化学物質の用途により各国の法律規制があり、その新規登録（承認）申請時には、それぞれの毒性試験ガイドラインに準じて実施された毒性試験データの提出が義務づけられている。

　試験方法としては、供試生物に重金属類や化学物質を含んだ環境を与えて、その致死量や催奇形発生率、増殖速度阻害、変異原性等などを求めるもので、大きくは一般毒性試験 (general toxicity test) と特殊毒性試験 (special toxicity test) に分類される。このうち、最も一般的に実施される試験は急性毒性試験 (acute Toxicity test) であり、1回投与による致死濃度あるいは致死量の測定を行い、急性毒性症状の観察を行う試験である。

● 半数致死濃度 [LC_{50} または TL_m] (median lethal concentration or median tolerance limit)

　水生生物に及ぼす汚濁物質や毒物などの影響を実験的に測定するバイオアッセイ (bioassay) の一つである。汚濁物質や毒物の含まれる一連の希釈液中に魚類を一定時間飼育して、その間に供試魚の50％が致死に至る汚濁物質や毒物濃度で表わす。一般には24時間、48時間および96時間の LC_{50} を求める。

　本試験では急性的な毒性を有する物質が主として対象となるが、浮遊物質（SS）のような鰓（エラ）に影響を及ぼす物質や高水温の影響の評価にも準用できる。供試魚としてはコイ、フナ、メダカ、ヒメダカ、グッピー、ニジマスなどが一般的に使用されており、その大きさは平均全長50mm以下のものを使用すると制限されている。なお、LC_{50} は TL_m として表示されることもある。表9.2に各種供試生物の有害物質に対する24時間 LC_{50} の例を示す。

● 致死濃度 [LC] (lethal concentration)

　生物に対する化学物質などの急性毒性（比較的多量の毒物を短期間に投与したときの毒性）の程度を示す指標の一つで、急性毒性試験において一定時間後に試験動物を死亡させる濃度のことをいう。LC_{50} と違い、1個体でも死んだ場合の濃度となる。

表9.2　各種供試生物による有害物質の24時間LC₅₀の例

測定方法 生　物 （平均体重）	24時間 LC₅₀（mg/ℓ）				
	ヒメダカ 0.35 g	コ　イ 0.41 g	オイカワ 1.27 g	ニジマス 0.30 g	ミジンコ ♀成体
塩化第二水銀　（Hgとして）	0.74	0.47	0.17	0.49	0.013
硫酸亜鉛　　　（Znとして）	18	20	3.3	1.1	1.1
シアン化ソーダ（CNとして）	0.43	0.33	0.12	0.09	1.4
塩化アンモニウム（Nとして）	76	53	31	16	67
酢酸	11,000	7,700	8,400	8,400	1,400
フェノール	25	47	25	15	96
タンニン酸	140	46	24	8.4	150
ABS	56	38	19	20	14
パラチオン	3.5	2.7	2.6	2.2	0.006
PCB–Na塩	0.40	0.18	0.23	0.16	0.39

建設省都市局下水道部・厚生省生活衛生局水道環境部（1997）より引用

● 半数致死量［LD₅₀］（median lethal dose）

　蓄積性がある毒性物質について、供試動物の半数を死亡させる急性毒性の強さ指標である。多くの場合、対象とする生物の単位体重当りの物質量として表現される。普通、供試動物の体重1 kg当りの薬量（mg）で表す。なお、LD₅₀は一定条件下において毒性物質などを一つの投与経路（経口、皮下、静脈内、腹腔内、筋肉内など）から一面投与した後、一定期間（通常7～14日間）内に供試動物の半数を死亡させる量を推計学的に算出したものである。

　毒物および劇物取締法による化学物質の人畜毒性の分類は、動物実験による急性毒性や皮膚・粘膜に対する刺激性、ヒトの事故例、物質の物性、解毒法の有無、使用頻度などを考慮して定められるが、動物実験による急性毒性に関しては経口、経皮、吸引に分けて基準が示されている。

● 濃縮毒性値（concentrational toxic value）

　水族性環境診断法（AOD）による毒性試験の一つで、試水を段階的に凍結濃縮した溶液内で魚類を飼育し、毒性が48時間LC₅₀に相当する場合の濃縮倍数を％表示で表す。もとの供試水を100％液と呼び、10倍濃縮液が48時間LC₅₀に相当すれば、濃縮毒性値1,000％と表示する。

● 一日許容摂取量［TDIまたはADI］（tolerable daily intake or acceptable daily intake）

健康影響の観点から、人間が一生涯摂取しても問題ないと判断される1日当り、体重1kg当りの最大量をいう。これは、ラットなどの実験動物に生涯にわたり投与を続けて影響のない最大量を求め、約100倍の安全率を見込んで設定され、体重1kg当り、mg/日で表される。なお、発ガン性に対しては許容量というものは存在しないため、TDI以下であっても発ガンのリスクを0にすることはできない。

● 生物検定［バイオアッセイ］（bioassay）

生物の生死や発育・生長に対する化学物質などの作用を定量的に測定するため、生物自体の反応を標識として用いる方法である。特徴として、環境中のさまざまな物質による毒性評価を総合化して評価できること、急性および慢性毒性のスクリーニングに利用できることがあげられる。毒物排出、農薬汚染、富栄養化および有機汚濁に対する早期警告、監視や影響調査などに活用される手法であり、生物としては無脊椎動物、藻類、魚類などが用いられる。簡便で比較的安価で連続的監視が可能である。

三つの生態環境影響試験法（藻類生長阻害試験、急性ミジンコ遊泳阻害試験、急性魚類毒性試験）が「化学物質の審査及び製造等の規制に関する法律（化審法）」で定められている。

● 毒性（toxicity）

ある物質（固体、液体およびガス体）が、目、皮膚あるいは口などから体内に入るとさまざまな健康障害を起こしたり、また環境中へ広がるとさまざまな生物の生息や生育を阻害することになる。このような生物への影響としては、死、異常行動、生長（増殖）阻害、繁殖阻害、生理的変化などがあげられる。

湖沼や貯水池においても、流入水中や底泥からの溶出などによる無機物や有機化合物など毒物の流入が考えられるほか、湖沼や貯水池内で増殖した生物が産出する場合も稀に存在する。例えば藍藻類のミクロシステス（*Microcystis*）が有毒なミクロキスティン（*Microcystin*）を産出する。

生物への影響が短期間に現れる場合は急性毒性と呼ぶ。特定の微生物の増殖により食物連鎖によって高次の生物に濃縮し、それらを摂取して毒性が現われることもある。影響の発現が長期に及ぶ場合には慢性毒性と呼ぶ。毒性の程度に関しては、致死濃度（LC）や半数致死濃度（LC_{50}あるいはTL_m）および異常行動に基づく半数増殖阻害濃度（EC_{50}）など、さまざまな観点からの指標がある。

9章

● 濃縮毒性試験（concentrated toxicity test）

魚類などのある生物が生息している環境においても、その生物にとって有害な物質が溶け込んでいる可能性があり、そのため、毒性検出の精度を高めるため試水を濃縮して行う毒性試験のことである。この手法では物質別の毒性ではなく、複数以上の物質が溶け込んだ試水の毒性を把握することができ、一種の総合指標である。最近では、AOD（aquatic organisms environmental diagnostics：水族環境診断法）と呼ばれている。なお、濃縮には凍結乾燥法を用い、毒性値としては48時間LC_{50}を求め、この値をAOD値と呼ぶ。

● 毒性解析（toxicity analysis）

毒性が確認された後、その毒性の本質が何であるかを知るための解析で、以下の四つの方法がある。

① 毒物に対する試験生物の種による感受性の違いを利用した類型化
② LC_{50}－時間曲線を4型に類型化し、これに横転から死に至るまでの時間の長短を3つの型に類型化し、さらに48時間LC_{50}の浸透圧によって7段階に類型化し、これらの組み合わせで21類型に分類
③ 試水に、通気試験、溶媒抽出試験、ジチゾン抽出試験、蒸発乾固再溶解試験の4種類の分画を加え、毒性本体の性質を類型化
④ 生物試験に用いたアカヒレの試験開始後24時間以上を経過して死亡した直後の死骸の切片を作成し、病理組織的症候から毒性物質を類型化。

上記方法で毒物群が絞られた後に、それぞれについて化学分析によって毒物を同定・定量化し、再現試験でその他の毒物の存在がないことを確かめる。

● 生理・生化学・細胞学的指標（physiological, biochemical and cytological indicators）

藻類の増殖特性を利用したAGP（algal growth potential）試験、生物のもつエネルギー代謝活性物質であるATP（adenosine triphosphate）試験、あるいは生物の酵素反応を利用したTTC（triphenyl tetrazolium chloride）試験などによる生物のもつ性質を利用した指標である。

これらは有機汚濁、富栄養化および毒物排出に対する早期警告、監視や影響調査に活用される指標であり、無脊椎動物、藻類、魚類などが用いられる。ただし、非常に鋭敏かつ簡便で安価な指標もあるが、高価な指標や専門的知識、技術を有する指標が多い。

半数増殖阻害濃度［EC$_{50}$］（median effective concentration）

阻害濃度［IC］（inhibition concentration）ともいう。LCが供試生物への影響を死亡率でみるのに対し、供試生物群に対して死に至らない程度の影響（呼吸阻害、成長阻害、遊泳阻害など）を及ぼす濃度をいう。対象物質を対照区と比較して、比増殖速度が50％に低下する濃度をいう。

TTC試験（tri-phenyl tetrazolium chloride test）

TTC（塩化3フェニール・チゾリウム）はさまざまな脱水素酵素作用によって還元され、水に不溶な赤色の色素TPF（3フェニルフォルマザン）に変化することを応用した試験法である。TPFが水に不溶な赤色であるため、酵母の呼吸欠損株の検出に用いることができる。欠損がない場合はTTCを還元してコロニーは赤色になり、欠損がある場合は白色のまま残る性質を利用して、遺伝子レベルへの影響を試験することができる。

ATP試験（adenosine triphosphate test）

生物量を把握する手法の一つで、ATP（アデノシン・3りん酸）活性試験ともいう。生体のエネルギー代謝活性物質であるATPを測定することにより、微生物量を含めた総体的な生物量およびその活性度を評価するものである。

ATPは生細胞中のみに存在する代謝活性物質であるため、活性が高い細胞中には多く含まれ、また細胞が死滅すると分解し失われる特性がある。そのため、生きた生物の量および質（活性度）を正確に把握する手法として有用である。測定は、試料からの抽出液に酸素、マグネシウムイオン存在下においてルシフェリン（発光物質）とルシフェラーゼ（酵素）を添加し、その際の発光強度を測定して求める。

光合成試験（photosynthetic test）

植物プランクトンなどによる光合成活性を測定することで、その水域における生産性を把握するための試験であり、明暗ビン法が一般的に用いられる。明暗ビン法は光合成により酸素が生産されることを利用して、光があたっている（明）条件と光があたっていない（暗）条件での一定時間後の溶存酸素濃度の変化を追う手法である。明条件下では呼吸と光合成が同時に起こっており、暗条件下では呼吸のみとなることから、その差分が純粋な光合成のみによる生産に相当する。

9章

▶ 変異原性試験（mutagenicity test）

変異特性試験ともいう。ある物質が遺伝子に作用して、遺伝子構造の一部を変化させる働きを有するか否かを調べる方法である。化審法（化学物質の審査および製造等の規制に関する法律）や労働安全衛生法では、新規化学物質を製造あるいは輸入しようとする場合、原則として変異原性試験を行い、当該物質の変異原性の有無を検査することになっている。

この試験には遺伝子突然変異、一次DNA損傷などの検出法があり、細菌、真核細胞微生物、哺乳動物やその培養細胞（体細胞、生殖細胞）などが用いられる。エイムス試験（Ames test）は微生物を用いて遺伝子に突然変異が起るかどうかを調べる方法であり、ウム試験（umu test）やレックアッセイ（rec assay）はDNAの損傷を指標としている。中でもエイムス試験が最も広く用いられており、サルモネラ菌変異株を用いていることからサルモネラテストとも呼ばれている。サルモネラ菌変異株は、培地にヒスチジン（アミノ酸の1種）がないと生育できないが、培地に添加された化学物質の作用により遺伝子が突然変異を起こすとヒスチジンがなくても生育し、集落を形成するようになる。エイムス試験は、これにより変異原性を判定するものである。

▶ 免疫指標（immunological indicator）

抗原が生体内に侵入すると、生体は防衛するために抗原に特異的に結合するタンパク質である抗体をつくり出す。このような生体内反応（抗原抗体反応）が起こることを利用した指標が免疫指標である。

免疫蛍光法を用いることにより、簡便に、かつ迅速に抗原抗体反応を観察することができる。免疫蛍光法は抗原抗体反応の特異性と光学現象である蛍光物質の発する蛍光とを組み合わせた方法であり、細胞の膜上に存在する抗原（あるいは抗体）とそれに対応するあらかじめ蛍光色素を標識した抗体（あるいは抗原）を反応させて、蛍光顕微鏡を用いて特異的な蛍光を観察する方法である。蛍光が観察された場合、検索している抗原（あるいは抗体）が存在することとなる。

▶ 水系感染症（water-born infectious disease）

人間や哺乳動物の排泄物中の病原性微生物が水を介して運搬され、飲料あるいは食品などを通じて、主として経口で人間に感染する疫病をいう。病原体となる微生物としては、ウイルス（ロタウイルス・ノーウオークウイルス・エンテロウイルス、A型肝炎ウイルス、B型肝炎ウイルス）、細菌類（赤痢菌、コレラ菌、チフス菌、サルモネラ菌、毒素原性大腸菌）、原生動物（赤痢アメーバ、ランブル鞭毛虫、トキソプラズマ、クリプトスポリジウム）、そして後生動物の回虫、糸状虫、日本住血吸虫、広節裂頭

条虫などがある。

近年、水道水に起因する原生動物クリプトスポリジウム（*Cryptosporidium parvum*）によるクリプトスポリジウム感染症、あるいはランブル鞭毛虫（*Giardia lumblia*）によるジアルディア感染症が社会的問題となっている。

● 安全指標（safety indicator）

人の健康に対する影響を未然に防止するため、科学的な知見に基づいて設定された安全性の指標が安全指標であり、1日許容摂取量（TDI）がこれに相当する。例えば、ダイオキシンの場合には1998年にWHO（世界保健機関）の専門家会議が開かれ、TDIはダイオキシン類（ポリ塩化ジベンゾ-パラ-ジオキシン（PCDD）およびポリ塩化ジベンゾフラン（PCDF））にコプラナーPCBを含めて、それまでの10 pg/kg/日から1〜4 pg/kg/日へと見直しが行われた。

● 最確数法［MPN法］（most probable number method）

水中の大腸菌群数（p.146参照）を推定する手法の一つである。通常はLB発酵管を用い、発酵管5本（あるいは3本）ずつの培地を3系列以上用意し、例えば、第一の系列の5本に原濃度、第二の系列の5本に10倍に希釈した濃度、第三の系列の5本に100倍に

表9.3 大腸菌群数試験の最確数表の一部

コード値 (1)			MPN (2)	95％信頼限界	
10	1	0.1		下限 (2)	上限 (2)
5	4	0	130	47	360
5	4	1	170	65	460
5	4	2	220	83	590
5	4	3	280	100	760
5	4	4	350	120	1,000
5	4	5	430	140	1,300
5	5	0	240	89	640
5	5	1	350	120	1,000
5	5	2	540	160	1,800
5	5	3	920	290	2,900
5	5	4	1,600	540	4,800

(1) 3レベルの希釈段階での陽性管数：第一系列を10として扱っている。
(2) 100 m*l* 中の最確数と95％信頼限界

建設省建設技術協議会水質連絡会（1997）より一部引用

希釈した濃度(例：1/1, 1/10, 1/100)というように接種した後に培養する。24時間または48時間培養後、乳糖の分解によるガスの発生状況、BTB(ブロムチモールブルー)の色相が青から黄色に変わる状況などから細菌が増殖しているか(これを陽性という)を判定し、その陽性が認められた各系列の本数から、統計学的手法に基づいてつくられている表(表9.3)を参照して、元の試料中の菌数を推定する手法である。

類似性指数 (similarity index)

二つの生物群について、その種構成が似ているかどうかを判定するための指数であり、種類数だけでなく、各種の個体(細胞)数も考慮して類似性を判断することが多い。代表的な指数を下記に示す。

① Sorensenの類似性指数の場合、全く同じ場合には100、全く異なる場合には0となる。

$$\text{Sorensenの類似性指数} = \frac{2c}{a+b} \times 100$$

ただし、a, b：それぞれの群に属する各種の細胞数の合計、c：共通して現れる種の細胞数の合計のうち小さい方。

② 木元の類似性指数の場合、全く同じ場合には1、全く異なる場合には0となる。

$$\text{木元の類似性指数} = \frac{2\sum_{i=1}^{S} n_{1i} \cdot n_{2i}}{(\Sigma \Pi_1^2 + \Sigma \Pi_2^2) N_1 \cdot N_2}$$

$$\Sigma \Pi_1^2 = \frac{\sum_{i=1}^{S} n_{1i}^2}{N_1^2}, \quad \Sigma \Pi_2^2 = \frac{\sum_{i=1}^{S} n_{2i}^2}{N_2^2}$$

ただし、N_1, N_2：第1組と第2組における総細胞数、n_{1i}, n_{2i}：それぞれの組における第i番目の区分に属する細胞数、S：種類数である。

10章

生物項目

10.1 生物項目

■ 分類学体系 (taxonomic system)

地球上に生息する全ての種を同定し、形質の特徴および既知の種と対比・照合し、所属すべき分類群を体系化したもので、その基礎となる考え方を目的により、分類学 (taxonomy) と系統分類学 (systematic taxonomy) に分けられている。前者は生物を記載、命名、分類することの理論を裏づける検証と知見を明確にし、後者は系統的な相互関係に重点を置いて、生物を階層的な生物グループに分類することを主たる内容とする。生態系調査において使用される分類体系は前者の範疇に入る。

■ 生態学的分類 (ecological classification)

生物の分類には、分類学的体系と系統分類学的体系があるが、水環境に出現する生物を分類する場合、生活のタイプと有する機能面から分類する場合がある。前者は、プランクトン、ネクトン、ベントス、セストン等の区分があり、後者は、生産者、消費者、分解者 (還元者) 等の区分がある。また、大型水中植物については抽水植物、浮葉植物、沈水植物等のカテゴリーに分類されることもある。調査結果の整理時には、分類学的単位 (属、種) と生態学的分類区分を組み合せて使用される。

■ 藻類 (algae)

水中に生育し同化色素をもち独立栄養生活 (自栄養性) をする植物の総称で、厳密には光合成の過程で O_2 を放出する生物から有胚植物を除いたもので、藍藻類、珪藻類、褐藻類、緑藻類、車軸藻類などが含まれる。これら藻類は、一次生産者として食物連鎖の中で重要な役割を果たしている。

湖沼や貯水池では主として珪藻類・緑藻類が植物プランクトンとして出現する。この出現属種によって水質階級、および富栄養化階級を判定することができる。

■ 藍藻類 (blue-green algae)

植物プランクトンや付着生物の構成種として、珪藻類、緑藻類とともによく出現する一分類群で、原核生物であるので**光合成細菌類**に属する。独特のフィコビリン (phycobilim) という光合成色素をもち、青緑色を呈するものが多い。

藍藻類には、アオコ (青粉) 状の水の華を形成するミクロシスティス・エルギノーザ (*Microcystis aeruginosa*)、アナベナ・マクロスポーラ (*Anabaena macrospora*) など有毒物質を発生させることのある藻類 (「有毒藻類」p.192参照) や、カビ臭を発生するフォル

10章

ミディウム・テヌエ（*Phormidium tenue*）、オシラトリア・アガルディ（*Oscillatoria agardhii*）など、水質管理上大きな問題となる種が含まれている。とくに、ミクロシスティス・エルギノーサはダム貯水池・湖沼では、富栄養、高水温時に大量発生する傾向がある。水質階級・富栄養化階級の指標生物としても利用される。

◯ 珪藻類（diatoms）

植物プランクトンや付着生物の構成種として、藍藻類、緑藻類とともによく出現する藻類の一分類群である。非常に種類が多く、それぞれさまざまな環境に適応しているので、水質の汚濁性、栄養段階、酸性等の指標に用いられる。大量発生すると褐色の水の華（淡水赤潮）となり、また種類によっては浄水場で凝集・ろ過障害を起こすものがある。

- 代表的な汚濁性種：アクナンテス・ミヌティッシマ（*Achnanthes minutissima*）、ニッチア・パレア（*Nitschia palea*）
- 代表的な富栄養性種：キクロテラ・コムタ（*Cyclotella comta*）、アウラコセイラ・グラヌラタ（*Aulacoseira granulata*）、シネドラ・ウルナ（*Synedra ulna*）
- 代表的な酸性種：ピンヌラリア・ブラウニィ（*Pinnularia braunii*）、エウノティア・セプテントリオナリス（*Eunotia septentorionalis*）

これらは珪酸質の殻をもっており、殻が大量に堆積すると珪藻土になる。フコキサンチン（*Fucoxanthin*）という光合成色素をもち、褐色を呈する。これらも水質階級・富栄養化階級の指標生物としても利用される。

◯ 緑藻類（green algae）

植物プランクトンや付着生物の構成種として、藍藻類、珪藻類とともによく出現する藻類の一分類群である。淡水のプランクトンでは、ツヅミモ類、イカダモ類などが古くからよく知られている。糸状体や葉状体で発達するものは肉眼でも認められ、陽当りのよいたまり水に発生するアオミドロ、河床や護岸には付着しているスティゲオクロニウム（*Stigeoclonium*）やウロトリクス（*Ulothrix*）などの糸状藻類が見られる（四万十川名産の川のりも原料は緑藻類である）。水質階級・富栄養化階級の指標生物としても利用される。

◯ 有毒藻類（toxic algae）

有毒物質を生産する藻類のことで、その有毒物質が問題となる場合は大きく分けると次の三つである。

① 有毒藻類を摂食した貝類や魚類が毒化し、それらを食用とした人が中毒する場合

麻痺性貝毒、下痢性貝毒、シガテラなど、海産物で知られているが、淡水での例は知られていない。
② 有毒藻類が直接魚介類を斃死させる場合
　わが国の貯水池における発生例としては、渦鞭毛虫類のペリディウム・ポロニクム（*Peridinium polonicum*）によるものが知られている（1962～64年、相模湖）。また、琵琶湖の淡水赤潮構成種ウログレナ・アメリカナ（*Uroglena americana*）も実験的には魚毒性を示した。
③ 淡水に有毒藻類が発生して飲料水不適となる場合
　これは藍藻類のミクロシスティス（*Microcystis*）、アナベナ（*Anabaena*）、アファニゾメノン（*Aphanizomenon*）によるもので、外国では家畜や野生動物の被害事例があるが、わが国での発生例はない。

● 原生動物（protozoa）

　真核生物の単細胞生物で、自栄養性および他栄養性の栄養摂取方式の属種がある。また、寄生性のものは医学・獣医学の分野で病原性微生物として重要視されている。七つの門（phylum）に分類され約4万種が知られているが、水環境に出現する属種は自由生活性の肉質性鞭毛虫類、繊毛虫類の属種が主である。
　代表的なものとしては植物性鞭毛虫類のユーグレナ（ミドリムシ）、淡水赤潮を形成する渦鞭毛虫類、肉性虫類のアメーバ類、繊毛虫類のゾウリムシやツリガネムシなどがある。近年、水道水から病原性のクリプトスポリジウム（*Cryptosporidium*）が検出され社会的問題となった。プランクトンや付着生物、底生生物として出現し、水質階級・富栄養化階級の指標生物としても利用される。

● 渦鞭毛虫類（dinoflagellata）

　プランクトンの構成種として、特定の場所や時期に出現する原生動物の植物性鞭毛虫綱の1目である。多くは色素体をもつので、渦鞭毛藻類ともいわれる。文字通り鞭毛をもち、これを振って泳ぐことができ、走光性があるので晴れた穏やかな日には表層に集積して赤みを帯びた黒褐色を呈することがある。多くはクロロフィル（chlorophyll）aとc、キサントフィル（xanthophyll）などの色素をもち光合成を行うが、微小な藻類や有機物粒子を摂食するものがある。
　大量に発生すると赤潮を形成する。湖沼や貯水池では淡水赤潮と呼ぶ。その出現は、流入端の反転流が生じている箇所に集積することにより起こるといわれている。渦鞭毛虫類による海の赤潮ではしばしば魚類被害がある。

10章

● 付着生物（attached organism）

　底生生物のうち、基質表面に付着して生活する生物の総称で、主な基質としては河床の石礫、護岸等人工構造物、水生植物体などがある。淡水で出現する生物群は、細菌類、光合成細菌を含む珪藻類、原生動物、輪虫類、ミミズ類、二枚貝類、巻貝類、昆虫類などがある。

　取水施設に付着する生物群では、その施設や機能に障害を起こすものもある。例えば、砂粒で作った巣をもつ昆虫のシマトビケラ類が発電用水路壁に多量に付着して取水効率を低下させた例や、二枚貝のカワヒバリガイが浄水場の各種施設に閉塞障害を起こした例がある。

● 付着藻類（attached algae）

　付着生物に属する藻類としては、珪藻類、緑藻類が主な構成群である。川によっては紅藻類が出現することもある。古くから水質の指標生物として研究されてきた。

　河川の中流の瀬では、石礫の付着藻類が1次生産者としてアユなど藻類食の魚類や水生昆虫を支えている。砂泥地では通常付着藻類量は少ないが、大型水生植物がある場合、それに付着する藻類が平面的に底面に付着する場合の数十倍の現存量をもつといわれている。

● 水生昆虫（aquatic insect）

　生活史の一部または全部を水中で過ごす昆虫の総称で、トンボ類、カゲロウ類、カワゲラ類、トビケラ類は、例外を除いてほぼ全種が水生昆虫である。カメムシ類ではミズカマキリやタガメなど、甲虫類ではゲンゴロウやミズスマシなど、ハエ類ではカやユスリカ、ガガンボなど一部のものが水生昆虫となっている。河川では古くから水質の指標生物として研究され、各種の汚水生物体系において指標として用いられてきた。

　河川生態系においては、二次生産者として付着藻類やその剥離・流下したものを餌として育ち、他の肉食性水生昆虫や魚類の餌となっている。羽化した成虫の一部は陸上生態系に移行する。

● 魚類（fishes）

　一生を水中で過ごす脊椎動物の一分類群で、真皮鱗と鰭をもつ（退化したものもある）のが特徴である。淡水に生息する魚類を生活史によって次のように区分される。

(1) 一生を淡水中でのみ過ごす純淡水魚
　　　コイ、フナ類、タナゴ類、オイカワなど

(2) 生活史のある時期を淡水と海の両方で過ごす回遊魚
　　① 降海魚：産卵のために海に降る。ウナギ、オオウナギなど
　　② 遡河魚：産卵のために川に遡る。サケ、サクラマス、カラフトマスなど
　　③ 両側回遊魚：淡水でふ化して流下し仔稚魚の時期を海で過ごし、再び川に遡る。アユ、ヨシノボリ類など
(3) 海で生まれ育つが、一時期淡水に入って生活する汽水魚
(4) 海水魚

　水質との関連では、汚濁耐性がなく、主に水温が低い水域に生息する冷水魚（主にサケ科魚類）と、汚濁耐性がある温水魚（コイ、フナ類など）とに分けられる。

　近年では外来種が増えており、中でも在来種を駆逐するといわれるオオクチバスやブルーギルなどが問題となっている。オオクチバスは通称ブラックバスといい、釣りの対象魚として人気があるため、その管理は社会的な議論となっている。

　なお、魚類に似ているヤツメウナギ類とメクラウナギ類は、便宜上魚類図鑑に載ってはいるが、顎が無いなどの点で分類学的には魚類とは異なるグループ（無顎動物）である。

真核生物と原核生物（eukaryote and prokaryote）

　全ての生物は細胞を単位として成り立っている。細胞内の核の存在様式に着目して分類すると、生物は真核生物と原核生物に二分される。

　真核生物は細胞内に核膜に包まれた核をもつ分類群で、動物界、植物界、菌類界、原生生物界に含まれる生物群をさす。原核生物は細胞内に核膜に包まれた核をもたない生物群で、さらに古細菌と細菌の2グループに大別される。古細菌には、メタン生成細菌、高度好塩細菌、好熱好酸細菌などがあり、極端な環境に生育するものがほとんどである。古細菌以外の細菌を区別のために真正細菌があり、いわゆる細菌（バクテリア）と藍藻類（シアノバクテリア）、原核緑藻類が含まれる。

後生動物（metazoa）

　単細胞性の原生動物に対置するもので、多細胞体制をもち組織学的な進化した動物の総称である。最近の分類学では動物界という分類群にあたる。この動物界は34のグループに分けられているが、河川、湖沼や貯水池に出現するものとしては、海綿動物（タンスイカイメン）、刺胞動物（タンスイクラゲなど）、扁形動物（ウズムシなど）、輪形動物（ワムシなど）、軟体動物（カワニナ、マシジミなど）、環形動物（ヒル、ミミズなど）、節足動物（昆虫類、エビ・カニなど）、外肛動物（コケムシ）、脊索動物（魚類、両生類、は虫類、鳥類、ほ乳類など）などがある。

● 一般細菌 (heterotrophic plate-count bacteria)

飲料水の水質基準の1項目で、標準寒天培地を用いて温度36±1℃で24±2時間培養したときにコロニー（集落）として検出されるものをいう。すなわち、従属栄養細菌のうち、温血動物の体温付近で比較的短時間に増殖する細菌である。

一般細菌として検出される種類の多くは直接病原菌との関係はないが、一般細菌数が多いことは、その水が糞便等の汚染を受けている可能性があり、したがって病原菌も含まれているおそれがある。一般細菌数の増加が著しい場合は、大腸菌群、糞便性大腸菌群をはじめとする詳細調査を行う必要がある。

● 特殊細菌類 (particular bacteria)

一般細菌に対置するもので、特定の生理代謝を行う細菌群や特殊な形態をもつ細菌群の総称である。例えば、大腸菌群、硫酸塩還元細菌、鉄細菌、スフェロチルス、硫黄細菌などがある。水道分野で用いられてきた用語であるが、近年では特殊細菌類というまとめ方をせずに、個々の細菌ごとに取り扱われている。

● 大腸菌と腸内細菌 (eschericha coli and enteric bacteria)

大腸菌は*escherichia*（エスチェリチア）属細菌の一種で、ヒトを含め哺乳動物類の腸管を寄生場所としている腸内細菌。通性嫌気性グラム陰性の桿菌であり、元来、健康人の腸管内に存在するかぎり病原性はないものとされている。病原性を示す大腸菌としては、病原性大腸菌、細胞侵入性大腸菌、毒素原性大腸菌、腸管出血性大腸菌が知られている。大腸菌の検出は糞便による汚染を示唆しているが、貯水池水から検出されることはほとんどない。

腸内細菌は腸内に常在する細菌類で、乳酸菌属（ビフィズス菌等）、大腸菌属、シゲラ属 *Genus Shigella*（赤痢菌）、サルモネラ（*Salmonella*）属などの菌属を含む大集団の総称でもある。腸管系感染原因菌としては、赤痢菌、大腸菌、クリプトスポリジウム、レジオネラ、セラチアなどの細菌が多い。

水環境への影響としては、とくにヒトや哺乳動物によって汚染された可能性がある場合には、さらに確認する目的で試験対象とすることがある。湖沼や貯水池の場合、大腸菌群数を調査し、糞便性大腸菌群が特に多い場合には検証として調査することがある。

● 純生産量 (net production)

一次純生産、独立栄養生物による総生産量から生産を行う生物自身の呼吸量を差し引いたものを純生産量という。消費者や分解者は生産者の純生産に依存して生存、成

長しているものの、生産者自身の成長も純生産によってまかなわれている。
　純生産量は乾燥重量、有機炭素量、エネルギー量などの単位であらわされる。植物の場合、枯れ落ちた葉や枝、動物に食べられた葉や枝も純生産に含まれ、動物の場合、生長量がほぼ純生産量であるとみてよい。

● 高次生産量（stock production）

　栄養段階を通じての生物生産は無機的環境から始まり、高次の生物生産につながる。この生物生産過程のうち、動物プランクトンから魚類に至る生産過程を高次生産過程と呼び、その生産量を高次生産量と呼ぶ。

● セストン［浮遊・懸濁物質］（seston）

　水中に浮遊、懸濁する粒子状物の総称である。プランクトン類とすでに死亡した生物由来の有機物およびそれを分解する微生物を含めたものを生物体セストンと呼ぶ。無機物の粒子状物質（土砂の微粒子、珪藻殻等）を含んでいるものを非生物体セストンと称して区別する場合もある。ろ過食性の動物は、生物体セストンを摂食している。水質面では、浮遊物質量（SS）、濁度、透明度に影響する。

● 水生植物（aquatic plant）

　水中を中心に生活する植物の総称で、水草ともいう。分類群としては、コケ植物を除く植物、すなわち維管束植物（シダ植物と種子植物）とするが、便宜上、水生コケ類

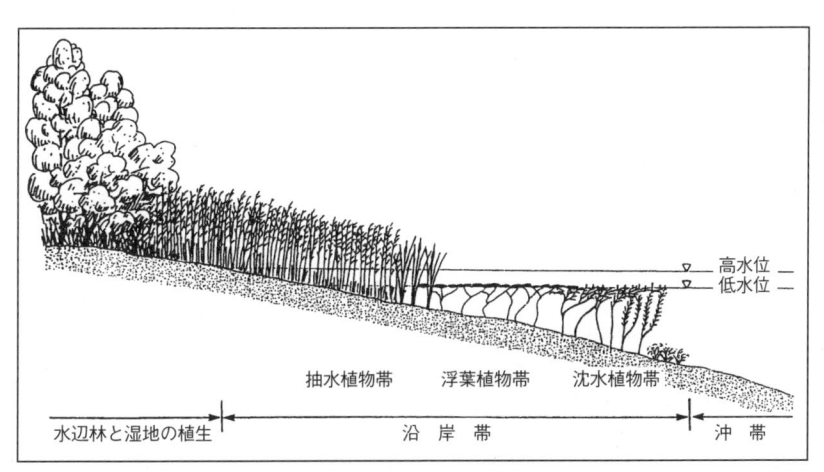

図10.1　湖岸帯の水生植物分布の例
桜井義雄（1994）より引用

と車軸藻類を水草のように扱うこともある。これら水生植物は、生活場所と生活型によって以下の5グループに分けられる(図10.1を参照)。
① 抽水植物：水底に根があるが、茎や葉の一部または大部分が空気中に出ているもの
　　　　　　(ヨシ、マコモ、ガマなど)
② 浮葉植物：水底に根と茎があり、葉が水面に浮いているもの
　　　　　　(アサザ、ヒシ、トチカガミなど)
③ 沈水植物：水底に根があり、植物体全体が水面下にあるもの
　　　　　　(クロモ、エビモ、オオカナダモなど)
④ 浮遊植物：植物体が水中に浮遊しているもの
　　　　　　(マツモ、ノタヌキモなど)
⑤ 浮標植物：水面を漂っているもの
　　　　　　(ウキクサ、ホテイアオイ、ボタンウキクサなど)

水生植物の中には、絶滅のおそれがある種が多いが、ホテイアオイ、ボタンウキクサ、オオカナダモなどの外来種が異常繁茂して、通水、景観、舟運等の障害となる事例も多い。

沿岸帯、亜沿岸帯および沖帯 (coastal zone, semi-coastal zone and off-shore zone)

湖沼の生物群集を収容している環境を区分して、沿岸帯、亜沿岸帯、沖帯に分けている。沿岸帯は有根植物の生えている範囲で、湖沼の周辺に沿って帯状に存在する。なお、浅い湖沼では全湖が沿岸帯となっていることもあるが、貯水池では沿岸帯の発達は悪い。沿岸帯から沖帯につながる部分で、沈水植物が主となっている区間を亜沿岸帯ということもある。沖帯は沿岸帯につながる部分で、湖底に至る部分をいう。沖帯は生産層と分解層に分けることができ、生産層は日光が透過できる層で、植物プランクトンが生育できる層である。分解層は日光が入らず、死んだ植物プランクトンなどが沈降していく層である。

生活型 (life type or biological type)

生物の生活様式から類型化したもので、生活様式による生物の類型・種・個体群・個体などについての全体的な類型もある。生産者・消費者・分解者は生態系における栄養動態の立場からみた生活型とみることができる。

水生生物を生活場所と遊泳力の有無で区分すると、以下のような生活型に分けられる。
　(1) ペラゴス(漂泳生物)
　　　① ネウストン(水表生物)

② プランクトン（浮遊生物）
　　③ ネクトン（遊泳生物）
(2) ベントス（底生生物）

● ネウストン［水表生物］（neuston）

　水表面の上下の薄い層で生活する生物の総称で、昆虫のアメンボやミズスマシ、植物のウキクサやホテイアオイが代表的なものである。ネウストン（ノイストンまたはニューストンとも呼ばれている）は、水生生物を生活型によって体系的に分けたときの一群で、水底などの基質に接していないという点でベントスに対置し、プランクトンとネクトンに並ぶものである。

● プランクトン［浮遊生物］（plankton）

　水中で浮遊生活し、遊泳力をもたないか、あっても小さいために水の動きに逆らって自らの位置を保持できない生物の生態群をいう。これを構成する生物は多種多様であり、あらゆる分類群にわたる。これらは個体のサイズによる区分があり、その名称とサイズ区分は次の通りである。

① フェムトプランクトン（femtoplankton）：$0.02 \sim 0.2\,\mu m$：ウイルス
② ピコプランクトン（picoplankton）：$0.2 \sim 2\,\mu m$：主として細菌類と藻類の一部
③ ナノプランクトン（微小プランクトン）（nanoplankton）：$2 \sim 20\,\mu m$：主として藻類、原生動物、菌類
④ ミクロプランクトン（小形プランクトン）（microplankton）：$20 \sim 200\,\mu m$：主として藻類、原生動物、後生動物
⑤ メソプランクトン（中形プランクトン）（mesoplankton）：$0.2 \sim 20\,mm$：藻類・後生動物
⑥ マクロプランクトン（大形プランクトン）（macroplankton）：$2 \sim 20\,cm$：後生動物
⑦ メガプランクトン（巨大プランクトン）（megaplankton）：$20\,cm$以上：後生動物

　また、栄養摂取の方法で植物プランクトン（phytoplankton）と動物プランクトン（zooplankton）に別ける場合がある。これらは生活型式で分類するもので、分類学体系による分類ではない。植物プランクトンの範疇に入るものは一次生産者として重要である。

　プランクトンとして出現する属種を同定することでその水域・水塊の水質濃度レベル・富栄養化階級も判定することができる。

10章

● ネクトン［遊泳生物］（necton）

水域に生活する生物体のうち、移動力が大きく、水の動きなどに逆って水中を自由に遊泳して生活する生物体の総称であり、プランクトンに対置するものをいうが、生物の種を類別する概念ではない。貯水池では魚類がこれに相当する。

● ベントス［底生生物］（benthos）

水底または水底と連続する基質に接して生育・生息する水生生物の総称である。陸水性の動物では、河床の石礫間中および表面に生息する原生動物や後生動物の水生昆虫やカワニナ、エビ類、ダム湖底泥中の原生動物、ユスリカ幼虫やイトミミズ類などで、陸水性の植物では、石礫等の表面に付着する藻類、湖底や河床に生育する水草などがその例である。

大きさによって採集した試料の前処理と同定手法が異なることから、原則として肉眼で扱うマクロベントス（macrobenthos）と顕微鏡で扱うミクロベントス（microbenthos）に分ける（また、中間の大きさのものをメイオベントス（meiobenthos）という。砂粒の隙間にすむ0.04～0.1mm程度の大きさの動物が代表的なものである）。

生活型により表生生物（基質の表面にすむもの）、内生生物（基質に埋没するゴカイ、二枚貝など）、その中間の半内生生物に区分する。

● 好気性微生物（aerobic microbe or aerobe）

好気的な条件下で生育する肉眼で見えない大きさの生物群のことである。従属栄養細菌が主体であるが、菌類の一部（酵母やカビ）や単細胞性藻類、原生動物なども含まれることがある。

好気性微生物は水質的には浄化機能をもっている。すなわち、生態系の中で分解者として有機物の無機化を行う際に、有機物中の炭素は二酸化炭素に、窒素は硝酸塩に、硫黄は硫酸塩に、生物に無害かつ再利用可能な物質にまで酸化する。

● 嫌気性微生物（anaerobic microbe or anaerobe）

嫌気的な条件下で生育する肉眼で見えない大きさの生物群（細菌類・原生動物類の一部）のことである。嫌気性微生物の発生は、河床や湖底に有機物が堆積しかつ嫌気的になる場合に起こり、嫌気性微生物が有機物を分解すると、有機物中の炭素はメタンに、窒素はアンモニウム塩に、硫黄は硫化物や硫化水素になるので、悪臭や黒色の濁りを生じるなど水質が悪化する。

● 摂食速度（ingestion rate, feeding rate or foraging rate）

　動物が単位時間当りに体内に取り入れる食物（食餌）量のことである。摂食速度は、動物の体の大きさや年齢、生理条件などと餌の量、質、サイズ、分布様式などに影響される。例えば、食餌の供給量が多いほど摂食速度も大きくなるが、一定量を越えると飽和するし、食餌の量が少なすぎると摂食行動を起こさない場合もある。また、同種の個体の摂食行動が刺激となって、単独で摂食するよりも摂食速度が大きくなる場合もある。なお、変温動物では温度が高いほど摂食速度は大きくなる。摂食量のうち、排泄量を除いて消化・吸収される量を同化量という。

　すなわち、
　　　［摂食量］－［排泄量］＝［同化量］
として表される。

　一方、動物が生きていくために一定時間内に消費するエネルギーの量を呼吸量という。摂食行動に体力と時間を使うと、その分摂食量は多くなるかもしれないが、呼吸量も多くなる。したがって、個体を維持するためには、［同化量］≧［呼吸量］となるような摂食行動をとることが必要である。

● ろ過速度（filtering rate）

　ろ過食性の動物が摂餌のために単位時間当りにろ過する水の量のこと。動物の摂餌方法の一つにろ過食性がある。水中の粒子状物質（セストン）をろ過するもので、そのための特別な器官が発達している。例えば、ゲンゴロウブナは鰓の反対側に細かい櫛の歯のような構造をもち、水を口から吸い込み鰓穴から吐き出すときにここで植物プランクトンをろ過する。また、原生動物のツリガネムシは口の周りの繊毛を動かして水の流れをつくり、運ばれてくる細菌などを取り込んでいる。一方、河川のヒゲナガカワトビケラ類やシマトビケラ類では、口から糸を吐いて石の隙間に網を張り、これで流れてくる水をろ過している。

● クリプトスポリジウム（cryptosporidium）

　原生動物胞子虫類の1属で水系感染症の原因微生物として知られ、感染すると下痢を起こす。最初のヒトへの症例としては1976年アメリカで報告され、1993年に米国ウィスコンシン州ミルウォーキーで40万人以上の感染者が出た。日本では1994年に神奈川県平塚市で受水槽への汚水混入により感染したのが最初といわれている。その後、1996年、埼玉県越生町では水道を通じて町の人口の約7割、8,800人余りが感染して大きな問題となった。

　オーシスト（接合子嚢）という耐久性が強い袋に包まれた形で糞便中に排出される。

10章

このオーシストは非常に塩素耐性が強いので浄水処理においては塩素消毒に頼らず、適切な凝集沈殿・ろ過処理、あるいは微細なプラスチックメンブレン（人工膜材）を用いた膜処理によって水中から除去することが行われるようになった。水道水質基準では濁度0.1度としているが、これは上記の膜処理によって得られる。なお、熱には弱いので60℃以上で30分間、煮沸では1分の加熱で生育活性を失う。

ジアルディア（giardia）

下痢症の一種であるジアルディア症（ランブル鞭毛虫症ともいう）の原因となる原生動物、動物性鞭毛虫類の一種で、和名はヤツヒゲハラムシという。水系感染病の原因として認識されたのは比較的新しく、1965年のことである。家畜や野生動物にも感染し広く世界中に分布している。温暖な地域にとくに多く、わが国の水源からも検出されている。

耐久性が強いシストという形で糞便中に排出され、このシストは塩素耐性が強いこともあって浄水処理においては塩素消毒に頼らず、適切な凝集ろ過処理や膜処理によって水中から除去することが必要である。熱には弱く、55℃で5分間あるいは60℃数分間の加熱で生育活性を失う。

菌類（fungi）

いわゆるカビ、キノコ、酵母などであり、真核生物に属し、植物、動物と対置される分類群である。細菌類との混同を避けるため真菌類ともいう。また、粘菌類などを含めていう場合もある。

生態系においては分解者として重要な役割を果たしている。とくに、落葉、落枝、倒木など難分解性のセルローズやリグニンを含むものの分解は、これら菌類によるところが大きい。

指標生物（indicator organism）

生息・生育環境条件の幅が狭いため、その種が生息・生育していればその環境の状況および構成要素が特定できるような生物の属種、個体群をいう。環境汚染が問題となってからは、とくに環境汚染の程度を示すものとしての利用が発達してきた。例えば、水域の有機汚濁に関するものをあげると、イワナやヤマメ、水生昆虫のカワゲラ類などは清水域の指標生物であり、イトミミズやセスジユスリカなどは汚濁水域の指標生物である。

水域においても環境を総合的に指標するもの、例えば水質、底質だけでなく、河川や湖岸の構造、水の流れ方や流量・水位変動の状況等々が生物生息にとって適してい

るかどうかに使用する。

指標生物としては、少なくとも次の条件を満たすものが好ましいとされている。
① 一つの生物の体制が簡単であればあるほど、そして小さければ小さいほど（体積が小さいほど）、そしてそれに比して表面積が大きいほど、それから周囲の媒体の化学的作用に対する体表の保護が不十分であるほど、それだけ水の化学的性質に敏感な生物。
② 容易にかつ定量的に採取でき、短時間に種の同定ができる。
③ 対象とする指標生物を採取するのに特殊な技術、装置を必要せず容易に定量的に採取できる。
④ 狭い範囲に分布せず、普遍的に広く分布する。
⑤ 有害物質を迅速に蓄積する。
⑥ 多くの生態学的情報をもっている。

土壌生物群集（community of soil organisms）

土壌中に生活する生物群の総称で、土壌動物と土壌植物があり、土壌ファウナと土壌フロラを形成する。土壌動物には、線虫類、ヒメミミズ類、ダニ類、トビムシ類、ミミズ類、ヤスデ類、クモ類などがある。土壌微生物には、細菌類、菌類、藻類、原生動物などがある。これらが共生あるいは競合しながら地表に堆積する動植物遺骸や排出物などを分解し、無機物に還元化するという生態系にとって重要な役割を果たしている。また、土壌動物は摂食活動によって土壌に団粒構造をもたらし、土壌微生物の活動と植物の根の生育を助けている。

捕食（predation）

狭義にはある動物が他種の動物を捉え、それを殺しかつ捕食することである。広義にはある生物が他の生物を捕食することであり、同種個体間の共食い、さらに寄生を含めることもある。

捕食する側を捕食者、捕食される側を被捕食者という。捕食者はさらに上位の捕食者に食べられ捕食連鎖を形成する。捕食者が被捕食者を捕食し尽くすと餌不足となって捕食者が自滅するし、捕食者がいなくなると被捕食者の密度調整ができなくなり、増えすぎて破綻をきたす可能性がある。したがって、長い歴史の中では変動しつつも、お互いにある個体数レベルに保たれるようなメカニズムが働いていると考えられる。

一方、オオクチバス（ブラックバス）のような外来の捕食者は、在来の被捕食者の間にこのようなメカニズムを歴史的に形成していないことから、在来の被捕食者が絶滅するおそれがあるといわれている。

10章

■ 増殖 (multiplication)

　生物の個体または細胞の数が増えることを増殖という。逆に、数が増えずに量だけ増える場合を**生長**(growth)という。

　単純に細胞分裂で増える微生物では、環境条件に制限がない場合、一定時間ごとに倍、倍と増えていくので増殖は指数関数で表される。空間や資源が有限の場合、密度が増えると増殖速度が低下する密度効果がある。また、寿命がある生物では死亡率を見込む必要があり、捕食者が存在する場合は捕食者の増減が増殖を抑制する。

　微生物の増殖量は単位当りの増殖重量、例えばg/日で示される。これを**増殖速度**という。また、単位時間当りの増殖倍率、例えば1/日を**比増殖速度**という。

■ 現存量 (biomass standing crop or standing stock)

　ある時点に、ある空間もしくは面積内に存在する生物量のことである。重量が測定しにくい微小藻類では体積やクロロフィル量、微生物ではDNAやATP活性などを指標とすることもある。standing cropは植物について、standing stockは主に魚類個体群に対しての現存量を表わす用語としてそれぞれ用いられる。

11章

水質障害

11.1 水質障害

◼ 利水障害（water utilization trouble）

貯水池の運用、あるいは流域から貯水池への人為的汚濁負荷物質の流入などにより、その貯水池の水質が各種用水基準値、環境基準値などを上回ったり、一時的に有害物質の流入によって所定の利水目的（例：生活用水、工業用水、親水用水等）を達成しえなくなった状態をいう。また、下流域における量的不足によって上記のような利水目的、および水系生態系に影響を及ぼすような状況もこれらに含められる。

◼ 異臭味障害（odor or flavor trouble）

わが国の水道水源にカビ臭が発生し問題となったのは、1951年に神戸市千苅貯水池の事例が最初である。富栄養化が進行し藻類現存量が増加すると、藻類の代表産物あるいはそれらの生物体の死後分解で生ずる物質によって水に異臭味が生ずることがある（表11.1参照）。また、富栄養化が進行し、深水層の溶存酸素が減少して嫌気的状態になると、硫化水素の発生、Mn、Feなどの溶出、放線菌の死滅による異臭味の原因物質の放出などが起こり、これらによって異臭味が発生する。

なお、藻類による異臭味の原因物質としては、ジオスミンと2-メチルイソボルネオール（2-MIB）が確認されている。

表11.1 異臭味発生藻類と発臭限界数の例

区分	藻類		発臭限度数 （細胞数/mℓ）
芳香臭	珪藻類	キクロテラ（Cyclotella）	5,000
		メロシラ（Melosira）	3,000
青草臭	藍藻類	アナベナ（Anabaena）	500
		オシラトリア（Oscillatoria）	1,500
	珪藻類	シネドラ（Synedra）	5,000
	緑藻類	セネデスムス（Scenedesmus）	25,000
魚臭	植物性鞭毛虫類	クラミドモナス（Chlamydomonas）	2,000
		ケラチウム（Ceratium）	400

◼ カビ臭（musty odor）

水道水にカビ臭がつくことにより不快感を与える水質障害の一つで、自然水域においても臭うことがある。原因物質としては、ジオスミンや2-メチルイソボルネオール

11章

[2-MIB]であることが知られている。これらの物質は、水域で増殖したある種の藍藻類や放線菌の一部の種類が代謝産物として放出する臭気物質であり、通常の浄水方法では除去が難しいことから、活性炭吸着やオゾン処理などの高度処理が必要となる。水道水の快適水質目標値は、粉末活性炭吸着処理では0.02μg/ℓ以下、粒状活性炭吸着処理では0.01μg/ℓ以下とされている。

臭気（offensive odor）

主に臭覚神経で受けるにおいの感覚をいう。汚水の混入や藻類の繁殖、浸透してきた地質によって生じ、井戸水では土臭やカビ臭が発生することがある。さらに、汚れた河川等では夏期に下水臭、腐敗臭、硫化水素臭等が発生することがある。

水道水中の臭気は藍藻類などが発生するカビ臭物質、フェノール等の有機化合物等によるものがあり、水中に出現する藻類の属種の現存量によってもさまざまな臭気が発生する。

主な臭気の分類および原因となる藻類を以下に示す。

(1) 腐敗臭
　　藍藻類（藍色光合成細菌）：アナベナ(*Anabaena*)、
　　　　　アファニゾメノン(*Aphanizomenon*)、ミクロシスティス(*Microcystis*)、
　　　　　オシラトリア(*Oscillatoria*)
　　珪藻類：アステリオネラ(*Asterionella*)
　　緑藻類：クラドフォラ(*Cladophona*)、ヒドロディクティオン(*Hydrodiction*)

(2) きゅうり臭
　　植物性鞭毛虫類：マロモナス(*Mallomonas*)、シヌラ(*Synura*)、
　　　　　ウログレナ(*Uroglena*)、ペリディウム(*Peridinium*)

(3) 魚　臭
　　珪藻類：キクロテラ(*Cyclotella*)、プレウロシグマ(*Pleurosigma*)、
　　　　　タベラリア(*Tabellaria*)
　　緑藻類：ディクティオスフェリウム(*Dictylospaerium*)、パンドリナ(*Pandorina*)
　　植物性鞭毛虫類：クラミドモナス(*Chlamydomonas*)、ユードリナ(*Eudorina*)、
　　　　　ディノブリオン(*Dinobryon*)、
　　　　　ウログレナ(*Uroglena*)、ケラチウム(*Ceratium*)、
　　　　　ペリディウム(*Peridinium*)、ユーグレナ(*Euglena*)

なお、臭気試験では、臭気の種類を**表11.2**の例のように表示する。

表11.2　臭気の分類と種類の一例

臭気の大分類	臭　気　の　種　類
(1) 芳香性臭気	メロン臭、すみれ臭、きゅうり臭、芳香臭など
(2) 植物性臭気	藻臭、青草臭、木材臭、海藻臭など
(3) 土臭、かび臭	土臭、沼沢臭、かび臭など
(4) 魚貝臭	魚臭、肝油臭、はまぐり臭など
(5) 薬品性臭気	フェノール臭、タール臭、油臭、油脂臭、パラフィン臭、塩素臭、硫化水素臭、クロロフェノール臭、薬局臭、薬品臭など
(6) 金属性臭気	かなけ臭、金属臭など
(7) 腐敗性臭気	ちゅうかい臭、下水臭、豚小屋臭、腐敗臭など
(8) 不快臭	魚臭、豚小屋臭、腐敗臭などが強烈になった不快なにおい

JIS K0102 工場排水試験法より引用

水道水の水質被害（water quality damage in drinking water）

水道水における水質被害の苦情は、夾雑物の混入、異臭味、色度の上昇など、異常がある場合に住民から寄せられることが多い。

異臭味は水源地での水質の悪化にともない生じ、その対応策として活性炭吸着処理あるいはオゾン酸化による高度処理を行っている浄水場も増えてきている。夾雑物の混入の例として、浄水施設で適切な対応がとれずにろ過池からリークした藻類や、ろ過池で発生したユスリカが水道水に混入したことなども報告されている。また、凝集沈殿処理の不手際による鉄、マンガンなどによる赤水、黒水などによる苦情がみられる。なお、近年では原生動物胞子虫類のクリプトスポリジウムによる被害が発生している例も報告されてきた。

赤水と黒水（red water and black water）

各種用水や飲料水に鉄分を多く含むと、水は赤褐色を呈して金属味を有する。これを赤水と呼ぶ。水道水における鉄の水質基準は 0.3 mg/ℓ 以下である。なお、銀塩の沈降あるいは鉄やマグネシウムに依存する微生物の出現によって赤色の水が出ることがある。

湖沼や貯水池でも、底層水の酸素欠乏により底質に含まれる鉄が還元され溶出してくることがある。水に鉄が溶けている状態では、鉄は重炭酸第一鉄 $[Fe(HCO_3)_2]$ を形成しているが、共存する遊離炭酸を追い出すと水中の酸素で酸化され、黄褐色の水酸化第二鉄 $[Fe(OH)_3]$ の沈殿物となって析出し赤水となる。

同様の現象は、マンガンでも起こる。河川、湖沼や貯水池の底質にマンガンが含まれていると、底層水の酸素欠乏によって含有しているマンガンが水に溶けて重炭酸マンガン[$Mn(HCO_3)_2$]となり、これが酸化されると黒褐色の水酸化マンガン[$Mn(OH)_2$]の沈殿物となって析出し黒水となる。水道水におけるマンガンの水質基準は0.05 mg/ℓ以下であり、極めて微量であっても黒色の色相を呈する。

発ガン性物質（carcinogenic substance）

飲料水を製造するため塩素処理するときに、原水に含まれた有機物と塩素が反応して、あるいは有機物と水中のブロム（とくに海水中に多く含まれる）とが反応してトリハロメタンが生成されることがある。トリハロメタンには塩素とブロムを含む4種類、すなわち、クロロホルム、ブロモジクロロメタン、ジブロモクロロメタン、ブロモホルムがある。水道水のトリハロメタンの基準値は0.1 mg/ℓであるが、4種類の物質もそれぞれ基準値が定められている。とくに厳しい基準値をもつのがブロモジクロロメタン、次いでクロロホルムである。これらはともに発ガン性のあることが知られている。また、塩素処理やオゾン処理に由来して生じる可能性のあるホルムアルデヒドにも発ガン性のあることが知られている。

浄水被害（water quality damages during purification）

一時的な高濃度の濁質や微小藻類、あるいは有害物質等の浄水施設への流入によって浄水処理過程における機能障害のほか、経費増をもたらす場合もある。主な浄水被害には、凝集沈殿障害、ろ過池閉塞、微粒性物質のリーク、異臭味水、赤水などがある。

凝集沈殿障害は、藻体の外側に凝集を阻害する有機物質を分泌する藻類（ミクロシスティス（*Microcystis*）など）や一度捕捉凝集されたフロックから運動性をもつため抜け出してしまう藻類（シネドラ（*Synedra*）など）、気泡を形成してフロックを浮上させてしまう藻類（ミクロシスティスなど）などが引き起こす。これらの藻類は、沈殿池からろ過池へ流れ出ることによりろ過池閉塞を起こすこともある。また、緩速ろ過方式のろ過池では、大型あるいは寒天質をもった浮遊性藻類のミクロシスティス、アナベナ（*Anabaena*）など、および動物のミジンコ類（*Daphnia pulex, Moina*属, *Cyclos*属）などの流入によってろ層の閉塞を起こすことがある。ろ層のリークは、ろ過池を通過してしまうような小型の藻類によって引き起こされ、浄水が着色することもある。

11.1 水質障害

■ 2-メチルイソボルネオール［2-MIB］（2-methyl-isoborneol）

カビ臭の原因物質で、藍藻類（光合成細菌）のホルミデウム・テヌエ（*Phormidium tenue*）などや放線菌の代謝産物としてつくられる。化学式は（$C_{11}H_{20}O$）であり、構造式は図11.1に示す。

カビ臭発生時の水温は20〜30℃の場合が多く、時には10〜15℃で発生することもある。富栄養化との関連もあるが、中栄養レベルでの発生も見られる。水道水の快適水質項目としての2-MIBの目標値は、粉末活性炭吸着処理では0.02μg/ℓ以下、粒状活性炭吸着処理では0.01μg/ℓ以下である。

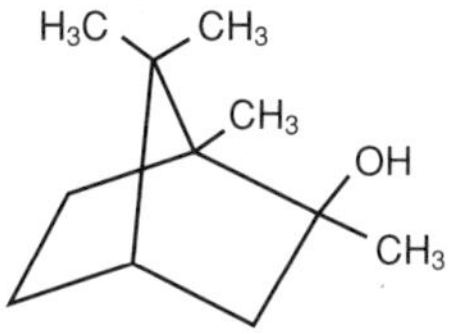

図11.1　2-MIB（2-メチルイソボルネオール）（分子量：168）

■ ジオスミン（geosmin）

カビ臭の原因物質で、ジオスミンの場合は生成する藍藻類（光合成細菌類）アナベナ・マクロスポーラ（*Anabaena macrospora*）など、および放線菌のストレプトマイシス（*Streptomyces resistomycificus*）などによって産出する。化学式は（$C_{12}H_{22}O$）であり、構造式は図11.2に示す。

カビ臭発生は富栄養化との関連もあるが、中栄養レベルでの発生もみられる。水道水の快適水質項目としてのジオスミンの目標値は、粉末活性炭処理では0.02μg/ℓ以下、粒状活性炭処理では0.01μg/ℓ以下である。

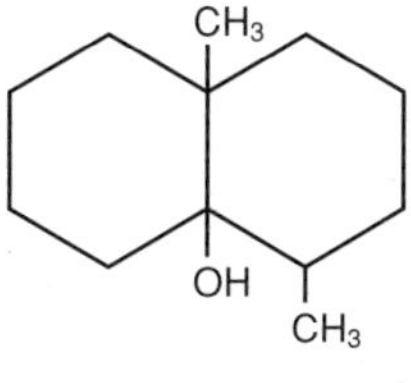

図11.2　ジオスミン（分子量：182）

● 水系病原性微生物 (aquatic microorganism causing water-born disease)

　水道水や河川水等を介して人体に感染あるいは寄生し、病気や感染症を引き起こす病原性微生物をいう。原生動物（原虫類）、条虫類、細菌、ウィルスなどが飲料水を介して人体に感染あるいは寄生し、赤痢やコレラに代表される病気や感染症を引き起こすことがある。原生動物としては最近注目されているクリプトスポリジウムのほか、赤痢アメーバ、ランブル鞭毛虫、トキソプラズマなどがある。

　水系病原性微生物の指標として、大腸菌群数、糞便性大腸菌群数および糞便性連鎖球菌数などがあげられ、病原性大腸菌O-157は腸管出血性大腸菌の一種である。

● 景観障害 (landscope damages caused by water pollution)

　水質悪化に関連する景観障害は、湖沼や貯水池の湖面にゴミが浮かんでいたり、色相が異常であった場合に生じている。富栄養化レベルが進行した湖沼や貯水池においては、動植物プランクトンが増殖し、水の華や淡水赤潮のような水面の異常、嫌気化した底泥からの鉄、マンガンの溶出により赤色や黒褐色の色相も発生する。景観障害は、嫌悪感を与える利水障害の一つである。

● 親水活動 (activity with water amenity)

　河川、湖沼や貯水池等の水辺空間において、水に触れたり接したりして水に親しむ活動である。釣り、ボート、水浴び、水泳、散策などがそれにあたる。最近では、単に「水に親しむ」ことだけでなく、公園やビオトープを整備し、魚類や昆虫等との共存を目指した取り組みも親水活動の一環と捉えられるようになった。

　水辺空間がもつ水に親しむ機能を親水機能と呼び、治水、利水優先のコンクリート三面張りの河川整備や汚水流入による水質汚濁等に対する反省から、親水活動の場を回復、創造するためのさまざまな取り組みがなされている（付録・水質の基準［その他の水質基準］9．雑用水の用途別水質基準等p.349参照）。

12章

予測解析手法

12.1 予測解析手法

● 有限体積法（finite volume method）

流体運動の方程式などの偏微分方程式を数値的に解く際における離散化手法の一つである。計算領域を有限の大きさの領域（コントロール・ボリューム、セル）に分割し、それぞれのセル内の物理量の平均値を、セル境界での流束（フラックス）の出入りで記述する。このフラックスを各セル内の平均値から近似的に求めることで、セル内の物理量の時間変化が計算できるものである。

また、有限体積法は重み付き残差法の一つと考えることができる。すなわち、対象とする方程式を一次元空間で考え、微分演算子をL、解をϕとしたときの微分方程式を

$$L(\phi) = 0$$

とする。重み付き残差法の考え方にしたがって、近似解$\bar{\phi}$として下記のような多項式をとりあげる。$a_i(i=0\sim n)$は未知のパラメータであり、これを決定することが方程式を解くことになる。

$$\bar{\phi} = a_0 + a_1 x + \cdots + a_n x^n$$

したがって、この近似解に対する方程式の残差Rは次式で与えられる。

$$R = L(\bar{\phi})$$

未知パラメータを決定するために、適当な重み関数Wを残差に乗じ、解を求める領域で積分し、その積分値を0とする。

$$\int WR dx = 0$$

方程式を積分して離散方程式を得る有限体積法は、$W=1$という重み関数を用いたことに相当する。

$$\int R dx = \int L(\bar{\phi}) dx = 0$$

また、運動方程式をある領域で積分し、その値を0とすることは、積分区間内の運動量の保存則を意味している。有限体積法は別名コントロール・ボリューム法（Control volume method）と呼ばれる。

有限体積法は、元の方程式をセル境界で積分することで、積分区間であるセル内部における物理量の保存が成立することを意識した手法である。そのため、工学的に広く用いられている。

● 差分法（finite difference method）

差分法は、微分方程式のなかの微分商を差分商で置換し、得られた差分方程式を解いてもとの微分方程式の近似解を得る方法であり、もともとの自然現象を微分方程式

で表現するときの過程と正反対のものである。このことは、差分法は微分方程式の近似解法としては最も自然な直接的な方法であって、解法のなかに水理現象に対する物理的な直観が取り入れやすいという利点を備えている。

　差分商で近似する方法、すなわち計算技術は無数といってよいほどあり、結果としての計算法も無数に近くなる。しかし、解析のための手間がなるべく少なく、かつ精度が高いものが望まれるのは当然であり、問題によっていくつかのものに分類される。一般的にいって取り扱いが比較的簡単であり、演算時間も短いものがよい。

　差分法は連続関数であるもとの数理モデルを、離散的に与えられた関数として演算するものであるから、まず差分式を誘導しなければならない。普通取り扱われる問題は初期境界値問題であり、時間と空間に関して差分式を求めなければならない。差分式の表現の仕方により、前進型、中央型および後退型のものが得られる。

　一方、$t = n \cdot \Delta t$ における解が得られているとき、$t = (n+1) \cdot \Delta t$ の解を求める方法は差分の取り方によって2種類に分けられる。$t = (n+1) \cdot \Delta t$ において未知量が解かれた形であるものをexplicit（陽）型といい、直接的に解かれていないものをimplicit（陰）型といっている。現在のところ、explicit型解法はプログラミングが簡単であるため、多用

表12.1　各種差分法（田中伸和による）

型	精度	差　分　法
Explicit型	1次	One Side法 Space Center法 Friendrich (or Stoker)法
	2次	Lax-Wendroff法* Crowley's Second Order法 Leap Frog法* Angled Derivative法 Arakawa's Second Order法
	4次	Crowley's Fourth Order法 Robert and Weiss Staggered法 Robert and Weiss Combined法 Fromm's Fourth Order法 Fromm's Zero Averaged法
Implicit型	2次	Back Derivative法 Crank-Nicholson法* Miyakoda's法
	4次	Arakawa's Fourth Order法 その他

注：*は湖沼や貯水池の計算に広く用いられているもの

岩佐義朗（1995）より引用

されている。しかし、数値計算における丸め誤差のため安定な解が得られにくく、時間の差分間隔を空間の差分間隔と無関係に選ぶことはできない。

一方、implicit型解法は反復計算を必要とするため、プログラミングは複雑となる欠点があるが、時間の差分間隔を空間の差分間隔と無関係に選びうるという利点がある。

差分法による一般的な数値解析法は**表12.1**に示すようである。

● SIMPLE法（semi-implicit method for pressure-linked equation）

SIMPLE法は、非圧縮性流れの代表的な解法の一つである。流体運動の基礎方程式は、連続式と運動方程式であるが、非圧縮性流れを解く際には、この二つの式をいかに組み合わせて圧力（動水圧）勾配を求めるかが重要な部分である。SIMPLE法は、定常解を求めるため時間幅を無限大にとって非定常項を省略し、その無限大の時刻において陰的解法で未知数を求めるよう定式化し、ある項（例えば隣の格子点の速度補正量の影響が小さいと考えて）を省略するという近似的手法を導入し圧力補正式を得ることができる手法である。

SIMPLE系の解法の特長として、数値計算上の安定性が高いことを挙げられる。また、通常この手法において離散化は有限体積法で行われるため、物理量の保存則を満たしていることも特長の一つである。

SIMPLE法は定常の非圧縮性流れの計算アルゴリズムであるが、細かい点で異なる変形も多くあり、非定常問題の解法もある。この方法は圧力項と同様に、移流項と粘性項も陰的に扱うことである。

一方、同じ非圧縮性流れの計算アルゴリズムであるMAC法（marker-and-cell method）では、対流項と粘性項を陽、圧力項を陰として差分化し、2段階に分けて計算する。はじめに圧力項も含めすべての項を陽的に扱って計算し、新しい時間の仮の値を求める。次に圧力項だけを陰的に直して修正計算を行う。

● 乱流モデル（turbulence model）

ナビエ・ストークスの運動方程式における流速および圧力の表現について、つぎのような操作を行って書き直すことを考える。流速および圧力を、時間平均成分（定常流の場合には乱れの時間スケールに比べて十分長い時間Tに関しての平均値）$\bar{u}, \bar{v}, \bar{w}, \bar{p}$と変動成分$u', v', w', p'$との和に分割し、

$$u = \bar{u} + u', \quad v = \bar{v} + v', \quad w = \bar{w} + w', \quad p = \bar{p} + p'$$

であるとする。このとき、ナビエ・ストークスの運動方程式は、流速と圧力をそれらの時間平均成分で置き換えたものにレイノルズ応力項を加えた、以下のような形に書き直される。

$$\rho\left(\frac{\partial \bar{u}}{\partial t}+\bar{u}\frac{\partial \bar{u}}{\partial x}+\bar{v}\frac{\partial \bar{u}}{\partial y}+\bar{w}\frac{\partial \bar{u}}{\partial z}\right)=\rho F_x-\frac{\partial \bar{p}}{\partial x}+\mu\nabla^2 \bar{u}-\rho\left(\frac{\partial \overline{u'^2}}{\partial x}+\frac{\partial \overline{u'v'}}{\partial y}+\frac{\partial \overline{u'w'}}{\partial z}\right)$$

$$\rho\left(\frac{\partial \bar{v}}{\partial t}+\bar{u}\frac{\partial \bar{v}}{\partial x}+\bar{v}\frac{\partial \bar{v}}{\partial y}+\bar{w}\frac{\partial \bar{v}}{\partial z}\right)=\rho F_y-\frac{\partial \bar{p}}{\partial y}+\mu\nabla^2 \bar{v}-\rho\left(\frac{\partial \overline{u'v'}}{\partial x}+\frac{\partial \overline{v'^2}}{\partial y}+\frac{\partial \overline{v'w'}}{\partial z}\right)$$

$$\rho\left(\frac{\partial \bar{w}}{\partial t}+\bar{u}\frac{\partial \bar{w}}{\partial x}+\bar{v}\frac{\partial \bar{w}}{\partial y}+\bar{w}\frac{\partial \bar{w}}{\partial z}\right)=\rho F_z-\frac{\partial \bar{p}}{\partial z}+\mu\nabla^2 \bar{w}-\rho\left(\frac{\partial \overline{w'u'}}{\partial x}+\frac{\partial \overline{w'v'}}{\partial y}+\frac{\partial \overline{w'^2}}{\partial z}\right)$$

これが乱流に関する運動方程式で、レイノルズの方程式と呼ばれる。

レイノルズの方程式を解くためには、レイノルズ応力を具体的に表す関係式が必要である。しかし、このような関係式を得るためには何らかの仮定が必要とされる。乱流モデルは、このような方程式形を閉じさせるために用いられるものである。現在、広く応用されている主な乱流モデルとして、以下のようなものが挙げられる。

① 流れの平均流速分布と関連づける0方程式モデル
② 乱れのエネルギー(k)等と関連つける1方程式モデル
③ 乱れのエネルギー(k)とエネルギーの消散率(ε)の関係による2方程式モデル(k-εモデル)
④ 小さな渦によるより大きな渦運動への粘着的作用を定式化し(subgrid scale model)、そのスケールより大きなスケールの流速変動場を求めるLESモデル

貯水池では、水温成層の形成により鉛直方向の輸送が抑制されることが、水理現象や水質現象に対して大きな影響を及ぼす。従って、渦粘性などを考慮することにより、鉛直方向の乱流拡散現象をいかに表現するかが、大きな課題となっている。貯水池の水理解析において、実用上用いられる主要な乱流モデルの考え方としては、以下のようなものが挙げられる。

まず1つめは、密度成層の安定度を表すリチャードソン数Riの関数として、与えるものである。例えば

$$E_z = a\exp(-bRi)$$

のような関数型である。このように局所的な密度勾配と流速勾配という場の関数として表現する方法が多く用いられている。上式でa, bは定数であり、対象水域などにおける現況再現により経験的に決定するパラメータである。この表現方法は、上記の区分では0方程式モデルにあたる。

2つめとして、2方程式モデルの代表格であるk-εモデルが挙げられる。このモデルは、実用的には十分な解析精度の高さと一般性を持っていることと、近年の計算機能力の向上が相まって、採用されることが多くなっている。

水平方向の渦粘性係数については、リチャードソンの4/3乗則を考慮し、解析格子幅の関数として与える場合が多い。

● 非圧縮性流体 (incompressible fluid)

流体の密度ρは圧力・温度・溶質濃度により変化する。通念的には密度が圧力Pにより変化しない（圧縮率$\partial\rho/\partial p = 0$）流体を非圧縮性流体という。しかし、流体力学では圧力によって密度が変化しないのみではなく、さらに運動中に流体粒子の密度が（熱伝達や物質拡散によっても）変わらない条件

$$\frac{D\rho}{Dt} = 0$$

を満たすものを非圧縮性流体と称する。ここにD/Dtは実質微分を表す。

この条件は、必ずしも$\rho = const$であることを要求しない。例えば、密度流現象（ダム貯水池における水温成層など）は$\rho \neq const$であるが、非圧縮性として一般に取り扱う。

質量保存の式

$$\frac{D\rho}{Dt} + \rho \mathrm{div} \boldsymbol{v} = 0$$

と変形できる。ここに、$\boldsymbol{v} = (u, v, w)$は流速を示す。したがって、上述の非圧縮性流体の条件式は体積保存の関係式（非圧縮性流体の連続式）が成立すること

$$\mathrm{div} \boldsymbol{v} = 0$$

すなわち

$$\frac{\partial u}{\partial x} + \frac{\partial v}{\partial y} + \frac{\partial w}{\partial z} = 0$$

と等価である。物性的には$\partial\rho/\partial p$が0であるか否かは重要であるが、流体力学的にはこれだけでは理論を構築する上でのメリットはなく、$D\rho/Dt = 0$として初めて連続の方程式が$\mathrm{div}\,\boldsymbol{v} = \nabla \cdot \boldsymbol{v} = 0$と単純化され、その後の式の展開が容易になる。しかも$D\rho/Dt = 0$は実際的にもほとんどの場合成立する条件である。それゆえ、非圧縮性流体という場合、単に$\partial\rho/\partial p = 0$だけでなく$D\rho/Dt = 0$も含めていると理解される。

● CFL条件 (Courant-Friendrichs-Levy condition)

クーラン数(Courant number)は差分計算上現れる次の無次元数である。

$$C = \frac{\Delta t}{\Delta x} u$$

その物理的に意味するところを考えてみる。まず、$\Delta t \cdot u$は時間刻み幅Δtの間に移流する距離である。そしてこれを格子幅Δxで割っている。したがって、Δtの間に格子を何個分移流するかが、クーラン数の意味である。

風上差分では、時間差分スキームをオイラー陽解法とした場合、数値安定性の条件が、

$$C < 1.0$$

となる。この条件は $\phi_i^n = 1$ $(i = \cdots, -2, 0, 2, \cdots)$ の分布を風上差分に代入し、計算される ϕ_i^{n+1} の分布を $\phi_i^{n+1} < 1$ $(i = \cdots, -3, -1, 1, 3, \cdots)$ とする規約を課すことによって得られる。この条件の意味するところは、Δt の間に許される移流距離は格子1個分未満である、ということである。この条件はCFL条件と呼ばれる。以上の式から次の式が得られる。

$$\Delta t < \frac{\Delta x}{u}$$

右辺の Δx は格子によって決まり、u は流れ場によって決まるから、この式は Δt に対する規約条件になる。すなわち、Δt は数値安全性を保つためにある値未満にしておかなければならないということである。

計算時間を節約するためには、できるだけ大きな時間刻み幅を用いることが望ましい。そこで、計算コードは通常クーラン数をコードの中で計算し、Δt を自動的に設定しながら計算を進める。数値不安定性は局所的に生じうるので、各計算点ごとに u と Δx よりクーラン数を計算し、取りうる Δt の最小値を採用しなくてはならない。したがって、格子が不等間隔であると、数値安定性は最も格子幅の狭いところで決まってしまうことが多い。

空間の次元数が増えた場合には、各方向のクーラン数を加えて、それが1.0を越えないことが規約条件になる。すなわち、

$$C_x + C_y + C_z < 1.0$$

$$C_x < \frac{\Delta t}{\Delta x} u, \quad C_y < \frac{\Delta t}{\Delta y} v, \quad C_z < \frac{\Delta t}{\Delta z} w$$

ただし、(u, v, w) は (x, y, z) 系の速度成分である。

■ リチャードソンの4/3乗則（Richardson's 4/3 power rules）

慣性領域における相対拡散は慣性領域の乱流現象であり、エネルギー散逸率 ε によって規定される。また、相対距離 Y は拡散時間 t に依存すると考えることができる。したがって、慣性領域の相対拡散現象に寄与するパラメータは Y, t, ε の三つとなり、次元解析より Y について次式が得られている。

$$Y \propto \sqrt{\varepsilon t^{3/2}} \propto \sqrt{\varepsilon x^{3/2}}$$

また、拡散係数 K については、

$$K = \frac{1}{2} \frac{dY^2}{dt} \propto \varepsilon t^2 \propto \varepsilon x^2 \propto \varepsilon^{1/3} Y^{4/3}$$

となる。同式は拡散係数 K が $\varepsilon^{1/3}$ に比例し、また $Y^{4/3}$ に比例することを表している。これはリチャードソンの4/3乗則と呼ばれている。

海洋のように成層化した水域において、現象のスケールがある一定の程度より大き

くなると鉛直方向の拡散は抑制され、拡散は水平二次元的なものとなる。リチャードソンの理論が海洋における水平拡散に対してよく成立するのは、同理論が現象を二次元的に取り扱っているためであるとされている。このようなことから、ダム貯水池や湖沼の流動解析では、リチャードソンの4/3乗則により水平方向の乱流拡散係数を求めることが多い。

◼ ボックスモデル（box model）

水質解析モデルには、現象の空間的取り扱いに応じて、ボックスモデル、一次元モデル、二次元モデルおよび三次元モデル等がある。

感潮河川や貯水池の水質を解析する場合のボックスモデルは、密度躍層の存在状況によって感潮河川や貯水池を鉛直方向に1～3のボックスに分け、各ボックス内の水質濃度を求める方法がとられる（**図12.1**参照）。ボックスモデルでは一つのボックス内の水質濃度は一様であると考え、拡散パラメータはボックスとボックスの境界面で水質の出入の程度を示す係数として与える。したがって、これらの条件は、現況シミュレーションにより現況を最もよく再現し得る値を設定する。また、沈降や内部生産・消滅による水質変化を求めることが可能である。このモデルの利・欠点は以下の通りである。

① 利　点
- 簡易なモデルでマクロ的な予測ができる
- 計算時間が短い
- 入力パラメータが少ない

② 欠　点
- 水温躍層の位置を外部から与える必要があり、検証データがない場合は精度が落ちる
- ボックスモデルでは水温分布の予測ができないため、成層型の貯水池の予測は不向きである

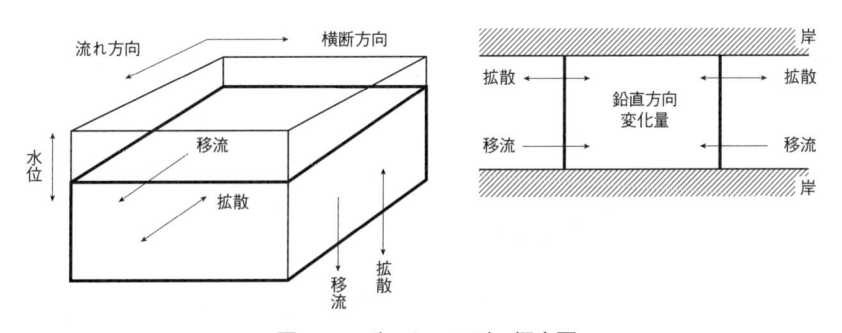

図12.1　ボックスモデル概念図

12章

● 鉛直一次元モデル（vertical one-dimensional model）

　成層型の貯水池では、鉛直方向の水温や物質濃度の変化に比較して水平方向の変化が小さい。鉛直一次元モデルは水平方向の水温と物質濃度を一様と仮定し、貯水池を図12.2のように水深方向に水平な層として分割するモデルである。

　貯水池の熱収支は、日射によって比較的深部まで供給される輻射熱、水面での熱収支および水の流入出にともなう熱量の流入出によって表される。また、物質収支は流入出にともなう物質の流入出、貯水池内での変化（光合成による生産・消滅）、沈降による物質の系外への除去によって表される。モデルはこれらの要因を組み込んだもので、水平層（要素毎）内には水温、物質濃度が一様であるとして、水収支、熱収支および物質収支を順次計算し、貯水池の水温、物質濃度分布および放流水温、物質濃度を定量的に求めていく。

　一般に、水温成層の形成や取水水温の変化等については比較的良好に再現できるが、流下時間を考慮できないため、流下距離の長い貯水池における富栄養化現象や濁水現象については十分な精度が得られない場合がある。

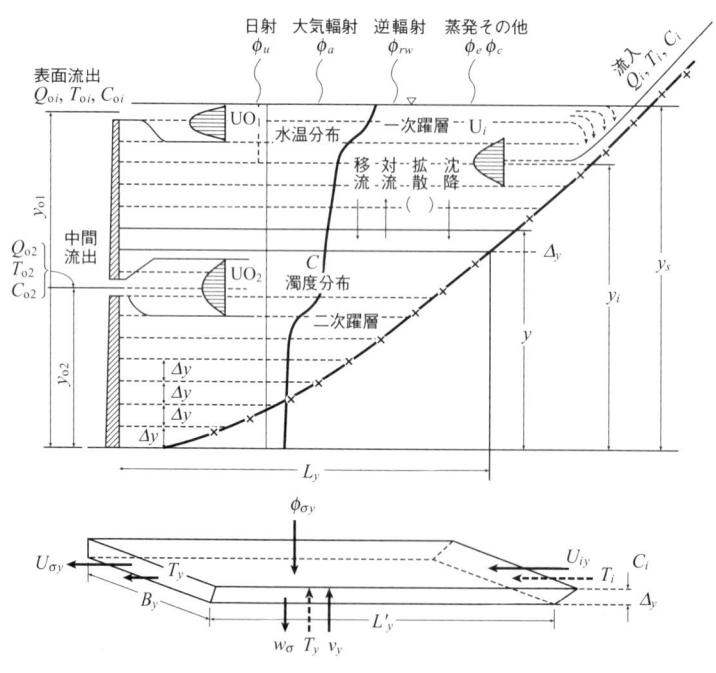

図12.2　鉛直一次元モデル概念図
安芸周一・白砂孝夫（1974a）より引用

◼ 鉛直二次元モデルと一次元多層流モデル（vertical two-dimensional model and one-dimensional multi-layer model）

夏季に水温成層が発達する貯水池では、しばしば水温、懸濁物質に起因する水深方向の密度分布の変化が顕著となり、密度流が形成されて運動量、熱および各種物質濃度の水深方向への輸送、混合が制限される。一方、わが国の貯水池の多くは、流下方向スケールに比較して横断方向のスケールが小さい幾何学形状をもつものとして特徴づけられる。このため、運動量、熱および各種物質濃度は、幅方向にはほぼ一様とみなされうるが、流れ方向と水深方向では場所的な変化を取り入れなければならないのが普通である。

鉛直二次元モデル（一次元多層流モデルともいう）は、横断方向の運動量、熱および物質濃度を一様と仮定し、貯水池を図12.3のように流下方向および水深方向に分割するモデル化の手法である。鉛直一次元モデルと同様、日射による輻射熱、水面での熱伝達で表される熱収支および物質の流入出、貯水池内での変化および物質の沈降で表される物質収支を考慮して水収支、熱収支および物質収支を時間的に順次計算し、貯水池の水温、物質濃度分布および放流水温、物質濃度を定量的に求めていく。

水の流れを解く際、鉛直方向の加速度を無視し静水圧近似を仮定して解く手法を一次元多層流モデル、または一方向多層流モデルと呼び、鉛直方向の運動方程式の加速度項を含めて、より厳密に解く場合を鉛直二次元モデルと区別して呼ぶ場合がある。

従来は、コンピュータの能力上の制約から中・長期間（10～数10年）の計算に用い

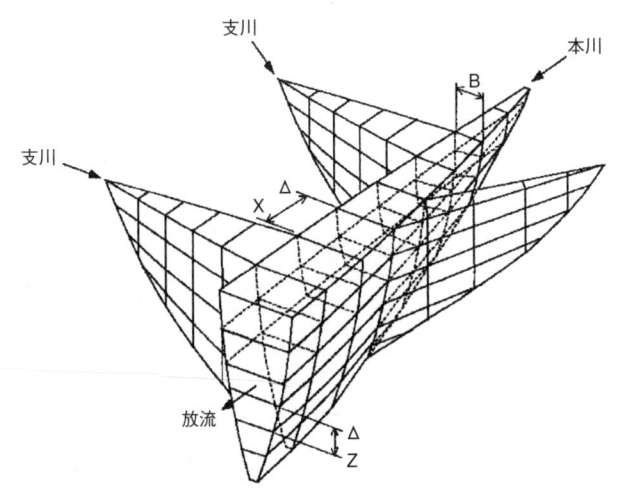

図12.3　貯水池鉛直二次元モデルの概念図

られることは少なかったが、近年はそれも可能となり、実用上最も多く使われているモデルである。

■ 三次元モデル（three-dimensional model）

水深があり、面的な広がりをもつ湖沼や貯水池では、流れや水温、各種の物質濃度分布は三次元的である。また、横断方向に比較して流れ方向のスケールが大きい多くの貯水池においても、局所的な現象(物質の吹き寄せ、湾曲による流れの偏向等)を取り扱う場合は三次元モデルを用いる。

空間分割の例を図12.4に示すが、このほかにも地形を考慮した一般座標系や直行曲線座標系を用いて水域を分割する方法もある。ただし、一次元モデルや二次元モデルと比較して計算量が多く、一般に計算時間が長くなることから長期間の計算に用いるには現時点で実用的でない。

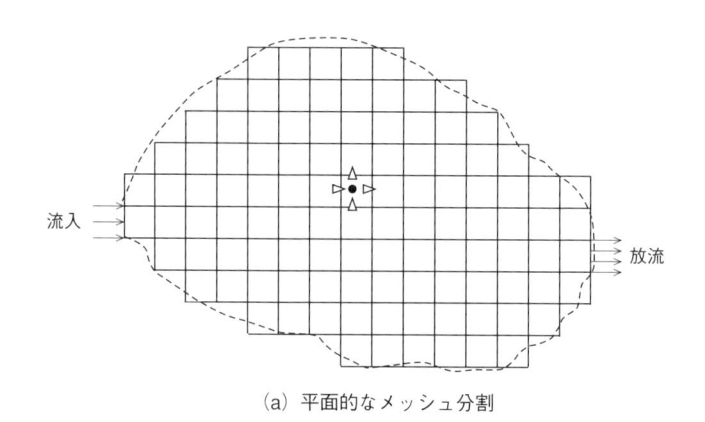

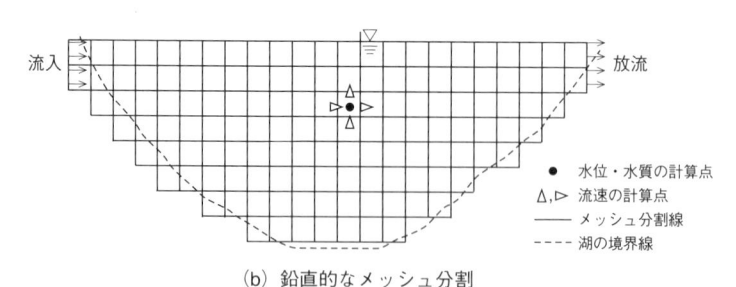

(a) 平面的なメッシュ分割

(b) 鉛直的なメッシュ分割

● 水位・水質の計算点
△,▷ 流速の計算点
── メッシュ分割線
---- 湖の境界線

図12.4　三次元計算格子点の配置の概念図

● 生態系モデル（ecological model）

　生態系モデルは、生物と環境要因の相互関係をモデル化して記述したものである。対象とする範囲（湖沼、海洋、陸域など）や対象とする生物や生態系によってさまざまなものがある。

　例えば湖沼や貯水池の場合、富栄養化に伴う植物プランクトンの増殖を中心とした水質の変化を対象とすることが多い。そこで、湖沼や貯水池の内部生産の構造を栄養源となる窒素やりんおよび有機物などと関連づけ、植物プランクトンの量と変化を動物プランクトンとの関わりで表現するようなモデルを用いられている。このようなモデルの一例として、概念図を図12.5に示す。図中の生態系モデルで取り扱う水質項目は以下に示す8項目である。

- 植物プランクトン（クロロフィルa）
- 動物プランクトン（炭素量）
- 無機態窒素
- 有機態窒素
- 無機態りん
- 有機態りん
- COD（有機物）
- DO（溶存酸素）

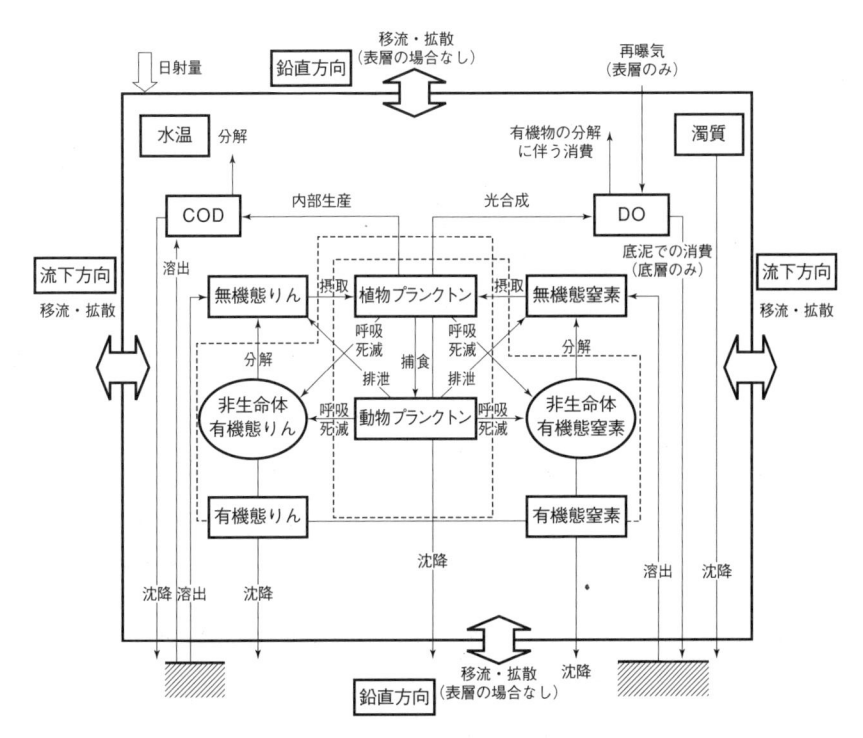

図12.5　生態系モデル概念図

ストリータ・ヘルプスモデル (Streeter-Phelps model)

河川水中のDOの消費と再曝気による供給関係をモデル化したものである。DO濃度の予測に用いられるほか、DOの濃度変化と有機物の減少とを関連づけ、河川中のBODの水質予測に広く用いられている。

河川縦断方向の流れを等速定流と仮定し、横断および鉛直(y, z)方向の流れを無視する場合、汚濁物質および溶存酸素の収支を示す一般式は、次のように表される。

$$\frac{\partial L}{\partial t} = D_x \frac{\partial^2 L}{\partial x^2} - U \frac{\partial L}{\partial x} - (K_1 + K_3)L + L_a$$

$$\frac{\partial c}{\partial t} = D_x \frac{\partial^2 c}{\partial x^2} - U \frac{\partial c}{\partial x} - K_1 L + K_2(c_s - c) - D_B$$

ここで、L：BOD濃度(mg/ℓ)、c：溶存酸素濃度(mg/ℓ)、D_x：縦断方向の拡散係数(m²/日)、U：平均流速(m/日)、K_1：脱酸素係数(ℓ/日)、K_2：再曝気係数(ℓ/日)、K_3：沈殿または吸着などによるBOD除去係数(ℓ/日)、L_a：考える区間での河床によるBOD変化速度(mg/ℓ/日)、D_B：再曝気以外の単位時間当りの酸素供給または消費量(mg/ℓ/日)、x：流下方向の距離(m)、t：時間(日)、c_s：溶存酸素飽和量(mg/ℓ)である。

なお、D_Bには河床の堆積物による酸素消費、プランクトンや底生生物などの呼吸による酸素消費および光合成による酸素供給が含まれ、次の式で表される。

$$D_B = D'_B + R - P$$

ここで、D'_B：河床堆積物による酸素消費、R：呼吸による酸素消費、P：光合成による酸素供給である。なお、上式についてK_3、L_a、D_Bを無視した解は、Streeter-Phelpsの式と呼ばれ次式で表され、長く酸素不足量の解析に用いられてきた。

$$D = \frac{K_1 L_0}{K_2 - K_1}(10^{-K_1 t} - 10^{-K_2 t}) + D_a \cdot 10^{-K_2 t}$$

ここで、D：酸素不足量(mg/ℓ)、D_a：$t=0$ ($x=0$)における酸素不足量(mg/ℓ)である。

また、上記の河川中の溶存酸素の式に基づき、河川水中のBOD濃度を算定する式として、一次減少反応式(付加項を加えた式)は次のように表される。

$$L_B = \left(L_A - \frac{m}{2.31 \cdot K_r}\right)10^{-K_r t} + \frac{m}{2.31 \cdot K_r}$$

ここで、L_B：下流側地点の最終BOD(mg/ℓ)、L_A：上流側地点の最終BOD(mg/ℓ)、K_r：河川水水中でのBOD減少係数(ℓ/日)、t：区間ABの間の流下時間(日)、m：区間ABの間の河床あるいは河岸から均一に付加されるBOD(最終BOD表示、mg/ℓ/日)である。

12.1 予測解析手法

● ボーレンワイダーモデル（Vollenweider model）

ダム貯水池や淡水の自然湖沼ではりんが富栄養化の制限因子となっている場合が多いので、りんの富栄養化に対する影響の度合いが検討対象とされることが多い。りんの負荷量と富栄養化程度の関係については、Vollenweiderが流入するりんの水表面積負荷と回転率×平均水深との間に密接な関係があることを見いだしている。この関係は、日本のダム貯水池についても検討され、同様な関係があることが確認されている。

ちなみに、栄養レベル係数(流入するりんの水表面積負荷)L_cは、平均水深$\bar{z}$、滞留時間τ_ω、りんの沈降係数ρ_p、また貯留水の平均りん濃度$[P]_c^{sp}$の関数で表される。

$$L_c(mg/m^2 \cdot y) = \overline{[P]_c^{sp}}(\bar{Z}/\tau_\omega + \bar{Z}\sigma_p)$$

さらに、りんの沈降係数ρ_pを、$\rho_p = 10/\bar{z}$と仮定すれば、L_cは次のように表される。

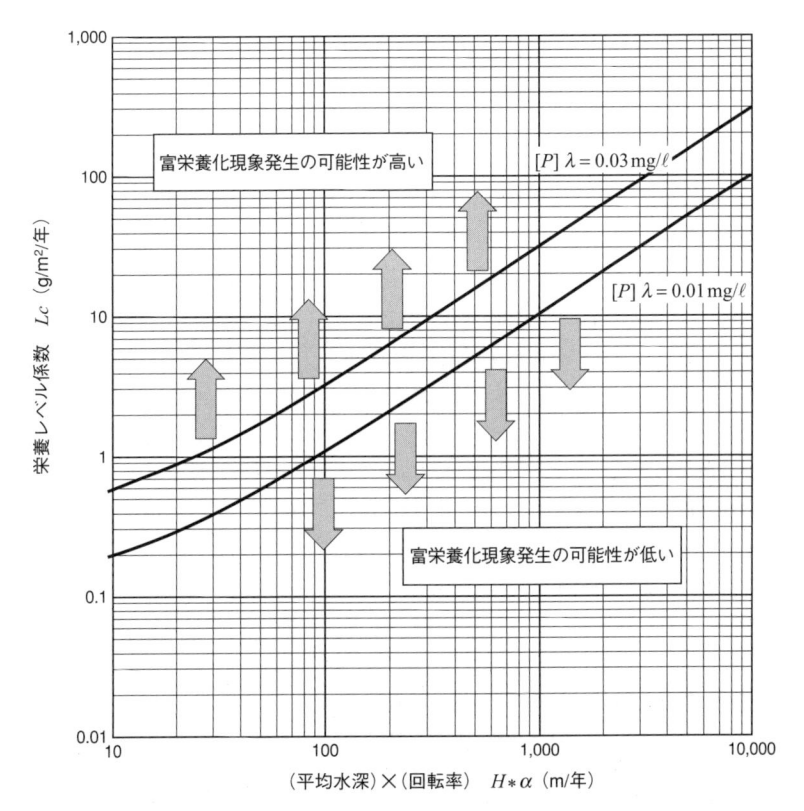

図12.6 ボーレンワイダーモデルによる栄養化レベルの説明
河川事業環境影響評価研究会(2000)より引用

$$L_c(mg/m^2 \cdot y) = [P]_c^{tp}(\overline{Z}/\tau_\omega + 10)$$

以上のボーレンワイダーモデルをダム貯水池に適用した例を図12.6に示す。縦軸は単位湛水面積当りの年間りん流入負荷量、横軸は回転率×平均水深である。図中の2本の実線は、それぞれ上式での平均りん濃度$[P]$が$0.01\,mg/\ell$、$0.03\,mg/\ell$である時の関係で、これらにより富栄養化発生の可能性が高い領域（$[P] > 0.03\,mg/\ell$の領域）、富栄養化発生の可能性が低い領域（$[P] < 0.01\,mg/\ell$の領域）、遷移領域（$0.03\,mg/\ell > [P] > 0.01\,mg/\ell$）に分けられる。

● 最大比増殖速度（maximum specific growth rate）

植物プランクトンの比増殖速度G_M（単位：1/日）は栄養塩濃度、照度および温度により影響を受け、また混雑（スペース）効果による影響を受けることもあり、これらを考慮に入れて次のように表示される。

$$G_M = \mu_{max} \times f_N \times f_I \times f_T \times \beta$$

ここで、μ_{max}は最大比増殖速度（1/日）であり、f_N, f_Iおよびf_Tはそれぞれ栄養塩濃度、照度および温度に関する影響関数であり、またβは混雑効果関数である。

植物プランクトンの比増殖速度は、放出されるO_2量を定量する明瓶・暗瓶法や同位体（^{14}C）を用いて取り込まれたCO_2量を定量する方法、藻類培養試験等によって測定される。明瓶・暗瓶法による方法では、得られた総生産速度（$gO_2/g \cdot$クロロフィル$a \cdot$日）に0.375を乗じて（光合成商を1.0と仮定；$gC/g \cdot$クロロフィル$a \cdot$日の単位となる）、さらに単位植物プランクトン中の炭素含有量（$49gC/g \cdot$クロロフィルa）で除することによりG_Mの値を得ることができる。同位体法では、明瓶・暗瓶法での計算の後半を行えばよい。

また、藻類培養試験による方法では、植物プランクトンの対数増殖期の片対数グラフでの増殖直線の傾きよりG_Mの値を計算できる。このようにして得られたG_Mの値より、比増殖速度算定式に示される各影響関数の補正を行ってμ_{max}を得ることができる。μ_{max}の値の例を表12.2にまとめて示す。この表よりμ_{max}は1.0（1/日）のオーダーであることが知られる。

● 最適水温（optimum water temperature）

植物プランクトン（藻類）の生息、生育条件、増殖条件として、水温、日射量、栄養塩類、また微量元素などがある。特定の種によって、その生育・増殖条件は異なることが生物学的に知られており、とくに水温条件が大きく寄与する。また、藻類の種により最適水温が異なる（図12.7、図12.8参照）。

表12.2 植物プランクトン別および湖沼別のμ_{max}

(1) 種別

種　名	水温(℃)	最大比増殖速度(1/日)
緑藻　*Chlorella ellepsoidea*	25	3.14
	25	1.2
	30	2.64
Chlorella pyrenoidosa	25	1.96
	25	2.15
	25	3.9
	20	2.4
	25	0.85
Chlorella vulgaris	25	1.8
	23	0.49
Scenedesmus quadricauda	25	2.02
	25	0.88
Scenedesmus obliquus	25	1.52
Scenedesmus costulus	24.5	0.47
Scenedesmus sp.	30	2.4
Euglena gracilis	25	0.60
Chlamydomonas reinhardli	25	2.64
珪藻　*Synedra* sp.	20	0.96
（海産）*Nitzchia closlerium*	27	1.75
藍藻　*Anabaena cylindrica*	23	0.32
	25	0.75
	30	0.72
Anabaena variabilis	25	0.70

(2) 湖沼別

湖沼名	最大比増殖速度（1/日）
琵琶湖 （珪藻）	0.45
（その他）	0.80
諏訪湖	$0.1+0.06T$
霞ヶ浦	1.20
琵琶湖内マイクロコスム	$0.0626T$
神戸市千刈貯水池	0.5
Shagawa湖	2.4
Odense Fjord and Roshilde Icefjord	1.0
Texome湖の入江	0.097〜0.352
Western Lake Erie	$0.1+0.06T$
Washington湖	1〜2
San Francisco湾	1.5〜2
Upper Potomac Estuary	$0.1T$
Lyngby Lake, Glumsø Lake	2.3, 2.53
デンマークの湖沼	0.8〜2.4
―	1.1〜1.6

T：水温(℃)　　　　　　　　　　岩佐義朗（1990）より引用

12章

植物プランクトンの増殖に関する水温依存係数（K_T）は、次の式が一般に用いられている。

$$K_T = \left[\frac{T}{T_s}\exp\left(1-\frac{T}{T_s}\right)\right]^n$$

ここに、T_s は最適水温で、n は尖り定数である。

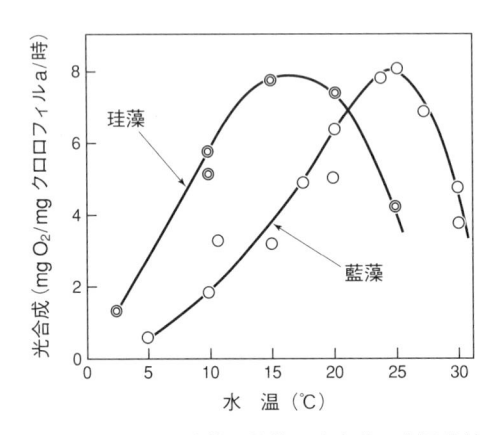

図12.7　湖沼の珪藻と藍藻の光合成ー水温曲線
Ichimura, S. (1958) より引用

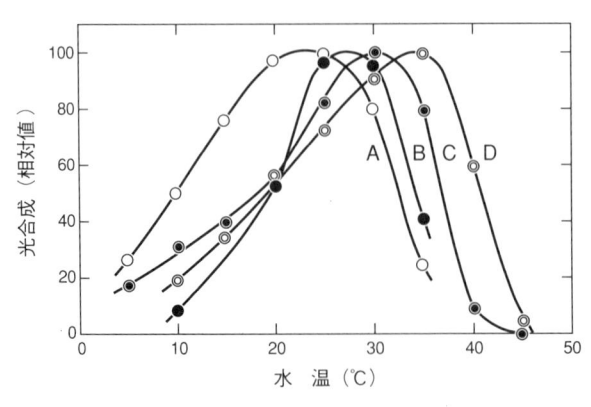

図12.8　藻類種別の光合成ー水温曲線
A：シネドラ（*Synedra* sp.）　　　B：アナベナ（*Anabaena cylindrical*）
C：クロレラ（*Chlorella ellipsoidea*）　D：セネデスムス（*Scenedesmus* sp.）

Aruga, Y. (1965) より引用

◼ 最適日射量 (optimum intensity of solar radiation)

植物プランクトン（藻類）の生育・増殖の条件として、水温、日照、栄養塩類、また微量元素などがある。光の強さ（日照強度）と光合成速度あるいは比増殖速度に関する影響関数 (f_I) は強光阻害を考慮した次式が用いられることが多い（スティールの式参照）。

$$f_I = \frac{I}{I_{opt}} \exp\left(1 - \frac{I}{I_{opt}}\right)$$

ここに、I は日照強度、I_{opt} は最適日照強度（あるいは最適日射量）である。日照強度の弱い領域では光合成速度が遅く、$I = I_{opt}$ すなわち最適日射量で最大となる。さらに強い光の領域では、光合成速度の低下する強光阻害も表現されている。

◼ スティールの式 (Stele's formula)

光合成速度に対する光の影響を表わす式で、植物プランクトンの光合成速度がある光の強度でピークとなり、それ以上の光量では強光阻害により光合成速度が落ちることを表現したものである（図12.9参照）。

$$G = G_m \cdot I/I_{opt} \cdot \exp(1 - I/I_{opt})$$

ここで、G は光合成速度 (ℓ/日)、G_m は最大光合成速度 (ℓ/日)、I は光量 (lux)、I_{opt} は最適光量 (lux) である。

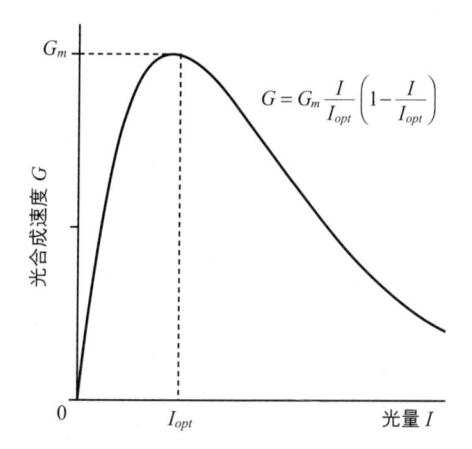

図12.9　植物プランクトンの光合成に関する光応答曲線（スティールの式）

12章

● ミカエリス・メンテンの式 (Michealis-Menten's equation)

酵素反応速度と基質濃度との関係を表す式。水環境中で微生物が関与する反応の多くは酵素というタンパク質の触媒反応である。この式は、微生物増殖反応や植物プランクトンの増殖反応の表現にも応用され、特に水中の栄養塩濃度と植物プランクトンの増殖速度の関係を表す際に多く用いられる。

酵素反応において、基質濃度を$[S]$（基質が2種類ある場合にはその一方を一定にし、もう一方の濃度を$[S]$とする）、反応速度をVとしたとき、$[S]$とVとの関係は多くの場合、

$$V = \frac{V_{max} \cdot [S]}{[S] + K_m}$$

で与えられ、これをミカエリス・メンテンの式と呼ぶ。V_{max}は最大速度と呼ばれており、酵素が基質で飽和したときの反応速度である。一方、K_mはミカエリス定数と呼ばれる各酵素に特有の定数であり、各酵素の基質への親和性を表す尺度である。酵素反応は酵素分子(E)と基質分子(S)が結合し、酵素基質複合体(ES)を生じてから化学反応が進行し、この複合体から反応産物(P)が遊離して酵素は反応初期時の状態に戻ると仮定すれば、反応は次のように表される。

$$E + S \underset{k_2}{\overset{k_1}{\rightleftarrows}} ES \overset{k_3}{\longrightarrow} E + P$$

k_1, k_2, k_3は反応速度定数である。この式では、①反応初期の段階のみ考える。②基質初濃度$[S]_0$は、全酵素濃度$[E]_0$よりも十分大きい。③k_1, k_2は、k_3に対して十分に大きく、ES複合体は瞬時的に形成され、E, S, ESは常に平衡状態にある。④k_3を速度定数とする反応が全体の反応の律速となると仮定して解析を行っている。

● セル・クォタ値 (cell quota value)

植物プランクトン（藻類）の細胞内に存在する栄養元素とバイオマスの比をいう。以下に栄養元素の例としてりんを取り上げて説明する。植物プランクトンの細胞内りん重量P_a (mg·P)と植物プランクトンの炭素重量C_a (mg·C)を用いてセル・クォタ値は下式のように表される。

$$\psi = P_a / C_a$$

一般的に、水域内の栄養塩濃度が高い状態にあると植物プランクトンは増殖しやすいが、水中の栄養塩濃度が高い時期と増殖が起こる時期に時間のずれが見られる場合がある。植物プランクトンの増殖の栄養塩制限に水中のりん濃度を用いるMonod型モデルでは、このような現象を再現することは難しい。

アオコを形成する藍藻類は、富栄養化の制限要因の一つとなるりんをポリリン酸の

形で細胞内に蓄積でき、そのりんを利用して増殖できることが知られている。すなわち、藍藻類は水中の栄養塩濃度が高い時期に水中の無機態りん（りん酸態りん）を体内に蓄積することにより、その後、水中の栄養塩濃度が低下した状態下においても蓄積したりんを利用して増殖できることとなる。したがって、富栄養化現象に対する栄養塩制限を考えるにあたっては、水中のりん濃度だけでなく細胞内りん濃度の影響を考えることが重要となる。

このような植物プランクトンの増殖と栄養塩の摂取を分離して扱うことができるモデルも提案されている。Droop (1968) のモデルでは、セル・クォタ値と藻類の比増殖速度との関係は次式のように表される。

$$G_P = R_P f_T f_I f_B$$
$$f_B = 1 - \psi_{min} / \psi$$

ここで、G_P：比増殖速度、R_P：最大比増殖速度、f_T：水温による藻類増殖制限因子、f_I：日射による藻類増殖制限因子、f_B：細胞内りんによる藻類増殖制限因子、ψ：セル・クォタ値、ψ_{min}：最小セル・クォタ値（サブシステントクォタ）。

図12.10には、セル・クォタ値と藻類増殖制限因子およびりんの摂取速度との関係を模式的に示した。セル・クォタ値がある程度小さくなると藻類増殖制限因子が急激に減少し、藻類の比増殖速度が減少する。また、セル・クォタ値が小さいほどりんの摂取速度は上昇することがわかる。

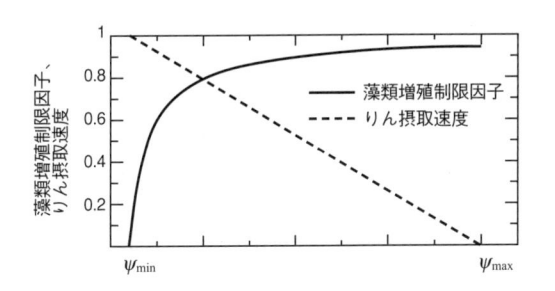

図12.10　セル・クォタ値：ψ
平山彰彦・和氣亜紀夫 (1998) より引用

12章

■レッドフィールド比（Redfield ratio）

　海洋中の植物プランクトンは太陽光を受け、二酸化炭素と栄養塩を使って光合成をするが、このときに植物プランクトンが取り込む炭素と窒素とりんの比率は一定で106：16：1になる。これは、レッドフィールド比と呼ばれている。これらの値は海洋中での植物プランクトン生産を議論する時に重要な値とされる。実際の海洋では、炭素と窒素の取り込み比がレッドフィールド比からずれることが報告されている。例えば、ブルーム初期、ブルーム、ブルーム終期、ブルームでない状態を捕らえることのできる北東部大西洋西経20°、北緯30～60°の生物生産の活発な表層において、炭素、窒素の溶存無機成分、溶存有機成分、粒子成分の測定では、粒子物質のC：N比はレッドフィールド比にほぼしたがうが、「季節的新生産」や「移出生産」におけるC：N比は、栄養塩の消費にともなってレッドフィールド比から大きくずれた。そのC：N比は、ブルーム初期の5～6からブルーム終期、貧栄養状態の10～16に増加することが示されたとの報告がある。

　なお、**ブルーム**とは語源的には開花の意味だが、微生物の研究分野ではプランクトンの大増殖を意味している。

13章

水質対策

13.1 湖内対策

■ **生物学的水質改善法**（biological water improvement method）

　水生生物（微小藻類、原生動物、魚類、貝類、水生高等植物等）によって水中の栄養塩類や有害物質を吸収蓄積させることにより水質改善を行う諸手法の総称である。

■ **植生浄化**（water purification by wetland system）

　湖沼や貯水池の富栄養化対策技術の一つである。湖岸帯や流入河川河口部などの湿地帯を利用してヨシ等の水生植物を繁殖させ、有機物の浄化や植物による栄養塩の吸収、浮遊藻類の沈殿、脱窒等の作用を利用して水を浄化する方法である。植生浄化によく用いられる植物は、ヨシ・マコモ等の抽水植物、ホテイアオイ・ウキクサ等の浮葉植物である。

　ヨシ等の抽水植物を用いる場合は、土壌の吸着作用による効果も期待できる。また、水生植物は水質浄化機能ばかりでなく、魚類、貝類、エビ類等にとって重要な生息や繁殖の場を提供する。

■ **浮島**（artificial floating with aquatic plant growth）

　ここでいう浮島は、浮体の上に人工的に植栽を施したものである。浮体の構造は比較的単純で、一般にフレームとそれを浮かべるための発泡スチロール、植栽基盤およびアンカーからなるものから、複雑な自然類似のものまでさまざまなものがある。植栽基盤としては空隙が大きく強度があり、太陽光照射によっても分解されにくく環境に悪影響を及ぼさない資材を選定する。植栽植物にはヨシ、ガマ等の水生植物が用いられる（図13.1参照）。

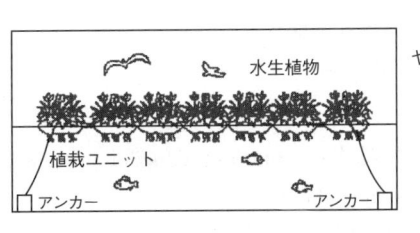

図13.1　浮島の設置例
電力土木技術協会（1999）より引用

浮島は、湖岸侵食防止と湖岸保護、生物の生息空間（ハビタット）の創出および修景（景観的アクセントとしての浮島）、水質浄化などの効果が期待される。また、浮島の利点として湖沼や貯水池水位の上昇・下降に追随できるため、ハビタットなどへの影響が少ないことがあげられる。なお、これら機能のほかに、浮島の水中部分の水質浄化機能を優先したものを人工生態礁という。

人工生態礁（artificial floating ecological reef）

湖沼や貯水池では、植物プランクトン、動物プランクトン、底生動物、付着生物、魚類等が食物連鎖を通して相互に関係している。人工生態礁とは、動物プランクトンの生育環境を整備することで浮遊性の藻類が増殖しにくい環境をつくり出し、植物プランクトンの異常増殖を抑えることをねらいとしている。

人工生態礁の概略構造を図13.2に示す。ポリエチレンなどでできたネットやヒモ（人工根）を人工礁からつるし、動物プランクトンが魚類からの過剰な捕食を免れる構造となっている。

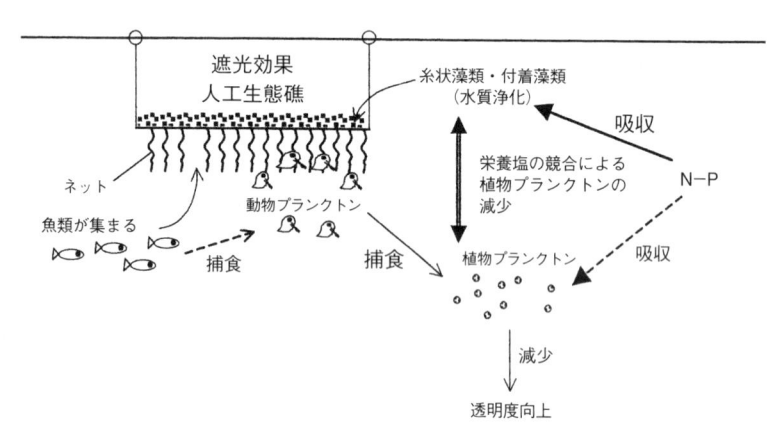

図13.2　人工生態礁のイメージ
山形勝巳（2000）より引用の上修正

水生生物回収による栄養塩類除去法（nutrient reduction process through the removal of aquatic plants and fishes）

栄養塩類を吸収した水生生物を回収することにより、その湖沼や貯水池の栄養塩類を除去する手法である。たとえば藻類の機械的回収（次項を参照）がこれにあたる。

■ アオコ回収（removal of water bloom algae）

富栄養化が進んでいる湖沼や貯水池では、とくに表層面でアオコ（ミクロシスティス、アナベナ等の藍藻類）が増殖集積し、景観の悪化や異臭味の発生等の問題が生じることが多い。

霞ヶ浦や手賀沼では、アオコ回収装置を搭載した回収船などが配置されており、入り江等での回収が行われてきた。回収方法は、バキュームまたはろ過装置により湖面に浮上するアオコを含んだ湖水を回収し、さらに濃縮・脱水してケーキ状にした後、肥料化や焼却が行われてきた。

■ バイオマニピュレーション（biomanipulation）

生物学的改善法に人為的手法を加味して積極的に水質改善をしようとするものである。水中植物群落を積極的に使用する「浮島」や「人工生態礁」がこれにあたる。また、水中植物や藻類を摂取する特定の魚類の移入と収穫による系外への排出、特定の物理的条件の設定による特定微生物の増殖とそれらの代謝物による水中の微小藻類の増殖抑制も含まれる。

適用には水圏生態系の攪乱や利水障害を起こす可能性もあり、慎重な検討が必要である。

■ 流動制御システム（current control system）

濁水長期化現象および富栄養化現象の対策技術の一つである。循環流制御設備等を用いて貯水池内に循環混合層を形成し、濁水が貯水池内で滞留しないよう中・下層に導水したり、植物プランクトンの増殖を抑制したりする手法である。

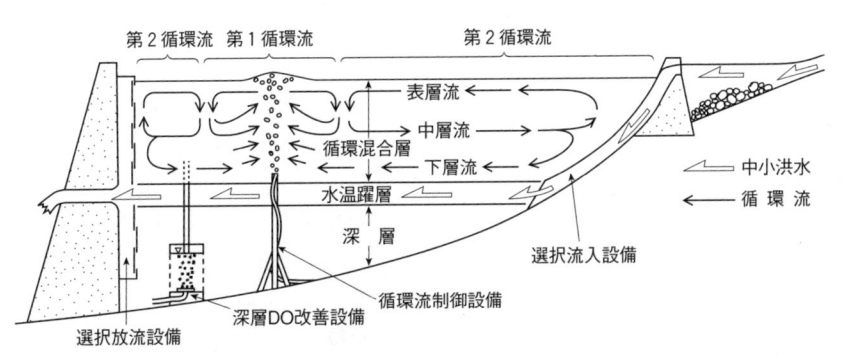

図13.3　流動制御システムの模式図
丹羽薫ほか（1995）より引用

13章

　平常時に湖内の表層付近の水温分布が均一な循環混合層を厚く形成しておき、中小洪水時にもこの層を維持することにより、表層に生息する植物プランクトンへの栄養塩類の供給と日光の透過を抑制し、これにより植物プランクトンの増殖を抑制する。また、出水時の濁質を貯水池の中・下層に導き表層の濁りを軽減する。このシステムは、散気装置による循環流動設備、選択流入設備および選択放流設備からなり、必要に応じて深層DO改善設備を設置することもある（図13.3参照）。

■表層流動化 （mobilizing surface layer water）

　湖沼や貯水池で表層水塊の流動化を生じさせ、表層での滞留時間を短くして藻類の増殖を抑制しようとする方法である。アオコなどの藻類が表層に集積することも抑制できる。この表層の流動化の実施方法としては、圧縮空気を用いた曝気などがある。

■選択取水 （selective withdrawal）

　成層期あるいは半循環期に冷水現象、温水現象や濁水長期化現象等の対策として、貯水池の任意の層から選択的に取水することをいう。このための設備（p.22参照）を選択取水設備といい、その役割を目的別に示すと、次の通りである。

(1) 冷水対策と温水対策

　　選択取水設備を用いて貯水池の水温の高い表層水を選択して取水し、農業用水等のための水温の改善を行う冷水対策は古くから行われていた。

　　最近は水温の高い放流水による下流の生態系への影響を軽減するため、貯水池の流入水と同程度の水温を中間層から選択して放流する温水対策も検討されている。

(2) 濁水長期化対策

　　貯水池内の取水位置の変更を行うことにより、濁水塊もしくは濁度の低い層から選択的に取放水する。また、放流操作により躍層の位置を下げることでより深い層へ出水時の濁水を導き、表層付近の高濁化を抑制できる。さらに、洪水時には高濁度流入水を放流し、洪水が終了する付近では比較的低濁度の流入河川水を貯留する。これにより出水後、表層付近の清水を放流し、濁水長期化を抑制する。

(3) 富栄養化対策

　　特定の水深の位置より取水を行うことにより植物プランクトンの増殖を抑制する。有光層よりも深い層で取水することにより下流の利水に対する植物プランクトンの影響（カビ臭等）を回避または低減する。さらに、有光層で取水することにより貯水池内での滞留時間を減少させ、表層での植物プランクトンの増殖の抑制に寄与する。

13.1 湖内対策

◼ 取水方式（intake system at selective water intake facility）

　一般的な選択取水には表層取水、中間取水および底層取水がある。表層取水は表層の密度の小さい部分を取水するもので、貯水池では温水あるいは洪水後の清水取水に利用される。これに対して、中間取水は密度の大きい方を対象としたもので、貯水池では水温制御、濁度制御などに利用できる。また、取水位置が底面にあるいわゆる底層取水は貯水池では通常は用いられない。

◼ 表層取水（surface water intake）

　ダム貯水池表層部からの取水をいう。春～秋期に水温成層が形成されるダム貯水池では、成層期に底層の冷たい水を放流すると、下流でアユ等の水産資源の育成や稲などの農作物の生育に被害が生じる場合がある。このような冷水現象を回避するため、取水設備によりダム貯水池表層部の温かい水を取水する表層取水を行う場合がある（「表面取水設備」p.21参照）。ただし、表面取水だけを行っていると、夏～秋期には流入水温より高い水温の水を取水する場合があり、下流河川に放流する場合は注意を要する。

　また、洪水時にダム貯水池に貯留された濁水が洪水後徐々に放水されるため、下流河川の濁りが長期化する濁水長期化現象に対しても、洪水後に貯水池表層部の低濁度となった水を取水することにより濁水期間の軽減を図ることができる。

◼ 中間取水（intermediate water intake）

　ダム貯水池の表層部と底層部の中間水深からの取水で、選択取水設備により冷水・濁水・富栄養化対策として表層から底層にかけて中間の任意の水深から取水することが可能である。ダム貯水池の富栄養化による表層の水質の悪化や底層における冷水化を考慮し、適切な中間層を選択し取水する。

◼ 底層取水（bottom water intake）

　ダム貯水池底層部からの取水をいう。ダム貯水池において、富栄養化の進行や洪水時における濁水塊の貯留にともない、表層～中層に至る水質が悪化した場合に、放流による下流河川の水質悪化を回避するため底層から取水することがある。ただし、底層は一般に冷水層を形成していることが多いため、下流部に農業水利がある場合にはとくに注意を要する。

◼ 全層曝気循環システム（whole layer aerating/recirculating system）

　貯水池の富栄養化対策技術の一つで、貯水池内全体を曝気循環して貯水池内に溶存酸素（DO）を供給し、長期間滞留となる水塊部分を解消させるものである。このシス

テムは、深水層水を表層水中に強制的に移動させることによって、植物プランクトン（藻類）の無光層への移動、表層水温の低下により、植物プランクトンの増殖抑制または死滅を図るものである。ただし、底泥の巻き上げや深層の栄養塩類の表層への移動を引き起こすことがあるので、慎重な操作が必要である。とくに、冷水現象や濁水長期化現象が発生している貯水池では、全層曝気循環方式がそれらの問題を助長するおそれもあるため、富栄養化対策を含めた総合的な対策として、この方式を適用するにあたっては十分に配慮する必要がある。

なお、本法は多目的貯水池での適用は原則として不適である。ただし、完全循環期のみの使用の場合は水質監視体制のもとで慎重に運用する。

浅層曝気循環システム（epilimnion aerating and recirculating system）

ダム貯水池の富栄養化現象および濁水長期化現象対策用のシステムの一つである。富栄養化現象対策用としては、比較的水深の浅い位置（15〜20m程度）に空気を送り込むことで貯水池浅層部に循環混合層を形成させ、水温躍層の位置を低下させる。流入河川からの栄養塩濃度の高い流入水をこの水温躍層へ導き、表層への栄養塩の供給を抑制し植物プランクトンの異常増殖を抑制する。また、循環混合層が表層に生息する植物プランクトンへの光を制限し、水面付近の温度も低下させることからも植物プランクトンの増殖を抑えることができる（図13.4参照）。

また、濁水長期化現象対策用としては、循環混合層を厚く形成することによって洪水時の濁水を深部へ導き、表層への濁りの拡散を防止する。

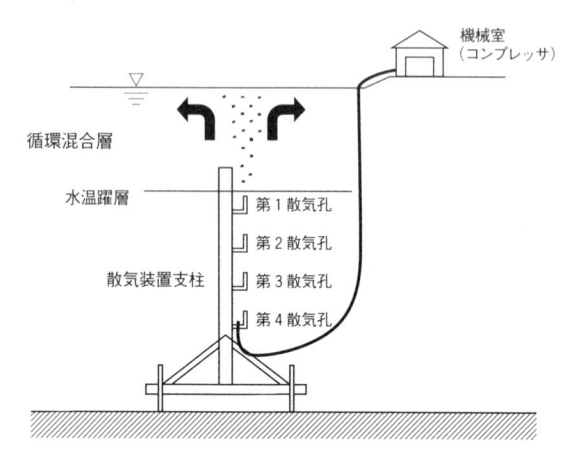

図13.4　浅層曝気循環システムの装置の模式図
盛下勇（2002）より引用

● 深層曝気循環システム（hypolimnion aerating and recirculating system）
　ダム貯水池の富栄養化対策技術の一つであり、水温成層を破壊することなく深層水のみを曝気・循環させて深層水のDO回復を目的とする方法である。深水層で嫌気化が進行している貯水池では、硫化水素などの還元物質を含む底層水の放流、底泥からの栄養塩の回帰があり、これらの対策として深層曝気循環システムが有効とされている。
　これらの装置にはさまざまな形式のものがあるが、図13.5に「浮上槽型式」と「沈水式」の2例を示す。

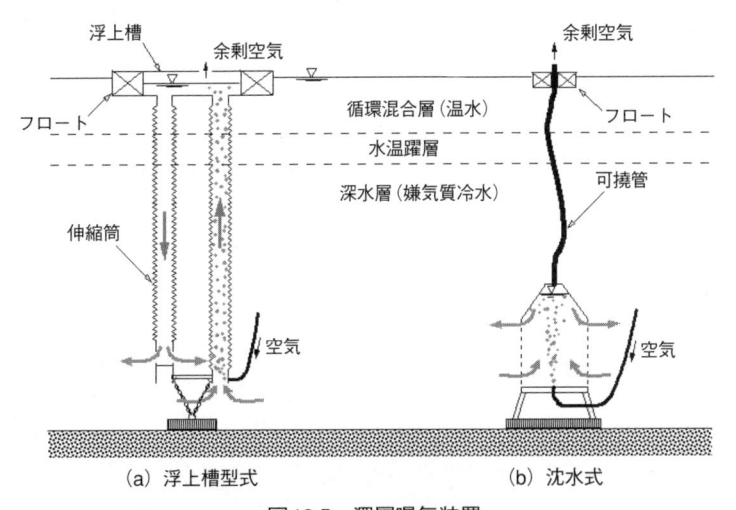

図13.5　深層曝気装置

　浮上槽型式は、片方の伸縮筒中で深層水を空気浮上により連行・曝気し、浮上槽で余剰空気を排出して、他方の伸縮筒で深層層へ戻す。沈水式は、深水層に沈めた槽の中で取り入れた水を曝気して深水層へ戻す。余剰空気は可撓管により排出する。

● 間欠式空気揚水筒［気泡弾方式揚水筒］（intermittent air-lift type column or air bubble bullet type column）
　植物プランクトン（藻類）の増殖を抑制することを目的に湖沼や貯水池の水を循環し、混合させる方法の一つである。揚水筒内の下方から間欠的に大型の気泡（気泡弾と呼ばれる）を噴出させ、その上昇にともなって中層以深の水を表面に押し上げることで水の混合を行う方式である（図13.6参照）。
　このように、深水層水を表層水中に移動させることによって、植物プランクトンの無光層への移動、表層水温の低下をもたらし、その結果、植物プランクトンの増殖を

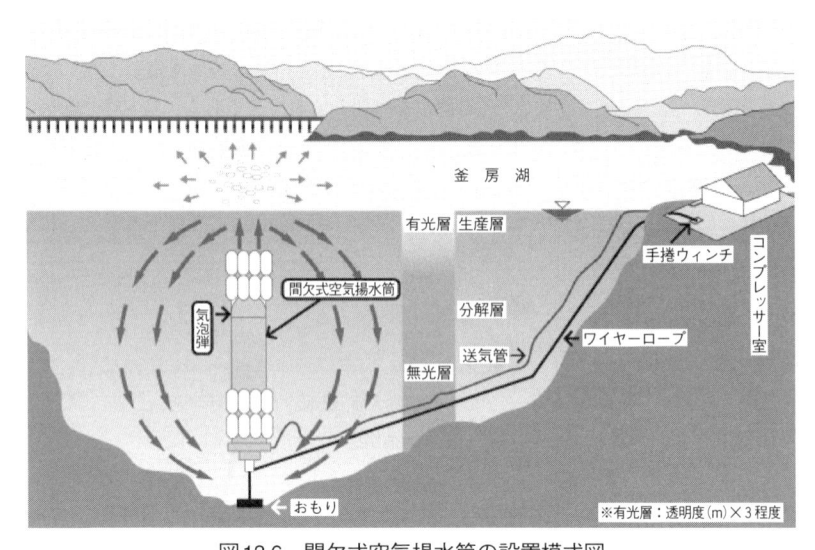

図13.6　間欠式空気揚水筒の設置模式図
国土交通省東北地方整備局釜房ダムホームページ（2005）より引用

（a）深層曝気用エアレータ

（b）表層曝気用エアレータ

図13.7　曝気用エアレータ
Helmet klapper（1991）より引用

抑制または死滅させ、現存量を減少させることによって浄水処理の障害を間接的に減少させることができる。なお、間欠の気泡弾式はエネルギー効率が悪いので、多目的ダムでは近年は連続の散気式が多く使われている。

■ 機械式曝気システム（mechanical aeration system）
　水中に大気中の酸素を機械的に導入するために水流を発生させる方法で、ヨーロッパの下水処理で数多く使われてきた。水面をタービン翼、水車等によって機械的にかき混ぜることにより空気と水との接触機会を増し、水中への酸素の溶解と混合を行う装置である。養魚地ではこの種の固定式の装置が必ず設置されて、安価に溶存酸素を供給して魚類の大量飼育を可能にしている。
　湖沼や貯水池への導入についてはわが国では未だその実績はないが、ヨーロッパでは深層曝気用エアレータおよび表層曝気用エアレータの双方が1970年代にすでに供用されていることが報告されている（図13.7参照）。とくに、深層曝気用エアレータは成層期に表層部と深層部の栄養塩類濃度差を解消するために使われてきている。

■ 噴水装置（fountain apparatus）
　親水性や景観を目的として設置されてきたが、近年、多目的に利用されるようになった（図13.8参照）。噴水のもつ機能としては、次のように植物プランクトン増殖の抑制、水温低下、親水、景観面の効果が期待できる。

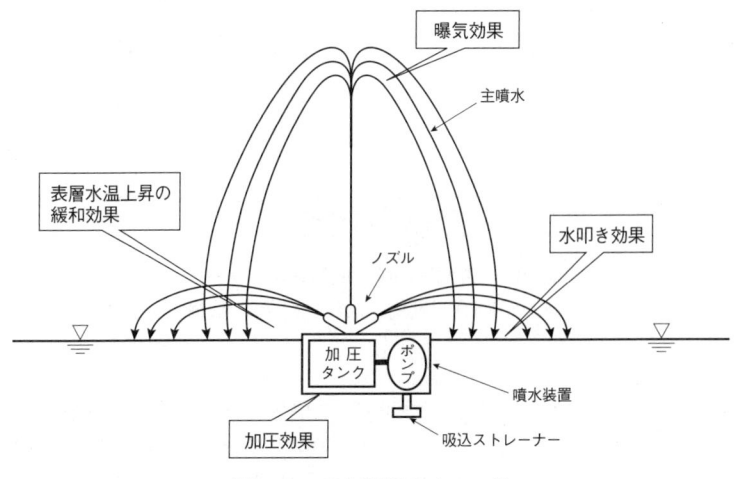

図13.8　噴水装置のイメージ
寺薗勝二(1991)より引用

① 水のポンプ加圧による植物プランクトンの増殖能力の低下
② 噴水ポンプインペラによる攪拌に基づく植物プランクトンの増殖能力の低下
③ 噴水の降水滴が水面を叩くことによる植物プランクトンの増殖能力の低減
④ 湖沼や貯水池の中・底層の水温の低い水を表層に降水させ、表層の水温を下げることによる植物プランクトンの増殖能力の低減
⑤ 噴水の水滴降下による光の遮断および蒸発に基づく表層水温上昇の緩和と、植物プランクトンの増殖能力の低減
⑥ 観光客（ビジター）に対する親水性と良き景観の確保

■ 貯水池の弾力的管理（flexible reservoir management）
　洪水調節に支障を及ぼさない範囲内で、空容量となっている貯水池の洪水調節容量の一部に流水を貯留し、洪水調節容量の一部を有効活用することでダム下流部の河川環境の保全と創出を図ることを目的としている（図13.9参照）。
　ダム下流への効果としては、清流の回復、河床の土砂などのフラッシュ、瀬切れ区間の解消、景観の向上、水質の改善および魚類の生息環境の改善などが期待される。

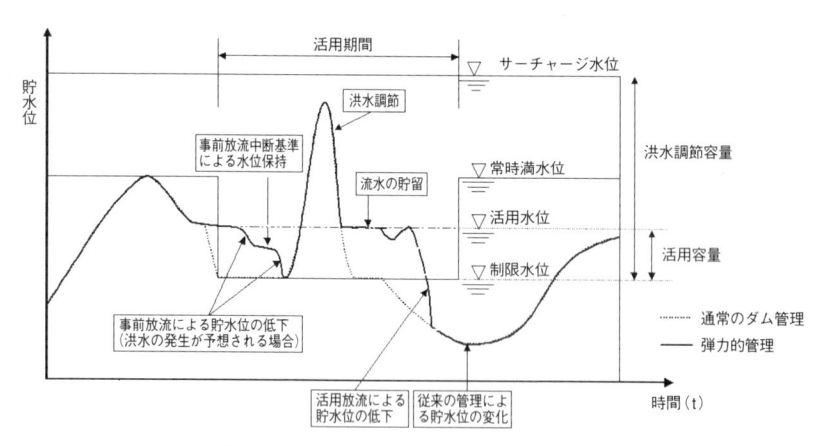

図13.9　貯水池の弾力的管理のイメージ
国土交通省河川局河川環境課(2003)より引用

■ 流入水処理システム（direct treating system for inflowing water in a reservoir）
　流入水処理は、ダム関係者が使用している特定の技術用語である。流入河川中の栄養塩類を擬集剤（硫酸アルミニウム等、鉄塩）で不活性化除去する処理、および土砂や草木の流入の多い河川、流入水中の固形有機物、無機物を礫あるいは副ダムの貯水ス

ペースを用いて物理的に除去する処理のことをいう。さらに、流入河川端の低湿地を利用した、ヨシ・ホテイアオイなどの植物による汚濁河川水の浄化法もこれに含めている。

上流河川からの流入水量が大きすぎる場合は擬集剤を用いた処理は経済的に困難であるが、流入水の礫間処理、副ダムの貯水スペースを用いた処理は、流入河川端あるいは流入河川内のスペースを用いて利用できる場合もあることから、最近では規模の大きな事例もみられる。

■ 副ダム（auxiliary dam）

主ダムの上流部に設けられる小規模のダムのことであり、貯砂ダム、貯留ダムなどの名称でも呼ばれている。副ダムは多目的な役割をもって設置されている場合が多い。また、主ダム下流の減勢工を副ダムと呼ぶ場合もある。これは、洪水吐から落下する水による洗掘防止・減勢のためにダム下流側に設けられる高さの低いダムのことである。

前者の副ダムの目的と機能については以下のように分類されている。

① 土砂対策用

主ダムへの土砂流入を防止するため副ダムに土砂を貯める。堆砂した土砂を排出して再利用する。この場合には主として貯砂ダムということが多い。

② 富栄養化対策用

りんなどの栄養塩を凝集剤の添加によって不溶解性物質に転換して副ダムに沈降させ、貯水池に直接流入するのを防止することで主ダムの富栄養化現象を緩和する目的で設ける。栄養塩の沈降はSSの沈降や土砂の堆積と同時に行われる。この目的のときは主として貯留ダムと呼ぶことが多い。この場合には、3日以上の滞留時間をもつ場合にその効果があるといわれている。

③ 濁水バイパス用

副ダムは濁水や土砂対策としてダム貯水池をバイパスさせる堰として用いられることがある。また、ダム貯水池の濁水の長期化現象を防止、緩和する目的で、洪水後の清水を貯水池にバイパスさせて、ダム直下流に導水するための取水堰の施設として用いられることがある。

④ 渇水濁水対策用

渇水時にダム貯水池の水位が低下した場合に渇水濁水という濁水現象が発生し、ダムの濁水問題を起すことがある。このような場合に末端に副ダムを設ける。

⑤ 生態系保全用

ダム貯水池の水位が低下した場合にダム貯水池の魚類等の産卵場やエコトーン帯（移行帯：二つの生物群集が接する部分）の機能が減少するので、水位を一定に保つ

副ダムを設置する。
⑥ 景観保全用
　渇水時にダム貯水池の水位が低下した場合に副ダムによる満水面が確保されることで景観を保全する。
⑦ リクレーション用
　ダム貯水池の水位が変化するのに対して、副ダムは一定水位に保たれるので釣りやボートなどのリクレーション機能を定常的に保持する。

■ バイパス（bypass of waterway）

　バイパスには、貯水池の堆砂軽減を目的とした土砂バイパスがある。そのほかに濁水長期化軽減対策としての清水バイパス、濁水バイパス、および富栄養化対策としてのバイパスがある。また、これらの機能を併せもつ場合もある。以下に、それぞれのバイパスを説明する。
① 清水バイパス
　出水後、貯水池内で全層が混合し濁度が高くなった場合、選択取水設備等の水質保全施設だけでは現状の流入水に比べ放流濁度が高くなる。このような時に備えてダム上流に堰を設け、濁度の低い流入水をダム下流に放流するためのものであり、下流部の水質を保全するために設置されるバイパスをいう。
② 濁水バイパス
　貯水池内が濁水化するのを防止するために、出水期間中に濁水をバイパスさせ、濁水を下流へ放流して貯水池への懸濁物質流入の低減を図るバイパスをいう。
③ 富栄養化対策バイパス
　貯水池内に流入する排水などを貯水池の下流にバイパスし、貯水池内にはできるだけ流入させないようにする方法であり、流路変更（diversion）とも呼ばれている。バイパスすることにより栄養塩等の流入負荷削減が可能となるため、富栄養化対策としての効果が得られる。

■ 物理的除去法（physical control of algae and organisms）

　湖沼や貯水池における富栄養化現象対策として、発生した植物プランクトン等を物理的に除去する方法である。この物理的除去では、障害の原因となる微小生物の種類、大きさによってさまざまな機械的手法が用いられ、湖沼や貯水池水中から直接除去される。この物理的除去法には、①濾布を用い生物体を濾布に補足する濾布法、マイクロストレーナー法、②遠心力を用いて水中から生物体を分離する遠心分離法、③微細気胞に生物体を付着させ分離濃縮する加圧浮上法などがある。なお、これらを単独に

使用する場合と組み合わせて用いる場合もある。

　水質面での障害は、微小生物の大きさと量(数)によって引き起こされる。これら微小生物は、ほぼその大きさが同じ個体群であるため、その個体の大きさより小さな孔径の濾布を用いれば微小生物体と水を分離することができる(濾布法)。また、遠心力を働かせることによって水から分離させることができる(遠心分離法)。さらに、微小生物の比重は水に近く、水中を分散して浮遊しているので加圧水を水面に向けて放出すると、大気圧に戻るために生ず微気泡に微小生物が付着して表層に浮上濃縮させることができる(加圧浮上法)。いずれの手法においても、水中より微小生物を分離・除去することによって障害発生限界以下とし、浄水処理工程における障害を軽減あるいは解消させようとするものである。

● フェンス（fencing measure）

　貯水池における濁水による表層の濁りや植物プランクトンの増殖を抑制するために、貯水池内の水の流動を制御するフェンスを設置して水質の改善を行う手法である。

　貯水池の流入端にフェンスを設置し、出水時の濁水や栄養塩に富んだ流入水を深層部に導入することによって表層の濁りを減少させ、また、植物プランクトンへの栄養塩類の供給を抑制し、植物プランクトンの増殖抑制を図るものである(図13.10参照)。なお、栄養塩類を有光層へ再浮上させないように、選択取水設備と併用することも効果的である。ただし、流木等の多い貯水池や水位変動の大きい貯水池では、フェンスが流水の阻害とならないよう、容易に撤去、再設置ができるような工夫が必要である。

　湖沼で発生する藻類が湖水面の表層に集積しているとき、風による吹送流により湖面を一定方向に移動することを利用して、藻類をフェンス内に取り込むことを目的とした代表的な例としては、霞ヶ浦の土浦港に設置された「アオコ吹寄せ防止フェンス」がある。

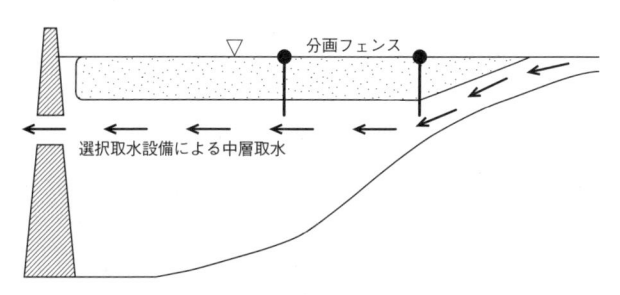

図13.10　フェンスの効果模式図
水資源開発公団水環境研究室(2001)より引用

りん吸着材 (phosphate absorbent material)

　水中ではりん化合物はさまざまな形態で存在するが、無機態の粒子状りんや有機態りん等は吸着によって直接には除去することができない。しかし、溶解性無機態りん（溶解性のオルトりん酸態りん：$D \cdot PO_4-P$）は吸着により除去することが可能である。

(1) りん吸着材

　　現在、実用化されているりん吸着除去技術は、いずれもオルトりん酸塩と化学的に反応させて水に不溶の物質を生成する現象を利用する。利用可能な物質としては、陽イオン（Al, Fe, Mg, Ca）系の物質があげられる。このうち、広く自然界に存在してAlあるいはFe等を含有する物質としては、赤玉土および鹿沼土等の火山灰土がある。なお、吸着材表面に吸着されたりん酸イオンは、次いで土壌コロイド中の水酸基〔OH^-〕等の陰イオンに交換されてAlと強固に結合し、不溶解物質として固定される。

(2) りん吸着の原理

　　りん吸着材表面の吸着現象は、その機構によって化学吸着と物理吸着とに分けられる。物理吸着は、その原因がファンデルワースの引力による場合などの特殊な場合に限られており、表面吸着のほとんどは化学反応、すなわち化合物の分解・生成をともなう化学吸着である。

(3) 吸着材料の種類と特性

　　現在、水中のりん酸イオンの吸着除去材としての効果が確認されているものは、活性アルミナ、鹿沼土、軽質マグネシア（MgO）および転炉スラグ（Ca, Fe等の酸化物および炭酸塩の熔融物質）の4種類がある。そのうち、活性アルミナについては廃水処理装置でも使用された実施例がある。なお、吸着材の適用可能な水質は、$D \cdot PO_4-P$濃度として$0.04 \sim 0.05 \, mg/l$以上とされ、除去率は40％程度といわれている。この吸着材の使用に当っては、無機および有機性の濁質はりんの吸着を妨げるため別途の対策が必要である。

化学的不活性化処理 (nutrients inactivation process by dosing coagulants)

　ポリ塩化アルミニウム（PAC）、硫酸アルミニウムあるいは第二鉄塩等の水溶液を貯水池内に散布し、水中に含有している栄養塩類（主として溶解性りん化合物）を凝集沈殿処理することで不溶解性の化合物を形成させ、藻類に利用されないようにする処理のことである。一般的に、この種の不活化では栄養塩類を植物の利用できない形態に変えること、とくに有光層に含まれる栄養塩類の除去、そして水中での利用可能な栄養塩類の削減と再循環を防止することなどが目的としてあげられている。

　化学的不活性化は、物理的制御による対策では効果が期待できないりん流入量の多い貯水池に適用されることがある。諸外国では湖面積$0.004 \sim 1.2 \, ha$、最大水深2.1〜

3.3mの湖沼で実施された報告があり、このほかに浅くて比較的規模の小さな湖沼や貯水池において適用されてきたという。日本では、多目的ダムでは用いられたという報告はないが、小規模の水道専用ダムでは実施例が報告されている。

● 殺藻剤の散布（algicide dispersion）

障害の原因となっている微小水生生物等の殺藻あるいは増殖制御のため、湖沼や貯水池内に制御剤を散布して溶解させる手法である。使用する生物制御剤は安価で、しかも少量で効くものほどよいが、一方、人畜に無害で魚類や農作物に被害を与えないことが必要である。この種の生物制御剤としては、硫酸銅、塩素、二酸化塩素、粘土などがある。

硫酸銅は藻類に対してとくに効果がある上に、塩素剤より毒性が少ないので取り扱い上の危険がなく、処理作業も容易である。また、薬効もかなり持続性があるので、殺藻剤として東京都の奥多摩湖などで使用されてきた。しかし現在は、人体や生態系への影響から使用されていない。

塩素は真菌類や微小動物（動物プランクトン）に対して効力が大きく、しかも速効性であること、連続注入が可能なことなどの長所をもっている。しかしその反面、毒性があるので取り扱いが難しいこと、効力に持続性がなく、酸化されやすい物質であること、また日光など光により分解され易いなどの欠点がある。

粘土は、アルミニウムなどが含まれていることから凝集沈殿効果とともに殺藻効果ももっているといわれているが、注入量が多くなるという問題がある。また、沈降しにくく、高濁度が長期間維持されて景観上の障害となる。

このように、殺藻剤の散布は二次的障害を引き起こすこともあり、充分な注意が必要とされている。とくに、多目的ダム貯水池では利水上の制約があり、その実施には厳密な水質管理が望まれる。

● 干し上げ、池干し（lake level drawdoun or lake bed drying-out）

有機性に富む底泥が生成されると底質は悪化し、底泥から水中への栄養塩類の溶出や底泥表面での貧酸素化、硫化水素（H_2S）の発生等が起こる。これらの底質と底泥の改善のために、干し上げ、池干しによって水抜きを行って底泥を空気にさらすことにより底泥中の有機物を分解し、再注水時の栄養塩類の溶出を抑制しようとするものである。この底泥からの栄養塩類の溶出の減少により、発生する藻類量も減少することから富栄養化抑制の対策とされている。

また、底泥を乾燥させたり、日光（紫外線）に曝されたりすることにより、底泥中に存在する藻類の栄養細胞や休眠胞子を殺傷もしくは活性を低下する効果が期待できる。

13章

その結果、再注水後における植物プランクトンの増殖を抑制する効果も期待される。

● 底泥の浚渫（sediment dredging for eutrophication prevention）

湖沼や貯水池の底泥の浚渫は元来、流入した土砂を排除して貯水容量を確保することが主たる目的である。そのような目的での浚渫も各地で行われてきた。しかし、流域からの有機物や栄養塩類の流入が多くすでに富栄養化していて、水面の近傍にアオコの層が形成されるような湖沼では、底泥そのものが有機物や栄養塩類含有量の極めて多いものとなっている可能性が高い。

富栄養化防止のためには湖内に流入する栄養塩類を減少させることが抜本対策であるが、既に湖内に流入した栄養塩類や湖内で生産された有機物（プランクトン等）の堆積により形成された底泥からの栄養塩の供給も富栄養化現象の大きな要因となる。そのため、有機物や栄養塩類を多量に含有する底泥の浚渫が行われている。この浚渫は、底泥からの栄養塩溶出を防止することを目的とするほか、重金属等の有害物質の除去、さらにボート遊び、釣り、水泳などのレクリエーション活動や船舶の航行のための水深の確保などがあげられる。

底泥からの栄養塩類の溶出は、浅い湖沼では流入する栄養塩類よりも多くなることもあり、底泥の浚渫は湖内の富栄養化対策として重要な対策と位置づけられている。また、浚渫することにより水深が大きくなると水温成層が形成され、躍層以深の水の動きが小さくなるため溶出した栄養塩が生産層まで上昇しなくなることもある。浚渫の実施例としては、霞ヶ浦、手賀沼等があげられる。

● 底泥被覆（covering sediment）

覆砂（sand capping）ともいう。湖沼や貯水池に堆積する有機物、栄養塩含有量が多い底泥は、嫌気的状態になると有機炭素や溶解性窒素、りん化合物を溶出して湖内水質への大きな負荷となる。底泥被覆は、そのような汚染した底泥を化学的に安定した材料や物質（固体）で被覆し、底泥からのこれら栄養塩の溶出を抑制することで水質改善や底生生物の回復を図るための工法である。

被覆材料としては、湖内材料の砂、シルト、下層の粘土等を使用する場合があり、湖外材料として砂、粘土、プラスチック、フライアッシュ等が使用される場合がある。ただし、効果が明確になっていない被覆材料では、かえって水質に悪い影響を与える有害物質（例えば、りん化合物）が含まれている場合があることに留意する必要がある。

なお、実施事例としては、チャールズ・イースト湖（インディアナ州、アメリカ）がある。ここでは、1975年夏に1,430トンのフライアッシュと275トンの石灰で底泥の被覆が実施された。

◖裸地対策（bare ground measure）

　一般的に、ダム築造によって造られる貯水池は天然湖沼と異なり、水位操作にともない年間を通して水位の変動が大きい。とくに、制限水位方式を採用している貯水池の常時満水位から夏期制限水位までの法面は、季節により水没と露出を繰返すため貧植生、または無植生の帯状の裸出部となることが多い。また、裸地によって景観・環境への影響や湖岸法面の崩壊による堆砂進行、濁水発生などの管理上の問題が発生することから、その対策が求められている。

　裸地対策として、湖面に植生を回復させるための種々の緑化工法が各地で行われている。緑化を成功させるポイントとしては、湖岸の表層土壌の保全を図ることと、水位変動に対する耐冠水性および夏期の減水時の水分不足に対する耐乾燥性に優れた植物を選定・導入することが重要とされている。

　緑化に適した植物としては、湖岸法面を上部（常時満水位付近）・中部・下部（夏期制限水位付近）に分けて確認された植物をそれぞれに分類すると、生育域に関係なく高い頻度で出現するのは、オナモミ類、アメリカセンダングサ、エノコログサ類である。また、水位変動域での適性種を選定する際には、耐冠水性の検討のみではなく、洪水期の減水時（とくに夏季）に降雨等の水分の補給が少なくなることが植物に対してかなり苛酷な状況になることもあり、耐乾燥性についても考慮する。

◖崩壊湖岸対策（levee collapse measure on lake/reservoir fronts）

　湖沼や貯水池の湖岸で発生する湛水時の岸辺の崩壊や地すべりによって水中に濁りが発生する場合、それを防止または抑止する対策である。

　貯水池の湛水によって発生する地滑りの原因は、湛水によって地滑り下部の受動部が浮力を受けること、水位低下時に湛水していた地すべり土塊底部の残留間隙水圧の発生により不安定化するなどによるものである。湛水にともなって起こる湖岸面での崩壊の対策工法には、環境や景観も配慮した緑化工法などが用いられている。

13.2 流域対策

■下水道整備（municipal sewerage system arrangement）

下水道法によると、下水とは、生活もしくは事業(耕作の事業を除く)に起因し、もしくは付随する廃水(汚水ともいう)または雨水をいう。この下水を排除するために設けられる排水管、排水渠その他の排水施設(灌漑排水施設を除く)、これに接続して下水を処理するために設けられる処理施設(し尿浄化槽を除く)またはこれらの施設を補完するために設けられるポンプ施設その他の施設の総体を下水道と称している。下水道は下水道法によって市町村が設置することになっている。

湖沼や貯水池などの上流域に暮らす人々の下水が、未処理のまま貯水池に流れ込むようなことがあると、ダム貯水池内が有機物による水質汚染をまねくことに加え、貯水池内が富栄養化し、アオコや異臭味の発生など水質障害が出現する可能性がある。湖沼や貯水池などの閉鎖性水域の水質を良好に保つためには、流域内の下水の集水と汚水の処理を徹底し、発生する有機物や栄養塩類による汚濁負荷を削減することが有効な対策である。

社会資本整備の重点投資を背景に、下水道整備事業の進展が図られてきた結果、2002年度末における公共下水道処理人口は8,460万人であり、その普及率は66.7％である。しかしながら、下水道普及率の地域間格差が顕在化している。とくに、湖沼や貯水池上流域に位置する小規模な市街地や農村地域では下水道の普及は極めて遅れているのが実情である。これらの地域に設置する下水道施設からの放流水は、有機物(BOD, COD)だけでなく、栄養塩類(全窒素、全りん)の含有量が極めて少ないものであることが望まれているが、このような水域での水質環境基準は全窒素および全りんの基準値が定められていない場合が多いのが実情である。

■合併処理浄化槽（household wastewater treating facility）

下水道未整備地区や下水道整備計画のない地区において、生活排水としてのし尿と生活雑排水を併せて処理する浄化槽である。これに対して、し尿のみを処理する浄化槽を単独処理浄化槽という。水質汚濁の原因として生活排水の寄与の割合が大きくなってきており、生活雑排水を未処理で放流する単独処理浄化槽にかわって、下水道や農村集落排水の未整備地域への普及が環境省によって推進されている。

合併処理浄化槽は湖沼や貯水池の上流域などの山間地域での生活系排水の主要な処理設備であり、維持管理が良好に行われるとBOD, SSの除去効果は高いが、維持管理が十分でないと処理効率は極めて劣る。りん、窒素などの栄養塩除去用の施設では一

層の技術開発が望まれている。

　わが国では長い年月にわたり単独処理浄化槽が使われ高い普及率を示してきたが、1995年、旧厚生省は合併処理浄化槽への全面転換を打ち出し、2001年4月以降単独処理浄化槽の製造は中止された。2004年度末における合併処理浄化槽設置基数は約215万基といわれており、単独処理浄化槽設置基数の約1/3である。公共下水道が下水管渠により輸送し、汚水を終末処理場まで送って処理した後、河川や海に処理水を放流するのに比べ、合併処理浄化槽は各戸の敷地内の庭先に設置でき、処理水はその最寄りの公共用水域に放流されるため、未処理の生活雑排水による小河川や地下水の汚染が防止され、目の届く範囲での水循環が図られる。ただし、合併処理浄化槽も適切な設計、設置工事とメンテナンスが行わなければ生活排水汚染を逆に拡大してしまうことに留意する必要がある。とくに、適正な間隔で汚泥汲み取りを行わないと、放流水の水質は基準値を超過する可能性が高い。

● 単独処理浄化槽（flush-toilet wastewater treating tank）

　合併処理浄化槽がし尿と生活雑排水を併せて処理する浄化槽であるのに対して、生活排水のうち、水洗便所のみの排水を処理する浄化槽を単独処理浄化槽と呼んでいる。旧厚生省は衛生的な観点から水洗便所の普及を推奨した。このために、下水道が整備されていない地域では水洗化にともなうし尿のみを処理する単独処理浄化槽が普及した。しかしながら、単独処理浄化槽を設置した家庭や公共下水道に接続していない家庭などでは、生活雑排水を無処理のまま河川、湖沼、海域に接続する小水路へ排出していたため水質汚濁の原因にもなり、生活環境の悪化をまねく結果となった。このことから、現在は単独処理浄化槽の設置は禁止され、合併処理浄化槽の設置が浄化槽法により義務づけられている。2004年度末現在の単独処理浄化槽の設置基数は約650万基といわれており、できるだけ早く合併処理浄化槽と交換されることが望まれている。しかし、全額が個人負担となることが多いため極めてむずかしいのが実情である。

● 生活排水対策（polluting prevention measure by household wastewater）

　生活排水は、人間が生活・活動するすべてのところで排出されるし尿および生活雑排水から構成される。河川などの公共用水域の水質汚濁防止を図るためには、生活排水の処理を適切に行わはなければならない。

　下水道が整備されていなかった地域では、かつてトイレの水洗化にともない発生するし尿のみを処理する単独処理浄化槽が普及した。このタイプの浄化槽を設置した家庭を含め、下水道に接続していない家庭では、生活雑排水は未処理のままで河川、湖沼、海域につながる小水路へ排出されていた。この結果、公共用水域の水質汚濁は深

13章

刻化した。生活雑排水は住民の生活水準の向上にともない、有機物とともに栄養塩類の排出負荷量が増加の一途をたどり、一部の閉鎖性水域では急速な富栄養化が進行した。このため、湖沼や貯水池では藻類や水生植物が異常増殖し、水利用の際に水質障害さえも発生するようになった。

　生活排水対策としては、都市部では下水道整備を促進するほか、地域の実情に応じた小規模下水道施設としての特定環境保全公共下水道、コミュニティプラント、農業集落排水施設、合併処理浄化槽などの整備が行われてきているが、今後はさらに地域全体の水循環を考慮した生活廃水対策の確立が望まれている。2003年度末におけるわが国の生活排水処理受益人口は9,850万人、普及率は77.7％である。

■ 農業集落排水事業（wastewater treatment facility in agricultural village）

　農村集落地区に位置する家庭からの汚水、すなわち家庭のトイレ、台所、風呂場などから発生する生活排水を集め、処理して水路や川へ戻すことにより農村の生活環境の健全化と快適化を図るとともに、農村地域の水環境や農作物の生産条件の改善を図る事業である。

　2003年度末における農業集落排水施設などによる汚水処理人口は328万人、普及率は総人口に対して2.6％であった。農業集落排水施設の最大の特徴は、1集落ないし数集落単位で汚水を処理する小規模分散方式を採用してきた。これにより農村集落から排出される生活排水は、汚水処理場で処理されたのち下流域において再び農業用水や生活環境用水として繰り返し利用する計画とされてきた。しかしながら、汚水処理に要する費用は都市の下水処理よりもコスト高であり、このために汚水処理場の集約化も検討対象とせざるを得なくなってきている。

　農業集落排水施設の整備対象地域は、原則として処理対象人口が1,000人程度に相当する規模以下を対象とし、排除方式は汚水のみを専用管路で集水する分流式を採用している。なお、農業集落排水施設は浄化槽として扱われており、浄化槽法の適用を受ける施設である。

■ 土壌浄化法（wastewater purification system by soil）

　土壌の有する物理的、化学的および生物的な汚濁物質除去機能を用い、生活系排水を比較的広い敷地面積を利用して土壌を通過させることにより、有機物、栄養塩類、細菌・ウイルスなどの浄化を図る技術である。とくに、りんについては土壌の有する物理・化学的吸着作用により80～90％程度除去が可能であるといわれてきた。

　わが国の湖沼や貯水池の多くは、栄養塩類のうちのりんの流入負荷量を制限すれば藻類の異状発生を抑制することが可能で、土壌浄化法によってりん負荷量を大きく削

減できれば湖内に良好な水質が維持できると考えられてきた。しかし、単位面積当りに処理できる排水量が少ないうえに、通常の水処理技術に比べて浄化のために広大な用地を要する欠点がある。なお、土壌浄化のメカニズムは次のようにいわれている。

① 物理的浄化作用

　土壌粒子による汚濁成分のろ過、付着が重要な役割を果たしており、水中の懸濁成分が除去されると同時に、細菌やウイルスのような微生物までも除去される。

② 化学的浄化作用

　汚濁成分が土壌中に含まれる成分と化学的に反応して水中から取り除かれるものである。火山灰土壌ではアルミニウム、鉄が多く含まれるため、りん酸イオン（陰イオン）が土壌中のアルミニウム、鉄などの陽イオンと反応して不溶解性物質として固定化され、地下水中に浸透し難くなる。

③ 生物的浄化作用

　土壌中に生息している微生物は細菌類・菌類・原生動物類など、土壌1g当り数百万個程度にもなる。これらの微生物が土壌中に進入してきた有機汚濁物質を分解する。また、このような微生物だけでなく、ミミズのような大型生物も浄化に寄与している。なお、土壌中が好気状態である場合は窒素の硝化が進み、その後に嫌気状態になれば脱窒が起こり、窒素も除去される。

● 礫間接触酸化法（pollutant purification system by conglomerate contacting filter media）

　水路中に礫（直径10〜15cmの割栗石、素材にとくに限定なし）等の接触材を充填し、滞留時間を1時間程度に設定し通過させることで浮遊物質（SS）などを捕捉して、これを接触材に付着する微生物群の働きによって分解させる作用を応用した水質浄化手法である。物理的、化学的、生物的な浄化反応を組み合わせて利用する手法であり、主として浮遊性有機物の除去に効果がある。したがって、有機物の除去はもとより、浮遊性の物質を構成しているものであれば、処理条件によっては窒素、りんの一部も除去できる。

　なお、この礫間接触酸化法はBODで5〜15mg/ℓ程度の水質に適しているが、河川などへの適用にあたっては下記に留意する必要がある。

① BOD20mg/ℓ以上の場合には曝気が必要となる。
② 曝気を行った場合、SSの除去率が低下する傾向がある。
③ 洪水時などのSS濃度の高い水を礫水路に導入するときは目詰まりの可能性がある。
④ 冬期水温が低下する季節はBODなどの除去率も低下する。

⑤ 洪水時に施設が冠水したときには、接触材の洗浄が必要となる場合がある。

この手法は、本来河川がもっている自然の浄化能力を活用したものであり、大きく分けて次の三つの作用からなる。

(1) 物理的浄化作用

礫間接触酸化施設に流入した汚濁水中に含まれる有機汚濁物などは礫間に取り込まれ沈着する。この結果、水中に残存する有機汚濁物などの粒子が減少する。

(2) 化学的浄化作用

礫間で酸化、還元、凝集、吸着などの作用によって有機汚濁物質などが無害なものに変化したり、沈殿しやすくなって水中に溶け出しにくくなったりする。

(3) 生物的浄化作用

有機汚濁物質が礫表面に生息する微生物によって酸化分解される。

● し尿処理施設 (night-soil treatment facility)

汲み取り式便所のし尿、および単独または合併処理浄化槽からの引き抜き汚泥を合わせし尿運搬車(通称バキュームカー)で回収し、微生物のはたらきなどによって浄化して処理水を河川などの公共用水域へ放流する廃棄物処理施設である。

わが国では、国民の生活水準の向上とともに快適な生活環境への欲求の高まりにともない、下水道や浄化槽と組み合わせた水洗式便所の普及が進み、汲み取り式便所は減少してきている。しかし、浄化槽、とくに最近では合併処理浄化槽の普及が推進され、これらの施設からの引抜き汚泥を処理するための専用施設として利用されていく傾向にある。

し尿は、「廃棄物の処理および清掃に関する法律」において一般廃棄物として扱われており、その収集・運搬・処理・処分に関しては市町村の事務として法律に定められ、一定の水準にしたがって市町村が責任をもって計画を立てて遂行することが義務づけられている。

● 崩壊地対策 (landslip blocking measure)

湖沼や貯水池が上流域の土砂崩壊によって受ける影響としては、流入土砂量の増大(堆砂の過度の進行)、濁水長期化現象の発生が考えられる。このため、貯水池への流入土砂の軽減を図るべく、貯水池上流河川における崩壊地対策として山腹工(法切工、土留工、緑化工等)、谷止工、およびグリーンベルト(湖岸、河川域の植林化)が実施されている。この他、護岸工や砂防ダム・スリットダムによる貯砂・土砂調節、流路工による流出土砂の軽減・河道の安定化が行われている。

13.3 下流対策

◉ 温水施設（water warming facility）

　栽培植物の適度な生長を維持するために、貯水池内の水温が低い場合、これを昇温させて適温に近づける施設を温水施設という。一般に、灌漑用水は栽培作物種との関係から比較的高い水温が要求されることが多い。とくに、寒冷地では水温は水質・水量とともに用水の必要条件となる場合が多い。

　わが国の代表的な栽培作物である水稲の生育にかかる最適水温は、水田平均水温で昼間30～35℃、夜間25～30℃であるといわれている。灌漑用水が融雪水、発電放流水、貯水池下層水などの放水のために冷水温である場合は、貯水池に表層温水取水施設を設けるか、温水池、温水路などの温水施設を水源から水田までの区間に設置するか、または水田付近に回し水路（ヌルメ）、分散灌漑板などの温水施設を設置する施策がとられている。

◉ 放流水浄化設備（discharged effluent purifying facility）

　利水を含む正常流量を年間を通じて支障なく補給するため、異臭味障害が発生しやすい期間に、貯水池の下流に放流した水を生物膜ろ過設備により藻類およびカビ臭物質を除去する施設である。

　生物膜ろ過設備は、浄水場で用いられている緩速砂ろ過を放流水の浄化設備として発展させたものであり、藻類およびカビ臭物質の浄化効果が高く、維持管理についてもろ過膜をうまく制御させると比較的維持管理が容易な浄化設備となる。放流水浄化設備のイメージを図13.11に示す。

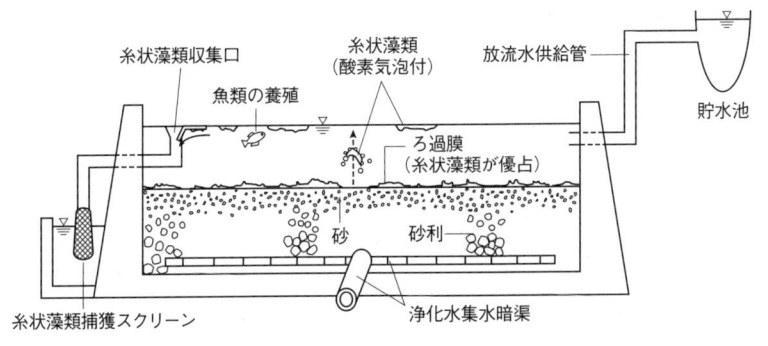

図13.11　放流水浄化設備のイメージ
丹羽薫・久納誠（1992）より引用

14章

水処理関連

14.1 浄水処理関連

■ **浄水操作**（water purifying operation）

　天然の水（表流水・地下水等）を水道水、工業用水などの利水目的に合致した水質にするために、物理学的、化学的手法を用いて水利用に障害となる物質を除去することを目的としている。

　処理方法としては、①沈砂－塩素消毒、②沈砂－普通沈殿－緩速ろ過－塩素消毒、③沈砂－薬品凝集沈殿－急速ろ過－塩素消毒が基本である。最近では塩素消毒のための塩素注入量が増加していることから、トリハロメタン発生量の増加を抑えるため、オゾン酸化、紫外線照射を併用している場合もある。また、固液分離方法として、最近では人工膜によるろ過などが使用されている。さらに、薬品凝集沈殿の効果をあげるため前塩素注入を行ったり、異臭味物質を除去するために急速ろ過の後にオゾン酸化、活性炭吸着を行う場合もある。

■ **消毒または殺菌処理**（disinfection or sterilization process）

　浄水操作において行う消毒または殺菌処理は、塩素などの化学的薬剤を用いる方法と、オゾンや紫外線を照射する物理的作用による方法に大別される。飲料水の衛生上の安全性を維持するための消毒または殺菌方法としては、塩素、オゾン、二酸化塩素、紫外線照射などがあるが、水道法施行規則において給水栓（蛇口）での遊離残留塩素が $0.1\,mg/\ell$ 以上、結合残留塩素では $0.4\,mg/\ell$ 以上を保持することが定められている。給水管末端での遊離塩素の残留効果をもつ点において、わが国では遊離塩素または塩素酸以外の薬品を使用することは認められていない。一般には水道水の浄水処理工程の最終段階で塩素注入を行うことは後塩素処理とも呼ばれており、送・配水管路での塩素消費量を考慮して注入量が決定される。

　塩素剤としては、小規模施設では次亜塩素酸ナトリウム、大規模施設では液化塩素が用いられている。塩素剤を過剰に注入すると余剰の遊離塩素によるトリハロメタン（THM）の生成という問題が生じるため、THMを生成させない方法として、結合塩素としてのクロラミンによる処理やその他欧米で導入実績のある二酸化塩素処理が注目を集めてきているが、わが国では後塩素処理用としては実用されていない。

■ **塩素処理または塩素消毒**（chlorination or disinfection by chlorine）

　水処理プロセスの一つで、大規模施設では液体塩素を、小規模施設では一般に次亜塩素酸ソーダ液を用いて、塩素により酸化・殺菌・脱色を行う処理方法である。水道

では給水するにあたって、必ず塩素により消毒することを水道法により義務づけている。したがって、水道の末端において遊離塩素として0.1mg/ℓ以上、結合塩素として0.4mg/ℓ以上の残留塩素が存在することを要求されている。

　浄水操作では、原水に塩素を注入する前塩素処理と最後に注入する後塩素処理とがある。前塩素処理は原水の汚染が著しい場合、アンモニア性窒素、鉄、マンガンの酸化を目的として行われ、通常、水中のアンモニア性窒素濃度の10倍程度の塩素を注入する。後塩素処理は消毒のためにろ過水に塩素を注入するものであり、塩素の添加量は前塩素処理に比べかなり少なくて済む。また、アンモニア性窒素を含む原水において、塩素処理により生じたクロラミンをさらに塩素注入して分解し、残留塩素を遊離塩素として不連続点を越えて塩素を注入する不連続点塩素処理方法がある。これは、アンモニアに対して塩素の注入量を変えていくと、残留塩素が極小となると同時に残留アンモニア濃度が微量となる点が存在する。この特性を利用したものである。

　塩素はきわめて廉価である上に反応力が強いため広範囲に用いられてきたが、高濃度で塩素を注入するとトリハロメタンなどの有害な副生成物質を生じることがあるために、オゾンや紫外線照射による消毒を行い、塩素注入量を減らすことも検討されてきた。ただし、クリプトスポリジウムのような原生動物には殺滅効果はないことも知られている。

● 普通沈殿処理（gravity sedimentation process）

　微細なシルト、粘土などを自然沈降させる方法で、水道水の浄水処理方法としては最も古い歴史をもち、古代ローマ時代にすでに用いられてきたといわれている。緩速ろ過の前処理として行われており、緩速ろ過池へ流入する濁質負荷を低減する目的で設けられてきた。しかし、凝集剤を使わずに微細な懸濁質を沈殿除去するために沈殿には長時間を要し、薬品凝集沈殿処理採用の数倍の設置面積が必要となる。しかも、緩速ろ過池の設置にも広大な面積を要する。このことから、現在では設置面積が小さく効率のよい薬品凝集沈殿－急速ろ過処理が主流となり、普通沈殿－緩速ろ過処理方式の施設は、小規模でかつ原水の水質が年間を通じて比較的良好な浄水施設で使用されている程度に減少している。

● 緩速ろ過処理（slow sand filtration process）

　緩速砂ろ過ともいう。主として、普通沈殿（重力沈殿）と組み合わされたろ過処理であり、砂層に3〜6m/日のろ過速度で原水をゆっくりとろ過する処理である。ろ過用のろ材として珪砂の粒子を用いるが、そのろ材の粒度は急速ろ過池より小さい。

　19世紀初めにイギリスで浄水用として考案され、次第に各国に普及していった。当

初は浮遊物の除去を目的としたが、有機物や病原菌の除去にも効果があることがわかり普及していった。普通沈殿と緩速ろ過の組み合わせでは、SSと病原菌のほとんど全部が除去されるほか、色度、鉄、マンガン、溶解性有機物質もよく除去され、アンモニウム塩は硝酸塩に酸化される。これは、砂層の表面に繁殖した好気性細菌や着生藻類がろ過効果とともに浄化に寄与しているためである。しかしながら、浄水場の設置のために広大な面積を必要とすること、高濁度水への対応が困難であることから、次第に大量の浄水を製造できる凝集沈殿と急速ろ過の組み合わせに変わっていった。

緩速ろ過池のろ過作用は、①ふるい分け効果、②ろ材上の生物膜による吸着効果、③ろ層空隙内での沈殿効果、④有機物の分解、⑤酸化作用などによるとされる。緩速ろ過池は、下部集水装置の上に30cmほどの砂利層を置き、その上に70〜90cmの砂層が充填された構造になっている。ろ過が進んで目詰りを生じると、上層部の砂1〜2cmを人力によりけずり取ってろ過を続け、砂層が40cm程度まで薄くなると補砂を行う。

昨今、水道水のカビ臭やトリハロメタンが非常に問題にされているが、緩速ろ過は急速ろ過に比べカビ臭原因物質をよく除去し、トリハロメタンの濃度も低く抑えることができるといわれている。

● 薬品凝集沈殿処理 (coagulation-sedimentation process by coagulant dose)

普通、沈殿池における重力沈殿だけでは除去しづらい微細な浮遊物質やコロイド状濁質成分に対して、PAC (ポリ塩化アルミニウム) などの凝集剤を添加してフロック (凝塊物) を形成させ、それをフロック形成池内で衝突させて大型化する。そして、薬品沈殿池内で急速に沈殿させ固液分離することで除去する処理方法である。フロックの形成過程では溶解性物質の一部もフロック吸着されて減少が期待できる。

薬品凝集沈殿処理の装置構成としては、凝集剤と除去対象成分を反応させるためにフラッシュミキサーを設置した薬品混和池 (急速攪拌槽)、フロックを成長させるためにフロキュレータを設置したフロック形成池 (緩速攪拌槽)、さらに成長したフロックを沈降分離するための薬品沈殿池からなる。

水道水の浄水処理における薬品凝集沈殿処理は、原水中に含まれる主に微細なシルトや粘土などの懸濁物質の除去を目的とし、急速ろ過池流入水の前処理として用いられる。適正な薬品 (p.266凝集剤の項参照) 注入とフロック形成のコントロールによって上澄水の濁度を1度以下に抑えることができる。

凝集剤 (coagulants)

　薬品凝集沈殿処理において凝集剤の適量を原水に添加し、金属水酸物のフロックを形成させて、そのままでは沈降し難い微細なシルトや粘土などをフロック吸着させるために使用される薬品である。浄水操作では主として、ポリ塩化アルミニウム (PAC) または硫酸アルミニウム（硫酸バン土）が用いられる。なお、生成したフロックが沈降不良の場合には、必要により有機系凝集剤（高分子凝集剤、ポリマー）が併用される。

　PACは、凝集性、フロックの沈降性、適正pH範囲の広さなどにおいて硫酸バン土より優れている。これらの金属塩が凝集剤として用いられるのは、加水分解重合により四価イオンとなってコロイド粒子の荷電中和に有効に働くためである。しかし、PACのみではフロックの結合力が弱いため、水道施設の技術基準改定（2000年度）にともない高分子凝集剤との併用も可能となった。しかしながら、高分子凝集剤は有機化学物質であるため、水道水の浄水処理への使用にあたっては安全性を考慮し、種類や注入率について制限が設けられている。

急速ろ過処理 (rapid filtration process)

　薬品凝集沈殿を行った原水に含まれる残留フロックを除去するために、ろ過速度120〜200m/日の高速で行うろ過処理のことである。ろ材として上層はアンスラサイト（無煙炭）の粒子、下層は珪砂の粒子を用いる。

　浄水すべき水量の増加と原水の濁度が高くなって、普通沈殿と緩速ろ過の組み合わせによる処理が適さなくなったため、薬品凝集沈殿と急速ろ過を組合わせた大量の浄水を製造できる浄水施設がアメリカを中心に世界的に普及していった。わが国の場合には、当初、緩速ろ過による水道が大都市を含めて一般的に採用されてきたが、取水する原水の水質が次第に悪化してきたこと、普通沈殿と急速ろ過の組み合わせでは浄水施設設置のために広大な用地取得を要すること、必要な面積の土地の取得が困難になってきたこと、急速ろ過池は緩速ろ過池に比べ機械化しやすいことなどの理由から、薬品凝集沈殿と急速ろ過の組み合わせによる浄水施設が急速に普及した。

　急速ろ過は前処理に凝集沈殿を行うのが一般的で、その浄化機能はろ過によるふるい分けの物理的作用による。凝集沈殿と急速ろ過では化学的な濁質の吸着と水とフロックの物理的な分離作用がその目的である。しかしながら、懸濁物質の除去はできるが細菌の除去は完全でなく、溶解性有機物、アンモニアの除去もできない。また、臭気物質も残留するなど急速ろ過は濁った原水に対し効率がよいが、処理水の安全性の面では普通沈殿法と緩速ろ過の組み合わせに劣る。

　ろ過装置（ろ過池）の構造は、下部集水装置の上に60〜70cmの砂利層を置き、その上にアンスラサイト層と珪砂層を充填したものである。しかし、フロックのろ層内へ

の蓄積によってろ層の閉塞が生じてくるため、定期的に水で表面洗浄（表洗）と逆流洗浄（逆洗）を行ってろ過機能を回復させてろ過操作を繰り返していく。

◉ 異臭味対策（taste and odor controls for drinking water）

　水道水にカビ臭や土臭、フェノール臭などの不快な異臭味をつけないよう、水道の浄水処理工程においてそれらの原因物質を除去する対策のことをいう。原因物質の特定は難しいが、自然発生的なものとして水源の富栄養化によって繁殖する放線菌や藍藻類由来のジェオスミン、2-MIB（2-メチルイソボルネオール）など、人為的なものとしては工場廃水等に含まれるフェノールやシクロヘキシルアミンなどが確認されている。

　水道水の異臭味対策としては、オゾン酸化、粒状活性炭吸着やエアレーション酸化、微生物処理などが実用化されてきた。水源で富栄養化が進行して年間を通じて異臭味対策を必要とする浄水場では、常時対策として前塩素処理と急速ろ過の後にオゾン酸化と粒状活性炭吸着の併用による高度浄水処理設備が設置される。オゾンによる酸化では、微量成分の種類によっては異臭味成分を除去することができるが、難分解性成分や副生成物が発生することから、それらを除去するため後段に粒状活性炭吸着設備を設ける。異臭味発生が夏期等の一時的な期間に限られる場合については、藻類などプランクトンの増殖による異臭味が発生する期間（概ね6月頃から10月頃にかけて）のみ、凝集沈殿池の入口部において粉末活性炭の投与が行われている。

◉ オゾン処理（ozonation process）

　オゾンは強力な酸化作用があり、殺菌、除色、除臭、除味、除鉄、除マンガン、シアン化合物やフェノール類の分解のほか、高分子有機成分の酸化に用いられてきた。しかし、CODやアンモニア性窒素の除去効果がほとんどなく、また水中での分解が速いために塩素のような持続性がない。

　水道の浄水処理におけるオゾンの添加量は$2 \sim 5 \, mg/\ell$程度である。わが国でも、上水処理の過程で加えられる塩素によりトリハロメタンなどの発ガン性物質が生成することから、オゾンは塩素に代わる消毒剤、酸化剤として最近注目されている。今のところ脱臭、脱色の目的に限定して用いられていることが多い。

　下水処理におけるオゾンの利用は、余剰汚泥の極端な減量化の効果が期待できることから最近注目されるようになった。とくに、小規模な下水処理場では余剰汚泥の処理費が高額となることから、汚泥を処分しないで下水処理を継続できる可能性が注目されている。

　なお、オゾンそのものは、最近では酸素から製造されることが多くなった。空気か

らまず酸素を分離して、その酸素を原料にオゾン発生装置にてオゾンを発生させている。これまでの空気を直接オゾン発生装置に入れてオゾンを製造する方法よりもきわめて安価に製造できるようになった。

● 高度浄水処理［特殊処理］（advanced water purification system）

通常の浄水処理に活性炭吸着、オゾン酸化に加えて生物処理を組み合わせ、水中の異臭味物質［ジオスミンや2メチルイソボルネオール（2MIB）］、トリハロメタン前駆物質、色度、アンモニア性窒素、陰イオン界面活性剤等の減少を目的とした浄水処理方法をいう。

現在、一般に利用されている薬品凝集沈殿－急速ろ過－塩素消毒による浄水処理では、原水中の無機系の浮遊物質や有機物の除去、および消毒・殺菌までが限界であった。しかし、水道水源の汚濁が進行し、例えば湖沼や貯水池が富栄養化して藻類が多量に発生して水道原水に異臭味が加わるようになった場合、通常の浄水処理では除去ができずに異臭味を有する水道水が利用者に供給されることになる。高度浄水処理で除去の対象とされる物質は、異臭味物質およびそれらの効率的な除去を阻害する物質群であり、異臭味対策の一環として実施されている。さらに、クリプトスポリジウムなど特定な感染症原因微生物除去のために膜処理を行うこともある。

● 膜処理（membrane process）

膜ろ過法（membrane filtration process）ともいう。主に、膜の前後の圧力差により原水中の不純物や溶質を分離する方法であり、食品工業、電子工業、製薬・医療などの分野から、近年は水道水の浄水処理や下水の高度処理にも適用されている。除去対象物質のサイズによって使用される膜は、精密ろ過［MF］（microfiltration）膜、限外ろ過［UF］（ultrafiltration）膜、ナノろ過［NF］（nanofiltration）膜、逆浸透［RO］（reverse osmosis）膜に分類される。

浄水操作における膜処理の採用は、管理が容易で自動運転が可能、原理が簡単、原水水質の変動によらず高度な処理水質が安定的に得られ、施設面積が小さいなどの利点があるが、電力を多く消費するなどコスト高い欠点もある。近年、薬品凝集沈殿－急速ろ過処理に代わる次世代の浄水処理方法として導入され、小規模水道を中心に普及してきた。

なかでも、MF膜およびUF膜は大腸菌だけでなく、クリプトスポリジウムなどの耐塩素性微生物も確実に除去できることから、水道水の浄水処理では従来の薬品凝集沈殿－急速ろ過処理に代わる方法として採用されている。NF膜はUF膜とRO膜の中間に位置し、比較的分子量の大きなフミン質などのトリハロメタン前駆物質も除去でき

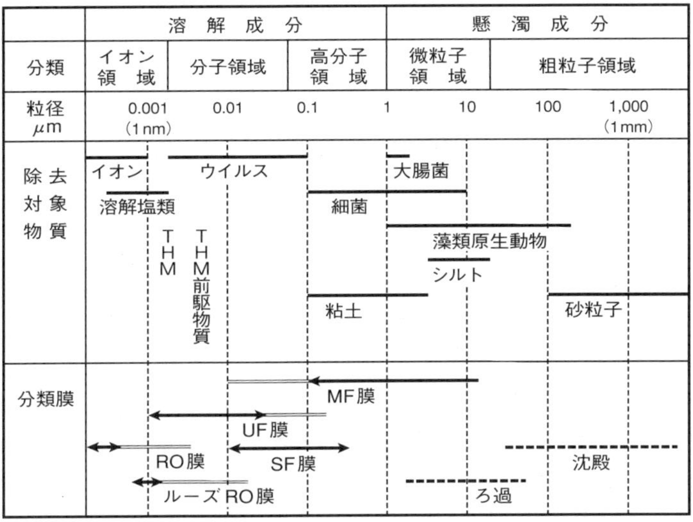
溶解成分
懸濁成分
分類
イオン領域
分子領域
高分子領域
微粒子領域
粗粒子領域
粒径 μm
0.001 (1 nm)
0.01
0.1
1
10
100
1,000 (1 mm)
除去対象物質
イオン
ウイルス
大腸菌
溶解塩類
細菌
THM
THM前駆物質
藻類原生動物
シルト
粘土
砂粒子
分類膜
MF膜
UF膜
RO膜
SF膜
沈殿
ルーズRO膜
ろ過

MF：精密ろ過　UF：限外ろ過　RO：逆浸透　SF：超ろ過
ルーズRO：低圧逆浸透　THM：トリハロメタン

図14.1　物質の大きさと分離膜
佐藤敦久(1992)より引用

るため、オゾン処理－粒状活性炭による高度浄水処理の代替法としても期待されている。RO膜は、真水の少ない離島や沖縄などで海水淡水化に使用されている。なお、図14.1には対象物質とろ過による分離方法を示した。

逆浸透法による処理（reverse osmosis process）

溶媒(一般には水)は通過するが、溶質(溶解している金属塩など)は通過しない性質を有する**半透膜(RO膜)**を用いて、半透膜両側の溶液間の浸透圧差以上の圧力を高濃度溶液側に加え、溶媒を浸透現象とは逆に希薄溶液側に移行させることによって、溶媒と溶質とを分離する方法である。

海水の淡水化やかん水の脱塩、電子工業、製薬・医療分野での超純水製造、工業プロセス用水の処理に用いられている。最近、RO膜の性能が格段に進展してきたことから、逆浸透法による処理は排水の再利用などで広く利用されるようになっている。例えば、そのままでは飲料不適の状態にある地下水も、RO膜を通過させることによって飲料としても使用できるようになったなどの事例も報告されている。

14章

◉ 活性炭吸着処理 (activated carbon adsorption process)

　活性炭処理には粒状活性炭を吸着塔に充填して水を通過させる粒状活性炭吸着と、粉末活性炭を液状にして散布する粉末活性炭処理がある。粒状活性炭で浄水用に用いられるのは、石炭（瀝青炭）を原料として粒子径を調整した後に**賦活処理**（石炭の吸着性能を向上させる処理）をして製造された黒色、多孔性の粒状物質であり、分子量の比較的大きい有機系の不純物を吸着する性質を有している。粉末活性炭は、おがくずなどを原料として賦活処理して製造されており、一般的に製造コストは安い。浄水用に間欠的に使用する場合に適しており、例えば臭気物質が季節的に発生する場合などに用いられる。

　活性炭は疎水性の吸着剤であり、水中から有機物等を選択的に吸着除去し、しかも他の薬品処理と異なり反応生成物を残さないことに特徴がある。粒状活性炭は吸着塔に充填して使用し、その吸着能力が減退すると繰返し賦活処理して再生使用するのが普通である。

　水道水の浄水処理での活性炭吸着では、異臭味、色度、陰イオン界面活性剤、フェノール類、その他有機物等、通常の浄水処理では除去困難なものに対し幅広く適用される。下水道では、下水の再利用のための高度処理としても難分解性の溶解性有機物質の吸着除去を行うために粒状活性炭を使用することが多く、この処理では下水処理水に含まれている色度、COD、臭気成分も除去することができる。

◉ トリハロメタン対策 (trihalomethane control)

　メタン構成する水素原子4個のうち、3個がハロゲン系原子（塩素または臭素）と結合した化合物である。このトリハロメタン［THM］は、原水中のTHM前駆物質（フミン質等の有機物）と浄水工程での遊離塩素との反応により生成され、一度生成したTHMは除去し難い物質である。しかし、水道水の浄水処理では最終工程の消毒法として後塩素処理が義務づけられているため、ろ過処理水にTHM前駆物質が残存しているとTHMの生成は避けられない。

　THMは発ガン性が疑われている物質であることから、水道水中に含まれる総THM（クロロホルム、ブロモジクロロメタン、ジブロモクロロメタンおよびブロモホルムの合計量）が水道法による水質基準値0.1 mg/ℓ以下になるよう処理することが要求されている。さらに、これら4種類の化合物もそれぞれ基準値が設定されている。

　THMの発生防止対策としては、遊離塩素剤の注入抑制、THM前駆物質の除去、生成したTHMの除去、塩素の代わりにTHMを発生させない二酸化塩素を使用する方法などがある。塩素の注入抑制対策には、生物処理などによる原水中のアンモニア性窒素の酸化（硝化）がある。THM前駆物質および生成したTHMの除去対策としては、異

臭味対策と同様、オゾン酸化と活性炭吸着の併用が一般的であるが、近年の膜ろ過技術の進展にともないナノろ過［NF］膜によるろ過（p.268膜処理の項を参照）なども検討されてきた。二酸化塩素はヨーロッパ各国で使用されてきた。とくに前塩素および中間塩素処理には有効であるといわれているが、遊離塩素剤と異なり後塩素処理では結合塩素を生じ殺菌効果は低いものの、残留効果も期待されることからわが国でも使用が検討されている。

● 除鉄処理［第一鉄塩の除去］（deferrization process）

　第一鉄塩は表流水に加え、地下水や伏流水にも多く含まれる。水道水の送・配水管内を流下する間において、浄水処理で消毒のために注入した塩素との反応により赤水や異臭味の原因となることから、水道法による水質基準値で0.3 mg/ℓ以下とされている。浄水処理工程における除鉄処理は、原水中の第一鉄イオンを酸化して不溶性の水酸化第二鉄とし、凝集沈殿－砂ろ過で除去する方法と生物酸化や接触ろ過などの方法がある。

　凝集沈殿の前段で行う第一鉄塩酸化の主な方法には、塩素、オゾン、過マンガン酸カリウム、二酸化塩素などの酸化剤を用いる方法と、原水をそのまま曝気するエアレーション法があるが、塩素による酸化が一般的である。塩素酸化は第一鉄1 mgに対し、塩素0.64 mgが理論上の所要量である。反応速度は比較的速く、実用的には1〜2分程度で反応が終了する。なお、地下水を原水とする場合には、鉄バクテリアを利用する方法もある。

● 除マンガン処理［マンガン塩の除去］（demanganization process）

　水道水に含まれるマンガン塩は、水道水の送・配水管内を流下する間、消毒のために注入した塩素との反応により黒水障害を起こす可能性が高いため、水道法による水質基準値で0.05 mg/ℓ以下、水質管理目標値として0.01 mg/ℓ以下とされている。浄水処理工程におけるマンガン塩の除去は、原水中のマンガン塩を酸化して不溶化した後、薬品凝集沈殿－砂ろ過などで除去する方法と、マンガン砂をろ材とする接触ろ過処理や生物酸化処理などがある。

　薬品凝集沈殿処理の前段で行うマンガン塩の酸化の主な方法には、塩素、オゾン、過マンガン酸カリウム、二酸化塩素などの酸化剤を用いる方法などがあるが、塩素による酸化が一般的である。

14章

◼︎ 汚泥の処理・処分・利用 (treatment, disposal and utilization processes of sludge)

　浄水処理の過程で原水より分離排出された汚泥の容積を減少させ、性状を安定化するための処理や安全な処分、さらに処分量を減らすために脱水し利用することである。浄水汚泥は無機物が主成分であり、シルト・粘土が多量に含まれているうえ天然の植物繊維質なども含まれていることから、まず浄水処理工程の沈砂池や凝集沈殿池などで発生した汚泥は排水処理施設(沈殿池汚泥や急速ろ過池の洗浄排水を併せて処理する施設)に集められる。浄水能力10,000m^3/日以上の浄水場は水質汚濁防止法の規制を受け、排水処理施設の設置が義務づけられている。それより小さい浄水場でも、汚泥を直接放流するとアルミニウム凝集剤による白濁や有機性汚泥による腐敗臭を発することがあるため、排水処理施設を設ける場合が多い。

　汚泥処理の主な方法には、濃縮－機械脱水(加熱乾燥などが付加されることもある)と、敷地が十分広い場合には濃縮－天日乾燥などがあり、排水中の濁質成分は含水率の低い(概ね60％以下)ケーキ状にされ、最終の処分として産業廃棄物として埋め立てられてきた。しかし、近年の社会情勢を背景に、酸性農地への土壌改良剤としての散布、レンガやセメント原料などとして有効利用されることも増加してきている。また、一部の浄水場ではアルミニウム塩を回収している。

　各種処理方法としては、濃縮には重力濃縮設備を用い、脱水には凝集剤として消石灰と塩化第二鉄を用いての加圧脱水機、高分子凝集剤を加えての遠心分離機や造粒脱水機を用いる方法などがある。加圧脱水法によるものが脱水汚泥の含水率が低く保たれて、以後の取り扱いに有利であることから、多くの浄水場で用いられてきた。

14.2 下水処理関連

◯ 都市下水の処理（sewage treatment system or municipal wastewater treatment system）

　人間の生活および事業活動などによって生じた都市下水を管渠で収集し、河川や海域などへの放流に適した水質にまで浄化することを都市下水の処理と称している。類似の施設には浄化槽、コミュニティ・プラントがあるが、これらは一般に小規模である。都市下水は下水道法に基づいて市町村がすべての責任で処理するのに対して、浄化槽などは浄化槽法と建築基準法に基づいて個人・事業体が処理の責任をもっている。都市下水処理を行うために、物理学的処理、化学的処理、生物学的処理のそれぞれいくつかのユニットプロセスがあり、通常これらを組み合わせたシステムとして扱われるのが一般的である。

　都市下水処理フローでは、夾雑物や土砂を除く予備処理、原水に含まれる固形物や浮上する油脂分を取り除く一次処理、微生物の反応を利用して水に溶解している有機物を生物学的に除去する二次処理がある。さらに、二次処理でも目的の計画処理水質が達成できない場合や再利用する場合、湖沼や貯水池の富栄養化防止のために窒素やりんの除去が必要な場合には、より高度な処理を導入することになる。それには、二次処理後にさらに新たな処理を付加する場合（これを**三次処理**という）と、**高度処理システム**と称して二次処理以上の放流水質を得るための新しい処理システムを設ける場合とがあり、それらを併せて高度処理と称している（図14.2参照）。都市下水の処理で

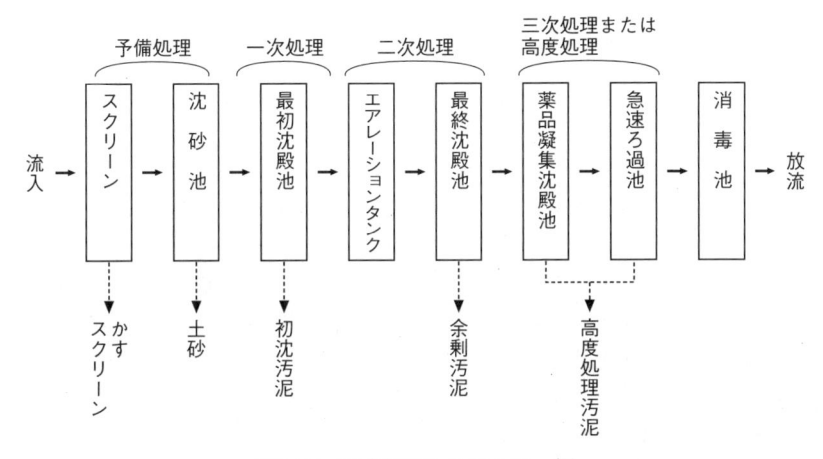

図14.2　下水処理システムの一例

はスクリーン夾雑物や土砂が、一、二次処理および高度処理施設からは汚泥が排出される。これらの汚泥は産業廃棄物として処分されなければならないので、汚泥の再利用として農緑地散布、セメント原料、レンガ製造などが検討されてきた。

■ 高度処理（advanced wastewater treatment）

　都市下水から浮遊物質と有機物除去を主とした、一、二次処理で得られる処理水質以上の水質を得る目的で行う都市下水の処理を高度処理と称している。一、二次処理では都市下水に含まれている栄養塩類はわずかしか除去されないことから、処理水の放流先が湖沼や貯水池、内湾・内海等の閉鎖性水域の場合、富栄養化対策として栄養塩類(窒素およびりん)の高率の除去、二次処理水よりもさらに高度な処理水質を得るための処理(三次処理)を行うことも高度処理に含まれる。また、高度処理には既存の一、二次処理を効率面や経済面から改善した処理方法の採用も含まれる。さらに処理水を直接に再利用する場合にも高度処理が必要となる場合がある。この場合、再利用の目的によって処理対象物質は異なり、無機物までを除去する場合もでてくる。例えば、シンガポールでは下水処理水をさらに高度に処理して水道水の増量のために使用している。

　高度処理の主な処理方法には、浮遊物や有機物を除去の対象にした場合には凝集沈殿法と急速ろ過法との組み合せ、膜分離活性汚泥法、オゾン酸化法、粒状活性炭吸着法等がある。窒素を対象とした場合には硝化液循環法、生物学的硝化・脱窒法、りんを除去対象とした場合には嫌気・好気活性汚泥法、凝集沈殿法と急速ろ過法の組み合せ、窒素とりんの同時除去を対象にした場合には、嫌気・無酸素・好気法、バーデンフォ法などがある。

■ 活性汚泥法（activated sludge process）

　都市下水や産業廃水の生物学的処理方法は、自然界に存在する汚水性好気性微生物を利用して好気的な条件下で有機物の除去を行うもので、微生物を水中に浮遊させた状態で用いる方法(浮遊生物法という)と、そのほかに微生物をろ材や板に付着させた状態で利用する方法(生物膜法という)がある。

　活性汚泥法は浮遊生物法と同義語であり、建設費が比較的安価で維持管理方法が確立されていることから、規模の大小を問わず広く使用されてきた。活性汚泥を生物学の立場から定義すると、「細菌類や菌類を主な構成生物とし、原生動物や小形の後生動物を従属生物群とした複合生物群で、水中の有機物を吸着、分解しながら呼吸、増殖を続ける一つの生態系」といえる。

　代表的な処理フローは、まず下水はエアレーションタンク内で活性汚泥と混合、曝

気されて、その間に微生物の代謝作用により有機物が微生物の新細胞に転換された後、後段の最終沈殿池で上澄水と微生物（活性汚泥）を沈降分離し処理水を得る。沈降分離した活性汚泥は返送汚泥としてエアレーションタンクに送られ、一部は余剰汚泥として系外に排出された後、処分あるいは利用される。活性汚泥法には標準活性汚泥法のほかに、ステップエアレーション法、長時間エアレーション法、酸素活性汚泥法、オキシデーションディッチ法、回分式活性汚泥法等の変法があり、それぞれの特徴を生かして使用されてきた。また近年、嫌気、無酸素、好気に生じる活性汚泥の特徴を利用して窒素あるいはりん、または窒素とりんを同時に除去する高度処理方法も実用的に使用されてきている。

生物膜法（biofilm process）

　生物膜とは、微生物が排出する多糖体ポリマー（スライム）で囲まれた微生物の集合体をいう。生物膜法では、ろ材や板に付着した微生物を利用して好気性状態で下水中の有機物を酸化分解させる。浮遊生物法である活性汚泥法と異なり、活性汚泥のバルキング（膨化）が起こらないので運転管理が容易で余剰汚泥の発生が少なく、低濃度の排水にも適用できるが、小規模な処理施設で用いられるのにより適している。生物膜法には次のものがある。

① **接触酸化法**：水没させた接触材の下部から空気を吹き込み、接触材の表面に生物膜を形成させ、これに下水を接触させる。生物膜接触後の下水は最終沈殿池で固液分離する。

② **回転生物接触法（回転円板法）**：回転する円板の一部が水没するように水平軸に通して設置し、軸をゆっくりと回転させ、円板上に形成された生物膜が下水と空気に交互に接触する。生物膜接触後の下水は最終沈殿池で固液分離する。

③ **標準または高速散水ろ床法**：汚水を充填ろ材（砕石、スポンジ、プラスチック成型物等）に散水し、空気に接触させてろ材に付着した生物膜の働きにより処理する。散水量は標準法で1～3 m^3/m^2・日、高速法では流入下水のBODによって異なるが20 m^3/m^2・日程度である。生物膜接触後の下水は最終沈殿池で固液分離する。

④ **生物膜ろ過法**：ろ材を充填したろ床に下水で水没させた状態でろ床の下部から空気を吹き込む。下水がろ材間を通過する間に、ろ材表面に形成された生物膜により汚水中の有機物や窒素成分の酸化・分解を行う。さらに、ろ材に付着した生物膜により固形物のろ過作用を併行して行う。

14章

● 膜分離活性汚泥法 (activated sludge process with membrane separation)

活性汚泥法はエアレーションタンク（生物反応タンク）、最終沈殿池および活性汚泥の返送管路などから成り立っているが、最近の膜分離技術は主たる構成施設を膜モジュールを内部に設置したエアレーションタンクのみに変えることが提案されてきた。すなわち、微生物を用いて好気的に処理された活性汚泥混合液から、液体だけを膜分離によって処理水として取り出す仕組みである。これによってエアレーションタンク内の活性汚泥濃度は従来法より高く維持できる利点がある。欠点としては、膜洗浄をある頻度で行っていかなければならない点があげられる。このために、技術開発は膜洗浄をできるだけ減らす運転方法、閉鎖した膜の薬剤などによる回復方法に向けられてきた。わが国でもすでに実用化された施設の最初の運転段階に入っている。

● 下水処理水のろ過処理 (filtration process of secondary effluent)

下水の二次処理水は、最終沈殿池から流出する浮遊物質（活性汚泥またはその破片）をろ過によって80％以上を除去することで、BODも60％またはそれ以上除去することができる。ここでのろ過は、急速ろ過や特殊な繊維を用いたろ布によるろ過で行われてきた。とくに、下水処理場内では脱泡、ろ布洗浄などに多量の用水を必要とするので、このようなろ過水の場内での再利用はかなり以前から実用化されてきた。

下水の二次処理水から親水用水等の清浄度の高い水を得る方法として、膜を介して圧力差や濃度差、電位差の推進力により物質を分離する膜分離法がある。圧力差を推進力とするものには、ろ紙やろ布といった薄いろ材を用いる従来のろ過から、さらに孔径の小さい膜を用いる精密ろ過 [MF]（microfiltration）、コロイドや高分子量のものを分離するのに用いる限外ろ過 [UF]（ultrafiltyation）がある。推進力となる圧力差は MFで $0.1 \sim 0.5\,\mathrm{MPa}\,(1 \sim 5\,\mathrm{kgf/cm^2})$、UFで $0.1 \sim 1\,\mathrm{MPa}\,(1 \sim 10\,\mathrm{kgf/cm^2})$ であり、分離する対象物の大きさが小さくなるほど大きな推進力を必要とする。

膜分離を行うときの水液の流れは、膜面の汚れや細孔への目詰りを軽減するため供給水を膜面に平行に流し、供給水と透過水の流れが直行するクロスフローとしている。分離膜を取り扱いやすく容器に収納したものを膜モジュールと呼ぶ。膜の充填密度を高め、かつ膜の汚れが少なくなるように各種の形状に工夫されている。代表的なものに平板型、スパイラル型、チューブラ型および中空糸型がある。また、膜の材質は、酢酸セルロース系、架橋ポリアミド系などさまざまなものが開発されている。用途による要求水質・維持管理性等を考慮して使用する膜を選定する。

⬛ 生物学的窒素除去法（biological nitrogen control processes）

　下水の生物学的窒素除去は、亜硝酸性窒素および硝酸性窒素が存在し、溶存酸素がほとんど存在しない条件下で、メタノールなどの有機炭素の添加または下水に含まれる有機炭素を利用して、従属栄養細菌である脱窒細菌の作用で亜硝酸窒素および硝酸性窒素を還元し、窒素ガスとして空気中に放出させることにより下水中の窒素を除去する処理法である。その前段として、好気的条件下でアンモニア酸化細菌ニトロソモナス（*Nitrosomonas*）の作用によりアンモニア性窒素を亜硝酸性窒素までに酸化し、さらに亜硝酸酸化細菌ニトロバクター（*Nitrobactor*）の作用により亜硝酸性窒素を硝酸性窒素までに酸化する硝化工程と組み合わせて、下水中の窒素を亜硝酸性窒素または硝酸性窒素に転換する操作（処理）が必要である。

　主な処理方法としては以下があげれる。

① **硝化液循環活性汚泥法**：反応タンクを無酸素タンク、好気タンクの順に配し、流入下水および返送汚泥を無酸素タンクに流入して混合、滞留させ、水に含まれる有機炭素を水素供与体として脱窒素反応を生じさせる。次に、気タンク内に移送して好気条件下で、下水に含まれるアンモニア性窒素を亜硝酸性窒素に、次いで硝酸性窒素に変換する。そして、化混合液の一部を無酸素タンクへ返送し循環させて脱窒作用を行わしめる。なお、流入下水によっては脱窒反応のための有機炭素源（メタノール等）の添加や硝化反応によるpH低下を抑えるため、アルカリ剤の添加が必要となることもある。

② **硝化内性脱窒法**：反応タンクを好気タンク、無酸素タンク、好気（再曝気）タンクの順に配し、好気タンクでまず硝化を行う。この際、アルカリが不足してpHが低下するときはアルカリ剤を添加する。無酸素タンクで脱窒に必要なTOC源として活性汚泥に吸着・蓄積された有機物が利用されて脱窒を行う。好気タンクで生成した硝酸性窒素の全量を無酸素タンクで脱窒することも可能である。無酸素タンクに有機炭素源を外部から添加せずに高率の窒素除去を行うことも理論上は可能であるが、下水の流入量、有機物および窒素の流入負荷量は時間によって異なることから、高率の窒素除去を行うためには有機炭素源の補給が必要となる。

③ **オキシデーションディッチ**（oxidation ditch）：機械式曝気装置を有する無終端水路を反応タンクとし、低負荷で活性汚泥処理を行う。機械式曝気装置は処理に必要な酸素を供給するほか、活性汚泥と流入水を混合攪拌し、混合液に流速を与え固形物分が沈殿しないようにする。滞留時間は24〜48時間である。運転方法に工夫を加えて反応タンク内に好気ゾーンと無酸素ゾーンを形成することにより、硝化と脱窒を一体化して行うことができる。

● 硝化および脱窒 (nitrification and denitrification)

好気状態において水中のアンモニア性窒素がアンモニア酸化細菌ニトロソモナス (*Nitrosomonas*) の働きにより亜硝酸窒素に転換し、さらに亜硝酸酸化細菌ニトロバクター (*Nitrobacter*) の作用によって、下記のように硝酸性窒素に転換されることを硝化という。硝化の程度は主として水温、pH、溶存酸素濃度が関係する。

$$NH_4^+ + (3/2)O_2 \longrightarrow NO_2^- + H_2O + 2H^+$$
$$NO_2^- + (1/2)O_2 \longrightarrow NO_3^-$$
$$\overline{NH_4^+ + 2O_2 \longrightarrow NO_3^- + H_2O + 2H^+}$$

硝化過程では理論上、アンモニア性窒素1gを硝酸性窒素まで酸化するのに4.57gの酸素と7.14gのアルカリが必要になる。

脱窒とは、無酸素状態において亜硝酸性窒素や硝酸性窒素がTOC (有機炭素) を水素供与体として、脱窒細菌の作用で窒素ガスまでに還元することであり、水中から窒素をガス体の形で除去することをいう。なお、脱窒細菌としては通性嫌気性細菌であるシュードモナス (*Pseudomonas*)、アクロモバクター (*Achromobacter*)、バチルス (*Bacillus*)、ミクロコッカス (*Micrococcus*) 属の細菌が知られている。例えば、硝酸性窒素が水素供与体であるメタノールの添加によって起こる反応は下式で表される。

$$6NO_3^- + 5CH_3OH \longrightarrow 3N_2\uparrow + 5CO_2 + 7H_2O + 6OH^-$$

脱窒過程では理論上、水素供与体として硝酸性窒素1gを脱窒するのに有機炭素として約1g (BODとしては約3g) が必要であり、3.57gのアルカリ度 (硝化過程で消費されるアルカリ度の1/2) が生成される。

● りん除去法 (phosphorus control processes)

りん除去法は、第一段階の溶解性りんの変換手法が生物学的作用を利用するものであるか、物理化学的な作用を利用するものであるかによって、生物学的りん除去と物理化学的りん除去の二つに大別される。

(1) 生物学的除去法

代表的な生物学的りんを除去する方法としては、嫌気・好気活性汚泥法 (AOプロセス) がある。AOプロセスでは反応タンクの前部を嫌気タンク、後部を好気タンクとする。そして、返送汚泥と最初沈殿池流出水を嫌気タンクに流入させ、活性汚泥を嫌気状態 (溶存酸素および酸化窒素が存在しない状態) でりんを放出させる。それに続く好気状態では、生体合成に必要な量以上に混合液中のりんを摂取させるりんの過剰摂取現象を利用している。この活性汚泥は細胞内にポリりん酸塩を蓄積することができ、嫌気条件下でこのポリりん酸塩の加水分解によるエネルギーを用いて有機基質を細胞内に摂取して炭水化物等として蓄積できる。本方法によって標準的

な都市下水の場合、処理水の全りん濃度として1mg/ℓ以下にすることが可能である。また、SS、BOD、COD、窒素も標準活性汚泥法と同等の水質が期待できる。

(2) 物理化学的除去法

物理化学的にりんを除去する基本は薬品凝集沈殿法を利用することである。この際の薬品、すなわち凝集剤としては、ポリ塩化アルミニウム（PAC）、硫酸アルミニウム、塩化第二鉄、消石灰などが用いられる。それぞれ不溶解性のりん酸アルミニウム、りん酸第二鉄、カルシウムヒドロキシアパタイト $[Ca_5(OH)(PO_4)_3]$ を形成してりん酸塩を不溶解性物質に転換し、これらを固液分離することによってりんを除去する。

物理化学的にりん除去する別の方法として、不溶性りん化合物を種結晶表面に析出させ、不溶性りんの生成と水中からの分離が同時に行える晶析脱りん法がある。溶解性りんの不溶性りんへの変換は、りん酸とカルシウムイオンが難溶解性のヒドロキシアパタイトを生成する反応や、りん酸とマグネシウムイオンおよびアンモニウムイオンがモル比1でりん酸マグネシウムアムモニウム（MAPあるいはストラバイト）を生成する反応によって行われる。

● 生物学的りん・窒素同時除去法（biological phosphorus and nitrogen control process）

生物学的りん除去と生物学的窒素除去を組み合わせた下水の処理法の一つに、**嫌気・無酸素・好気法**（A_2O プロセス）（anaerobic-anoxic-oxic process）とバーデンフォ・プロセス（bardenpho process）がある。A_2O プロセスでは生物反応タンクを嫌気タンク、無酸素（脱窒）タンク、好気（硝化）タンクの順に配置する。最初、沈殿池流出水と返送汚泥を嫌気タンクに流入させて嫌気状態でりんを混合液中に放出させる。次の無酸素タンクでは、好気タンクから返送された硝化混合液を、嫌気タンクからの混合液の有機炭素（TOC）を水素供与体として生物学的脱窒を行う。下水に含まれるTOCは嫌気タンクでのりんの放出にも消費されるので、流入下水のTOCが低い場合には流入下水をバイパス水路から直接に嫌気タンクへ入れることもある。好気タンクではアンモニア性窒素の酸化（硝化）とりんの過剰摂取により活性汚泥内にりんを蓄積させる。標準的な都市下水の場合、処理水中の全窒素濃度として10mg/ℓ以下、全りん濃度1.0mg/ℓ以下が期待できるが、流入下水のTOCおよび栄養塩類負荷量は時間によって大幅に変化するので、このプロセスの運転で高率の栄養塩類除去を望むときには、平均化池を設けて反応タンクへの負荷の均等化をはかることが必要となる。

バーデンフォ・プロセスも A_2O プロセスと類似しているが、嫌気タンクのほかにそれぞれ2個の無酸素タンクと好気タンクを有している。最初の嫌気タンクでは、返送

された活性汚泥と流入下水(基質)との混合と嫌気条件の維持によってりんの放出を行う。第一無酸素タンクでは、第一好気タンクから送られた硝化混合液を嫌気タンク流出水に含まれるBODを水素供与体として脱窒を行い、第一好気タンクでは活性汚泥によるりんの過剰摂取とアンモニアの酸化(硝化)を行う。次いで、第二無酸素タンクでは、第一好気タンクからの混合液に含まれている硝酸性窒素の脱窒に必要な量のメタノールなどの水素供与体を添加することで脱窒を行い、窒素除去率のさらなる向上をはかる。第二好気槽では残留する有機物を酸化する。さらに、りんの高度の除去をはかる必要のある場合には、アルミニウム塩や鉄塩などの凝集剤を添加することで残留するりんを不溶解りんに変換する。このようなことで処理水中の全窒素濃度を5mg/ℓ以下、全りん濃度0.5mg/ℓ以下を目標としての運転を目標としている。

下水処理水の消毒 (disinfection or sterilization of effluent)

下水処理水を公共用水域に放流する場合には、大腸菌群数が水1 cm^3 当り3,000個以内であることが下水道法によって要求されている。標準活性汚泥法などを用いた処理で、その処理水が極めて良好な水質を保持していれば、上記基準値を常に維持できるので消毒を行う必要はない。しかし、必ずしも放流水がこの基準を維持できるとは限らないので、下水処理場では消毒設備を設けている。

塩素は下水処理水の消毒剤として広く利用されている。この理由は、消毒剤としての必要条件をほとんどを満足していることにある。しかしながら、下水処理水はフミン質、フミン酸を含んでいるので、トリハロメタン(THM)を生成する可能性があることに留意する必要がある。

そのほかに、塩素に代わる消毒剤、酸化剤としてオゾンがある。ヨーロッパとカナダで飲料水の滅菌に使用され60年の経験があり、下水処理での使用でもTHMを全く発生させることがないので最近注目されている。ただし、オゾンは酸化力が極めて強いが塩素剤の使用に比べてそのコストは極めて高いので、下水処理水の脱色、脱臭など、特定の目的の場合に限定されている。このほかの物理的作用による消毒作用としては、光あるいは放射線を利用したものがある。光では紫外線が用いられ、波長250〜260μmの紫外線がとくに強い消毒効果を有することが知られている。このようなことから、紫外線ランプを組み込んで装置化した設備も市販されるようになってきている。

◉下水汚泥の処理・処分・利用（sewage sludge treatment, disposal and utilization）

生汚泥は含水率98％前後で処理水量の1〜2％発生し、有機物を多量に含み、放置すると腐敗して悪臭を放ち衛生上も害がある。そこで、容積を減少、安定化し、安全化するために汚泥処理が行われる。わが国での汚泥処理の代表的な組み合わせは、次の通りである。

(1) 生汚泥→濃縮→機械脱水→焼却または溶融、堆肥化（好気性消化）
(2) 生汚泥→濃縮→嫌気性消化→汚泥調整→機械脱水→埋立てまたは堆肥化（好気性消化）

従来、処理された汚泥（脱水汚泥または焼却灰）は埋立て処分されてきたが、最近は埋立て地の減少から、汚泥を資源として利用していくことが各地で試みられてきた。利用先への主たるものは緑農地利用とセメント原料としての利用である。

① **濃縮**：汚泥濃縮は汚泥処理の最初のステップであり、濃縮は含水率として96％（固形物比で4％）を目標としている。最初沈殿池汚泥は重力式汚泥濃縮タンクでは自然の重力を用いて濃縮を行い、余剰汚泥は遠心濃縮機や浮上濃縮装置を用いて濃縮を行う。

② **嫌気性消化**：嫌気性消化は有機物含有量の多い汚泥の安定化のために行われる。汚泥中の有機物は、嫌気性細菌の働きによって液化およびガス化の二つの過程を経て分解される。その結果、汚泥中の有機物は容積を減じ、したがって安定化される。汚泥消化は通常30℃で30日間に行われる。2基のタンクを連続して使用する2段消化が一般的に行われている。この一次タンクでは加温および撹拌を行い、二次タンクでは固液分離が行われる。発生する消化ガスはメタンが約2/3、炭酸ガスが約1/3で、このほかにわずかな硫化水素ガスを含む。この消化ガスを利用するには脱硫装置を設置して硫黄を取り除く。

③ **機械脱水**：濃縮汚泥や消化汚泥の含水率は約96％であり、この含水率を70〜80％程度に脱水するとケーキ状になり、汚泥容積は1/5から1/10程度に減少する。機械脱水では真空脱水機、加圧脱水機、遠心脱水機、ベルトプレス脱水機が一般的に用いられてきた。真空脱水機と加圧脱水機では脱水助剤として消石灰と塩化第二鉄が、遠心脱水機とベルトプレス脱水機ではポリマー（高分子凝集剤）が用いられる。脱水機後の含水率は機種により大きく異なる。

④ **焼却と溶融**：脱水ケーキは、必要な場合、焼却または溶融によって減量・安定化される。汚泥焼却は約800℃で行われ、多段焼却炉や流動焼却炉が多く設置されている。溶融は約1,200℃で行われ、この大きな利点は重金属の溶出が防止できることである。

⑤ **堆肥化（コンポスト）**：脱水汚泥は適切な水分条件と好気条件が整えれば堆肥化できる。堆肥化は一種の好気性消化であり、有機炭素と窒素の比（CN比）と水分量が好気性微生物の育成を支配する。一次発酵では切り換えし付きの装置で温度0℃以上で行われ病原菌を死滅させ、二次発酵では水分を減少し品質を安定化させる。製品コンポストは緑農地で利用されている。

15章

関連事業と計画

15.1 関連事業と計画

● ダム貯水池水質保全事業（water quality preservation work for dam reservoirs）

　国土交通省所管事業であり、グリーンベルト事業とクリーンアップ事業が統合されて実施されるようになった。すなわち、国土交通省直轄管理、(独)水資源機構の管理ダムおよび一級河川・二級河川において都道府県の管理するダムにおいて、流入河川の水質悪化、濁水の流入等によるダム貯水池の水質悪化に対処するために、水質保全対策を実施する事業である。

　水質保全対策として、底泥浚渫、曝気、藻類除去等の湖内対策、流入河川浄化施設の設置・下水道事業と共同して行う高度処理などの流入河川対策、濁水防止対策としての法面対策があげられている。本事業では、これらの水質保全対策を実施するために環境保全帯の用地の取得も可能である。

● 水環境改善事業（water environment improvement work for dam）

　国土交通省所管の事業であり、ダム水環境改善事業ともいわれ、1993年度より実施されている。この事業の目的は、河川横断工作物の施設改善や環境保全施設の整備を積極的に行い、ダム貯水池およびダム下流部の水環境改善対策を総合的に推進するためのものである。その事業の内容は、ダム下流の無水区間の解消、生物生息環境および下流河床環境の改善のための環境改善放流施設、魚道、ダム放流水浄化施設の設置およびダム下流河床の整備などである。この事業の採択基準としては下記の通りである。

① 直轄のダム貯水池および下流部
② (独)水資源機構が管理するダム貯水池および下流部
③ 一、二級河川で、都道府県が管理するダム貯水池および下流部
④ 上記以外の河川横断工作物で、河川の環境機能の維持、回復をとくに図る必要があるもの。

● 特定水域高度処理基本計画（basic scheme of advanced wastewater treatment at specific regional water basins）

　1991年に創設され、湖沼、閉鎖性海域、水源河川等における水質保全を図るとともに、良好な水環境、処理水質、施設整備計画等を定める特定水域高度処理基本計画を策定し、高度処理の促進を図るための基本計画である。

対象区域は、次の流域と地域である。
① 「指定湖沼」（霞ヶ浦、印旛沼、手賀沼、諏訪湖、琵琶湖、児島湖、釜房ダム貯水池、中海、宍道湖、野尻湖）の流域
② 「瀬戸内海」の流域
③ 「総量削減計画」、「公害防止計画」、または「流域別下水道整備総合計画」に高度処理の必要性が位置づけられている流域で、次の要件の少なくとも一つを満たすものである。
　イ．都市用水の取水量が$10万m^3/日$以上の河川の流域
　ロ．「窒素含有量又はりん含有量についての排水基準に係る湖沼(昭和60年環境庁告示第27号)」に定められた湖沼又は同告示に定めることが見込まれる湖沼の流域
　ハ．「窒素含有率又はりん含有率についての排水基準に係る海域(平成5年環境庁告示第67号)」に定められた海域または同告示に定めることが見込まれる海域の流域

流域水環境総合改善計画（synthetic water environment improvement scheme for regional water basins）

流域における総合的な治水対策と湧水復活対策の必要な河川流域について、雨水貯留浸透施設の設置促進等を図るための計画である。1990年に創設されたこの総合改善計画では、土地利用の高度化した都市部での浸水・氾濫等による被害を防ぐため、河道拡幅等の河川改修事業に加え、雨水貯留浸透施設の設置等の流域対策を推進するとともに、市街地の雨水浸透量の減少による湧水の枯渇、平常時の流量減少が顕著となってしまった都市内河川で水辺回復のための計画の策定が行われてきた。

このモデル事業では、総合的な治水対策と地下水涵養等の水環境対策が併せて必要な河川をモデル的に採択している。

湖沼水質保全計画（water quality preservation scheme for lakes）

湖沼水質保全特別措置法では、指定湖沼および指定地域が定められたときは、湖沼水質保全基本方針に基づき、都道府県知事に対し5年ごとに、指定湖沼の水質の保全に関し実施すべき施策に関する計画「湖沼水質保全計画」を定めることを義務づけている。

湖沼水質保全計画は、関係機関および関係者の緊密な協調の下で指定湖沼の水質保全のために必要な各種対策を組合せ、さらにその総合的な推進を図るものである。保全計画は以下のように構成されている。

① 湖沼の水質保全に関する方針
② 湖沼の水質保全に資する事業に関すること
③ 湖沼の水質保全のための規制その他の措置に関すること
④ ①〜③以外の湖沼の水質保全のために必要な措置に関すること

16章

水質基準等および関連法規

16.1 基　準

■ 水質の基準（standards or criteria on water quality for various purposes）

　水質に関する基準は、法律、政令、省令、通知等によって定められているほか、特定の目的達成のために設定された団体も水質の基準値や標準値を提案している。それらの内主要なものを分類して示すと次のとおりである。

(1) 水質汚濁に係る環境基準（環境基本法第16条に基づき、環境庁告示で設定）
　　①人の健康の保護に関する環境基準
　　②生活環境の保全に関する環境基準
(2) 地下水の水質汚濁に係る環境基準（環境基本法第16条に基づき、環境庁告示で設定）
(3) 土壌の汚染に係る環境基準（環境基本法第16条に基づき、環境庁告示で設定）
(4) ダイオキシン類による水質汚濁に係る環境基準（ダイオキシン類対策特別措置法第7条により、環境庁告示で設定）
(5) 水質汚濁防止法に基づく排水規制
　　①一律排水基準（水質汚濁防止法第3条に基づき、環境省令で設定）
　　②地下浸透基準（水質汚濁防止法第8条に基づき、環境庁告示で設定）
(6) 水道に係る水質基準
　　①水道水の水質基準（水道法第4条に基づき、厚生労働省令で設定）
　　②水道水の水質管理目標設定項目（水道法第4条に基づき、厚生労働省令で設定）
(7) 下水道法に係る水質基準
　　①計画放流水質の区分（下水道法第8条に基づき、下水道法施行令で設定）
　　②放流水の水質の技術上の基準（下水道法第8条に基づき、下水道法施行令で設定）
　　③特定事業場からの下水の排除の制限に係る水質の基準（下水道法第12条に基づき、下水道法施行令で設定）
(8) 浄化槽に係る水質基準
　　①し尿浄化槽設置基準（建築基準法施工令で設定）
　　②浄化槽の点検項目（浄化槽法第7条および同第11条で設定）
　　③浄化槽法検査判定ガイドライン（厚生省水道環境部長通知で設定）
(9) その他
　　①底質暫定除去基準（環境庁水質保全局長通知で設定）
　　②遊泳プール水質基準（厚生労働省健康局長通知および文部科学省スポーツ・青年局長通知でそれぞれ設定）

③農業用水基準（農林水産省農林水産技術会議告示で設定）
④水浴場水質基準（環境庁快適な水浴場のあり方に関する懇談会告示で設定）
⑤ミネラルウォーター類の原水基準（厚生省告示で設定）
⑥水産用水基準（（社）日本水産資源保護協会で設定）
⑤工業用水基準（（社）日本工業用水協会で設定）
⑦WHO飲料用水質ガイドライン（世界保健機構[WHO]で設定）
⑨雑用水の用途別水質基準等

　　水洗便所用水、散水用水、修景用水、親水用水の各用途について、目安となる水質が関係機関で設定されている。

　以上の水質に関する主な基準等の解説を以下に記載し、その内容を巻末「水質の基準」に示す。

水質汚濁に係る環境基準 (environmental quality standards on water pollution)

　1967年に制定された公害対策基本法と、1993年に後継法として制定された環境基本法ではともに環境基準として、大気の汚染、水質の汚濁、土壌の汚染および騒音について、人の健康を保護し、生活環境を保全するうえで維持されることが望ましい基準の基本方針を政府が定めることとしている。「水質汚濁に係る環境基準」は1971年に基本方針が定められ、その後基準項目の追加、基準値の変更などが行われてきた。

　「人の健康の保護に関する環境基準」は全国一律の基準値（**一律排水基準**）（p.295参照）が適用され、基準項目は重金属類、農薬類、有機塩素化合物など26項目が設定されている。巻末(p.326)にその環境基準を示す。「生活環境の保全に関する環境基準」は河川、湖沼（天然湖沼および貯水量1,000万m^{3}以上の人工湖）と海域について、pH、BODおよびCOD、浮遊物質量、溶存酸素量、などについて定められ、湖沼および閉鎖海域では全窒素と全りん追加されてきた。基準値は水の利用目的別のメニューが用意されており、国および都道府県であてはめ作業を行うとともに、水質の監視が続けられてきている。

　環境基準は行政目標として基準値が定められ、達成されるべき努力目標とされるものであり、それ自体は拘束力をもっていない。強制力をもっているのは水質汚濁防止法であり、排水基準を業種別に定め、違反者に対しては公権力による取締りを行い、罰則を与えることになっている。生活環境の保全に関する環境基準は河川と海域についてはその達成率が高いが、湖沼については光合成による藻類の繁殖などが原因して、COD、全窒素、全りんについての達成率が70％程度に留まっているのが実情である。

人の健康の保護に関する環境基準 (environmental quality standards for protection of human health)

「環境基本法」第十六条第1項の規定に基づき定められる水質汚濁に係る環境基準のうち、人の健康を保護し、生活環境を保全する上で維持することが望ましい基準として定められている。「人の健康の保護に関する環境基準」は、カドミウム、シアン、有機りん、鉛、六価クロム、ひ素、総水銀、アルキル水銀、PCB等の健康項目について基準値が設定されている。これらの基準値はすべての公共用水域において一律であり、おおむね水道水の水質基準値と同じであるが、総水銀、アルキル水銀、PCBについては、魚介類の生物濃縮を通じ食品として人体に取り入れられる危険性が大きいことから、これを考慮した値となっている。

また、健康項目にあげられた物質は有害物質とも呼ばれている。全ての公共用水域について全国一律に定められており、直ちに達成し維持するよう努めるものとされている。1999年には硝酸性窒素および亜硝酸性窒素等3項目が追加され、23項目から26項目に改正された。巻末(p.317)にその環境基準を示す。

生活環境の保全に関する環境基準 (environmental quality standards for preservation of living environment)

「環境基本法」第十六条第1項の規定に基づき定められる基準のうち、生活環境を保全する上で維持することが望ましい基準として水質、騒音について定められている。このうち水質汚濁に関しては、pH、BOD、COD、SS、DO、大腸菌群数、ノルマルヘキサン抽出物質(油分など)、全窒素、全りんの9項目(生活環境項目)について基準値が設定されている。生活環境項目の基準値は、河川、湖沼、海域の各公共用水域について、水道、水産、工業用水、農業用水、水浴 などの利用目的に応じて水域ごとに類型を指定(**類型指定**)(p.308参照)されている。

2003年には、新たに公共用水域における水生生物およびその生息または生育環境を保全する観点から全亜鉛が追加され、基準値が設定されている。巻末(p.318)にその環境基準を示す。

75％値 (75% value of either BOD or COD concentration)

BOD濃度またはCOD濃度の測定値について、年間の日間平均値の全データをその値の小さいものから順に並べ、$0.75 \times n$番目(nは日間平均値のデータ数)のデータ値をもって75％水質値とする($0.75 \times n$が整数でない場合は、端数を切り上げた整数番目の値をとる)。公共用水域におけるBODまたはCOD濃度の環境基準達成の確率的評価の基本数値である。

水質汚濁に係る環境基準の達成状況を監視する水質測定結果については、年間を通じた日間平均値の全データのうち、あてはめようとする類型の基準値を満たしているデータ数の占める割合をもって評価するが、その割合が75％以上ある場合、その基準に適合しているものとして評価している。

●地下水の水質汚濁に係る環境基準（environmental quality standards on ground water pollution）

「環境基本法」第十六条第1項の規定に基づく地下水の水質汚濁に係る環境上の条件につき、人の健康を保護する上で維持することが望ましい基準として「地下水の水質汚濁に係る環境基準（1989年）」が設定されており、広く人の健康を保護する観点からすべての地下水に一律に適用されている。この環境基準は、地下水汚染の防止を図るため、カドミウム等23物質について地下水の水質評価基準として定められていたが、1999年には地下水汚染の防止を推進するため、新たに硝酸性窒素および亜硝酸性窒素等の3項目が追加されている。巻末（p.323）にその環境基準値を示す。

●土壌の汚染に係る環境基準（environmental quality standards on soil pollution）

「環境基本法」第十六条第1項の規定に基づいて、土壌の汚染に係る環境基準が定められている。人の健康の保護および生活環境を保全する上で、維持することが望ましい基準として定められており、土壌汚染についてはカドミウム、全シアン、有機りん、鉛等27項目について基準値が設定されている。ただし、この土壌汚染に係る環境基準は、汚染がもっぱら自然的原因によることが明らかであると認められる場所、原材料の堆積場、廃棄物の埋立地、その他環境基準の設定のある項目に関係する物質の利用または処分を目的としており、これらを集積している施設に係る土壌については適用しない。巻末（p.324）にその環境基準値を示す。

●ダイオキシン類に係る環境基準（environmental quality standards on atmospheric, water and soil pullution by dioxines）

1999年に「ダイオキシン類対策特別措置法」が制定され、その第七条の規定に基づき、人の健康を保護する上で維持されることが望ましい基準として、ダイオキシン類による大気の汚染、水質の汚濁（水底の底質の汚染を含む）および土壌の汚染に係る環境基準が定められている。

水質の汚濁（水底の底質の汚染を除く）に係る環境基準は、公共用水域および地下水について適用し、水底の底質の汚染に係る環境基準は、公共用水域の水底の底質につ

いて適用することとされている。また、土壌の汚染に係る環境基準は、廃棄物の埋立地その他の場所であって、外部から適切に区別されている施設に係る土壌については適用しないこととされている。巻末(p.325)にその環境基準を示す。

● 一律排水基準（national effluent standards）

公共用水域の水質汚濁による環境基準を維持達成するために、工場、事業所など特定事業場の特定施設に対して水質汚濁防止法により定められた基準であり、法的強制力を持つ。有害物質関係の排水基準（有害物質：カドミウム、シアン、有機りん等）と生活環境項目関係の排水基準（生活環境項目：BOD、COD、SS等）に分かれている。排水基準には大きく分けて、国が定める一律基準と都道府県がその地域の実態に応じて定めるより厳しい「上乗せ基準」、「横出し基準（横乗せ基準）」等がある。

なお、一律排水基準が適用されるのは、有害物質については全ての特定施設からの排水であるが、生活環境項目については1日当りの排水量が50m³以上の特定施設からの排水についてのみ適用される。これを俗に「スソ切り」といっている。また、有機物を含む排水について、河川に放流する場合はBOD、湖沼・海域へ放流する場合はCODの基準値が適用される。

● 上乗せ基準（effluent strict standards）

公共用水域に排出している工場、事業場の排水は、水質汚濁防止法の規定に基づき総理府令で定める全国一律の「排水基準（一律基準）」が適用される。この一律基準では公共用水域のうち、その自然的、社会的条件を判断して、人の健康の保護と生活環境を保全することが困難と思われる水域に対しては、都道府県は国の一律基準より厳しい排水基準を適用することができるほか、排水量規模50m³/日未満に対してもこの排水基準を適用することのできる上乗せ基準を条例によって定めることができることとしている。

また、公共下水道に汚水を排水する工場、事業場に対しては、「下水道法」で規定する基準が適用される。この際に、終末処理場での処理が困難な物質については総理府令で定める一律規制が適用される。しかし、終末処理場で処理可能な項目については、「下水道法施行令」で定める基準にしたがい下水道管理者が条例で基準値を定める。したがって、終末処理場での処理能力を考えて、製造業等からの排水に対して規制すべき水質項目とその基準値を厳しく定めることができる。

上乗せ基準のうち、BODに係るものは湖沼以外の公共用水域に排出される排出水に限って適用し、CODに係るものは湖沼に排出される排出水に限って適用される。

16章

● 横出し基準（effluent extended standards）

　水質汚濁防止法に基づく排水基準について、工場、事業場からの排水の上乗せ基準がより厳しく規制しているのに対して、「横出し基準」は規制項目または規制対象施設を別途に定めてこれを規制するものである。

　工場、事業場など、特定事業場の特定施設から排出される排水については、国が定める一律基準が定められているが、都道府県は特定の地域についてその自然的・社会的条件からの判断に基づき、一律基準項目以外についても（有害物質を除く）規制基準を定めることができる。これを「横出し基準あるいは**横乗せ基準**」といい、規制項目の規制値を条例で一層厳しくする上乗せ基準と区別している。

● 地下浸透水基準（water quality standards on percolating water into soil）

　水質汚濁防止法に基づく地下浸透規制に関する同法改正（1989年）により、「**特定地下浸透水**」の浸透の規制が定められた。「特定地下浸透水」とは、カドミウムやその化合物など、人の健康に係る被害を生じるおそれのある物質を施設内で製造、使用、もしくは処理する特定施設（有害物質使用特定施設）を設置する特定事業場（有害物質使用特定事業場）から地下に浸透する水で、有害物質使用特定施設に係る汚水やその処理水を含むものをいう。意図的な浸透のみでなく、非意図的に浸透してしまう場合も含まれる。巻末（p.328）にその環境基準を示す。

● 水道水の水質基準（water quality standards for piped water）

　水道法では、飲料水として供給する水道水の水質基準値を定めている。これらは健康に関する項目（病原生物、重金属その他の無機有害物質、一般有機化学物質、殺菌剤による副生成物、農薬に関する項目）と水道水が有すべき性状に関する項目（水の基本的性状に関する項目、色、におい、味覚、発泡に関する項目）に分類して示している。

　健康に関する項目としてあげられているのは、生涯にわたり連続的に摂取をしても人の健康に影響が生じない水準をベースに、安全性を十分考慮して設定された項目とその基準値である。また、水道水が有すべき性状に関する項目としてあげられているのは、水道水として生活に利用する上で、ないしは水道施設の管理する上で必要な項目であり、障害が生じるおそれのない水準として設定された基準値である。また、将来にわたり水道水の安全性の確保等に万全を期する見地から、「水質基準項目」に準じて水道水質管理上留意すべき項目としての目標値が設定されている。巻末（p.329）にその水質基準を示す。

● 下水道からの放流水基準 (final effluent standards from sewerage facility)

下水道法施行令では終末処理場からの放流水の基準を定めており，これが遵守されてきた。しかし，水質汚濁防止法適用後は同法の第三条第1項に基づく一律排水基準，または，同法第三条第3項による上乗せ排水基準が適用される区域については，下水道法施行令第六条第1項の基準に変えて，これらの排水基準が適用されることになっている。また，下水道法で定められている「下水道施設」からの放流水基準のほかに，「浄化槽」についても建築基準法の構造基準に基づく放流水基準が設けられている。「し尿処理施設」については「廃棄物の処理および清掃に関する法律（清掃法）」によって放流水質基準が定められている。

下水道が公共用水域の水質保全に役立つためには，下水道から河川や海域への放流水の水質管理が適正に行わなければならない。このためには，公共下水道および流域下水道からの放流水の水質は下水道法により定められた放流水基準が適合されていなければならない。巻末 (p.332) にその環境基準を示す。

● 底質暫定除去基準 (tentative criteria for polluted bottom deposit dredging)

有害物質によって汚染された底質は，魚介類の汚染や水質汚濁の原因となりうることから，速やかに除去あるいは封じ込めなどの対策を講じる必要がある。除去対象となる底質の判定は，環境庁水質保全局長通達として出された「底質暫定除去基準」(1975年) に基づいて行われ，水銀とPCBについて基準（乾燥重量当りの含有量）が定められている。

「底質の処理・処分等に関する指針」(2002年・環境省環境管理局水環境部長通知) では，除去底質の海洋投入処分は海洋汚染防止法によることになるので注意を喚起している。また，除去等の工事にともなう底質の巻き上がりや流出等による二次汚染防止のために行う監視基準は，工事水域の境界における水質は原則として水質環境基準としており，魚介類については，「魚介類の水銀の暫定的規制値について」(1973年厚生省環境衛生局長通知) および「食品中に残留するPCBの規制について」(1973年厚生省環境衛生局長通知) により暫定的な規制値が定められている。巻末 (p.337) にその底質暫定除去基準を示す。

● 農業（水稲）用水基準 (standards for agricultural (paddy) water)

水稲の育成に必要な水田灌漑用水，野菜・果樹等の生育等に必要な畑地灌漑用水および牛・豚・鶏等の家畜飼育に必要な畜産用水を総称して農業用水という。農林水産省公害研究会が，水稲の正常な育成のために必要な水田灌漑用水に要求される水質の基準として1970年に定めたものであり，法的な拘束力はないが，水稲などの正常な育

16章

成のために望ましい灌漑用水の指標として活用している。巻末 (p.339) にその基準を示す。

● 水産用水基準 (water quality criteria for fishery)

1983年に日本水産資源保護協会が水産に望ましい水質条件として定めたものであり、魚類などの水生生物が正常に生息し、さらに漁業が支障なく行われ、漁獲物の経済価値が損なわれない水質基準として定めている。水産用水基準は1965年の水産用水基準と1972年の水産環境水質基準を統合した1983年の水産用水基準 (改訂版) を経て、現在の水産用水基準 (2000年版) となった。この基準値は水産生物を対象として法的に定められたものではない。巻末 (p.340) にその基準を示す。

● 水浴場水質基準 (water quality criteria for bathing beaches)

水浴に供される水域において望ましい水質について環境庁が定めた判定 (評価) の基準をいい、糞便性大腸菌群数、油膜の有無、COD、透視度の4項目についての水質基準を設定している。これらの基準値について、適 (水質AA、水質A)・可 (水質B、水質C)・不適に区分し水浴場の判定 (評価) を行っている。上記4項目全ての基準値に適合しているときにその区分に該当するとしており、いずれかの項目が「不適」であればその水浴場は不適とされる。

改善策を要するものとしては、「水質B」および「水質C」と判定されたもののうち、糞便性大腸菌群数が400個/100mℓを越える測定値が1回以上あるものと常時油膜が認められたものとしている。巻末 (p.341) にその基準値を示す。

● WHO飲料用水質ガイドライン (WHO guidelines for drinking water quality)

飲料水の供給の安全性を確保するために各国が基準を設定する際の基礎とすることを意図し、世界保健機関 [WHO] (World Health Organization) によって1984年に、飲料水の水道として望ましいレベルを定めガイドラインとして勧告された。ガイドラインで定められた水質は、人の健康に影響を及ぼす可能性のある水中の汚濁物質に対して設定されたものであり、飲料水の水質を評価するための基礎情報によって策定され義務的な規制値ではない。巻末 (p.342) にその基準を示す。

● ミネラルウォーター類の原水基準 (raw water quality criteria for drinking ground water)

1990年、農林水産省が「ミネラルウォーター類の品質表示ガイドライン」を公示し、日本のミネラルウォーター類は四つの種類に分けられている。まず、特定の水源から

取水した地下水に加熱やろ過といった殺菌(除菌)がほどこされたものを「ナチュラルウォーター」、この中でミネラルが地下で自然に溶け込んだものを「ナチュラルミネラルウォーター」、ナチュラルウォーターと同じ地下水が水源であっても、複数のミネラルを混ぜ合わせたり、人工的にミネラルを添加したりしたものを「ミネラルウォーター」と呼び、それ以外の水、つまり地下水以外の地表水や水道水などを水源としたもの全てを「ボトルドウォーター」と呼んで区別している。

　日本のミネラルウォーター原水基準には水道法を前提とした基準に加え、界面活性剤、農薬および鉱油等の環境汚染指標となる物質についても触れられている。また、原水の汚染を防止するために泉源地および採水地点の環境保全を含め、その衛生確保には十分配慮しなければならないとしている。なお、原水に対する具体的な環境の基準はないが、泉源地の近くに化学薬品を使用する工場や廃棄物処理場、農薬を使用する農地やゴルフ場があってはならない。巻末(p.347)にその環境基準を示す。

16.2 法規

🔵 水質規制の法令 (laws concerning water quality control)

1967年の「公害対策基本法」の制定、第64臨時国会（公害国会・1970年）において「水質汚濁防止法」などの法律の制定または改正が行われ、翌年には環境庁が設置されて公害行政の一元化が図られた。その後、総量規制の導入を中心とする水質汚濁防止法等の改正（1978年）、「湖沼水質保全特別措置法」の制定（1984年）など法体系の整備はさらに進み、主として産業公害に起因する水質汚濁の防止・改善が図られてきた。

さらに「公害対策基本法」を引き継いだ「環境基本法」(1993年)の制定に際しても「水質汚濁に係る環境基準」についての考え方は同じである。公共用水域の水質汚濁に係る環境上の条件につき人の健康を保護し、および生活環境を保全するうえで維持することが望ましい基準を定めることになっている。

🔵 河川法 (river law)

水質汚濁防止を規定した法律ではないが、その第一条（目的）で、「……流水の正常な機能が維持され、および河川環境の整備と保全がされるように、これを総合的に管理する……」、また第二十九条には、「河川の流水の方向、清潔……などについて、……河川管理上支障を及ぼすおそれのある行為については、政令で、これを禁止し、……」と規定されており、一級河川の管理者である国土交通省（旧建設省）が水質調査や規制を行う根拠となっている。1997年に15年ぶりの本格的な改正が行われ、河川環境の整備と保全の目的への位置づけ、水質事故処理等の原因者施行・原因者負担制度の創設等が行われた。

🔵 水質汚濁防止法 (water pollution control law)

1970年のいわゆる公害国会において、旧水質保全法と旧工場排水規制法を抜本的に改正し強化統合して成立した法律で、「公害対策基本法（現在は環境基本法）」の実施法の一つとして水質汚濁全般について定めた法律である。

特定事業場から公共用水域に排出される排水について、都道府県知事が特定施設において排水基準を遵守できないおそれがあると認められる場合には、計画中の施設については計画変更命令を、供用中の施設については改善命令を出すことができ、実際に排水基準に適合しない水を排出した場合はただちに罰則を適用することもできる（直罰制）とされている。さらに、これらの濃度規制に加えてさらに総量規制も導入で

きるように措置されてきた。

1989年の一部改正では、有害物質を含む排水の地下浸透を禁止するとともに、地下水水質の監視測定体制、事故時の措置などの条項が新たに盛り込まれ、地下浸透水に対しても公共用水域への排出水の場合と同様の規制体系が整えられた。その後の改正としては、特定施設、政令市、規制対象物質(項目)の追加などが図られている。また、1990年の改正で生活排水対策を推進するための制度的枠組みが水質汚濁防止法の体系の中に組み込まれた。

◼ 特定施設（specified treating facilities）

水質汚濁防止法による排水規制の対象となる施設で、特定施設を設置する特定事業場(工場や事業所など)から公共用水域に排出する排出水に対して排水基準が適用される。水質汚濁防止法(以下、法)第二条第2項により、政令で定める有害物質(26項目)を含む汚水を排出する場合や政令で定める生活環境に係る項目(16項目)に関して、生活環境を阻害するおそれのある汚水などを排出する施設が特定施設とされている。具体的な特定施設の指定は、法施行令第一条で製造業、鉱業、第三次産業まできわめて広範囲に行われている。また、特定施設を新たに設置しようとする場合は特定施設の設置に係る届け出が必要である。

◼ みなし特定施設（rated quasi-specified facility）

湖沼水質保全特別措置法の第十四条(みなし指定地域特定施設に係る排出水の排出の規制等)において定められた特定施設をいう。指定地域においては、湖沼の水質にとって水質汚濁防止法第二条第2項第2号に規定する汚水または廃液を排出する政令で定める施設について、これを同条第3項に規定する指定地域特定施設とみなして、同法の規定を適用している。この規定が適用される施設をみなし施設という。

施行令第五条の規定によって指定された「みなし指定地域特定施設」として、病院で病床数が120人(床)以上、299人(床)以下であるものに設置される厨房施設、洗浄施設および入浴施設や、処理対象人員が201人以上、500人以下のし尿浄化槽がある。

◼ 公共用水域（public waters）

水質汚濁防止法では、終末処理場を設置する公共下水道および流域下水道以外の公共の用に供される水路、水域を公共用水域と定義している。すなわち、河川、水路、湖沼、湾、沿岸海域などだけでなく、終末処理場をもたない下水道(雨水排除のための都市下水路)も公共用水域に含まれる。

公共用水域は生活環境の保全に関して、水域の利用目的、水質汚濁の状況、水質汚

16章

濁源の立地状況などを考慮した水域類型の指定が行われている。水域類型は河川が6類型、湖沼（天然湖沼および貯水量1,000万m³以上の人工湖）が4類型（全窒素、全りんについては5類型）、海域が3類型（全窒素、全りんについては4類型）あり、水域類型の指定は政令で定める特定の水域については環境大臣が行い、そのほかは都道府県知事が行うことになっている。類型が指定された水域については、その水域の水質を代表する地点で環境基準の維持達成状況を把握するための測定点（**環境基準地点**）が設定され、原則として毎月1回以上の水質測定が実施される。

● 総量規制（areawide total pollutant load control）

排水の濃度規制のみではなく、それに含まれる汚濁物質の負荷量と併せた規制を総量規制という。水質汚濁防止法改正（1978年）で盛り込まれた。対象となる汚濁項目と水域および関係地域を指定して行われる。

これまでの指定項目としては、CODを指定水域として東京湾、伊勢湾および瀬戸内海を定めて、第一次から第四次（1984, 1989, 1996, 1999年）にわたる総量規制が実施されてきたが、対象水域の水質の改善は未だ十分でないことから、現在は富栄養化防止のため窒素、りんを規制に含め、平成16年度を目標とする第五次総量規制が推進されている。また、水質汚濁防止法の他に湖沼法にも総量規制の導入が規定されており、同法施行令の改正（1991, 1992年）により一部の指定湖沼については、従来のCODに加えて全窒素と全りんも総量規制の対象となっている。

● 瀬戸内海環境保全特別措置法［瀬戸内保全法］（law concerning special measures for environmental conservation of Seto Inland sea）

1971年の水質汚濁防止法の制定により、多くの地域の公共用水域の水質汚濁は改善の方向に向かった。しかし、この法律が排出水の濃度を規制する方式をとっていることから、工場の集積度合いの高い地域を背景とした水域では有効な水質汚濁防止策といえない面が認められた。また、瀬戸内海をはじめとした閉鎖性海域は、個々の都道府県がそれぞれ規制するよりもその海域を総体としてとらえる規制が効果的との議論から、1973年に瀬戸内海環境保全臨時措置法が施行された。同法は期限を1978年とした時限立法であったが、これを引き継ぐ立法措置が強く求められ、総量規制の導入等一部改正が行われ恒久法化された。

● 水源地域対策特別措置法［水特法］（special measure law on the development in upstream basin by constructing dam reservoirs and water-level adjusting facilities for existing lakes）

　この法律は、「ダム又は湖沼水位調節施設の建設によりその基礎条件が著しく変化する地域について、生活環境、産業基盤等を整備し、あわせてダム貯水池の水質の汚濁を防止し、又は湖沼の水質を保全するため、水源地域整備計画を策定し、その実施を推進する等特別の措置を講ずることにより関係住民の生活の安定と福祉の向上を図り、もってダムおよび湖沼水位調節施設の建設を促進し、水資源の開発と国土の保全に寄与すること」を目的として1973年に定められたもので、略称「水特法」ともいわれる。

　このダムとは、「建設により相当数の住宅または相当の面積の農地が水没するダム」として政令で指定するもの、湖沼水位調節施設とは、「建設により湖沼および湖沼の周辺地域の生産機能又は生活環境に著しい影響が及ぶこと、2以上の都府県が著しい利益を受けること」といった事項に該当するもので、政令で指定するものである。

● 湖沼水質保全特別措置法［湖沼法］（special measure law on the clean water preservation in lakes）

　この法律は湖沼の水質保全を目的として1984年に制定された。その内容は、国が湖沼水質保全基本方針を定め、緊急な対策が必要な湖沼およびその関係地域を都道府県知事の申し出によって内閣総理大臣が指定し（指定湖沼、指定地域）、これを受けて知事は、湖沼水質保全基本方針に基づいて、5年ごとに指定地域において指定湖沼の水質保全に関して実施すべき計画（湖沼水質保全計画）を定めなければならないとされている。

　指定地域における特別の規制措置としては、新設または増設の工場・事業場に対する汚濁負荷量の規制、みなし特定施設（小規模のし尿浄化槽など）に対する排水規制、指定施設・準用指定施設（魚類養殖場や中小規模の畜舎など）に対する構造および使用方法の規制などがあり、以上の措置のみではなお対策が不十分な湖沼について、湖沼総量削減計画を定めて汚濁物の総量規制を行うことが規定されている。

● 指定湖沼（designated lakes）

　湖沼水質保全特別措置法では、環境大臣が都道府県知事の申し出に基づき、水質環境基準が現に達成されておらず、または達成されないおそれがある汚濁の著しい湖沼であって、当該湖沼の水利用状況、水質汚濁の推移等からみて、とくに水質の保全に関する施策を総合的に講ずる必要があると認められる湖沼を指定湖沼として指定

こととなっている。指定湖沼では湖沼水質保全計画を策定し、総合的な浄化対策を行うこととされている。2002年度末現在では、手賀沼、印旛沼(千葉県)、釜房ダム貯水池(宮城県)、霞ヶ浦(茨城県)、諏訪湖(長野県)、野尻湖(長野県)、琵琶湖(滋賀県)、児島湖(岡山県)、中海(鳥取県・島根県)、宍道湖(島根県)が指定湖沼となっている。環境大臣は、指定湖沼の水質の汚濁に関係があると認められる地域を指定地域として指定することになっている。

下水道法 (sewerage law)

基本的には下水道の整備を目的とした事業法であるが、水質環境基準達成のための「流域別下水道整備総合計画」の策定など、環境保全法としての性格も兼ね備えている。1900年に下水道法が制定されたときには下水道整備の目的は「土地の清潔の保持」とされていたが、1958年には「都市の健全な発達および公衆衛生の向上」とされ、1970年にはさらに「公共用水域の水質保持」が加えられた。現在の下水道法では、特定施設を設置する工場または事業場(特定事業場)から下水を公共下水道に受け入れる場合は、排水基準に適合させる必要があるとしている。また、この水質基準について条例で上乗せ基準が定められている場合はそれを適用するものとしている。下水道には公共下水道、流域下水道および都市下水路があり、管理者は市町村(流域下水道は原則として都道府県となっている)であり、国が建設資金の一部を助成している。

なお、下水道とは下水を集収・輸送する管渠だけでなく、終末処理場やポンプ場なども含めて下水を排除および処理する施設の総称である。農業集落排水処理施設(農村下水道)や合併式し尿浄化槽などは「浄化槽法」により管理される施設であり、管理者も公共下水道が市町村であるのに対し、浄化槽は管理者が団体または個人であるところが異なっているが、汚水を浄化することでは同じ機能を有する施設であることから、下水道類似施設と呼ばれている。

下水道の種類 (types of sewerage system)

下水道法で定める下水道には、公共下水道、流域下水道および都市下水路の3種類がある。汚水の排除には公共下水道と流域下水道が、雨水の排除や処理された事業所排水等の排除には都市下水路が用いられる。下水道施設は地方公共団体が責任をもって整備し、管理することが下水道法によって義務づけられている。

(1) **公共下水道**

主として市街地における汚水を排除または処理するために市町村が管理する下水道であり、終末処理場を有するか流域下水道に接続するものであり、かつ汚水を排除すべき排水施設の相当部分が暗渠である構造のものである。

1970年以前に計画された下水道では、汚水と雨水を1本の管渠で排除する合流式下水道が大半を占めていたが、水質汚濁防止上の観点から、それ以降に計画された公共下水道はすべて分流式下水道として計画され建設されてきている。合流式下水道として建設されてきた施設もその後改善されて水質汚濁上の障害も少なくなっている。

　なお、市街化調整区域などにおいて集落の生活環境改善や、自然公園区域内の水質の保全を目的とした公共下水道を特定環境保全公共下水道、特定の工場や事業場からの排水処理を主たる対象とした公共下水道を特定公共下水道という。

(2) 流域下水道

　二つ以上の市町村の汚水を1カ所に集めて処理するために、原則として都道府県または市町村との一部事務組合が主体となって運営・管理する下水道であり、市町村間を結ぶ幹線管渠とポンプ施設、終末処理場により構成される。河川などの水質汚濁防止施設としての効果が大きいが、河川中流部では河川流量の減少を生じるという問題もある。

(3) 都市下水路

　主として市街地における雨水を排除し、浸水を防ぐための下水道であり、管理主体は市町村である。古くから使用されてきた公共溝渠を改築、拡幅して流下能力を増加させたものが多く、施設の構造が主として開水路である。雨水およびすでに処理された工場・事業場排水のみを対象としており、終末処理場は設置しない。

● 下水道類似施設（sewerage resembled facilities）

　農業および漁業集落排水施設と合併処理浄化槽は「浄化槽法」の適用を受ける浄化槽であり、コミュニティプラントは「廃棄物処理および清掃に関する法律（廃掃法）」の適用を受けるし尿処理施設であるとともに個人または団体が設置し、管理していく施設である。

(1) 農業集落排水施設と漁業集落排水施設

　農業用排水の水質保全、施設機能維持または生活環境の改善を図り、合わせて公共用水域の水質保全に寄与することを目的とした施設で、農林水産省の所管である。原則として農業振興地域の集落で整備され、受益戸数が概ね20戸以上、対象人口が概ね1,000人程度に相当する規模以下を対象とする。漁業集落排水施設は農業集落排水施設の漁村版としてその後に設けられることになった。

(2) コミュニティプラント

　地方団体、公社、公団等の公的機関、民間の開発行為による住宅団地等に設置されるし尿と生活雑排水の処理を目的とした施設である。

(3) 合併処理浄化槽

下水道事業計画区域外、また区域内であっても下水道管渠への接続までに相当の年数を要する区域において、生活系汚水を処理するために設けられる。原則的には各戸別に設置される小規模な汚水処理施設で、し尿と生活雑排水の両方を処理対象とする。最近では全りん、全窒素も処理対象としている設備も販売されるようになった。数年前では、戸別浄化槽の大部分は水洗便所からのし尿のみを処理する単独処理浄化槽として設置されてきたが、生活雑排水による水質汚濁が深刻化するなかで単独処理浄化槽は製作、販売が禁止され、合併処理浄化槽のみが市販されるようになった。国も合併処理浄化槽を普及すべく助成している。

◼ 流域別下水道整備総合計画（comprehensive basin-wide planning for sewerage system arrangements）

流域における下水道整備に関する総合的な基本計画で、1970年の下水道法の改正により加えられた。これは、水質汚濁に係る環境基準の水域類型の指定がなされた水域について、その水質汚濁が二つ以上の市町村から発生する汚水によるものであり、主として下水道の整備によって水質汚濁に係る環境基準が達成される場合には、都道府県はそれぞれの水域ごとに流域別下水道整備総合計画を策定することが義務づけられた。

計画内容は、下水道の整備に関する基本方針、下水道の対象区域に関する事項、下水道の根幹的施設の配置、構造および能力に関する事項、下水道整備事業の実施の順位に関する事項を含むものでなければならず、自然条件、土地利用、水利用、汚水の量および水質などの見通し、放流先の状況、下水道の整備に関する費用効果分析を考慮して定めることとされている。

◼ 水道法（waterworks law）

水道の布設および管理を適正かつ合理的に行うとともに、水道の計画的な整備および水道事業の保護育成によって住民などに対して清浄かつ豊富低廉な水の供給を図り、もつて公衆衛生の向上と生活環境の改善とに寄与することを目的とした法律であり、1957年に制定された。

水道法において、水源の水質保全についてはその第四十三条に、「水道事業者は、水源の水質を保全するため必要があると認めるときは、関係行政機関の長又は関係地方公共団体の長に対して、水源の水質の汚濁の防止に関し、意見を述べ、又は適当な措置を講ずべきことを要請することができる」と規定されている。

● 鉱山保安法 (mine safety law)

　鉱山労働者に対する危害を防止するとともに、鉱害を防止し、鉱物資源の合理的開発を図ることを目的とする法律で1949年に制定された。この法律において「保安」とは、①鉱山における人に対する危害の防止、②鉱物資源の保護、③鉱山施設の保全、④鉱害の防止と定義されている。この中で、とくに水源の水質保全と関係がある鉱害の防止について鉱業権者は、ガス、粉塵、捨石、鉱滓、坑水、廃水および鉱煙の処理にともなう危害、または鉱害を防止するための措置をとることを義務づけている。

　水質汚濁防止法を始めとする公害に関する規制法は、鉱山についてはそれぞれの法に基づく規制措置を鉱山保安法に委ねている。この理由は、現行の公害法体系が整備される以前から、鉱山については鉱山保安法に基づく認可制度が実施されていたためであり、水質汚濁防止法などによる知事に対する届け出制度を改めて適用する必要はないと判断されたためである。

● 環境基本法 (the basic environment law)

　公害対策基本法 (1967年) の内容を大幅に拡充・強化して制定された、環境保全に関する基本理念を示した法律で1993年に制定された。大気汚染防止法、水質汚濁防止法、騒音規制法など関連法規の上位に位置する基本法として、国、地方公共団体、事業者および国民の責務を明らかにし、環境保全に関する施策の基本となる事項を定めている。

　環境保全の基本理念は、①環境の恵沢の享受と継承、②環境への負荷の少ない持続的発展が可能な社会の構築、③国際的協調による地球環境保全の積極的推進であり、環境を時間的にも空間的にも連続性のあるものとして位置づけた内容となっている。環境保全の分野は、旧公害対策基本法の対象である「公害」に加えて、その上位に位置する「環境の保全上の支障」という概念が導入されており、従来は自然環境保全法等に任されていた分野の一部や地球環境保全、典型七公害以外の日照阻害や風害などもその対象として位置づけている。

　環境基準は、大気の汚染、水質の汚濁、土壌の汚染および騒音に係る環境上の条件について、それぞれ人の健康を保護し、および生活環境を保全する上で維持されることが望ましい基準を政府が定めるものとして環境基本法に位置づけられている。

● 環境基本計画 (basic environment plan)

　環境の保全に関する施策の総合的かつ計画的な推進を図るため、環境基本法に基づき政府が定める基本的な計画をいい、次の事項について定めている。

　望ましい環境のあり方および環境保全施策の基本的な方向を示すものとして、①環境の保全に関する総合的かつ長期的な施策の大綱、②その他、環境基本計画を円滑な

実施の推進を図るために必要な事項があげられている。

環境基本計画は、内閣総理大臣が中央環境審議会の意見を聞いて計画案を作成し、1994年に閣議決定された。その内容は、21世紀を展望して環境基本法の基本理念を受けた環境政策の基本的考え方を示し、循環、共生、参加、国際的取り組みという四つの長期的な目標を示すとともに、21世紀初頭までの施策の方向を明らかにして施策の総合的、計画的な展開を図るとしている。

● 環境への負荷（environmental loads）

人間の社会経済活動により環境に加えられるマイナスの影響のことであり、単独では環境への悪影響を及ぼさないが、集積することで悪影響を及ぼすものも含む。環境基本法では、環境への負荷を「人の活動により、環境に加えられる影響であって、環境の保全上の支障の原因となるおそれのあるものをいう」と定義している。すなわち、人間の社会経済活動を持続可能なものとしていくためには、少なくとも環境からの有用物（鉱物、化石燃料、食糧等）の採取、および環境中への気体・液体・固体の不用物の排出であって、自然の回復能力を超えたものを低減させるための施策を講じていく必要があるという認識に立っている。

● 公害（environmental pollution or environmental disruption）

環境基本法では環境保全上の支障のうち、事業活動その他人の活動にともなって生ずる広範囲にわたる大気汚染、水質汚濁、土壌汚染、騒音、振動、地盤沈下および悪臭（典型七公害）によって、人の健康または生活環境に係る被害が生ずることを指している。水質汚濁には水質以外の水の状態（温度、色など）や底質の悪化も含むが、地盤沈下には鉱物採取のための土地の掘削によるものは含まない。

なお、電波障害や日照阻害、食品公害などは社会的には「公害」と呼ばれるが、法律的には区別されている。また、放射性物質による大気汚染、水質汚濁等の「公害」については、原子力関係の法律で別に取り扱われている。

● 類型指定（designated class）

水質汚濁に係る環境基準のうち、生活環境の保全に関する環境基準は河川、湖沼および海域ごとに利用目的に応じて二つ以上の類型を設け、各々の類型ごとにpH、SS、BOD、またはCOD、DO、大腸菌群数等の項目について基準値を定めている。具体的に、河川では6類型、湖沼では4類型、海域では3類型が設けられている。利用目的別の適応性は自然環境保全、水道、水産、工業用水、農業用水、環境保全等に大きく分けられ、個々の水域においてはこれらの利用目的別の適応性を総合的に勘案して、該

当する類型をあてはめることになる。このあてはめを類型指定という。類型指定の権限は、原則として二つ以上の都府県を流域とする水域は環境大臣により行われ、それ以外の水域は都道府県知事に委任されている。

● 特定多目的ダム法（law concerning specified multipurpose dam reservoir）

多目的ダムの建設および管理に関し河川法の特例を定めるとともに、ダム使用権を創設し、もって多目的ダムの効用をすみやかにかつ十分に発揮させることを目的として定められた法律であり、1957年に制定された。

多目的ダムは、国土交通大臣が河川法に基づき、一級河川の管理に関し自ら新築するダムで本来の目的である洪水調節に加え、流水の貯留を利用して発電、水道または工業用水道の用（特定用途）に供されるものをいい、余水路、副ダムその他ダムと一体となってその効用を全うする施設または工作物（もっぱら特定用途に供されるものを除く）を含むものとされている。

● 水源二法（bilaw concerning upstream basin conservation）

水源二法とは以下の二つの法をさす。
(1) 特定水道利水障害防止のための水道水源水域の水質の保全に関する特別措置法（以下、「特別措置法」と呼ぶ。）

特定水道利水障害とは、水道原水の浄水処理の際に水中にトリハロメタンなどの消毒副生成物が高濃度に発生することを指している。本法は、次に述べる水道原水水質保全事業の実施の促進に関する法律とともに、トリハロメタン前駆物質の発生防止対策を主目的として1994年から施行されてきた法律である。

(2) 水道原水水質保全事業の実施の促進に関する法律

水道水源の水質保全対策のうち、(1)の「特別措置法」が排水規制を中心とする施策を規定しているのに対し、本法は下水道・し尿処理施設・合併処理浄化槽・家畜糞尿の堆肥化施設の整備、土地の取得、河川の浚渫・導水などの事業（水道原水水質保全事業）の実施を促進するための施策を規定した法律である。

● 化学物質排出移動登録制度［PRTR］（pollutant release and transfer registers）

人の健康や生態系に有害で障害を起こすおそれのある化学物質について、事業所からの環境（大気、水、土壌）への排出量および廃棄物に含まれて事業所外へ移動される量を、事業者が自ら把握して国に対して届け出る制度である。国は届出データや推計に基づき、排出量・移動量を推計して公表する制度であり1999年に制定された。これ

には、次のような多面的な意義が期待されている。
　① 事業者による自主的な化学物質の管理の改善の促進
　② 行政による化学物質対策の優先度決定の際の判断材料
　③ 国民への情報提供を通じた、化学物質の排出状況・管理状況への理解の増進

● 浄化槽法（Johkaso law or septic tank law）

　浄化槽の設置工事、保守点検、清掃、製造業者等について規制するため、さらに浄化槽設置士や浄化槽管理士制度を定めるために1983年から施行された法律である。特定の場合を除き、浄化槽の処理を行っていないし尿等の公共用水域等への放流の禁止、浄化槽の構造・設置や維持管理について規定している。この中で、構造基準は建築基準法、保守点検については環境省令で定めることとしている。

　また、工場において製造しようとする場合の浄化槽の形式の認定、浄化槽工事業に係る登録、浄化槽工事業者の浄化槽設備士の設置義務、厚生労働大臣および都道府県知事の指定する指定検査機関による浄化槽設置後の水質検査等を定めており、浄化槽の保守点検および浄化槽の清掃に関しては、浄化槽管理者による浄化槽の保守点検および浄化槽の清掃義務などについて定めている。なお、浄化槽は国際的に通用する用語として専門家の間で使用されるようになってきた。

● 廃棄物の処理および清掃に関する法律［廃掃法］（waste management and public cleaning law）

　廃棄物の量的拡大、質の多様化にともなって、従来の清掃法（1954年制定）では適正な処理を期しがたい状況になったため、清掃法を全面改正して1974年に制定された廃棄物の処理と生活環境を清潔にすることについて定めた一般法である。本法でいう廃棄物とは、ごみ、し尿、燃えがら、汚泥、糞尿、廃油、廃酸、廃アルカリ、動物の死体その他の汚物または不要物であって、固形状または液状のもの（放射性物質およびこれによって汚染されたものを除く）をいう。廃棄物は一般廃棄物と産業廃棄物に区分され、さらに一般廃棄物は特別管理一般廃棄物とそれ以外の一般廃棄物に、産業廃棄物も特別管理産業廃棄物とそれ以外の産業廃棄物に区分されており、それぞれ種類別に処理処分の方法が規定されている。

　廃棄物に関して湖沼や貯水池の保全上問題となる事項として、洪水時における流木の処理・処分や貯水池周辺での不法投棄等の問題がある。最近、市町村は一般廃棄物や産業廃棄物の埋立て地の確保に困難をきたしており、湖沼や貯水池の上流域にこれらの埋立て地が設けられることもないとはいえなくなった。

環境影響評価法 (environmental impact assessment law)

　環境影響評価に係る国等の責務、必要な手続き等を規定し、その適切かつ円滑な実施と環境保全対策の的確な実施を確保するための法律として1997年に公布された。

　この法律では、道路、ダム、鉄道、飛行場、発電所等規模が大きく環境に著しい影響を及ぼすおそれがあり、かつ国が実施し、または許認可等を行う事業のうち、一定規模以上のものについては必ず環境影響評価を行う第1種事業とするとともに、第1種事業に規模が準じ、環境影響評価の実施を個別に判定するものを第2種事業とした。対象事業として規定された第2種事業については、当該事業の許認可等を行う行政機関が都道府県知事に意見を聞いて、事業内容、地域特性に応じて環境影響評価を行うかどうかの判定を行うこととしている。事業者が行う方法書および準備書の策定段階においては関係する都道府県、市町村のみならず、環境保全の見地から意見を有する者の意見も合わせ聴取して環境影響評価書の策定に反映させるようにしている。さらに、事業着手後の調査等の実施についても義務づけている。

地球環境保全 (global environmental integrity)

　1992年にブラジルのリオデジャネイロで開催された第1回「環境と開発に関する国連会議（通称、地球サミットと呼ばれている）」以降、続けられてきている地球環境問題に対する主な国際的な取組みである。地球環境問題とは、人類の将来にとって大きな脅威となる地球的規模あるいは地球的視野にたった環境問題であると認識されており、かつ具体的な取り組みがなされてきている。その主な取り組みとして以下のものがあげられる。

① 地球温暖化問題　　　　：ウイーン条約、気候変動枠組条約
② オゾン層破壊問題　　　：モントリオール議定書
③ 酸性雨　　　　　　　　：東南アジア酸性雨モニタリングネットワーク構想
④ 野生生物の減少　　　　：生物多様性条約、ワシントン条約締約、
　　　　　　　　　　　　　　ラムサール条約
⑤ 森林(熱帯林)の破壊　　：森林に関する政府間パネル
⑥ 砂漠化　　　　　　　　：砂漠化対処条約
⑦ 海洋汚染問題　　　　　：国連海洋法条約
⑧ 有害廃棄物の越境移動問題：バーゼル条約
⑨ 南極における環境問題　：環境保護に関する南極条約

　地球環境問題が障害となっている湖沼や貯水池の管理上の問題としては、地球温暖化にともなう集中豪雨の多発、降雨の時間的・空間的偏在の拡大といった治水問題、また同じく地球温暖化にともなう年間降水量のばらつきの拡大等による利水安全度の

低下といった問題があげられる。

● 建設工事に係る資材の再資源化等に関する法律［建設リサイクル法］
　　　（construction materials recycling law）
　一定規模以上の建設工事において、特定建設資材（コンクリート、木材、アスファルト）の分別解体や再資源化などを促進するとともに、再生資源の十分な利用および廃棄物の減量等を通じて資源の有効な利用や廃棄物の適正処理を図り、生活環境の保全や国民経済の健全な発展に寄与することを目的として2002年に施行された。本法の主な内容は以下の通りである。
　① 建築物等に係る分別解体等および再資源化等の義務づけ
　② 発注者による工事の事前届け出、元請け業者から発注者への再資源化等の完了報告などの義務づけ
　③ 解体工事業者の登録制度の創設および解体工事現場への技術管理者の配置等の義務づけ

● 生物多様性条約（biodiversity treaty）
　地球には多様な生物が生息しており、これが健全であり安定していると考えるが、この地球上の生物の多様さとその生息環境の多様さを合せて生物多様性という。この生物多様性の保護に関しては、生物種、生態系および遺伝子の多様性を保護するため、国際環境開発会議（UNCED）において1993年に「生物の多様性に関する条約」が発効し、2003年度末の締約国数は187カ国にのぼる。
　この条約の目的は、①生物多様性の保全、②その構成要素の持続可能な利用、および、③遺伝子資源の利用から生じる利益の公平な配分を定めるものであり、各国での生物多様性国家戦略の策定が求められる。わが国においても、「多様性国家戦略（1995年）」およびその見直し「新・多様性国家戦略（2002年）」が関係閣僚会議において決定された。
　具体的な措置としては、保全上重要な生物多様性構成要素の特定と監視、自然環境生物保全区域内においては生物保護地域の回復等、生物多様性に重大な影響を及ぼすおそれのある事業の環境影響評価、遺伝子資源利用の技術移転や利益の配分、バイオテクノロジーの安全性の確保等があげられている。

● 文化財保護法（law for the protection of cultural properties）
　現存する文化財を保存・活用し、国民の文化的向上に資するとともに、世界文化の進歩に貢献することを目的とするもので1950年に制定された。

この法律でいう「文化財」とは、建造物や絵画等の「有形文化財」、演劇や工芸技術等の「無形文化財」、衣食住や年中行事等に関する風俗慣習・民族芸能等の「民族文化財」、古墳・城跡・庭園、峡谷・湖沼等の名勝地や動植物および地質鉱物等の「記念物」、および周囲の環境と一体をなして歴史的風致を形成している伝統的な建造物群の「伝統的建造物群」をいう。この法律を受け、政府および地方公共団体は、その保存が適切に行われるように、周到の注意をもってこの法律の趣旨の徹底に努めなければならないとしている。

　なお、河川や湖沼に生息する動植物が天然記念物の指定を受けている場合があるが、天然記念物とは「動物、植物および地質鉱物でわが国にとって学術上価値の高いもの」として、希少な動物、植物、植物の生息地、植物の自生地などを国や地方自治体が指定したものである。国が指定するものについては文化財保護法に基づくものもある。

◯自然環境保全法（nature conservation law）

　自然公園法やその他の自然環境の保全を目的とする法律とあいまって、自然環境を保全することがとくに必要な区域等の自然環境の適正な保全を総合的に推進するため、1973年から施行されている法律である。この法律では国が行う自然環境保全基本方針の策定、自然環境保全審議会の設置、自然環境保全基礎調査の実施など基本的事項のほか、原生自然環境保全地域、自然環境保全地域の指定および同地域内における特別地区、野生動植物保護地区、海中特別地区の指定と、これらの各地域に対する各種規制措置などを定めている。さらに、都道府県が自然環境保全地域を条例によって定めることのできる法的根拠を与えている。

◯野生生物の保護に関する法律（laws concerning protection of wild lives）

　わが国における野生生物の保護に関する法律としては、「絶滅のおそれのある野生動物の種の保存に関する法律」[種の保存法]、「鳥獣の保護および狩猟の適正化に関する法律」[鳥獣保護法]、および「特定外来生物による生態系等に係る被害の防止に関する法律」[外来種防止法] がある。

　種の保存法は、絶滅のおそれのある野生動植物の種の保存を図ることにより良好な自然環境を保全し、もって現在および将来の国民の健康で文化的な生活の確保に寄与することを目的としている。鳥獣保護法は、鳥獣保護事業の実施、および狩猟の適正化により、鳥獣の保護繁殖、有害鳥獣の駆除および危険の予防を図ることとし、これによって生活環境の改善および農林水産業の振興に資することを目的としている。また、外来種防止法は、外来生物による生態系等に係る被害を防止することを目的として制定された。

16章

　これらの国内の法律以外にも国際的に条約を締結し、地球的な視点からの野生生物の保護を行っている。代表的なものとして、とくに水鳥の生息地として国際的に重要な湿地に関する条約である「ラムサール条約」や、絶滅のおそれのある野生動植物の種の国際取引に関する条約である「ワシントン条約」、あるいは、世界の文化遺産や自然遺産を保護するための「世界の文化遺産および自然遺産の保護に関する条約」等があげられる。

■) 絶滅のおそれのある野生動植物の種の保存に関する法律［種の保存法］
　　(law for the conservation of endamaged species of wild faura and flora)

　野生動植物が生態系の重要な構成要素であるだけではなく、自然環境の重要な一部として人類の豊かな生活に欠かすことのできないものであることに鑑み、絶滅のおそれのある野生動植物の種の保存を図ることにより良好な自然環境を保全し、現在および将来の国民の健康で文化的な生活に寄与するために1993年から施行された法律であり、通称「種の保存法」と呼ばれる。

　この法律の制定により、国は野生動植物の種がおかれている状況を常に把握するとともに、絶滅のおそれのある野生動植物の種の保存のための総合的な施策を策定し、および実施するものとすることが責務として明示された。とくに絶滅のおそれのあるものとして、2,663種および亜種のレッドリスト（RL：red lists）が2003年に作成された。これをレッドデータブック（RDB：red date book）として保護施策の基礎資料として広く活用されている。

付録

水質の基準

〈付録〉 目 次

[水質汚濁に係る環境基準] ……………………………………………………… 317
  1．人の健康の保護に関する環境基準 …………………………………… 317
  2．生活環境の保全に関する環境基準 …………………………………… 318
    1）河　川 ………………………………………………………………… 318
      (1) 河　川 ……………………………………………………………… 318
      (2) 湖　沼 ……………………………………………………………… 319
    2）海　域 ………………………………………………………………… 321
    3）水生生物保全環境基準 ……………………………………………… 322
[地下水の水質汚濁に係る環境基準] …………………………………………… 323
[土壌の汚染に係る環境基準] …………………………………………………… 324
[ダイオキシン類に係る環境基準] ……………………………………………… 325
[水質汚濁防止法に基づく排水規制] …………………………………………… 326
  1．一律排水基準 …………………………………………………………… 326
    1）有害項目 ……………………………………………………………… 326
    2）生活環境項目 ………………………………………………………… 327
  2．地下浸透基準 …………………………………………………………… 328
[水道法に基づく水質基準] ……………………………………………………… 329
  1．水道水の水質基準 ……………………………………………………… 329
    1）健康に関連する項目 ………………………………………………… 329
    2）水道水が有すべき性状に関連する項目 …………………………… 330
  2．水質管理目標設定項目 ………………………………………………… 331
[下水道法に基づく水質基準] …………………………………………………… 332
  1．計画放流水質の区分 …………………………………………………… 332
  2．放流水の水質の技術上の基準 ………………………………………… 333
    1）水素イオン濃度指数、大腸菌群数、浮遊物質量の水質基準 …… 333
    2）雨天時における合流式下水道からの放流水の水質基準 ………… 333
  3．特定事業場からの下水の排除の制限に係る水質の基準 …………… 334
[し尿浄化槽に係る水質基準] …………………………………………………… 335
  1．し尿浄化槽放流水基準 ………………………………………………… 335
    1）設置基準 ……………………………………………………………… 335
    2）検査項目 ……………………………………………………………… 335
    3）浄化槽法定検査判定ガイドライン ………………………………… 336
[その他の水質基準] ……………………………………………………………… 337
  1．底質暫定除去基準 ……………………………………………………… 337
  2．遊泳プール水質基準 …………………………………………………… 338
  3．農業(水稲)用水基準 …………………………………………………… 339
  4．水産用水基準(2000年版) ……………………………………………… 340
  5．工業用水基準 …………………………………………………………… 341
  6．水浴場水質基準 ………………………………………………………… 341
  7．WHO飲料用水質ガイドライン ……………………………………… 342
  8．ミネラルウォーター類の原水基準 …………………………………… 347
  9．雑用水の用途別水質基準等 …………………………………………… 348

[水質汚濁に係る環境基準]

1．人の健康の保護に関する環境基準

	項　　目	基　準　値 [mg/ℓ]
1	カドミウム	0.01以下
2	全シアン	検出されないこと
3	鉛	0.01以下
4	六価クロム	0.05以下
5	ひ素	0.01以下
6	総水銀	0.0005以下
7	アルキル水銀	検出されないこと
8	PCB	検出されないこと
9	ジクロロメタン	0.02以下
10	四塩化炭素	0.002以下
11	1,2-ジクロロエタン	0.004以下
12	1,1-ジクロロエチレン	0.02以下
13	シス-1,2-ジクロロエチレン	0.04以下
14	1,1,1-トリクロロエタン	1以下
15	1,1,2-トリクロロエタン	0.006以下
16	トリクロロエチレン	0.03以下
17	テトラクロロエチレン	0.01以下
18	1,3-ジクロロプロペン	0.002以下
19	チウラム	0.006以下
20	シマジン	0.003以下
21	チオベンカルブ	0.02以下
22	ベンゼン	0.01以下
23	セレン	0.01以下
24	硝酸性窒素及び亜硝酸性窒素	10以下
25	ふっ素	0.8以下
26	ほう素	1以下

備考
1．基準値は年間平均値とする。ただし、全シアンに係る基準値については最高値とする。
2．「検出されないこと」とは、測定方法の欄に掲げる方法により測定した場合において、その結果が当該方法の定量限界を下回ることをいう。別表2において同じ。
3．海域については、ふっ素及びほう素の基準値は適用しない。
4．硝酸性窒素及び亜硝酸性窒素の濃度は、規格43.2.1、43.2.3又は43.2.5により測定された硝酸イオンの濃度に換算係数0.2259を乗じたものと規格43.1により測定された亜硝酸イオンの濃度に換算係数0.3045を乗じたものの和とする。

昭和46年12月28日　環境庁告示第59号
（平成12年3月29日　環境庁告示第22号改訂）

2．生活環境の保全に関する環境基準

1）河　川

(1) 河　川（湖沼を除く）

類型	利用目的の適応性	水素イオン濃度指数(pH)	生物化学的酸素要求量(BOD)[mg/ℓ]	浮遊物質量(SS)[mg/ℓ]	溶存酸素量(DO)[mg/ℓ]	大腸菌群数
AA	水道1級 自然環境保全及びA以下の欄に掲げるもの	6.5以上 8.5以下	1以下	25以下	7.5以上	50MPN/100mℓ以下
A	水道2級 水産1級 水浴及びB以下の欄に掲げるもの	6.5以上 8.5以下	2以下	25以下	7.5以上	1,000MPN/100mℓ以下
B	水道3級 水産2級 及びC以下の欄に掲げるもの	6.5以上 8.5以下	3以下	25以下	5以上	5,000MPN/100mℓ以下
C	水産3級 工業用水1級及びD以下の欄に掲げるもの	6.5以上 8.5以下	5以下	50以下	5以上	－
D	工業用水2級 農業用水及びEの欄に掲げるもの	6.0以上 8.5以下	8以下	100以下	2以上	－
E	工業用水3級 環境保全	6.0以上 8.5以下	10以下	ごみ等の浮遊が認められないこと。	2以上	－

備考
1．基準値は、日間平均値とする（湖沼、海域もこれに準ずる）。
2．農業用利水点については、水素イオン濃度指数6.0以上7.5以下、溶存酸素量5以上とする（湖沼もこれに準ずる）。

注）
1．自然環境保全：自然探勝等の環境保全
2．水道1級：ろ過等による簡易な浄水操作を行うもの
　〃　2級：沈澱ろ過等による通常の浄水操作を行うもの
　〃　3級：前処理等を伴う高度の浄水操作を行うもの
3．水産1級：ヤマメ、イワナ等貧腐水性水域の水産生物用並びに水産2級及び水産3級の水産生物用
　〃　2級：サケ科魚類及びアユ等貧腐水性水域の水産生物用及び水産3級の水産生物用
　〃　3級：コイ、フナ等、β-中腐水性水域の水産生物用
4．工業用水1級：沈澱等による通常の浄水操作を行うもの
　〃　　　2級：薬品注入等による高度の浄水操作を行うもの
　〃　　　3級：特殊の浄水操作を行うもの
5．環境保全：国民の日常生活（沿岸の遊歩等を含む）において不快感を生じない限度

昭和46年12月28日　環境庁告示第59号（平成12年3月29日　環境庁告示第22号改訂）

(2) 湖　沼（天然湖沼及び貯水量が1,000万m³以上であり、かつ、水の滞留時間が4日間以上である人工湖）

①

類型	利用目的の適応性	基準値				
^	^	水素イオン濃度指数（pH）	化学的酸素要求量（COD）[mg/ℓ]	浮遊物質量（SS）[mg/ℓ]	溶存酸素量（DO）[mg/ℓ]	大腸菌群数
AA	水道1級 水産1級 自然環境保全及びA以下の欄に掲げるもの	6.5以上 8.5以下	1以下	1以下	7.5以上	50MPN/100mℓ以下
A	水道2、3級 水産2級 水浴及びB以下の欄に掲げるもの	6.5以上 8.5以下	3以下	5以下	7.5以上	1,000MPN/100mℓ以下
B	水産3級 工業用水1級 農業用水及びCの欄に掲げるもの	6.5以上 8.5以下	5以下	15以下	5以上	―
C	工業用水2級 環境保全	6.0以上 8.5以下	8以下	ごみ等の浮遊が認められないこと。	2以上	―

備考
水産1級、水産2級及び水産3級については、当分の間、浮遊物質量の項目の基準値は適用しない。

注）
1．自然環境保全：自然探勝等の環境保全
2．水道1級：ろ過等による簡易な浄水操作を行うもの
　〃　2、3級：沈澱ろ過等による通常の浄水操作、又は、前処理等を伴う高度の浄水操作を行うもの
3．水産1級：ヒメマス等貧栄養湖型の水域の水産生物用並びに水産2級及び水産3級の水産生物用
　〃　2級：サケ科魚類及びアユ等貧栄養湖型の水域の水産生物用及び水産3級の水産生物用
　〃　3級：コイ、フナ等富栄養湖型の水域の水産生物用
4．工業用水1級：沈澱等による通常の浄水操作を行うもの
　〃　　　2級：薬品注入等による高度の浄水操作、又は、特殊な浄水操作を行うもの
5．環境保全：国民の日常生活（沿岸の遊歩等を含む）において不快感を生じない限度

②

類型	利用目的の適応性	基準値 [mg/ℓ] 全窒素	基準値 [mg/ℓ] 全りん
Ⅰ	自然環境保全及びⅡ以下の欄に掲げるもの	0.1以下	0.005以下
Ⅱ	水道1、2、3級(特殊なものを除く) 水産1種 水浴及びⅢ以下の欄に掲げるもの	0.2以下	0.01以下
Ⅲ	水道3級(特殊なもの)及びⅣ以下の欄に掲げるもの	0.4以下	0.03以下
Ⅳ	水産2種及びⅤの欄に掲げるもの	0.6以下	0.05以下
Ⅴ	水産3種 工業用水 農業用水 環境保全	1以下	0.1以下

備考
1. 基準値は、年間平均値とする。
2. 水域類型の指定は、湖沼植物プランクトンの著しい増殖を生ずるおそれがある湖沼について行うものとし、全窒素の項目の基準値は、全窒素が湖沼植物プランクトンの増殖の要因となる湖沼について適用する。
3. 農業用水については、全りんの項目の基準値は適用しない。

注)
1. 自然環境保全：自然探勝等の環境保全
2. 水道1級：ろ過等による簡易な浄水操作を行うもの
   〃 2級：沈澱ろ過等による通常の浄水操作を行うもの
   〃 3級：前処理等を伴う高度の浄水操作を行うもの(「特殊なもの」とは、臭気物質の除去が可能な特殊な浄水操作を行うものをいう。)
3. 水産1種：サケ科魚類及びアユ等の水産生物用並びに水産2種及び水産3種の水産生物用
   〃 2種：ワカサギ等の水産生物用及び水産3種の水産生物用
   〃 3種：コイ、フナ等の水産生物用
4. 環境保全：国民の日常生活(沿岸の遊歩等を含む)において不快感を生じない限度

昭和46年12月28日 環境庁告示第59号 (平成12年3月29日 環境庁告示第22号改訂)

2）海　域

①

類型	利用目的の適応性	水素イオン濃度指数(pH)	化学的酸素要求量(COD)[mg/ℓ]	溶存酸素量(DO)[mg/ℓ]	大腸菌群数	n-ヘキサン抽出物質(油分等)[mg/ℓ]
A	水産1級 水　浴 自然環境保全及びB以下の欄に掲げるもの	7.8以上 8.3以下	2以下	7.5以上	1,000MPN/100mℓ以下	検出されないこと
B	水産2級 工業用水及びCの欄に掲げるもの	7.8以上 8.3以下	3以下	5以上	—	検出されないこと
C	環境保全	7.0以上 8.3以下	8以下	2以上	—	—

備考
1．水産1級のうち、生食用原料カキの養殖の利水点については、大腸菌群数70MPN/100mℓ以下とする。

注）
1．自然環境保全：自然探勝等の環境保全
2．水産1級：マダイ、ブリ、ワカメ等の水産生物用及び水産2級の水産生物用
　〃 2級：ボラ、ノリ等の水産生物用
3．環境保全：国民の日常生活（沿岸の遊歩等を含む）において不快感を生じない限度

②

類型	利用目的の適応性	基準値[mg/ℓ] 全窒素	全りん
I	自然環境保全及びII以下の欄に掲げるもの（水産2種及び3種を除く）	0.2以下	0.02以下
II	水産1種 水浴及びIII以下の欄に掲げるもの（水産2種及び3種を除く）	0.3以下	0.03以下
III	水産2種及びIVの欄に掲げるもの（水産3種を除く）	0.6以下	0.05以下
IV	水産3種 工業用水 生物生息環境保全	1以下	0.09以下

備考
1．基準値は、年間平均値とする。
2．水域類型の指定は、海洋植物プランクトンの著しい増殖を生ずるおそれがある海域について行うものとする。

注）
1．自然環境保全：自然探勝等の環境保全
2．水産1種：底生魚介類を含め多様な水産生物がバランス良く、かつ、安定して漁獲される
　〃 2種：一部の底生魚介類を除き、魚類を中心とした水産生物が多獲される
　〃 3種：汚濁に強い特定の水産生物が主に漁獲される
3．生物生息環境保全：年間を通して底生生物が生息できる限度

昭和46年12月28日　環境庁告示第59号（平成12年3月29日　環境庁告示第22号改訂）

3）水生生物保全環境基準

項目	水域	類型	水生生物の生息状況の適応性	基準値
全亜鉛	河川及び湖沼	生物A	イワナ、サケマス等比較的低温域を好む水生生物及びこれらの餌生物が生息する水域	0.03 mg/ℓ以下
		生物特A	生物Aの水域のうち、生物Aの欄に掲げる水生生物の産卵場（繁殖場）又は幼稚仔の生育場として特に保全が必要な水域	0.03 mg/ℓ以下
		生物B	コイ、フナ等比較的高温域を好む水生生物及びこれらの餌生物が生息する水域	0.03 mg/ℓ以下
		生物特B	生物Bの水域のうち、生物Bの欄に掲げる水生生物の産卵場（繁殖場）又は幼稚仔の生育場として特に保全が必要な水域	0.03 mg/ℓ以下
	海域	生物A	水生生物の生息する水域	0.02 mg/ℓ以下
		生物特A	生物Aの水域のうち、水生生物の産卵場（繁殖場）又は幼稚仔の生育場として特に保全が必要な水域	0.01 mg/ℓ以下
備考　基準値は年間平均値とする。				

[地下水の水質汚濁に係る環境基準]

項　　　　目	基　準　値　[mg/ℓ]
カドミウム	0.01以下
全シアン	検出されないこと
鉛	0.01以下
六価クロム	0.05以下
ひ素	0.01以下
総水銀	0.0005以下
アルキル水銀	検出されないこと
PCB	検出されないこと
ジクロロメタン	0.02以下
四塩化炭素	0.002以下
1,2-ジクロロエタン	0.004以下
1,1-ジクロロエチレン	0.02以下
シス-1,2-ジクロロエチレン	0.04以下
1,1,1-トリクロロエタン	1以下
1,1,2-トリクロロエタン	0.006以下
トリクロロエチレン	0.03以下
テトラクロロエチレン	0.01以下
1,3-ジクロロプロペン	0.002以下
チウラム	0.006以下
シマジン	0.003以下
チオベンカルブ	0.02以下
ベンゼン	0.01以下
セレン	0.01以下
硝酸性窒素及び亜硝酸性窒素	10以下
ふっ素	0.8以下
ほう素	1以下

備考
1．基準値は年間平均値とする。ただし、全シアンに係る基準値については最高値とする。
2．「検出されないこと」とは、測定方法の欄に掲げる方法により測定した場合において、その結果が当該方法の定量限界を下回ることをいう。

平成9年3月13日　環境庁告示第10号
（平成11年2月22日　環境庁告示第16号改正）

[土壌の汚染に係る環境基準]

	項　　目	環　境　基　準　[mg/ℓ]
1	カドミウム	0.01以下 (農用地においては米1kgにつき1mg未満であること)
2	全シアン	検出されないこと
3	有機りん	検出されないこと
4	鉛	0.01以下
5	六価クロム	0.05以下
6	ひ素	0.01以下 (農用地(田に限る)においては土壌1kgにつき15mg未満であること)
7	総水銀	0.0005以下
8	アルキル水銀	検出されないこと
9	PCB	検出されないこと
10	銅	(農用地(田に限る)においては土壌1kgにつき125mg未満であること)
11	ジクロロメタン	0.02以下
12	四塩化炭素	0.002以下
13	1-2-ジクロロエタン	0.004以下
14	1-1-ジクロロエチレン	0.02以下
15	シス-1,2-ジクロロエチレン	0.04以下
16	1,1,1-トリクロロエタン	1以下
17	1,1,2-トリクロロエタン	0.006以下
18	トリクロロエチレン	0.03以下
19	テトラクロロエチレン	0.01以下
20	1,3-ジクロロプロペン	0.002以下
21	チウラム	0.006以下
22	シマジン	0.003以下
23	チオベンカルブ	0.02以下
24	ベンゼン	0.01以下
25	セレン	0.01以下
26	ふっ素	0.8以下
27	ほう素	1以下

備考
1．カドミウム、鉛、六価クロム、砒(ひ)素、総水銀、セレン、ふっ素及びほう素に係る環境上の条件のうち検液中濃度に係る値にあっては、汚染土壌が地下水面から離れており、かつ、原状において当該地下水中のこれらの物質の濃度がそれぞれ地下水1ℓにつき0.01mg、0.01mg、0.05mg、0.01mg、0.0005mg、0.01mg、0.8mg及び1mgを超えていない場合には、それぞれ検液1ℓにつき0.03mg、0.03mg、0.15mg、0.03mg、0.0015mg、0.03mg、2.4mg及び3mgとする。
2．有機りんとは、パラチオン、メチルパラチオン、メチルジメトン及びEPNをいう。

平成3年8月　環境庁告示第46号

［ダイオキシン類に係る環境基準］

媒　体	基　準　値
大　気	0.6 pg-TEQ/m³ 以下
水　質 （水底の底質を除く。）	1 pg-TEQ/ℓ 以下
水底の底質	150 pg-TEQ/g 以下
土　壌	1,000 pg-TEQ/g 以下

備　考
1．基準値は、2,3,7,8-四塩化ジベンゾ-パラ-ジオキシンの毒性に換算した値とする。
2．大気及び水質（水底の底質を除く。）の基準値は、年間平均値とする。
3．土壌にあっては、環境基準が達成されている場合であって、土壌中のダイオキシン類の量が250 pg-TEQ/g以上の場合には、必要な調査を実施することとする。

環境省告示第46号　平成14年7月22日

［水質汚濁防止法に基づく排水規制］

1．一律排水基準
　1）有害項目

	有害物質の種類	許容限度 [mg/ℓ]
1	カドミウム及びその化合物	カドミウム　0.1以下
2	シアン化合物	シアン　1以下
3	有機燐化合物（パラチオン、メチルパラチオン、メチルジメトン及びEPNに限る。）	1以下
4	鉛及びその化合物	鉛　0.1以下
5	六価クロム化合物	六価クロム　0.5以下
6	ひ素及びその化合物	ひ素　0.1以下
7	水銀及びアルキル水銀その他の水銀化合物	水銀　0.005以下　アルキル水銀化合物は検出されないこと
8	PCB	0.003以下
9	トリクロロエチレン	0.3以下
10	テトラクロロエチレン	0.1以下
11	ジクロロメタン	0.2以下
12	四塩化炭素	0.02以下
13	1,2-ジクロロエタン	0.04以下
14	1,1-ジクロロエチレン	0.2以下
15	シス-1,2-ジクロロエチレン	0.4以下
16	1,1,1-トリクロロエタン	3以下
17	1,1,2-トリクロロエタン	0.06以下
18	1,3-ジクロロプロペン	0.02以下
19	チウラム	0.06以下
20	シマジン	0.03以下
21	チオベンカルブ	0.2以下
22	ベンゼン	0.1以下
23	セレン及びその化合物	セレン　0.1以下
24	ほう素及びその化合物	海域以外の公共用水域／ほう素　10以下　海域／ほう素　230以下
25	ふっ素及びその化合物	海域以外の公共用水域／ふっ素　8以下　海域／ふっ素　15以下
26	アンモニア、アンモニウム化合物　亜硝酸化合物及び硝酸化合物	アンモニア性窒素に0.4を乗じたもの、亜硝酸性窒素及び硝酸性窒素の合計量100

備考
1．「検出されないこと。」とは、第2条の規定に基づき環境大臣が定める方法により排出水の汚染状態を検定した場合において、その結果が当該検定方法の定量限界を下回ることをいう。
2．砒素及びその化合物についての排水基準は、水質汚濁防止法施行令及び廃棄物の処理及び清掃に関する法律施行令の一部を改正する政令（昭和49年政令第363号）の施行の際現にゆう出している温泉（温泉法（昭和23年法律第125号）第2条第1項に規定するものをいう。以下同じ。）を利用する旅館業に属する事業場に係る排出水については、当分の間、適用しない。

昭和46年6月21日総理府令35号（平成16年5月31日環境省令第16号改正）

2）生活環境項目

	項　　　　目	許　容　限　度　[mg/ℓ]
1	水素イオン濃度指数（水素指数）	・海域以外の公共用水域に排出されるもの 5.8以上8.6以下 ・海域に排出されるもの 5.0以上9.0以下
2	生物化学的酸素要求量（BOD） および化学的酸素要求量（COD）	BOD：160（日間平均120）以下 COD：160（日間平均120）以下
3	浮遊物質量	200（日間平均150）以下
4	ノルマルヘキサン抽出物質含有量	（鉱油類含有量）　　　　　5以下 （動植物油脂類含有量）　30以下
5	フェノール類含有量	5以下
6	銅含有量	3以下
7	亜鉛含有量	5以下
8	溶解性鉄含有量	10以下
9	溶解性マンガン含有量	10以下
10	クロム含有量	2以下
11	大腸菌群数	日間平均3,000個/cm^3
12	窒素含有量 またはりん含有量	窒素：120（日間平均60）以下 りん： 16（日間平均8）以下

備考
1．「日間平均」による許容限度は、1日の排出水の平均的な汚染状態について定めたものである。
2．生活環境項目の排水基準は、1日当たりの平均的な排出水の量が50m^{3}以上である工場又は事業場に係る排出水について適用する。
3．水素イオン濃度指数及び溶解性鉄含有量についての排水基準は、硫黄鉱業（硫黄と共存する硫化鉄鉱を採掘する鉱業を含む）に属する工場又は事業場に係る排出水については適用しない。
4．水素イオン濃度指数、銅含有量、亜鉛含有量、溶解性鉄含有量、溶解性マンガン含有量、クロム含有量についての排水基準は、水質汚濁防止法施行令及び廃棄物の処理及び清掃に関する法律施行令の一部を改正する政令の施行の際現に湧出している温泉を利用する旅館業に属する事業場に係る排出水については、当分の間、適用しない。
5．生物化学的酸素要求量についての排水基準は、海域及び湖沼以外の公共用水域に排出される排出水に限って適用し、化学的酸素要求量についての排水基準は、海域及び湖沼に排出される排出水に限って適用する。
6．窒素含有量についての排水基準は、窒素が湖沼植物プランクトンの著しい増殖をもたらすおそれがある湖沼として環境大臣が定める湖沼、海洋植物プランクトンの著しい増殖をもたらすおそれがある海域（湖沼であっても水の塩素イオン含有量が9,000を超えるものを含む。以下同じ。）として環境大臣が定める海域及びこれらに流入する公共用水域に排出される排出水に限って適用する。
7．りん含有量についての排水基準は、りんが湖沼植物プランクトンの著しい増殖をもたらすおそれがある湖沼として環境大臣が定める湖沼、海洋植物プランクトンの著しい増殖をもたらすおそれのある海域として環境大臣が定める海域及びこれらに流入する公共用水域に排出される排出水に限って適用する。

昭和46年6月21日　総理府令35号（平成16年5月31日　環境省令第16号改正）

2. 地下浸透基準

	項　　　目	検出されるとする濃度 [mg/ℓ]
1	カドミウム及びその化合物	0.001
2	シアン化合物	0.1
3	有機りん化合物 （パラチオン、メチルパラチオン、メチルジメトン及びEPNに限る）	0.1
4	鉛及びその化合物	0.005
5	六価クロム化合物	0.04
6	ひ素及びその化合物	0.005
7	水銀及びアルキル水銀その他の水銀化合物	0.0005
8	アルキル水銀化合物	0.0005
9	PCB	0.0005
10	ジクロロメタン	0.002
11	トリクロロエチレン	0.002
12	テトラクロロエチレン	0.0005
13	四塩化炭素	0.0002
14	1,2-ジクロロエタン	0.0004
15	1,1-ジクロロエチレン	0.002
16	シス-1,2-ジクロロエチレン	0.004
17	1,1,1-トリクロロエタン	0.0005
18	1,1,2-トリクロロエタン	0.0006
19	1,3-ジクロロプロペン	0.0002
20	チウラム	0.0006
21	シマジン	0.0003
22	チオベンカルブ	0.002
23	ベンゼン	0.001
24	セレン及びその化合物	0.002
25	ほう素及びその化合物	0.2
26	ふっ素及びその化合物	0.2
27	アンモニア、アンモニウム化合物、亜硝酸化合物及び硝酸化合物	下記に表記

アンモニアまたはアンモニウム化合物にあっては1ℓにつきアンモニア性窒素0.7mg、
亜硝酸化合物にあっては1ℓにつき亜硝酸性窒素0.2mg、
硝酸化合物にあっては1ℓにつき硝酸性窒素0.2mg

昭和46年6月　総理府令35号（平成12年　環境庁告示第78号）

［水道法に基づく水質基準］

1．水道水の水質基準
1）健康に関連する項目
生涯にわたって連続的に摂取しても人の健康に影響が生じない水準を基として、安全性を十分に考慮して設定されたものである。

	項　目	基　準　値　[mg/ℓ]	備　考
1	一般細菌	100個/mℓ以下	病理生物
2	大腸菌	検出されないこと	
3	カドミウム及びその化合物	0.01以下	金属類
4	水銀及びその化合物	0.0005以下	
5	セレン及びその化合物	0.01以下	
6	鉛及びその化合物	0.01以下	
7	ひ素及びその化合物	0.01以下	
8	六価クロム化合物	0.05以下	
9	シアン化物イオン及び塩化シアン	0.01以下	無機物質
10	硝酸態窒素及び亜硝酸態窒素	10以下	
11	ふっ素及びその化合物	0.8以下	
12	ほう素及びその化合物	1.0以下	
13	四塩化炭素	0.002以下	有機物質
14	1,4-ジオキサン	0.05以下	
15	1,1-ジクロロエチレン	0.02以下	
16	シス-1,2-ジクロロエチレン	0.04以下	
17	ジクロロメタン	0.02以下	
18	テトラクロロエチレン	0.01以下	
19	トリクロロエチレン	0.03以下	
20	ベンゼン	0.01以下	
21	クロロ酢酸	0.02以下	消毒副生成物
22	クロロホルム	0.06以下	
23	ジクロロ酢酸	0.04以下	
24	ジブロモクロロメタン	0.1以下	
25	臭素酸	0.01以下	
26	総トリハロメタン	0.1以下	
27	トリクロロ酢酸	0.2以下	
28	ブロモジクロロメタン	0.03以下	
29	ブロモホルム	0.09以下	
30	ホルムアルデヒド	0.08以下	

平成15年5月30日 厚生労働省令第101号

2）水道水が有すべき性状に関連する項目

　水道水として生活利用上（色、濁り、臭いなど）あるいは水道施設の管理上（腐食性など）障害が生ずる恐れのない水準を基として設定されたものである。

	項　　　　目	基　準　値　[mg/ℓ]	備　　考
1	亜鉛及びその化合物	1.0以下	金属類
2	アルミニウム及びその化合物	0.2以下	
3	鉄及びその化合物	0.3以下	
4	銅及びその化合物	1.0以下	
5	ナトリウム及びその化合物	200以下	
6	マンガン及びその化合物	0.05以下	
7	塩化物イオン	200以下	無機物質
8	カルシウム、マグネシウム等（硬度）	300以下	
9	蒸発残留物	500以下	
10	陰イオン界面活性剤	0.2以下	有機物質
11	ジオスミン	0.00001以下	臭　い
12	2-メチルイソボルネオール	0.00001以下	
13	非イオン界面活性剤	0.02以下	有機物質
14	フェノール類	0.005以下	
15	有機物（全有機炭素の量）	5以下	
16	pH値	5.8以上8.6以下	
17	味	異常でないこと	
18	臭気	異常でないこと	
19	色度	5度以下	
20	濁度	2度以下	

平成15年5月30日　厚生労働省令第101号

2．水質管理目標設定項目

将来にわたり水道水の安全性の確保等に万全を期する見地から、「水質基準項目」に準じて、水道水質管理上留意すべき項目として目標値が設定されている。

	項　　目	目　標　値　[mg/ℓ]
1	アンチモン及びその化合物	アンチモン　0.015以下
2	ウラン及びその化合物	ウラン　0.002以下（暫定）
3	ニッケル及びその化合物	ニッケル　0.01以下（暫定）
4	亜硝酸態窒素	0.05以下（暫定）
5	1,2-ジクロロエタン	0.004以下
6	トランス-1,2-ジクロロエチレン	0.04以下
7	1,1,2-トリクロロエタン	0.006以下
8	トルエン	0.2以下
9	フタル酸ジ(2-エチルヘキシル)	0.1以下
10	亜塩素酸	0.6以下
11	塩素酸	0.6以下
12	二酸化塩素	0.6以下
13	ジクロロアセトニトリル	0.04以下（暫定）
14	抱水クロラール	0.03以下（暫定）
15	農薬類	検出値と目標値の比の和として、1以下
16	残留塩素	1以下
17	カルシウム、マグネシウム等（硬度）	10以上100以下
18	マンガン及びその化合物	マンガン　0.01以下
19	遊離炭酸	20以下
20	1,1,1-トリクロロエタン	0.3以下
21	メチル-t-ブチルエーテル	0.02以下
22	有機物等（過マンガン酸カリウム消費量）	3以下
23	臭気強度（TON）	TON-3以下
24	蒸発残留物	30以上200以下
25	濁度	1度以下
26	pH値	7.5程度
27	腐食性（ランゲリア指数）	-1程度以上とし、極力0に近づける

農薬類については、下記の式で与えられる検出指標値が1を超えないこととする「総農薬方式」により水質管理目標設定項目に位置づけることとした。

$$DI = \sum_i \frac{DV_i}{GV_i}$$

ここで、DIは検出指標値、DV_iは農薬iの検出値、GV_iは農薬iの目標値であること。なお、農薬iの検出値DV_iが当該農薬iの定量下限値を下回った場合、当該農薬iの検出値はDV_iは0として取り扱う。

測定を行う農薬については、各水道事業者等がその地域の状況を勘案して適切に選定するものとする。

水質基準に関する省令の制定及び水道法施行規則の一部改正等について
（平成15年10月10日　厚生労働省健康局長通知　健発第10110004号）

［下水道法に基づく水質基準］

1．計画放流水質の区分

計画放流水質			方　　　法
生物化学的酸素要求量[5日間にmg/ℓ]	窒素含有量[mg/ℓ]	りん含有量[mg/ℓ]	(記載されている処理方法と同程度以上の処理方法を含む。)
10以下	10以下	0.5以下	嫌気無酸素好気法(有機物及び凝集剤を添加して処理するものに限る。)に急速濾過法を併用する方法
^	^	0.5を超え1以下	嫌気無酸素好気法(有機物及び凝集剤を添加して処理するものに限る。)に急速濾過法を併用する方法又は循環式硝化脱窒法(有機物及び凝集剤を添加して処理するものに限る。)に急速濾過法を併用する方法
^	^	1を超え3以下	嫌気無酸素好気法(有機物を添加して処理するものに限る。)に急速濾過法を併用する方法又は循環式硝化脱窒法(有機物及び凝集剤を添加して処理するものに限る。)に急速濾過法を併用する方法
^	^		嫌気無酸素好気法(有機物を添加して処理するものに限る。)に急速濾過法を併用する方法又は循環式硝化脱窒法(有機物を添加して処理するものに限る。)に急速濾過法を併用する方法
^	10を超え20以下	1以下	嫌気無酸素好気法(凝集剤を添加して処理するものに限る。)に急速濾過法を併用する方法又は循環式硝化脱窒法(凝集剤を添加して処理するものに限る。)に急速濾過法を併用する方法
^	^	1を超え3以下	嫌気無酸素好気法に急速濾過法を併用する方法又は循環式硝化脱窒法(凝集剤を添加して処理するものに限る。)に急速濾過法を併用する方法
^	^		嫌気無酸素好気法に急速濾過法を併用する方法又は循環式硝化脱窒法に急速濾過法を併用する方法
^	^	1以下	嫌気無酸素好気法(凝集剤を添加して処理するものに限る。)に急速濾過法を併用する方法又は嫌気好気活性汚泥法(凝集剤を添加して処理するものに限る。)に急速濾過法を併用する方法
^	^	1を超え3以下	嫌気無酸素好気法に急速濾過法を併用する方法又は嫌気好気活性汚泥法に急速濾過法を併用する方法
^	^		標準活性汚泥法に急速濾過法を併用する方法
10を超え15以下	20以下	3以下	嫌気無酸素好気法又は循環式硝化脱窒法(凝集剤を添加して処理するものに限る。)
^	^		嫌気無酸素好気法又は循環式硝化脱窒法
^	^	3以下	嫌気無酸素好気法又は嫌気好気活性汚泥法
^	^		標準活性汚泥法

注)
- 水処理施設は、放流水が「2．放流水の水質の技術上の基準」の1)の水質基準に適合するよう下水を処理する性能を有する構造とすること。
- 公共下水道等の管理者は放流先の公共用水域の状況などを考慮して、放流水が満たすべき生物化学的酸素要求量、窒素含有量又はりん含有量に係る「計画放流水質」を定め、その水質が「1．計画放流水質の区分」に応じて、各区分に掲げる方法によって下水を処理する構造とすること。

下水道法施行令第5条の六
昭和34年4月22日　政令147号（平成15年9月25日　政令435号改正）

2．放流水の水質の技術上の基準

1）水素イオン濃度指数、大腸菌群数、浮遊物質量の水質基準

水質項目	水質基準
水素イオン濃度指数（pH）	5.8以上8.6以下
大腸菌群数	3,000個/cm³以下
浮遊物質量	40mg/ℓ以下

下水道法施行令第6条
（平成15年9月25日 政令435号改正）

2）雨天時における合流式下水道からの放流水の水質基準

水質項目	水質基準	適用時期
BOD	70m/ℓ以下	施行期日から施行令施行後10年（一部のものは20年）後まで
BOD	40m/ℓ以下	施行令施行後10年（一部のものは20年）経過後から

下水道法施行令附則第5条
（平成15年9月25日 政令435号改正）

注）
- 水素イオン濃度指数、大腸菌群数、浮遊物質量については一律の基準とし、1）のとおりとする。生物化学的酸素要求量、窒素含有量、りん含有量については、公共下水道等の管理者が新たに定める「計画放流水質」に適合する数値を基準とする。
- 既設のものについては従前の例による等の経過措置を設ける。
- 雨天時における合流式下水道からの放流水の水質基準を新たに定める。基準は省令で定める降雨の際に合流式下水道の各吐口から放流される生物化学的酸素要求量で表した汚濁負荷量の総量を放流水の総量で割った値とし、2）のとおりとする。

3. 特定事業場からの下水の排除の制限に係る水質の基準

(公共下水道及び流域下水道への流入水の基準)

物　質　名	基　準　値　[mg/ℓ]
カドミウム及びその化合物	カドミウム　0.1以下
シアン化合物	シアン　1以下
有機りん化合物	1以下
鉛及びその化合物	鉛　0.1以下
六価クロム化合物	六価クロム　0.5以下
ひ素及びその化合物	ひ素　0.1以下
水銀及びアルキル水銀その他の水銀化合物	水銀　0.005以下
アルキル水銀化合物	検出されないこと
ポリ塩化ビフェニル	0.003以下
トリクロロエチレン	0.3以下
テトラクロロエチレン	0.1以下
ジクロロメタン	0.2以下
四塩化炭素	0.02以下
1,2-ジクロロエタン	0.04以下
1,1-ジクロロエチレン	0.2以下
シス-1,2-ジクロロエチレン	0.4以下
1,1,1-トリクロロエタン	3以下
1,1,2-トリクロロエタン	0.06以下
1,3-ジクロロプロペン	0.02以下
チウラム	0.06以下
シマジン	0.03以下
チオベンカルブ	0.2以下
ベンゼン	0.1以下
セレン及びその化合物	セレン　0.1以下
ほう素及びその化合物	注1)
ふっ素及びその化合物	注2)
フェノール類	5以下
銅及びその化合物	銅　3以下
亜鉛及びその化合物	亜鉛　5以下
鉄及びその化合物(溶解性)	鉄　10以下
マンガン及びその化合物(溶解性)	マンガン　10以下
クロム及びその化合物	クロム　2以下
ダイオキシン類	10×10^{-12} g/ℓ以下

注1) 河川その他の公共の水域を放流先とする公共下水道若しくは流域下水道(雨水流域下水道を除く。以下この条において同じ。)又は当該流域下水道に接続する公共下水道に下水を排除する場合にあっては1ℓにつきほう素10mg以下、海域を放流先とする公共下水道若しくは流域下水道又は当該流域下水道に接続する公共下水道に下水を排除する場合にあっては1ℓにつきほう素230mg以下

注2) 河川その他の公共の水域を放流先とする公共下水道若しくは流域下水道又は当該流域下水道に接続する公共下水道に下水を排除する場合にあっては1ℓにつきふっ素8mg以下、海域を放流先とする公共下水道若しくは流域下水道又は当該流域下水道に接続する公共下水道に下水を排除する場合にあっては1ℓにつきふっ素15mg以下

下水道法施行令第9条
(昭和34年4月22日政令147号(平成15年9月25日　政令435号改正))

［し尿浄化槽に係る水質基準］

1．し尿浄化槽放流水基準

1）設置基準

し尿浄化槽は、次の表に掲げる区域及び処理対象人員の区分に応じ、通常の使用状態において、同表に定める性能を有し、かつ衛生上支障がないと建設大臣が認めて指定する構造としなければならない。

し尿浄化槽を設ける区域	処理対象人員（人）	性能 生物化学的酸素要求量の除去率（％）	性能 し尿浄化槽からの放流水の生物化学的酸素要求量 [mg/ℓ]
特定行政庁が衛生上特に支障があると認めて規則で指定する区域	50以下	65以上	90以下
	51以上 500以下	70以上	60以下
	501以上	85以上	30以下
特定行政庁が衛生上特に支障がないと認めて規則で指定する区域		55以上	120以下
その他の区域	500以下	65以上	90以下
	501以上 2,000以下	70以上	60以下
	2,001以上	85以上	30以下

1．この表における処理対象人員の算定は、建設大臣の定める方法により行うものとする。
2．この表において、生物化学的酸素要求量の除去率とは、し尿浄化槽への流入水の生物化学的酸素要求量の数値からし尿浄化槽からの放流水の生物化学的酸素要求量の数値で除して得た割合をいうものとする。

（昭25.11.16政338 建築基準法施行令第32条第1項）

2）検査項目

浄化槽法第7条（設置後等の水質検査）及び第11条（定期検査）に基づく浄化槽の水質に関する検査の項目、方法その他必要な事項について（平成7年6月20日、衛浄33）

浄化槽の水質に関する検査は、当該浄化槽が適正に設置されているか否か、保守点検及び清掃が適正に実施されているか否かにつき判断するために行う。検査項目は、浄化槽の設置状況及び管理状況についての外観検査、放流水等についての素質検査並びに浄化槽の保守点検及び清掃の実施状況等についての書類検査とする。

ア．第7条水質検査項目（使用開始後6月を経過した日から2月の間）	水素イオン濃度指数、汚泥沈殿率、溶存酸素量、透視度、塩素イオン濃度、残留塩素濃度、生物化学的酸素要求量
イ．第11条水質検査項目（毎年1回）	水素イオン濃度指数、溶存酸素量、透視度、残留塩素濃度、生物化学的酸素要求量

3）浄化槽法定検査判定ガイドライン

水質検査に係るチェック項目及びその判断方法

チェック項目	単独合併	処理目標水質	良	可	不　可
水素イオン濃度指数	単独処理		5.8～8.6	良及び不可以外	3未満 又は10超
	合併処理		5.8～8.6	良及び不可以外	3未満 又は10超
汚泥沈澱率	単独処理		10％以上 60％以下	検出されるが、10％未満	検出されない 又は60％超
	合併処理		10％以上	検出されるが、10％未満	検出されない
溶存酸素量	単独処理		0.3mg/ℓ以上	検出されるが、0.3mg/ℓ未満	検出されない
	合併処理		1.0mg/ℓ以上	検出されるが、1.0mg/ℓ未満	検出されない
塩素イオン濃度	単独処理		90mg/ℓ以上 140mg/ℓ以下	30mg/ℓ以上 90mg/ℓ未満 又は 140mg/ℓ超 270mg/ℓ以下	30mg/ℓ未満 又は270mg/ℓ超
残留塩素濃度	単独処理		検出される	－	検出されない
	合併処理		検出される	－	検出されない
透視度	単独処理		7度以上	4度以上 7度未満	4度未満
	合併処理	60mg/ℓ以下	10度以上	5度以上 10度未満	5度未満
		30mg/ℓ以下	15度以上	12度以上 15度未満	12度未満
		20mg/ℓ以下	20度以上	15度以上 20度未満	15度未満
生物化学的酸素要求量	単独処理		90mg/ℓ以下	90mg/ℓ超 120mg/ℓ以下	120mg/ℓ超
	合併処理	60mg/ℓ以下	60mg/ℓ以下	60mg/ℓ超 80mg/ℓ以下	80mg/ℓ超
		30mg/ℓ以下	30mg/ℓ以下	30mg/ℓ超 40mg/ℓ以下	40mg/ℓ超
		20mg/ℓ以下	20mg/ℓ以下	20mg/ℓ超 30mg/ℓ以下	30mg/ℓ超

浄化槽法定検査判定ガイドラインについて（平成8年3月25日付衛浄第17号）

［その他の水質基準］

1．底質暫定除去基準

	暫定除去基準値（底質の乾燥重量当たり）	
	河川・湖沼	海　　域
水銀	25ppm以上	次式のよる算出値（C）以上のもの 　　$C = 0.18 \times \Delta H / (J \times S)$ ［ppm］ 　　　　ΔH：平均潮差［m］ 　　　　J：溶出率 　　　　S：安全率 潮汐の影響に比して副振動の影響を強く受ける海域においては平均潮差に代えて次式のΔHとする。 　　ΔH ＝ 副振動の平均振幅［m］× 12 × 60［分］／平均周期［分］ 溶出率は、当該水域の比較的高濃度に汚染されていると考えられる4地点以上の底質から求め、その平均値とする 　安全率　S：　10　漁業が行われていない地域 　　　　　　　　50　底質や底質付着生物を摂取する魚介類の漁獲量が 　　　　　　　　　　総漁獲量の概ね1/2以下の水域 　　　　　　　　100　上記の割合が概ね1/2を越える水域
PCB	10ppm以上 魚介類のPCB汚染の推移からみて問題のある水域は、より厳しい基準値を設定	

昭和50年10月28日　環水管第119号環境庁水質保全局長通知（昭和63年9月8日　第127号改正）

2．遊泳プール水質基準

項　　目	プール水質基準 厚生労働省 遊泳用プールの衛生基準*1	プール水質基準 文部科学省 学校環境衛生の基準*2
色　度	−	−
水素イオン濃度指数（pH値）	5.8〜8.6	5.8〜8.6
濁　度　[mg/ℓ]	2度以下	2度以下
過マンガン酸カリウム消費量　[mg/ℓ]	12以下	12以下
遊離残留塩素　[mg/ℓ]	0.4〜1.0	プールの対角線上3点以上で表面及び中層全ての点で0.4〜1.0
二酸化塩素　[mg/ℓ]	0.1〜0.4	−
亜塩素酸　[mg/ℓ]	1.2以下	−
大腸菌群	検出されないこと	検出されてはならない
レジオネラ属菌		
一般細菌数	200CFU/mℓ以下であること	1mℓ中200コロニー以下
臭　気	−	
外　観	−	
総トリハロメタン　[mg/ℓ]	暫定目標値として概ね0.2以下が望ましい	0.2以下が望ましい
備　考		原水は飲料水基準に適合することが望ましい

*1　平成13年7月24日　厚生労働省健康局長通知（健発第774号）
*2　平成14年2月5日　文部科学省スポーツ・青年局長通知（13文科ス第411号）

3．農業（水稲）用水基準

項　　　目	農業用水基準
pH（水素イオン濃度指数）	6.0～7.5
COD（化学的酸素要求量）	6 mg/ℓ以下
BOD（生物化学的酸素要求量）	—
SS（浮遊物質）	100 mg/ℓ以下
DO（溶存酸素）	5 mg/ℓ以上
T-N（全窒素濃度）	1 mg/ℓ以下
NH$_4$-N（アンモニア性窒素）	—
EC（電気伝導度）	0.3 mS/cm以下
Cl⁻（塩素イオン）	—
ER（蒸発残留物）	—
重金属　As（ひ素）	0.05 mg/ℓ以下
重金属　Zn（亜鉛）	0.5 mg/ℓ以下
重金属　Cu（銅）	0.02 mg/ℓ以下
ABS（アルキルベンゼンスルホン酸）	—

農林水産省農林水産技術会議1971年10月4日

4．水産用水基準（2000年版）

水　域	河　　　　川		湖　　沼		海　　域	
BOD [mg/ℓ]	自然繁殖の条件	生育の条件	―		―	
	3以下（2以下）	5以下（3以下）				
COD* [mg/ℓ]	―		自然繁殖の条件	生育の条件	一般海域	ノリ養殖場 閉鎖性内湾の沿岸域
			4以下（2以下）	5以下（3以下）	1以下	2以下
全りん [mg/ℓ]・無機態りん			0.1以下（コイ・フナ） 0.05以下（ワカサギ） 0.01以下（サケ科・アユ科）		環境基準における 　水産1種 0.03以下 　水産2種 0.05以下 　水産3種 0.09以下 ノリ養殖場 0.007～0.014	
全窒素 [mg/ℓ]・溶存無機態窒素	―		1以下（コイ・フナ） 0.6以下（ワカサギ） 0.2以下（サケ科・アユ科）		環境基準における 　水産1種 0.3以下 　水産2種 0.6以下 　水産3種 1.0以下 ノリ養殖場 0.07～0.1	
DO [mg/ℓ]	6以上（サケ・マス・アユには7以上）				6以上 内湾漁場の夏季底層 4.3 mg/ℓ（3 mℓ/ℓ）	
pH	6.7～7.5 生息する生物に悪影響を及ぼすほどpHの急激な変化がないこと				7.8～8.4 生息する生物に悪影響を及ぼすほどpHの急激な変化がないこと	
SS [mg/ℓ]	25以下（人為的に加えられる懸濁物質は5以下） 忌避行動などの反応を起こさせる原因とならないこと 日光の透過を妨げ、水生植物の繁殖、生長に影響を及ぼさないこと		サケ・マス・アユ 1.4以下（透明度4.5 m以上）	温水性魚類 3.0以下（透明度1.0 m以上）	人為的に加えられる懸濁物質は2以下 海藻類の繁殖に適した水位において、必要な照度が保持され、繁殖、生長に影響を及ぼさないこと	
着　色	光合成に必要な光の透過が妨げられないこと。忌避行動の原因とならないこと					
水　温	水産生物に悪影響を及ぼすほどの水温変化のないこと					
大腸菌群数	1,000 MPN/100 mℓ（生食用のカキ飼育70 MPN/100 mℓ）以下であること					
油　分	水中には油分が検出されないこと．水面には油膜が認められないこと					
有害物質	人の健康の保護に関する環境基準に定められている27の有害物質、要監視項目として定められている21の有害物質、そしてその他の13の有害物質について、淡水域と海水域に分けて独自の（同等ないしはより厳しい）基準値を定めている。詳細は省略。					
底　質 [mg/ℓ]	有機物などにより汚泥床、みずわた等の発生をおこさないこと				COD$_{OH}$ 20 mg/g以下 硫化物 0.2 mg/g以下 n-ヘキサン抽出物 0.1％以下 （以上、乾泥として）	
	微細な懸濁物が岩面または礫、砂利などに付着し、種苗の着生、発生あるいはその発育を妨げないこと 有害物質の濃度は水産用水基準値の10倍を下回ること。ただし、同基準で「検出されないこと」とされている物質については定量限界を下回ることとする。					

＊湖沼においては酸性法、海域においてはアルカリ性法
（　）内はサケ、マス、アユを対象とする場合

昭和58年3月、改正平成12年12月　（社）日本水産資源保護協会

5．工業用水基準

工業用水道の供給標準水質

業　種	濁　度 [mg/ℓ]	pH [－]	アルカリ度 CaCO₃ [mg/ℓ]	硬　度 CaCO₃ [mg/ℓ]	蒸発残留物 [mg/ℓ]	塩素イオン Cl⁻ [mg/ℓ]	鉄 Fe [mg/ℓ]	マンガン Mn [mg/ℓ]
工業用水道供給標準値	20	6.5～8.0	75	120	250	80	0.3	0.2

備考
1．本表の数値は、現在供給を行っている工業用水道の供給水質の実態［処理下水等特殊な水源のものを除く］および工業用水道受給者側の要望水質を勘案して算出した一応の標準値である。
2．工業用水道の供給水質は工業用水道使用者全体の用途を考慮して効率的、経済的に定めることとなるので原水の水質の状況によっては本表により難い場合もある。

昭46制定、(社)日本工業用水協会・工業用水水質基準制定委員会

6．水浴場水質基準

区　分		ふん便性大腸菌群数	油膜の有無	COD [mg/ℓ]	透明度
適	水質AA	不検出 (検出限界2個/100mℓ)	油膜が認められない	2以下 (湖沼は3以下)	全透 (水深1m以上)
適	水質A	100個/100mℓ以下	油膜が認められない	2以下 (湖沼は3以下)	全透 (水深1m以上)
可	水質B	400個/100mℓ以下	常時は油膜が認められない	5以下	水深1m未満～50cm以上
可	水質C	1,000個/100mℓ以下	常時は油膜が認められない	8以下	水深1m未満～50cm以上
不適		1,000個/100mℓを越えるもの	常時油膜が認められる	8超	50cm未満*

注)
判定は、同一水浴場に関して得た測定値の平均値による。
1．「不検出」とは、平均値が検出限界未満のことをいう。透明度［*の部分］に関しては、砂の巻き上げによる原因は評価の対象外とすることができる。
2．「改善対策を要するもの」については以下のとおりとする。
　(1)「水質B」又は「水質C」と判定されたもののうち、ふん便性大腸菌群数が、400個/100mℓを超える測定値が1以上あるもの
　(2) 常時油膜が認められたもの

平成9年4月　環境庁水質保全局「快適な水浴場のあり方に関する懇談会」報告書

7. WHO飲料用水質ガイドライン

飲料用水質ガイドライン第2版(1993, 1998)
(Guidelines for Drinking-water Quality, 2nd edition)

項　　目　（微生物）	ガイドライン値
すべての飲用水	
大腸菌と耐熱性大腸菌	100mℓ中に検出されないこと
配水システムに送られる処理水	
大腸菌と耐熱性大腸菌	100mℓ中に検出されないこと
大腸菌群	100mℓ中に検出されないこと
配水システム中の処理水	
大腸菌と耐熱性大腸菌	100mℓ中に検出されないこと
大腸菌群	100mℓ中に検出されないこと 大きなシステムでは十分なサンプルが試験された場合は12カ月を通じて95%のサンプル中に検出されないこと

健康影響に関するガイドライン

項　　目　（無機物質）	ガイドライン値 [mg/ℓ]	備　考
アンチモン	0.005	P[注1]
ひ素	0.01	P, 6×10^{-4} [注2]
バリウム	0.7	
ベリリウム		NAD[注3]
ほう素	0.5	P
カドミウム	0.003	
クロム	0.05	P
銅	2	P, ATO[注4]
シアン	0.07	
ふっ素	1.5	[注5]
鉛	0.01	[注6]
マンガン	0.5	P
全水銀	0.001	
モリブデン	0.07	
ニッケル	0.02	P
硝酸性窒素（NO_3^-）	50（急性）	[注7]
亜硝酸性窒素（NO_2^-）	3（急性） 0.2（慢性）	[注7] P
セレン	0.01	
ウラン	0.002	P
アスベスト		
銀		U[注8]
すず		U

項　　目　（有機物質）	ガイドライン値 [μg/ℓ]	備　考
四塩化炭素	2	
ジクロロメタン	20	
1,1-ジクロロエタン		NAD
1,2-ジクロロエタン	30	10^{-5}
1,1,1-トリクロロエタン	2,000	P
塩化ビニル	5	10^{-5}
1,1-ジクロロエチレン	30	
1,2-ジクロロエチレン	50	
トリクロロエチレン	70	P
テトラクロロエチレン	40	

342

その他の水質基準

項　　目　　（有機物質）	ガイドライン値 [μg/ℓ]	備　考
ベンゼン	10	10⁻⁵
トルエン	700	ATO注6
キシレン	500	ATO
エチルベンゼン	300	ATO
スチレン	20	ATO
ベンゾ[a]ピレン	0.7	10⁻⁵
モノクロロベンゼン	300	ATO
1,2-ジクロロベンゼン	1,000	ATO
1,3-ジクロロベンゼン		NAD
1,4-ジクロロベンゼン	300	ATO
トリクロロベンゼン（TOTAL）	20	ATO
ジ(2-エチルヘキシル)アジペート	80	
ジ(2-エチルヘキシル)フタレート	8	
アクリルアミド	0.5	10⁻⁵
エピクロロヒドリン	0.4	P
ヘキサクロロブタジエン	0.6	
EDTA	600	
ミクロキスチン-L, R	1	P
シアナジン	0.6	
ニトリロサン酢酸	200	
ジアルキルスズ類		NAD
トリブチルスズオキシド	2	

項　　目　　（農薬）	ガイドライン値 [μg/ℓ]	備　考
アラクロール	20	10⁻⁵
アルディカルブ	10	
アルドリン/ディルドリン	0.03	
アトラジン	2	
ベンタゾン	300	
カルボフラン	7	
クロルデン	0.2	
クロロトルエン	30	
DDT	2	
1,2-ジブロモ-3-クロロプロパン	1	10⁻⁵
2,4-ジクロロフェノキシサクサン	30	
1,2-ジクロロプロパン	40	P
1,3-ジクロロプロペン		NAD
1,3-ジクロロプロペン（シス）	20	10⁻⁵
1,2-ジブロモエタン	0.4～15	P
ジブロモエチレン		NAD
ジクワット	10	P
デルブチラジン	7	
ヘプタクロロールおよび　ヘプタクロロエポキシド	0.03	
ヘキサクロロベンゼン	1	10⁻⁵
イソプロチオラン	9	
リンデン	2	
4-クロロ-2-メチルフェノキシサクサン	2	
メトキシクロル	20	
メトラクロール	10	
モリネート	6	
ペンジメタン	20	

健康影響に関するガイドライン

付録　水質の基準

項　目　（農薬）	ガイドライン値 [μg/ℓ]	備　考
ペンタクロロフェノール	9	P
ペルメトリン	20	
プロパニル	20	
ピリデイト	100	
シマジン	2	
トリフルラリン	20	
2,4-DB	90	
ジクロルプロップ	100	
フェノプロップ	9	
MCPB		NAD
メコプロップ	10	
2,4,5-T	9	

項　目（消毒剤およびその複製生物）	ガイドライン値 [mg/ℓ]	備　考
モノクロラミン	3	
ジおよびトリクロラアミン		NAD
塩素	5	ATO, 注9
二酸化塩素		注10
ヨウ素		NAD
臭素酸	0.025	P, 7×10^{-5}
塩素酸		NAD
亜塩素酸	0.2	P
2-クロロフェノール		NAD
2,4-ジクロロフェノール		NAD
2,4,6-トリクロロフェノール	0.2	10^{-5}, ATO
ホルムアルデヒド	0.9	
MX		NAD
トリハロメタン		注11
ブロモホルム	0.1	
ジブロモクロロメタン	0.1	
ブロモジクロロメタン	0.06	10^{-5}
クロロホルム	0.2	10^{-5}
モノクロロ酢酸		NAD
ジクロロ酢酸	0.05	P
トリクロロ酢酸	0.1	P
飽水クロラール	0.01	P
クロロアセトン		NAD
ジクロロアセトニトリル	0.09	P
ジブロモアセトニトリル	0.1	P
ブロモクロロアセトニトリル		NAD
トリクロロアセトニトリル	0.001	P
塩化シアン	0.07	
クロロピクリン		NAD

項　目　（放射能）	ガイドライン値 [Bq/ℓ]	備　考
全α線量	0.1	
全β線量	1	

健康影響に関するガイドライン

その他の水質基準

項目	苦情レベル注12	理由
物理性状		
色度	15TCU（色度単位）	外観
味・臭気	—	異常でないこと
温度	—	異常でないこと
濁度	5NTU（濁度単位）	外観
無機物質	[mg/ℓ]	
アルミニウム	0.2	沈殿、着色
アンモニア	1.5	異臭味
塩化物イオン	250	味・腐食性
遊離塩素	0.6～1.2	異臭味
銅	1	着色
硬度	—	高い；沈積物 低い；腐食性
硫化水素	0.05	異臭味
鉄	0.3	着色
マンガン	0.1	着色
pH	—	低い；腐食 高い；味・ぬめり 消毒効果には8.0未満が望ましい
ナトリウム	200	味
硫酸イオン	250	味、腐食性
溶解性物質	1,000	味
亜鉛	3	外観、味
有機物質	[μg/ℓ]	
トルエン	24～170	異臭味
キシレン	20～1,800	異臭味
エチルベンゼン	2～200	異臭味
スチレン	4～2,600	異臭味
モノクロロベンゼン	10～120	異臭味
1,2-ジクロロベンゼン	1～10	異臭味
1,4-ジクロロベンゼン	0.3～30	異臭味
トリクロロベンゼン	5～50	異臭味
消毒剤及び消毒副生成物	[μg/ℓ]	
塩素	600～1,000	異臭味
2-クロロフェノール	0.1～10	異臭味
2,4-ジクロロフェノール	0.3～40	異臭味
2,4,6-トリクロロフェノール	2～300	異臭味

飲用水の利便性に関するガイドライン

注1　P：暫定ガイドライン
　　1）毒性のある可能性があるが、情報が少ない場合
　　2）TDIから計算した際の不確定係数が1,000以上の場合
　　3）ガイドライン値が実際上下限値以下であったり、実際の処理で達成不可能と考えられる場合
　　4）消毒によりガイドライン値を超えてしまいやすい場合
注2　備考欄の指数値は発ガンのリスク
　　ガイドライン値は10^{-5}の生涯発ガン確率（その濃度の飲料水を70年間飲み続けたとき、人口10万人あたり1人の発ガンが起こること）をもつと考えられる飲料水中の濃度で決定した。発ガンリスク10^{-4}について計算する場合は濃度に10を掛け、10^{-6}について計算する場合は濃度を10で割ればよい。分析や処理技術上の問題で発ガンリスク10^{-5}の濃度の達成が困難と考えられる場合には、リスクの値を明示して暫定ガイドライン値を示している。
注3　NAD：健康上のガイドライン値を定めるに足る情報がない。
注4　ATO：健康上のガイドライン値であっても、飲料水の外観や味、臭いなどに影響が出る
注5　各国で基準を設定する場合は、地質条件や飲料水摂取量、他の経路からの摂取を考慮すること。
注6　この勧告値がすぐに達成されないことも考えられるが、様々な方法を用いて鉛の総摂取量を削減する必要がある
注7　硝酸性窒素および亜硝酸性窒素のそれぞれのガイドライン値に対する比の和が1を超えてはならない。
注8　U：ガイドライン値を定める必要がない。
注9　消毒のため、pH 8.0未満で最低30分の接触時間後、遊離塩素0.5 mg/ℓ以上のこと
注10　二酸化塩素は減少が速く、亜塩素酸のガイドライン値以下であればよい。
注11　トリハロメタン4種のそれぞれのガイドライン値に対する比の和が1を超えてはならない。
注12　確実な値でない。状況により変化する。

8．ミネラルウォーター類の原水基準

項　　目	基　　準　　値
一般細菌	1 mlの検水で形成される集落数が100以下であること
大腸菌群	検出されないこと
カドミウム	0.01 mg/l以下であること
水銀	0.0005 mg/l以下であること
セレン	0.01 mg/l以下であること
鉛	0.05 mg/l以下であること
バリウム	1 mg/l以下であること
ひ素	0.05 mg/l以下であること
六価クロム	0.05 mg/l以下であること
シアン	0.01 mg/l以下であること
硝酸性窒素及び亜硝酸性窒素	10 mg/l以下であること
ふっ素	2 mg/l以下であること
ほう素	ほう酸として30 mg/l以下であること
亜鉛	5 mg/l以下であること
銅	1 mg/l以下であること
マンガン	2 mg/l以下であること
有機物等	過マンガン酸カリウム消費量として12 mg/l以下であること
硫化物	硫化水素として0.05 mg/l以下であること

S34.12.28食品、添加物の規格基準　厚生省告示第370号

9．雑用水の用途別水質基準等

項 目	水洗便所用水 厚生省通知 (S 56.4.3)	水洗便所用水 建設省通知 (S 56.4.27)	水洗便所用水 建設省案① (S 56.7.29)	水洗便所用水 建設省案② (H 3.4)	水洗便所用水 東京都 (S 59.1.24)	散水用水 建設省案① (S 56.7.29)
濁度［度］	—	—	—	外観が不快でないこと	—	—
水素イオン濃度指数	5.8〜8.6	5.8〜8.6	5.8〜8.6	5.8〜8.6	5.8〜8.6	5.8〜8.6
大腸菌群数	10個/mℓ以下	10個/mℓ以下	10個/mℓ以下	10個/mℓ以下	10個/mℓ以下	検出されないこと
BOD［mg/ℓ］	—	生物処理方式 20以下	—	20以下	—	—
COD［mg/ℓ］	—	膜処理方式 30以下	—	—	—	—
臭気	不快でないこと	不快でないこと	不快でないこと	不快でないこと	不快でないこと	不快でないこと
色度［度］	—	—	—	外観が不快でないこと	—	—
外観	不快でないこと	不快でないこと	不快でないこと	—	不快でないこと	不快でないこと
残留塩素［mg/ℓ］	(保持すること)	(保持すること)	保持されていること	保持されていること	保持すること	0.4以上

項 目	散水用水 建設省案② (H 3.4)	修景用水 建設省案① (S 56.7.29)	修景用水 建設省 高度処理会議	修景用水 建設省案② (H 3.4)	親水用水 建設省 高度処理会議	親水用水 建設省案② (H 3.4)
濁度［度］	外観が不快でないこと	10以下	10以下	10以下	5以下	5以下
水素イオン濃度指数	5.8〜8.6	5.8〜8.6	5.8〜8.6	5.8〜8.6	5.8〜8.6	5.8〜8.6
大腸菌群数	50個/100mℓ以下	検出されないこと	1,000個/100mℓ以下	1,000個/100mℓ以下	50個/100mℓ以下	50個/100mℓ以下
BOD［mg/ℓ］	20以下	10以下	10以下	10以下	3以下	3以下
COD［mg/ℓ］	—	—	—	—	—	—
臭気	不快でないこと	不快でないこと	不快でないこと	不快でないこと	不快でないこと	不快でないこと
色度［度］	外観が不快でないこと	—	40以下	40以下	10以下	10以下
外観	—	不快でないこと	—	—	—	—
残留塩素［mg/ℓ］	0.4以上	—	—	—	—	—

厚生省通知：「再利用水を原水とする雑用水道の水洗便所用水の暫定水質基準等の設定について」
　　　　　　昭和56年4月3日　環計第46号　厚生省環境衛生局長→各都道府県知事
建設省通知：「排水再利用水の配管設備の取扱いについて」昭和56年4月27日　建設省住指発第91号
　　　　　　建設省住宅局建築指導課長→特定行政庁建築主務部長
建設省案①：「下水処理水循環利用技術指針(案)」昭和56年7月29日　建設省都下企発第72号
　　　　　　建設省都市局下水道部長→各政令指定都市下水道局長
建設省・高度処理会議：「下水処理水の修景・親水利用水質検討マニュアル(案)」平成2年3月発表
建設省案②：「下水処理水再利用技術指針(案)」平成3年4月

建設省建設技術協議会水質連絡会(1997)より引用

その他の水質基準

	基準適用箇所	水洗用水	散水用水	修景用水	親水用水
大腸菌	再生処理施設出口	不検出1)	不検出1)	備考参照1)	不検出1)
濁度		(管理目標値) 2度以下	(管理目標値) 2度以下	(管理目標値) 2度以下	2度以下
pH		5.8～8.6	5.8～8.6	5.8～8.6	5.8～8.6
外観		不快でないこと	不快でないこと	不快でないこと	不快でないこと
色度		—2)	—2)	40度以下2)	10度以下2)
臭気		不快でないこと3)	不快でないこと3)	不快でないこと3)	不快でないこと3)
残留塩素	責任分解点	(管理目標値) 遊離残留塩素0.1mg/ℓ 又は結合残留塩素 0.4mg/ℓ以上4)	(管理目標値4)) 遊離残留塩素0.1mg/ℓ 又は結合残留塩素 0.4mg/ℓ以上5)	備考参照4)	(管理目標値4)) 遊離残留塩素0.1mg/ℓ 又は結合残留塩素 0.4mg/ℓ以上5)
施設基準		砂ろ過施設又は同等以上の機能を有する施設を設けること	砂ろ過施設又は同等以上の機能を有する施設を設けること	砂ろ過施設又は同等以上の機能を有する施設を設けること	凝集沈澱＋砂ろ過施設又は同等以上の機能を有する施設を設けること
備考		1) 検水量は100mℓとする（特性酵素基質培地法） 2) 利用者の意向等を踏まえ、必要に応じて基準値を設定 3) 利用者の意向等を踏まえ、必要に応じて臭気強度を設定 4) 供給先で追加塩素注入を行う場合には個別の協定等に基づくこととしても良い	1) 検水量は100mℓとする（特性酵素基質培地法） 2) 利用者の意向等を踏まえ、必要に応じて基準値を設定 3) 利用者の意向等を踏まえ、必要に応じて臭気強度を設定 4) 消毒の残留効果が特に必要ない場合には適用しない 5) 供給先で追加塩素注入を行う場合には個別の協定等に基づくこととしても良い	1) 暫定的に現行基準（大腸菌群数1000CUF/100mℓ）を採用 2) 利用者の意向等を踏まえ、必要に応じて上乗せ基準値を設定 3) 利用者の意向等を踏まえ、必要に応じて臭気強度を設定 4) 生態系保全の観点から塩素消毒以外の処理を行う場合があること及び人間が触れることを前提としない利用であるため規定しない	1) 検水量は100mℓとする（特性酵素基質培地法） 2) 利用者の意向等を踏まえ、必要に応じて上乗せ基準値を設定 3) 利用者の意向等を踏まえ、必要に応じて臭気強度を設定 4) 消毒の残留効果が特に必要ない場合には適用しない 5) 供給先で追加塩素注入を行う場合には個別の協定等に基づくこととしても良い

国土交通省都市・地域整備局下水道部 (2005) より引用

参考文献一覧

安芸周一・白砂孝夫（1974a）：貯水池濁水現象の調査と解析（その1），電力中央研究所，報告74505.
安芸周一・白砂孝夫（1974b）：貯水池の流動と水質，水理学講演会論文集 18.
秋山　優・有賀祐勝ほか（1997）：藻類の生態，内田老鶴圃.
浅枝　隆（2000）：湖沼、貯水池管理に向けた富栄養化現象に関する学術研究のとりまとめ．土木学会水理委員会環境水理部会.
新井　正（1998）：水質環境調査の基礎，古今書院
新井　正・西沢利栄（1974）：水温論，共立出版.
荒川忠一（1997）：数値流体工学，東京大学出版会.
荒木　峻・沼田　眞・和田　攻（1985）：環境科学辞典，東京化学同人.
新崎盛敏ほか（1976）：海洋科学基礎講座 5. 海藻・ベントス，東海大学出版会.
有田正光（1999）：水圏の環境，東京電気大学出版局.
Aruga, Y.（1965）: Ecological studies of photosynthesis and matter production of phytoplankton II. Photosynthesis of algae in relation to light intensity and temperature. *Bot. Mag. Tokyo*, **78**, 360-365.
有賀祐勝（1973）：水界植物群落の物質生産 2. 植物プランクトン，生態学講座 8. 共立出版.
アレキサンダー・J. ホーンほか（1999）：陸水学，京都大学学術出版会.
池田駿介（1999）：詳述水理学，技報堂.
池田裕一ほか（1996）：連続成層水域での二次元Bubble plumeの連行特性に関する基礎的検討，水工学論文集，第40巻、pp.631-636.
Ichimura, S.（1958）: On the photosynthesis of natural phytoplankton under field conditions. *Bot. Mag. Tokyo*, **71**, 261-269.
市村俊英・有賀祐勝（1964）：種々の水域で得られたプランクトンの光合成－光曲線，共立出版.
市村俊英・有賀祐勝（1978）：水界植物群落の物質生産II（植物プランクトン），共立出版.
伊藤秀夫（1983）：河川工学，明現社.
伊藤　実（1970）：よくわかる土質力学例題集，工学出版.
岩佐義朗（1990）：湖沼工学，山海堂.
岩佐義朗（1995）：数値水理学，丸善.
江草周三ほか（1973）：水圏の富栄養化と水産増養殖，恒星社厚生閣.
Eleftheriou, A. and Holme, N. A.（1984）: Chapter 6. Macrofauna techniques. pp.140-216. Methods for the study of Marine benthos, IBP Handbook 16 (Second ed.), N. A. Holme and A. D. McIntyre, eds., Blackwell Sci. Publ., 387 pp.
OECD（1982）: Eutrophication of Waters: Monitoring, Assessment and Control.
岡島秀夫（1989）：土の構造と機能，農文協.

化学大辞典編集委員会（1981）：化学大辞典，共立出版．
河川事業環境影響評価研究会（2000）：ダム事業における環境影響評価の考え方，(財)ダム水源地環境整備センター．
河川総合開発用語研究会（1993）：河川総合開発用語集，(財)ダム技術センター．
加藤尚武（2001）：図解スーパーゼミナール環境学，東洋経済新報社．
金子光美（1998a）：河川での水質浄化，技報堂．
金子光美（1998b）：生活排水処理システム，技報堂．
環境技術研究協会（1998）：環境アセスメント－ここが変わる．
環境庁（2000）：内分泌攪乱化学物質問題への環境庁の対応方針について－環境ホルモン戦略計画SPEED'98．
環境庁環境アセスメント研究会（1998）：環境アセスメント関係法令集，中央法規．
環境庁企画調整課（1994）：環境基本法の解説．
環境庁企画調整局（2000）：大気・水・環境負荷のアセスメント（Ⅰ）スコーピングの進め方，大蔵省印刷局．
木元新作（1976）：生態学研究法講座 14.動物群集研究法－多様性と種類組成－，共立出版．
国包章一（2002）：水道膜ろ過法入門，日本水道新聞社．
国松孝男・村岡浩爾（1989）：水質汚濁のモデル解析，技報堂．
久納　誠・竹内邦良（2000）：糸状藻類を用いた貯水池富栄養化対策の設備設計に関する研究，土木学会論文集，620，Ⅶ-15，pp.13-24．
久保亮五ほか（1987）：岩波理化学辞典，岩波書店．
経済産業省産業技術環境局（1995）：公害防止の技術と法規．水質編，(社)産業環境管理協会．
ゲート総覧委員会（1980）：ゲート総覧Ⅱ　解説編，(社)ダム・堰施設技術協会．
(株)建設産業調査会（1997）：最新下水道ハンドブック．
建設省河川局（1987）：多目的ダムの建設，(財)全国建設研修センター．
建設省河川局（1997）：改訂新版　建設省河川砂防技術基準(案)．同解説・調査編，(社)日本河川協会，山海堂．
建設省河川局開発課（1990）：ゲート総覧Ⅱ，(社)ダム・堰施設技術協会．
建設省河川部砂防部（2000）：流木対策指針(案)．計画編・設計編．
建設省技術管理業務連絡会水質部会（1984）：河川水質試験方法(案)．
建設省近畿技術事務所（1994）：水質調査の基礎知識．
建設省建設技術協議会水質連絡会（1997）：河川水質試験方法(案)，(財)河川環境管理財団，技報堂．
建設省都市局下水道部（1997）：流域別下水道整備総合計画調査．指針と解説，(社)日本下水道協会．
建設省都市局下水道部・厚生省生活衛生局水道環境部（1997）：下水道試験方法，(社)日本下水道協会．
建設大臣官房政策課／会計課（2000）：建設行政ハンドブック，大成出版社．
厚生省（2000）：水道施設設計指針，(社)日本水道協会．

厚生省水道環境部（1993）：上水試験方法．解説編，日本水道協会．
合田　健（1975）：水質工学　基礎編，丸善．
(財)国土開発技術研究センター（1987）：選択取水設備設計容量(案)，同解説．
(財)国土開発技術センター（1983）：貯水池の水質．
(財)国土技術研究センター（2000）：改定解説河川管理施設等構造令，山海堂．
国土交通省河川局河川環境課（2003）：ダムの弾力的管理試験の手引き(平成15年度版)．
国土交通省黒部工事事務所（2002）：宇奈月ダム工事誌図面集．
国土交通省京浜工事事務所（2001）：水質用語集．
国土交通省水質連絡会（2001）：水質事故対策技術，技報堂出版．
国土交通省総合技術政策研究センター（2003）：公共事業評価手法の高度化に関する研究．
国土交通省東北地方整備局釜房ダム管理所（2005）：釜房ダムホームページ．
国土交通都市・地域整備局下水道部（2005）：下水処理水の再利用，水質基準等マニュアル．
国立天文台編（2002）：理科年表，丸善．
小島貞男ほか（1987）：新水質の常識，日本水道新聞社．
小林正典・岩佐義朗・松尾直規（1980）：わが国の多目的貯水池の水理・水文的特徴とその評価，第24回水理講演会論文集，pp.245-250．
近藤純正（1994）：水環境の気象学－地表面の水収支・熱収支－，朝倉書店．
西條八束（1996）：小宇宙としての湖，大月書店．
西條八束・三田村緒佐武（1995）：新編　湖沼調査法，講談社サイエンティフィク．
坂本　充（1973）：富栄養化と生物指標　用水と排水，Vol.1, 15, No.1．
桜井　弘（1997）：元素111の新知識．引いて重宝、読んでおもしろい，講談社．
桜井義雄（1994）：水辺の環境学，新日本出版社．
佐藤敦久（1992）：水処理，技報堂．
JICA（1994）：JICA情報，Vol.9, No.3．
ジョン・ディンティス(編)，山崎　昶・平賀やよい(訳)（1996）：新化学用語小辞典，講談社．
水質法令研究会（1986）：湖沼の水質保全，地球社．
(財)水道技術研究センター（2000）：浄水技術ガイドライン．
(社)水門鉄管協会（2001）：水門鉄管技術用語集．
鈴木周一（1981）：バイオセンサー，講談社サイエンティフィク．
須田隆一（1983）：富栄養化対策総合資料，サイエンスフォーラム．
生物多様性政策研究会（2002）：生物多様性キーワード事典，中央法規出版．
宗宮　功（1999）：環境水質学，コロナ社．
高井　雄ほか（1987）：用水の除鉄・除マンガン処理，産業用水調査会．
高須修二・宮脇千晴（1989）：選択取水設備の機能比較，ダム技術 35．
高橋　裕（1990）：河川工学，東京大学出版会．
高橋　裕ほか（1997）：水の百科事典，丸善．
竹内　均(監修)（2003）：地球環境調査計測辞典　第3巻 沿岸域編，(株)フジ・テクノシステム．

玉井信行ほか（1993）：魚類生態と河川計画，河川生態環境工学，東京大学出版会．
（財）ダム技術センター（1994）：流動制御システムの原理と設備例，ダム技術 91．
（財）ダム技術センター（2005）：多目的ダムの建設　設計Ⅱ編．
（財）ダム水源地環境整備センター（1994）：水辺の環境調査，技報堂．
ダム貯水池水質調査要領検討委員会（1988）：改訂ダム貯水池水質調査要領，（財）ダム水源地環境整備センター．
丹保憲仁（1983）：水道とトリハロメタン，技報堂．
地学団体研究会地学事典編集委員会（1988）：地学辞典，平凡社．
中央環境審議会水環境部会陸水環境基準専門委員会（2003）：第5回委員会配布資料．
津田松苗（1986）：汚水生物学，北隆館．
筒木　潔（1995）：フミン物資とその水環境へのかかわり，水環境学会誌，**19**(4)．
寺薗勝二（1991）：国際大ダム会議発表論文集．
寺田達志（1999）：わかりやすい環境アセスメント；1999，東京環境工科学園出版部．
時岡　隆ほか（1972）：生態学研究シリーズ第3巻，海の生態学，築地書館．
土質試験法改訂編集委員会（1987）：土質試験法(第2回改訂版)，（社）土質工学会．
土木学会（1986）：水理公式集(昭和60年版)，土木学会．
土木学会（1989）：土木工学ハンドブック(第4版)，技報堂．
土木学会水理委員会水理公式集改訂委員会編（1990, 1999）：水理公式集，丸善．
土木研究センター（1987a）：湖沼の総合的水管理技術の開発．
土木研究センター（1987b）：湖沼水質改善技術適用マニュアル(案)．
中島重旗（1983）：土木技術者の陸水環境調査法，森北出版．
中津川誠・星　清（2001）：融雪期に豪雨が相俟って生起する出水の予測について．河川技術に関する論文集，第7巻，pp.453-458．
中室克彦・佐谷戸安好（1993）：水環境学会誌，**16**, 12．
南條吉之（2001）：富栄養湖におけるキレート物質による藻類増殖促進作用に関する研究，学位論文．
日本化学会（1980）：化学便覧．応用編(第3版)，丸善．
（社）日本河川協会（1978）：建設省河川砂防技術基準(案)　調査編．
日本環境管理学会（2000）：水道水質基準ガイドブック，丸善．
（社）日本環境測定分析協会（2003）：(改)底質調査方法とその解説，丸善．
（社）日本下水道協会（1997）：下水道試験方法(上巻)．
（社）日本下水道協会（2001a）：下水道施設計画・設計指針と解説．
（社）日本下水道協会（2001b）：下水道用語集．
日本水産学会（1982）：水産学史シリーズ 42．有毒プランクトン－発生・作用機構・毒成分，恒星社厚生閣．
日本水産資源保護協会（1980）：新編　水質汚濁調査指針，恒星社厚生閣．
（社）日本水質汚濁研究会（1982）：湖沼環境調査指針，公害対策技術同友会．
（社）日本水道協会（1979）：異臭味水対策の指針．
（財）日本ダム協会（2003）：ダム便覧．

日本微生物学協会（1989）：微生物学辞典，技報堂.
丹羽　薫・久納　誠（1992）：総合的な貯水池水質保全対策技術の開発，ダム技術 No.75，（財）ダム技術センター，pp.37-46.
丹羽　薫ほか（1994）：ダム湖における流動制御による水質管理．土木技術資料，第36巻，pp.207-212.
丹羽　薫ほか（1995）：流動制御システムによるダム湖水質保全の現地実験．土木技術資料，第37巻，第6号．
沼田　真（1974）：生態学辞典，築地書館．
馬場忠一・伊部重治（1999）：水力発電設備における環境整備，電力土木，第280号，pp.9-13.
原科幸彦・横田　勇（2001）：環境アセスメント基本用語事典，オーム社．
半谷高久・安部喜也(編著)（1981）：水質汚濁研究法，丸善．
半谷高久・小倉紀雄（1985）：水質調査法(改訂2版)，丸善．
日野幹雄（1983）：明解水理学，丸善．
日野幹雄（1992）：流体力学，朝倉書店．
平山彰彦・和氣亜紀夫（1998）：リンのSSからの脱着とプランクトン細胞内蓄積を考慮した水質モデル，海岸工学論文集，第45巻，pp.1041-1045.
広瀬利雄（監修）・応用生態工学序説編集委員会編（1997）：応用生態工学序説，信山社．
広瀬利雄・中村俊六（監修）（1994）：魚道の設計，(財)ダム水源地環境整備センター（編），山海堂．
Fair, G. M.（1939）：The dissolved-oxygen sag-an analysis, Sewage Works Journal, Vol.11(3).
藤原正弘（1994）：水道・21世紀へのビジョン，水道産業新聞社．
Helmet Klapper（1991）：Control of Eutrophication in Inland Water, Ellis Horwood.
宝月欣二（1998）：湖沼生物の生態学．富栄養化と人の生活にふれて，共立出版．
保坂三継（1998）：水系原虫感染症．用水と廃水，40巻2号，pp.119-132.
水資源開発公団水環境研究室（2001）：ダム貯水池の水質(第2版)，試験研究所報告書．
溝口次男（1994）：酸性雨の化学と対策，環境庁大気規制課(編)，丸善．
三好康彦（2003）：水質用語事典，オーム社．
盛下　勇（1996）：水環境に係る「生物指標」について，1994日本水質年鑑，山海堂．
盛下　勇（2002）：ダム貯水池の水環境Q＆A，(財)ダム水源地環境整備センター(編)，山海堂．
盛下　勇（2004）：応用原生動物学，山海堂．
八杉龍一ほか（1996）：生物学辞典(第4版)，岩波書店．
矢野雄幸・佐藤弘三（1978）：拡散方程式入門，公害研究対策センター．
山形勝巳（2000）：土師ダム人工生態礁について，第2回人工浮島シンポジウム講演資料集，(財)ダム水源地環境整備センター．
山県　登（1978）：生物濃縮－環境科学論，産業図書．
山岸　宏（1982）：新版　現代の生態学，講談社サイエンティック．
山田忠雄ほか（1997）：新明解国語辞典(第5版)，三省堂．
山田常雄ほか（1983）：岩波生物学辞典(第3版)，岩波書店．

山室真澄（1996）：感潮域の底生生物．西条八束・奥田節夫（編），河川感潮域－その自然と変貌，名古屋大学出版会．
用水廃水便覧編集委員会（1973）：用水廃水便覧（改訂2版），丸善．
横井利直（1990）：土壌－土壌の見方考え方，東京農業大学社会通信教育部．
横山長之・市川惇厚（1997）：環境用語事典，オーム社．
吉田邦夫（1998）：環境大事典，工業調査会．
吉村信吉（1937）：湖沼学，三省堂．
渡辺真利代ほか（1994）：アオコ．その出現と毒素，東京大学出版会．

索引

注記：以下の索引語中、見出し用語として示されるページは大字で、重要語として解説文中に太字で示されるページは細字で示している。

1,1,1-トリクロロエタン	138	NO_3-N	155
1,1,2-トリクロロエタン	138	$O-N$	155
1,1-ジクロロエチレン	137	$O-P$	157
1,2-ジクロロエタン	137	ORP	56
1,3-ジクロロプロペン	139	PCB	136
2-MIB	211	pH	144
2-メチルイソボルネオール	211	pHセンサー	82
75％値	293	pHモニター	82
ADI	183	POC	160
AGPとAGP試験	162	PON	155
Alb-N	154	POP	157
AOD	184	PRTR	309
ATP試験	185	RO膜	269
BOD	144	SEA	8
BOD減少係数	91	SIMPLE法	217
C-BOD	162	SiO_2	164
CF	98	SS	110
CFL条件	219	$T-N$	153
Chl-aモニター	84	$T-P$	156
CO_2	167	TDI	183
COD	145	THM	164
DIN	156	TL_m	181
DIP	159	TOC	159
DO	145	TOD	160
DOC	160	TON	130
DON	155	TOX	165
DOP	157	TSI	105
DOモニター	83	TTC試験	185
DO垂下曲線	92	VSS	161
EC_{50}	185	WHO飲料用水質ガイドライン	298
EDS	96	α	43
HRT	42	α_7	43
IC	160	β	43
IL	161	ζ 電位	117
$K-N$	153		
K_2O	166	【ア】	
LC	181	亜鉛	147
LC_{50}	181	亜沿岸帯	198
LD_{50}	182	アオコ	102
MPN法	187	アオコ回収	239
N/P比	108	赤水	209
n-ヘキサン抽出物質	146	亜硝酸態(性)窒素	154
N-BOD	162	油汚染	124
NH_4-N	154	アルカリ度	57
NO_2-N	154	アルキル水銀	135

ダム貯水池水質用語集

用語	ページ
アルブミノイド窒素	154
アルベド	49
アルミニウム	61
安全指標	187
アンチモン	62
アンモニア態(性)窒素	154
池干し	251
異臭味障害	207
異臭味対策	267
一次元多層流モデル	223
一次生産量	108
一日許容摂取量	183
一律排水基準	292, 295
一般細菌	196
移動性	14
移流拡散方程式	32
ウェダバーン数	41
ウォッシュロード	113
浮島	237
渦鞭毛虫類	193
上乗せ基準	295
運動方程式	31
栄養塩類	53, 103
エクマンバージ型	77
塩化物	58
沿岸帯	198
塩素イオン	58
塩素消毒	263
塩素処理	263
鉛直一次元モデル	222
鉛直二次元モデル	223
オキシデーションディッチ	277
汚水生物体系	179
オゾン処理	267
汚濁負荷原単位	68
汚濁負荷量	67
汚泥の処理・処分・利用	272
オリフィスゲート	23
オルトりん酸態りん	158
温水現象	120
温水施設	259
温水対策	240

【カ】

用語	ページ
外観	128
回転円板法	275
回転生物接触法	275
外部負荷	72
化学吸着	53
化学的酸素要求量	145
化学的浄化作用	257, 258
化学的不活性化処理	250
化学物質排出移動登録制度	309

用語	ページ
夏期7月回転率	43
閣議アセス	3
拡散	36
拡散係数	36
河川法	300
家畜排水	69
渇水濁水	110
活性汚泥法	274
活性炭吸着処理	270
合併処理浄化槽	254, 306
カドミウム	132
カビ臭	207
可溶性塩類	173
カリウム	60
カルシウム	58
カルマンヘッド	41
簡易比色テスト	84
環境アセスメント	3
環境影響評価	3
環境影響評価実施要綱	3
環境影響評価法	311
環境影響要因	6
環境基準地点	302
環境基本計画	307
環境基本法	307
環境の定義と種類	9
環境への負荷	308
環境ホルモン	96
環境要素	6
間隙率	175
間欠式空気揚水筒	243
還元層	173
観光排水	71
緩衝作用	123
含水比	175
緩速ろ過処理	264
機械式曝気システム	245
機械脱水	281
危急種	15
希少種	15
季節成層	47
揮発性浮遊物	161
気泡弾方式揚水筒	243
逆浸透法による処理	269
逆成層	46
吸収係数	50
急速ろ過処理	266
凝集剤	266
強熱減量	161
漁業集落排水施設	305
局所リチャードソン数	48
魚道	28
魚類	194

索　引

魚類調査	180	鉱山保安法	307
キレート	63	高次生産量	197
緊急放流管	26	工場排水	70
菌類	202	降水負荷	71
クーラン数	219	洪水時回転率	43
グラブ採泥器	77	後生動物	195
クリプトスポリジウム	201	硬度	57
クレストゲート	23	高度浄水処理	268
黒水	209	高度処理	274
クロム	150	高度処理システム	273
クロロフィルa	161	鉱物組成	114
クロロフィルb	161	湖沼型	55
クロロフィルa（Chl-a）センサー	84	湖沼水位調節施設	303
群集	15	湖沼水質保全計画	286
群落	15	湖沼水質保全特別措置法	303
ゲート	22	湖沼法	303
景観障害	212	コプロスタノール	166
珪藻類	192	コミュニティプラント	69, 305
下水汚泥の処理・処分・利用	281	湖流	37
下水処理水の消毒	280	コロイド粒子	114
下水処理水のろ過処理	276	コンジットゲート	23
下水道からの放流水基準	297	コンポスト	282
下水道整備	254		
下水道の種類	304	【サ】	
下水道法	304	サーマル	41
下水道類似施設	305	最確数法	187
ケルダール窒素	153	採水器	77
原核生物	195	最大比増殖速度	228
嫌気・無酸素・好気法	279	採泥器	77
嫌気性消化	281	最適水温	228
嫌気性微生物	200	最適日射量	231
嫌気性分解	172	再曝気係数	91
健康項目	132	殺菌処理	263
原生動物	193	殺藻剤の散布	251
建設工事に係る資材の再資源化等に関する法律	312	差分法	215
		酸化カリウム	166
建設リサイクル法	312	酸化還元電位	56
現存量	204	酸化層	173
懸濁物質	110	酸化第一鉄	63
コールターカウンター	119	酸化第二鉄	62
コア採泥器	80	三次元モデル	224
高圧ゲート	23	三次処理	273
降雨出水	72	散水ろ床法	275
公害	308	酸性雨	122
公害対策基本法	300	酸性河川	122
好気性微生物	200	酸性湖沼	123
好気性分解	172	酸素消費	174
公共下水道	304	酸素	58
公共用水域	301	散乱係数	50
光合成	108	散乱光測定法	83
光合成細菌	191	残留塩素	164
光合成試験	185	ジアルディア	202
光合成速度	109	四塩化炭素	137

ジオスミン	211	深水層溶存酸素消費速度	107
色度	128	深水層溶存酸素飽和率	107
事業評価手法	8	深層曝気循環システム	243
ジクロロメタン	136	水圧鉄管	27
試験紙テスト	85	水温	128
自浄係数	92	水温センサー	82
自浄作用	90	水温変化現象	120
シス-1,2-ジクロロエチレン	138	水温モニター	82
自然環境保全法	313	水温躍層	45, 128
指定湖沼	303	水系感染症	186
自動採水器	81	水系病原性微生物	212
し尿処理施設	258	水源地域対策特別措置法	303
指標生物	202	水源二法	309
シマジン	140	水産負荷	71
臭気	130, 208	水産用水基準	298
臭気強度	130	水質一般項目	128
重金属	55	水質汚濁に係る環境基準	292
重合りん酸態りん	158	水質汚濁防止法	70, 300
重要な種	15	水質管理	53
取水方式	241	水質規制の法令	300
受熱期	44	水質自動監視システム	75
種の保存法	314	水質測定計画	75
循環期	44	水質の基準	291
純生産量	196	水色	129
準備書	5	水生昆虫	194
上位性	14	水生植物	197
硝化	278	水生生物回収による栄養塩類除去法	238
硝化液循環活性汚泥法	277	水素イオン濃度指数	144
浄化作用	90	吹送流	37
浄化残率	68	水族環境診断法	184
硝化内性脱空法	277	水中照度	51
浄化槽法	310	水道水の水質基準	296
焼却	281	水道水の水質被害	209
消散係数	50	水道法	306
硝酸呼吸	172	水特法	303
硝酸態(性)窒素	155	水表生物	199
浄水操作	263	水面熱収支	49
浄水被害	210	水浴場水質基準	298
消毒	263	スクリーニング	4
蒸発残留物	57	スコーピング	5
消費者	13	すず	61
常用洪水吐	21	スソ切り	295
植生浄化	237	スティールの式	231
食物連鎖	11	ステファン・ボルツマンの放射法則	48
除鉄処理	271	ストークスの式	115
除マンガン処理	271	ストリータ・ヘルプスモデル	226
シリカ	164	ゼータ電位	117
シルト	113	生活型	198
人為的富栄養化	101	生活環境基準項目	143
真核生物	195	生活環境の保全に関する環境基準	293
人工生態礁	238	生活排水	70
親水活動	212	生活排水対策	255
深水層	45	制限因子	53

生産者	13	戦略的環境アセスメント		8
セイシュ	39	全りん		156
正常流量	26	増殖		204
静振	39	増殖速度		204
静水圧	32	総水銀		135
成層	46	層流		33
成層型	47	掃流砂		111
成層期	44	総量規制		302
成層破壊	45	藻類		191
生態学的分類	191			
生態環境調査	180	【タ】		
生態系	11	第一段階最終BOD		162
生態系モデル	225	第一鉄塩の除去		271
生態ピラミッド	12	第一種事業		4
生長	204	ダイオキシン類		99
生物化学的酸素要求量	144	ダイオキシン類に係る環境基準		294
生物学的除去法	278	堆積厚		173
生物学的水質階級	179	大腸菌		196
生物学的水質改善法	237	大腸菌群数		146
生物学的窒素除去法	277	第二種事業		4
生物学的りん・窒素同時除去法	279	第二段階BOD		162
生物検定	183	堆肥化		282
生物指標	180	太陽定数		49
生物多様性条約	312	滞留時間		42
生物的浄化作用	257, 258	濁質		110
生物濃縮	97	濁質比重		116
生物膜法	275	濁水長期化現象		110
生物膜ろ過法	275	濁水長期化対策		240
生理・生化学・細胞学的指標	184	濁水の密度		34
石炭酸	148	濁度		130
積分球式光電光度法	83	濁度センサー		82
セストン	197	濁度モニター		82
セッキ板	130	脱酸素係数		90
接触酸化法	275	脱窒		278
摂食速度	201	脱窒作用		171
絶滅危惧種	15	ダム事業の環境影響評価の技術的な指針		9
絶滅種	15	ダム貯水池水質調査要領		76
絶滅のおそれのある野生動植物の種の保存に関する法律	314	ダム貯水池水質保全事業		285
瀬戸内保全法	302	多様性指数		17
瀬戸内海環境保全特別措置法	302	淡水赤潮		102
セル・クォタ値	232	淡水の密度		34
セレン	141	単独処理浄化槽		255
全酸素要求量	160	チウラム		140
全シアン	133	チオベンカルブ		140
浅層曝気循環システム	242	地下浸透水基準		296
全層曝気循環システム	241	地下水の水質汚濁に係る環境基準		294
選択取水	240	地球環境保全		311
選択取水設備	22	致死濃度		181
全窒素	153	窒素化合物		152
全窒素／全りん比	108	窒素の循環		151
全有機態炭素	159	中栄養湖		104
全有機ハロゲン化合物	165	中間取水		241
		抽水植物		198

用語	頁	用語	頁
沖帯	198	二酸化炭素	167
腸内細菌	196	日成層	47
貯水池の弾力的管理	246	ニッケル	62
沈降速度	115	ネウストン	199
沈降分析	118	ネクトン	200
沈水植物	198	年回転率	43
底質	171	粘土	113
底質暫定除去基準	297	粘土鉱物	114
底質調査項目	175	農業集落排水事業	256
低水位放流管	26	農業集落排水施設	305
底生生物	200	農業 (水稲) 用水基準	297
底層取水	241	濃縮	281
底泥の浚渫	252	濃縮係数	98
底泥被覆	252	濃縮毒性試験	184
低沸点有機ハロゲン化合物	165	濃縮毒性値	182
テトラクロロエチレン	139	農地排水	70
デトリタス	173	ノンポイントソース	69
典型性	14	**【ハ】**	
転倒式採水器	77	バーデンフォ・プロセス	279
銅	148	バイオアッセイ	183
透過光測定法	83	バイオセンサー	84
透視度	129	バイオマニピュレーション	239
導電率	56	廃棄物の処理および清掃に関する法律	310
透明度	130	排砂ゲート	23
特殊細菌類	196	排出負荷量	67
特殊処理	268	排水基準項目	148
特殊性	14	廃掃法	310
毒性	183	バイパス	248
毒性解析	184	ハイロート型採水器	77
毒性試験	181	発ガン性物質	210
特定施設	301	パックテスト	84
特定水域高度処理基本計画	285	発生負荷量	67
特定多目的ダム法	309	パフ	41
特定地下浸透水	296	バルキング	275
特定点源	69	半数増殖阻害濃度	185
都市下水の処理	273	半数致死濃度	181
都市下水路	305	半数致死量	182
土壌浄化法	256	半透膜	269
土壌生物群集	203	バンドーン型採水器	77
土壌の汚染に係る環境基準	294	非圧縮性流体	219
トリクロロエチレン	139	微小生物調査	180
トリハロメタン	164	非常用洪水吐	21
トリハロメタン対策	270	微生物による有機物分解	90
ドレッジ採泥器	80	ひ素	134
【ナ】		比増殖速度	204
内部生産	103	非特定点源	69
内部セイシュ	39	人の健康の保護に関する環境基準	293
内部負荷	72	評価書	6
内分泌攪乱物質	96	病原性微生物	95
ナトリウム	60	標準調査手法	7
鉛	133	表水層	45
二酸化珪素	164	表層取水	241

表層流動化	240	ペラゴス	198
表面取水設備	21	変異原性試験	186
貧栄養湖	103	変水温層	45
富栄養化	101	ベンゼン	141
富栄養化関連水質項目	151	ベントス	200
富栄養化現象	101	ボーレンワイダーモデル	227
富栄養化指標	105	崩壊湖岸対策	253
富栄養化対策	240	崩壊地対策	258
富栄養湖	103	ほう化物	142
富栄養度指標	105	ほう素	142
フェオフィチン	161	放熱期	44
フェノール類	148	方法書	5
フェンス	249	放流管	26
賦活処理	270	放流水浄化設備	259
覆砂	252	干し上げ	251
副ダム	247	補償深度	51
フタル酸エステル	166	捕食	203
付着生物	194	ボックスモデル	221
付着藻類	194	ポリ塩化ビフェニル	136
普通沈殿処理	264	ポイントソース	69
物質循環	34	ポンプ式採水器	77
物質量保存則	35	【マ】	
ふっ素	141	巻き上げ	175
物理化学的除去法	279	膜処理	268
物理吸着	54	マグネシウム	59
物理の浄化作用	257, 258	膜分離活性汚泥法	276
物理的除去法	248	マンガン塩の除去	271
浮標植物	198	ミカエリス・メンテンの式	232
フミン酸	54	水環境改善事業	285
フミン質	54	水の華	102
浮遊・懸濁物質	197	ミチゲーション	10
浮遊砂	111	密度カレント	41
浮遊植物	198	密度楔	41
浮遊生物	199	密度流	40
浮遊物質	110	みなし特定施設	301
浮葉植物	198	ミネラルウォーター類の原水基準	298
不溶性塩類	173	無機系汚濁源	89
プランクトン	199	無機系有害物質	94
プランクトンネット	81	無機態炭素	160
プルーム	234	無機態物質	127
プルーム	41	無機物	174
フルボ酸	54	無光層	51
分解者	14	無水亜りん酸	63
分解速度係数	159	無水珪酸	164
文化財保護法	312	メタン生成作用	171
分散	37	免疫指標	186
分散係数	37	面源	69
分子拡散	36	【ヤ】	
噴水装置	245	薬品凝集沈殿処理	265
噴流	41	野生物の保護に関する法律	313
分類学体系	191	遊泳生物	200
閉鎖性水域	44		
ヘドロ	174		

有害物質	94	利水放流管	26
有機塩素系化合物	97	リチャードソンの4/3乗則	220
有機汚濁	89	リモートセンシング	86
有機系汚濁源	89	流域下水道	305
有機系有害物質	94	流域別下水道整備総合計画	306
有機態(性)窒素	155	流域水環境総合改善計画	286
有機態物質	127	硫化水素	60, 172
有機態(性)りん	157	硫化物	60, 172
有機物	174	粒径加積曲線	118
有機りん系化合物	96	硫酸イオン	59
有限体積法	215	硫酸塩	59
有光層	51	硫酸還元菌	172
湧昇現象	40	粒子状物質	127
融雪出水	71	粒子性有機態炭素	160
有毒藻類	192	粒子性有機態窒素	155
油濁	124	粒子性有機態りん	157
溶解性鉄	149	流出負荷量	67
溶解性物質	127	流出率	68
溶解性マンガン	149	流達負荷量	67
溶解性無機態窒素	156	流達率	68
溶解性無機態りん	159	流動制御システム	239
溶解性有機態炭素	160	粒度組成	176
溶解性有機態窒素	155	粒度分布	118
溶解性有機態りん	157	流入水処理システム	246
溶出	174	緑藻類	192
溶出物	174	りん化合物	156
溶存酸素消費	174	りん吸着材	250
溶存酸素(DO)センサー	83	りん除去法	278
溶存酸素量	145	類型指定	293, 308
溶融	281	類似性指数	188
横出し基準	296	レーザー回折・散乱式粒度分布測定装置	119
横乗せ基準	296	冷水現象	120
予測手法	7	冷水対策	240
		レイノレズ数	33
【ラ】		礫間接触酸化法	257
裸地対策	253	レッドデータブック	15, 314
ラングミュアー循環	38	レッドフィールド比	234
藍藻類	191	連行	41
乱流	33	連続式	31
乱流拡散	36	ろ過速度	201
乱流モデル	217	六価クロム	134
利水障害	207		

ダム貯水池水質用語集

2006年(平成18年)3月30日　　　　　　　　　　第1版1刷発行

　　編　　集　　(財)ダム水源地環境整備センター
　　発行者　　今井　貴・四戸孝治
　　発行所　　(株)信 山 社
　　　　　　　〒113-0033　東京都文京区本郷6−2−9
　　　　　　　TEL 03(3818)1019　FAX 03(3818)0344
　　　　　　　http://www.shinzansha.co.jp
　　発　　売　　(株)大学図書／東京神田・駿河台
　　印刷／製本　　(株)エーヴィスシステムズ

Ⓒ2006　(財)ダム水源地環境整備センター　Printed in Japan

ISBN4-7972-2568-8 C3051